催化剂工业应用最新进展译丛

U0807840

废加氢处理催化剂手册

（第2版）

〔科威特〕米娜·马拉菲（Meena Marafi）
〔科威特〕安东尼·斯坦尼斯劳斯（Antony Stanislaus）　编著
〔加拿大〕爱德华·弗里姆斯基（Edward Furimsky）

中国石化催化剂有限公司　译

中国石化出版社

著作权合同登记图字：01-2022-2597

This edition of *Handbook of Spent Hydroprocessing Catalysts* by Meena Marafi, Antony Stanislaus and Edward Furimsky is published by arrangement with ELSEVIER BV. of Radarweg 29, AMSTERDAM, 1043 NX, The Netherlands.

图书在版编目(CIP)数据

废加氢处理催化剂手册 / (科威特)米娜·马拉菲(Meena Marafi)，(科威特)安东尼·斯坦尼斯劳斯(Antony Stanislaus)，(加)爱德华·弗里姆斯基(Edward Furimsky)编著；中国石化催化剂有限公司译. —2版. —北京：中国石化出版社，2023.6

书名原文：Handbook of Spent Hydroprocessing Catalysts(2nd edition)

ISBN 978-7-5114-7028-7

Ⅰ. ①废… Ⅱ. ①米… ②安… ③爱… ④中… Ⅲ. ①加氢催化剂-手册 Ⅳ. ①TE624.9-62

中国国家版本馆 CIP 数据核字(2023)第 097296 号

中国石化出版社出版发行

地址：北京市东城区安定门外大街 58 号

邮编：100011　电话：(010)57512500

发行部电话：(010)57512575

http://www.sinopec-press.com

E-mail:press@sinopec.com

北京柏力行彩印有限公司印刷

全国各地新华书店经销

*

787×1092 毫米 16 开本 21.25 印张 367 千字

2023 年 7 月第 1 版　2023 年 7 月第 1 次印刷

定价：148.00 元

译者序

地球的资源非常有限，“变废为宝”是建设循环经济的必然要求。在众多“废物”之中，废催化剂引人注目。据统计，有90%以上的化学工业使用催化剂，催化剂失活后，成为“废催化剂”。“废催化剂”引人关注的原因有二：一是在大部分的催化剂中，含有珍贵的金属元素，例如在石油化工、煤化工、制药中广泛使用的加氢催化剂中，就含有稀贵金属；二是数量巨大，目前全世界每年用于加氢处理过程的废催化剂已达20万吨以上，并逐年增长。

过去，很多废催化剂以填埋的方式进行处理。资源的有限性使得从自然矿藏中获得金属，特别是稀有金属成本快速提升。在回收技术飞速发展的今天，富藏资源的废催化剂已经成为低成本获得稀有金属资源的有效途径。为了促进我国废催化剂的资源化，加强该领域新技术的开发和利用，中国石化催化剂有限公司与中国石化出版社联合引进了 *Handbook of Spent Hydroprocessing Catalysts*(*2nd Edition*)，由中国石化催化剂有限公司组织翻译，中国石化出版社出版发行。希望本手册对国内从事炼油催化剂、加氢处理催化剂的研究者及废催化剂的回收者以及相关专业大中专院校师生具有较好的参考作用。

本手册在编译委员会领导下，任靖博士牵头组织，崔凯、胡海强、蒋军、李柯志、李腾飞、史建公、尹岑、赵保槐 8 位博士执笔翻译，克服了新冠疫情带来的诸多不便，较好地完成了编译工作，全书由任靖统稿、审校。在本书的翻译过程中，中国石化高级专家曹光伟教授、中国石化催化剂有限公司首席专家石勤智教授、大连石油化工研究院徐友明教授和隋宝宽教授给予了无私的帮助和指导，在此表示衷心的感谢！

虽然在翻译及统稿过程中，翻译、统稿及相关人员尽了最大努力，力求尊重原著，但由于对相关领域知识理解的深度有限，不妥之处在所难免，希望广大读者批评指正。

前言

随着非常规原油供应量的增加，石油炼制策略可能需要进行一些调整。需要重新评估先前预期稳定增长的加氢处理催化剂的消耗量。一些炼油厂正在调整操作以适应重质原油产量的不断增长。在世界某些地区，一旦油页岩来源的非常规原油产量达到商业水平，就必须重新考虑这一趋势。非常规原油中常压馏分可能接近80%，这些馏出物的链烷烃特征要求催化剂具有较高的加氢异构活性，使用新的催化剂配方可以满足要求。因此，加氢处理催化剂的数量和类型均需改变。相应地，处理废加氢处理催化剂需要额外注意，确保所有处理过程符合安全和环境要求。

在某些地区，有必要提高炼油能力，以适应重质和超重质原油，抵消常规原油供应的持续下降。除非开发出活性更高和更加稳定的催化剂，否则催化剂及氢气的消耗将会增加。此外，开发新型更有效的加氢处理反应器也受到人们关注。在全球范围内，加氢处理催化剂市场的形势相当复杂，这使得对催化剂消耗和废催化剂的产生的预测都具有不确定性。

废常规加氢处理催化剂，由于其可燃性以及在空气和水中释放有毒物质的性质而被归为危险固废。危险固废意味着在废催化剂处理的所有阶段都必须采用特殊程序，包括从反应器中卸出、临时存储、包装、运输以及在填埋场处置。炼油企业有责任按照相关规定进行所有活动。为了确保环境合规，炼油厂可以与在废加氢处理催化剂各个方面具有专长的公司和/或公司联盟建立伙伴关系。

与废常规催化剂相比，人们对废非常规催化剂在环境和安全方面的了解较少。由于积炭在废催化剂上的反应性较高，因此与常规催化剂相比，可燃性更高。

废非常规催化剂的其他特征是未知的。在这方面，在监管机构实施必要的法律和规定之前，需要进行另外的研究以填补空白。

如今，大部分废加氢处理催化剂再生之后均可循环使用。催化剂的再生由获得监管机构认证的公司实施。为了使这些由于金属沉积失活的催化剂也可以循环使用，已经开发出一种复活工艺。对于这类催化剂，进行简单再生，或许不能确保催化剂活性得到理想恢复。如果再生/复活的催化剂不能在原始反应器中使用，则可以将它们级联用于相对缓和或更严苛的工艺中。近年来，在废催化剂的再处理方面已取得重大进展。实际上，再处理催化剂的性能超过了相应的新鲜催化剂的性能。显然，再处理为废加氢处理催化剂的循环利用提供了新的空间。

已经证实废催化剂在许多非加氢处理催化方面得到应用。废加氢处理催化剂中存在的过渡金属的高亲硫性表明，在脱碳后，废催化剂可用作净化气体的吸附剂。废催化剂用于水处理的努力也受到关注。建筑材料(例如水泥和砖)以及特种材料(例如磨料、合金、陶瓷等)是废加氢处理催化剂的额外出路。

废常规加氢处理催化剂作为Mo、W、Co、Ni和V等金属的潜在来源一直受到关注。在大多数情况下，这些金属的含量高于生产这些金属矿石中的金属含量。从废催化剂中回收金属的方法已实现商业应用。事实上，在进行一些调整后，已有的用于从各种矿石和工业副产品中提炼这些金属的湿法冶金方法也可以用于从废催化剂中回收相应的金属。近年来，人们一直努力改进现有的和/或开发新的金属回收方法，以适用于从废加氢处理催化剂中回收金属。需要强调的是，从废催化剂中回收金属的可行性受需求和价格波动的影响，需求和价格表现出明显的波动。

铂族金属(例如 Pt、Pd、Ru 和 Rh)是非常规催化剂中常见的活性金属。由于它们价值较高，从相应的废催化剂中回收金属似乎是唯一的选择。在这方面，金属的回收可借鉴数十年来从非加氢处理催化剂(例如，汽车和重整催化剂)中回收金属的经验。换句话说，可以将相同和/或稍做改进的方法用于从废非常规加氢处理催化剂中回收金属。

自本手册第 1 版出版以来，活跃的研究活动显示出业界对废加氢处理催化剂各个方面的持续关注，大约有 250 篇新文献，将这些新文献纳入第 2 版。石油炼制工业一直在努力提高运营效率以满足更严格的环境法规。非常规原油的可用性要求对包括催化剂在内的炼制方案进行修订，其组成与常规催化剂不同。因此，由于直接影响废催化剂的再生和复活，根据文献中的最新信息对第 1、第 2 和第 3 章进行了修改，第 4 章涉及催化剂失活，扩展到四部分。有关再生和复活的最新信息分别纳入了第 5 章和第 6 章。第 7 章重点介绍了将废的、再生的和复活的加氢处理催化剂级联应用于不同的操作。第 8 章介绍了对废催化剂进行再处理制备新鲜催化剂的方法。

废加氢处理催化剂在非催化领域中的潜力尚未完全实现。在这方面，第 9 章和第 10 章包含第 1 版的资料以及最新信息。经过脱碳后，已经确定了许多与环境相关的选项(第 9 章)。同样，已经强调了用废催化剂制造各种有用材料的适用性(第 10 章)。为了提高从废加氢处理催化剂中回收金属的效率，进行了持续的努力。更新的第 11 章反映了这一点。

第 12 章的目的是强调非常规催化剂在加氢处理中的作用，其中包括前一章有关废脱蜡催化剂，其本质上是由铂族金属组成的非常规催化剂。这是第一次讨论废非常规催化剂的特性以及环境和安全方面的影响。

第13章专门介绍了废常规催化剂的环境和安全问题，包括法规问题。另外，在废催化剂产生和后续利用的所有阶段中，必须将排放维持在规定水平以内。因此，分别在加氢处理技术、催化剂再生和复活的第3章、第5章和第6章中增加了有关环境和安全的章节。作为加氢处理催化剂一部分的金属的价格决定了废催化剂利用的经济可行性。在这方面，已关注到市场的价格波动，如第14章所述。这为确定废加氢处理催化剂的各方面的未来前景(第15章)增加了不确定性。

缩略语列表

AC	活性炭
API	美国石油学会
ARDS	常压渣油脱硫
CAC	清洁空气法案
CCR	康氏残炭
CERCLA	综合环境响应补偿与责任法案
CUS	配位不饱和位
CWA	清洁水法案
DAO	脱沥青油
DOC	动态氧化学吸附
DTA	差热分析
EPA	美国环境保护署
EXAFS	扩展 X 射线吸收光谱
FCC	流化催化裂化
FTIR	傅里叶变换红外光谱
FTS	费-托合成
HCR	加氢裂化
HDAr	加氢脱芳
HDAs	加氢脱沥青
HDM	加氢脱金属
HDN	加氢脱氮
HDNi	加氢脱镍
HDO	加氢脱氧
HDS	加氢脱硫
HDV	加氢脱钒
HGO	重瓦斯油
HIS	加氢异构化
HSWA	危险固体废物修正案

HWTF	危险废物信托基金
HYD	氢化
KISR	科威特科学研究所
LM	朗缪尔-辛舍伍德
MSDS	材料安全数据表
NAAQS	国家环境空气质量标准
NESHAP	有害空气污染物国家排放标准
NPDWS	国家一级饮用水标准
NSDWS	国家二级饮用水标准
PAH	多环芳烃
RCRA	资源保护与恢复法案
RFCC	渣油催化裂化
SAPO	硅铝磷酸盐
SDWA	安全饮用水法案
SEM	扫描电子显微镜
SMCRA	露天采矿控制与复垦法案
STM	扫描隧道显微镜
TCLP	毒性特性浸出程序
TCM	全面催化剂管理
TDGA	危险品运输法案
TEM	透射电镜
TGA	热重分析
THF	四氢呋喃
THFIS	四氢呋喃不溶物
TIS	甲苯不溶物
TPD	程序升温脱附
TPO	程序升温氧化
TPP	程序升温热解
TPR	程序升温还原
TSCA	有毒物质控制法案
TSDF	处理物存储和处置设施
VGO	减压瓦斯油或减压柴油
XPS	X 射线光电子能谱
XRD	X 射线衍射光谱

目录

第 1 章　导论 …… (1)
第 2 章　石油炼制的发展 …… (5)
2.1　常规炼油厂 …… (8)
2.2　改造后的常规炼油厂 …… (10)
2.3　先进炼油厂 …… (13)
2.4　炼油的环境、安全与健康 …… (16)
第 3 章　加氢处理技术 …… (19)
3.1　加氢处理的原料 …… (19)
3.2　加氢反应 …… (23)
3.3　常规的加氢处理催化剂 …… (24)
3.4　加氢处理反应器和工艺 …… (35)
第 4 章　催化剂失活 …… (48)
4.1　催化剂结构变化引起的失活 …… (51)
4.2　馏分油加氢处理催化剂的失活 …… (53)
4.3　重质原料加氢处理过程中的失活 …… (59)
4.4　温度和氢气压力对催化剂失活的影响 …… (66)
4.5　催化剂力学性能的影响 …… (69)
4.6　催化剂失活机理 …… (70)
4.7　催化剂失活的动力学 …… (80)
4.8　失活模型 …… (86)
第 5 章　再生 …… (100)
5.1　废催化剂的可再生性 …… (100)
5.2　氧化再生 …… (102)

5.3 其他再生方法 ……………………………………………… (134)
5.4 再生的经济性 ……………………………………………… (140)
5.5 工业再生 ……………………………………………… (141)
5.6 商业再生工艺 ……………………………………………… (148)
5.7 再生过程对比 ……………………………………………… (153)
第6章 催化剂复活 ……………………………………………… (154)
6.1 有机溶剂 ……………………………………………… (156)
6.2 无机浸出剂 ……………………………………………… (175)
6.3 溶剂萃取 ……………………………………………… (179)
6.4 水热脱碳 ……………………………………………… (180)
6.5 生物复活 ……………………………………………… (181)
6.6 非浸出方法去除杂质金属 ……………………………………………… (182)
第7章 级联使用 ……………………………………………… (183)
7.1 废催化剂直接级联使用 ……………………………………………… (183)
7.2 再生催化剂级联使用 ……………………………………………… (184)
7.3 复活催化剂级联使用 ……………………………………………… (185)
第8章 用废催化剂制备新鲜催化剂 ……………………………………………… (186)
8.1 在石油方面的应用 ……………………………………………… (186)
第9章 废加氢处理催化剂在环保方面的应用 ……………………………………………… (197)
9.1 在气体处理方面的应用 ……………………………………………… (197)
9.2 污水处理剂 ……………………………………………… (201)
第10章 废加氢催化剂的资源化利用 ……………………………………………… (202)
10.1 水泥材料……………………………………………… (202)
10.2 研磨材料和合金……………………………………………… (203)
10.3 陶瓷材料……………………………………………… (204)
10.4 合成骨料……………………………………………… (205)
10.5 废催化剂制砖……………………………………………… (206)
第11章 废加氢催化剂中金属的回收与利用 ……………………………………………… (207)
11.1 浸出处理……………………………………………… (208)
11.2 碱化合物焙烧……………………………………………… (227)

11.3　浸出法和盐熔法的比较…………………………………………………………（233）
11.4　氯化法回收金属……………………………………………………………………（236）
11.5　碳热还原法回收金属………………………………………………………………（238）
11.6　电解法回收金属……………………………………………………………………（239）
11.7　热等离子体法回收金属……………………………………………………………（240）
11.8　实验室研究综述……………………………………………………………………（240）
11.9　浸出液中金属的分离………………………………………………………………（242）
11.10　工业应用的工艺路线 ……………………………………………………………（246）
第 12 章　废非常规加氢处理催化剂 ……………………………………………（251）
12.1　双功能催化剂………………………………………………………………………（251）
12.2　其他的贵金属催化剂………………………………………………………………（259）
12.3　非常规催化剂的再生………………………………………………………………（259）
12.4　金属回收……………………………………………………………………………（261）
第 13 章　废加氢处理催化剂的环境和安全问题 ………………………………（264）
13.1　法规事务……………………………………………………………………………（264）
13.2　废加氢处理催化剂的危险特性……………………………………………………（274）
13.3　处置废催化剂的预处理……………………………………………………………（283）
13.4　废非常规加氢处理催化剂的环境和安全问题……………………………………（285）
第 14 章　废加氢催化剂中金属的市场和价格趋势 ……………………………（287）
14.1　常规金属……………………………………………………………………………（288）
14.2　铂族金属……………………………………………………………………………（290）
第 15 章　未来展望 ………………………………………………………………（292）
参考文献 ……………………………………………………………………………（294）

第1章 导　　论

石油炼制方案受到常规原油质量逐渐变化的影响。目前，这种变化被轻质原油供应的减少和重质原油数量的增加所抵消。近年来，世界原油市场一直受到低渗透率沉积层中非常规原油(所谓“轻质致密油”)的影响。这种变化在美国尤为明显，世界其他地区也紧随其后。此外，尽管预计它们对商业燃料的影响很小，但已将生物质原料作为一种燃料来源。炼油厂必须通过调整炼油策略来应对这些变化，包括对加氢处理(HPR)操作(新型催化剂和催化反应器)的改进。

在瞬息万变的世界中，炼油厂可以从几种商业化工艺中选择常规和非常规石油原料的HPR工艺。常规原油经常压蒸馏得到的HPR原料包括直馏馏分油和常压渣油(AR)。后者可以在真空下进行再次蒸馏，以获得减压柴油(VGO)和减压渣油(VR)。采用溶剂脱沥青可以大幅度降低AR和VR中金属与沥青质的含量，得到脱沥青油(DAO)。在HPR过程中，VR的改质比AR更加困难，而VGO和DAO的催化改质遇到的问题则很少。几十年的炼油经验表明，对常压馏分油的改质毫无困难。随着原料中污染物(例如金属、树脂、沥青质、硫和氮)含量的增加，通过HPR改质的难度也会增加，同时导致氢气和催化剂消耗的增加。

将重质和超重质原油转化为馏分油是生产液体燃料的第一步。为此，可以采用许多成熟的商业化工艺[1,2]，包括加氢裂化(HCR)以及从原料中脱碳的热转化(焦化)，加氢过程需要活性催化剂。与热裂解过程相比，HPR操作更加灵活，液体产率更高。然而，高压设备、催化剂藏量及HPR工艺所需要的氢气的成本必须通过提高液体产品的产率和质量才能抵消。在原料超重的极端情况下，与加氢相比，脱碳是首选路线。然而，某些加氢工艺(例如浆态床HCR)已被设计用于处理金属含量高达700μg/g和沥青质含量超过20%(质)的重质原料[3-7]。

从常规原油中经蒸馏获得的馏分油的组成可能与使用脱碳工艺生产的沸程相似的馏分油的组成不同。对于后者，我们最关注的成分(例如含S和N化合物)的脱除性更差。因此，为达到所要求的加氢脱硫(HDS)和加氢脱氮(HDN)水平，需要更严格的HPR条件。而且，这些进料的康氏残炭——前驱体含量更高。因此，如果按这种趋势继续下去，预计氢气和催化剂的消耗会增加。

由于轻质致密油等非常规原油的可获得性，上述趋势可能需要重新调整，轻质致密油目前已商业化生产。轻质致密油的沸程与轻质常规原油(例如，布伦特原油)相近。这表明，不仅HPR催化剂的数量而且其类型都可能改变。其他非常规原油可能包括生物原料、费-托(Fischere-Tropsch)合成油和煤制燃料油。为了实现最佳的 HPR 操作，将需要新型配方催化剂。

精制过程中使用的催化剂会随着运行时间的推移而失活[8-12]，当催化剂的活性降至可接受水平以下时，必须用新鲜或再生的催化剂替换。然而，废催化剂的再生并不总是具有经济吸引力[7,13,14]。因此，经过多次再生和再利用后，催化剂活性的恢复可能降低至可接受水平以下。因此，进一步的再生可能不具有经济吸引力。然后，在将废催化剂作为固体废物丢弃之前，必须考虑其他利用方法[14,15]。

目前，新鲜 HPR 催化剂的市场规模每年接近 120000t，其中大约一半用于馏分油的 HPR 生产清洁燃料，另一半用于渣油改质[7]。预计 HCR 催化剂的需求将以每年 5%以上的速度增长，这将导致废催化剂大量增加。显然，从各种处理单元中排放的废催化剂的量在很大程度上取决于使用的新鲜催化剂的量和原料的质量。通常，由于沉积了焦炭和金属，废催化剂的量比新鲜催化剂的量大很多。例如，来自馏分油改质装置的废催化剂通常包含 10%~20%的焦炭和 7%~15%的硫以及残留的碳氢化合物[7]。有机和无机形式的硫都存在。在渣油 HPR 操作中，存在于原料中的诸如 V 和 Ni 之类的金属与焦炭一起沉积在催化剂上。如果原料中存在分散的固体，它们会沉积在固定床催化剂床层的上部。从装置中卸出的废催化剂通常含有 7%~20%的(V+Ni)，15%~25%的焦炭，7%~15%的硫和 5%~10%的渣油，以及催化剂中最初存在的活性金属(Mo 和 Co 或 Ni)和 Al_2O_3。然而，在从反应器中卸出废催化剂之前，在炼油厂现场可以通过脱油和干燥程序减少催化剂上的沉积物的量。根据 Dufresne[7] 的估计，全世界每年产生的废 HPR 催化剂总量为 150000~170000t。

除 HPR 外，流化催化裂化(FCC)和重整装置可能是炼油厂产生固体废催化剂的另一个来源。这些原料必须经过 HPR 处理，以最大限度地降低碱氮和金属对催化剂的毒害。由于其危险性，处理废 HPR 催化剂的程序可能不同于其他类催化剂的程序。例如，废 FCC 催化剂的粒径比废 HPR 催化剂的粒径要小得多。因此，在处理前一种废催化剂时必须采取所有预防措施。

近年来，废 HPR 催化剂量大幅增加的原因概括如下：

① 为满足超低硫运输燃料日益增长的需求，馏分油加氢处理能力快速增长。

② 柴油加氢处理装置为了满足严格的燃料规格，操作更加严格，缩短了使用周期。

③ 加氢技术的应用，使得硫、树脂、沥青质和金属含量较高的重质原料的用量稳步增加。

④ 渣油 HPR 催化剂快速失活，无法再生。

关于③，预计进入炼油厂的重质原料的量将趋于平稳甚至下降。因此，HCR 催化剂的消耗应减少。非常规原料 HPR 所需的新鲜催化剂的量可能无法抵消重质原料 HPR 所减少的数量。因此，总的来说，预计 HPR 催化剂的消耗量不会继续增长。当然，这种趋势因地区而异。

处置废催化剂需要遵守严格的环境法规，废 HPR 催化剂已被美国环境保护署(EPA)归为危险废物。由于它们的自发热行为及含有有毒化学成分，EPA 于 1998 年 8 月在其危险废物清单中添加了废加氢处理催化剂(K171)和废加氢精制催化剂(K172)[16]。废 HCR 催化剂于 1999 年被列入危险废物清单[17,18]。来自双重(例如同时加氢处理和 HCR)工艺的废 HPR 催化剂中的金属，如 Co、Ni 和 V，被列入加拿大环境部发布的潜在危险废物清单。这些金属会被水浸出，从而污染环境。也可能存在 As、Cr、Cd、Hg、Se 和 Pb 等痕量金属。除了形成渗滤液外，废 HPR 催化剂与水接触后，还可以释放有毒气体。据报道，沉积在 HPR 催化剂上的焦炭含有大量的氮，会形成 HCN 剧毒气体[19,20]。废 HPR 催化剂也受《巴塞尔公约》和经济合作与发展组织规则的约束。根据这些规则，废催化剂不能出口到第三世界国家。此外，生产厂和/或生产商有法律义务确保妥善处理或安全回收废催化剂。美国率先提出了这样的原则：废物永远是产生者的责任，其他发达国家也采用这一原则。应该指出的是，以前对废物承担的 20 年有效责任已由无限责任取代。

由于处理和处置废 HPR 催化剂的所有阶段都有严格的环境法规，因此对这些固体废物的回收和再利用的工艺开发研究受到了相当多的关注。Furimsky[15]、Trimm[14] 和 Clifford[21] 对炼油厂废催化剂的环境、处置及利用方面的早期研究进行了评述。应当指出，这些研究集中于废催化剂的不同方面，因此它们是互补的。Marafi 和 Stanislaus[22] 的综述为系列文章中的第 1 部分，涵盖了使 HPR 催化剂废物减少到最低限度的方法及生产有价材料的方法(不包括金属回收)，综述了通过使用改良的、更具活性和更稳定的催化剂从源头上减少废 HPR 催化剂的方法，并详细介绍了再生、复活、失活催化剂在多种循环中的再利用以及在其他过程中的再利用。本文还综述了用废 HPR 催化剂制备新型活性催化剂和有价值的产品的现有方法，如熔融氧化铝、合成(建材)骨料、钙长石玻璃陶瓷、耐火水泥等，并重点介绍了最新进展。这些研究者的另一篇综述[23]重点介绍了从废 HPR 催化剂中回收金属及其安全处置方法的研究进展，以及从废 HPR 催化剂中回收金属的商业工艺的最新进展。

由于对运输燃料的质量制定了更严格的环境法规，因此废非常规 HPR 催化剂变得越来越重要。另外，非常规原料(例如轻质致密油、生物质原料等)的 HPR 需要新的催化配方。在这些应用中，主要评估了贵金属催化剂。本手册的第 12 章，即“废非常规加氢处理催化剂”，专门针对这些问题进行讨论，目的是表明废非常规 HPR 催化剂和废常规 HPR 催化剂需要受到同样的关注。

本手册关注于从 HPR 操作过程开始的废 HPR 催化剂的所有阶段，详细评估了诸如运输、再生、复活、金属回收、再处理、生产新型材料、存储和处置的所有商业活动和/或事项。特别关注环境和安全问题，包括法规事项的发展，还包括那些导致新鲜催化剂变为废催化剂——失活的事件。认为这是合乎需要的，因为废催化剂的后续处理受催化剂失活程度的影响。

已经注意到技术和科学文献中有关废 HPR 催化剂各个方面的大量信息。近年来，该领域的积极研究显示出对该主题的兴趣日益增长。笔者不仅可以访问炼油厂并从中收集信息，而且还可以获得独一无二的内部研究资料，其中的一些信息尚未公之于众。可以预期，本手册将作为炼油厂制定战略计划的参考，监管机构将从本手册中多次讨论的各种环境和安全问题中受益。本手册可作为在化工和石化行业其他领域建立类似项目的模型进行参考，当然在这些领域中，催化剂可能用于非炼油领域。

第 2 章　石油炼制的发展

世界市场低硫原油供应的减少被中等重质和重质原油的供应逐渐增加所抵消，导致炼油厂的结构和加工策略发生了重大变化。此外，如图 2.1[24]所示，炼油厂必须对运输燃料需求的持续变化做出响应，对于汽油[24]而言，有利于增加柴油的需求。图 2.2[24a]显示，在未来十年中，常规来源（欧佩克和非欧佩克）将主导原油市场，其中非常规来源约占全球消费量的 10%。但是，就区域而言，后者的贡献可能会有很大差别。从图 2.3 中[24a]可以清楚地看出这一点，该图比较了美国和世界国家/地区轻质致密油的产量。因此，在美国非常规来源生产的燃料消耗可能接近总消耗的三分之一（见图 2.4）[24a]。

与此同时，随着原油性质的变化，在世界各地，尤其是美国和欧洲，燃料油的规格也在不断发展，变得更加严苛[25,26]。例如，美国环境保护署（EPA）向石油炼制工业提出的一项建议就表明了美国的现状[26a]。这些变化可能需要重新设计炼油装置和/或开发全新的炼油概念。这些要求中的某些要求只能通过增加氢气和催化剂的消耗来满足。无论如何，在从常规炼油厂向能够加工更难处理原油且符合所有环境法规要求的先进炼油厂的转变过程中，要增加石油炼制行业大量额外成本。

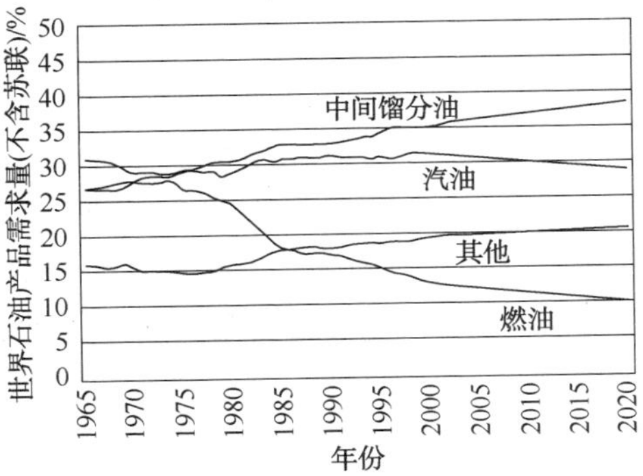

图 2.1　世界对运输燃料的需求趋势[24]

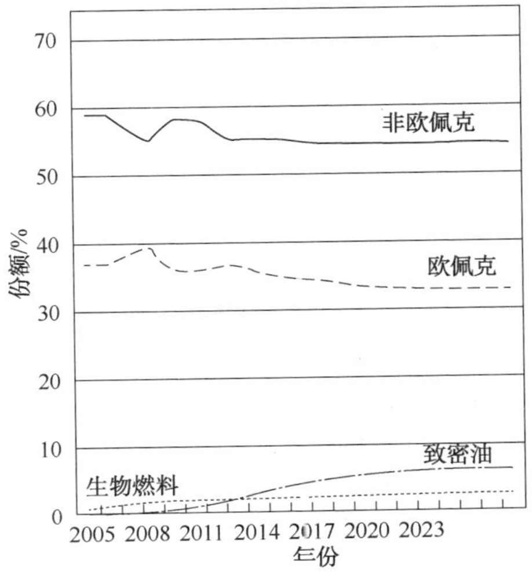

图 2.2　烃类燃料的市场分布[24a]

美国炼油厂一直在经历由于轻质致密油供应导致的原油性质改变所带来的意想不到的变化。页岩油中常压馏分油（如石脑油和中间馏分油）的含量可能接近

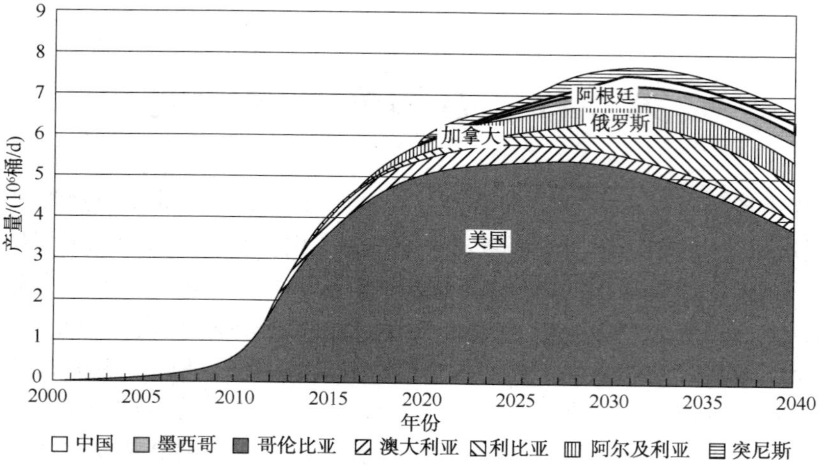

图 2.3　美国和其他国家/地区轻质页岩油的生产量[24a]

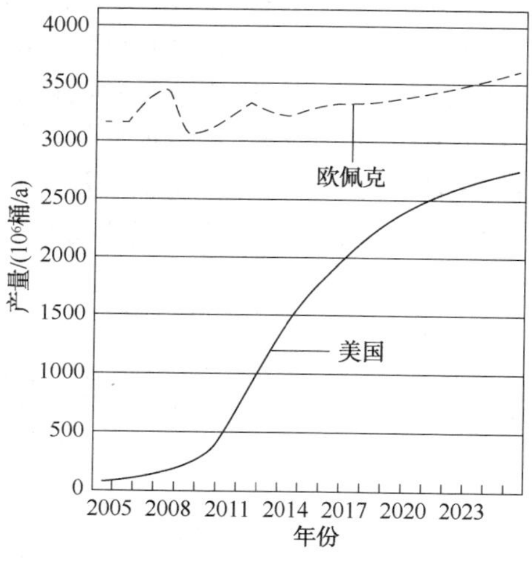

图 2.4　美国和欧佩克每年的页岩油产量[24a]

80%。然而，美国一些炼油厂已经进行了大规模投资，以能够加工较重的原油(例如来自委内瑞拉和加拿大的原油)[26a,27]，这些变化发生在压裂技术的进步可以从低渗透性沉积地层(例如 Bakken 和 Eagle Ford 盆地)中商业化生产轻质致密油之前。因此，自 2010 年以来，美国的轻质致密油产量大幅增加(见图 2.3 和图 2.4)[24a]。与此同时，专门设计了一座特殊的炼油厂，来处理特定组成的原油并生产具有特定性能的产品。在这种情况下，必须使炼油厂的装置与原油相匹配。在某种程度上，可以通过混合两种或多种原油进入致密油以使原料质量达到适当平衡，以缓解该问题。但是，这带来了新的问题——与原料的不相容有关的问题[28]。这些发展也将影响到催化剂市场。因此，相对于常规加氢处理(HPR)所需的催化剂，由于页岩油的组成特点，双功能催化剂的需求不断增长[29]。

表 2.1[28] 给出了几种众所周知的原油的性质，表 2.2[29] 比较了轻质致密油与页岩油和一些常规原油的性质。应该注意的是，轻质致密油中的硫含量较低。这表明，为了达到商用燃料的规格，HPR 的苛刻性较低(例如较低的 H_2 和催化剂消耗)。从致密油中获得的常压馏分油与相应的常规馏分油混合，在一定程度上

可能会对降低 HPR 的苛刻性有益，尽管在选择催化剂时可能需要额外的关注[29]。

表 2.1 和表 2.2 中所列的原油性质差异表明了原油加工方案的变化程度。例如，为了加工致密油，处理诸如 Ekofisk 和 Light Arab 的轻质原油的常规炼油厂可能需要进行某些调整。如果考虑进一步加工常压渣油，加工金属含量较高的科威特出口原油及阿拉伯重质原油需要重新设计催化反应器。改进的原油加工方案必须能够处理重质原油，如 Maya、Boscan 和 Cold Lake 原油。对于这些重质原料，选择主要的改质工艺(加氢对脱碳)可能很关键。

表 2.1　常压(>345℃)和减压渣油(>565℃)的收率，以原油的体积计[28]

原油	阿拉伯轻质原油	阿拉伯重质原油	Maya 原油	Boscan 原油	Cold Lake 原油	北海 Ekofisk 原油	科威特出口原油
收率/%							
>345℃	44.6	53.8	56.4	82.9	83.1	52.6	45.9
>565℃	14.8	23.2	31.2		50.0	18.0	21.8
密度/(kg/L)	0.86	0.89	0.93	1.04	1.00	0.88	0.89
硫/%(质)	1.8	2.9	3.8	5.2	4.9	0.4	4.1
氮/%(质)	0.1	0.2	0.3	0.5	0.6	0.2	0.4
钒/(μg/g)							
原油中	18	50	273	1220	160	4	55
>345℃	40	93	484	1470	190	8	120
>565℃	120	215	870		320	22	250
镍/(μg/g)							
原油中	4	16	50	120	80	2	20
>345℃	9	30	90	145	96	4	43
>565℃	27	70	161		160	11	90
CCR/%(质)	3	7	15	20	19	4	11

表 2.2　轻质致密油、页岩油及参考常规原油的性质[29]

项　目	轻质致密油[a]			页岩油		阿拉伯轻质原油
	1	2	3	4	5	
密度/(kg/L)	0.81	0.82	0.79	0.92	0.83	0.86
收率/%(质)						
液化石油气	3	1	1	不适用	不适用	2
石脑油	41	32	34	4	23	26

续表

项　　目	轻质致密油[a]			页岩油		阿拉伯轻质原油
	1	2	3	4	5	
煤油	17	14	15	10	24	15
柴油	21	25	23	30	34	21
总常压馏分	79	71	72	44	81	62
减压柴油	14	23	20	41	19	21
减压渣油	4	5	7	14	<1	15
污染物/%(质)						
硫	<0.2	<0.2	<0.2	0.7	0.5	1.8
氮	约 0.02	约 0.02	约 0.02	2.1	1.0	0.1
沥青质	<0.5	<0.5	<0.5			8.5
金属/(μg/g)						
钒	痕量	痕量	痕量	6	1	18
镍	痕量	痕量	痕量	6	1	4

a：致密油 1 和 2 来自 Bakken 地层；致密油 3 为来自 Eagle Ford 的样品。

如图 2.2[24a] 所示，尽管从生物质原料生产运输燃料的技术已接近商业化，但加工生物燃料不会对石油炼制产生重大影响。在这方面，更容易获得轻质原油也可能是一个利好因素。但是，南半球(例如巴西、印度尼西亚等)的大量生物质资源可能构成生产供当地消费的燃料的基础。在世界其他地区，小规模生物燃料的生产可能是涉及各种补救活动为环境服务的一部分。

人们已经认识到，将炼油手段与非炼油手段(如公用事业、焚烧等)相结合可以提高总体炼油效率。而且，它提供了一种可行的排放控制手段，特别是在大型炼油厂。事实上，世界各地的总体趋势表明，与中小型炼油厂相比，大型炼油厂更受青睐。在某些情况下，小型炼油厂已经停止运营；在另一些情况下，小型炼油厂已逐步改造、升级为现代型的炼油厂[27]。

2.1 常规炼油厂

过去，如图 2.5 所示的简单炼油方案就足以满足轻质原油 HPR 需求，它们涉及常压蒸馏以获得燃料馏分油。致密油的性质(见表 2.2)[29] 表明可能需要对常压塔进行某些调整以满足高石脑油和中间馏分油含量的需要。通过将致密油与常规原油混合在一定程度上可以缓解这一问题。但是，必须确保混合物的相容性。显然，如果仅加工致密油(未掺混常规油)，则无须使用减压塔。还需要注意脱水/脱盐装置，因为致密油中的水和金属含量相对较高[29]。

由于常规原油中总氧含量低，人们对其研究较少。但是，如果环烷酸含量高，则可能需要采取措施防止腐蚀。Shohaimi 等[30]报道，采用 Cu/Ca(10∶90)/Al_2O_3 催化剂可有效地去除原油中的环烷酸。

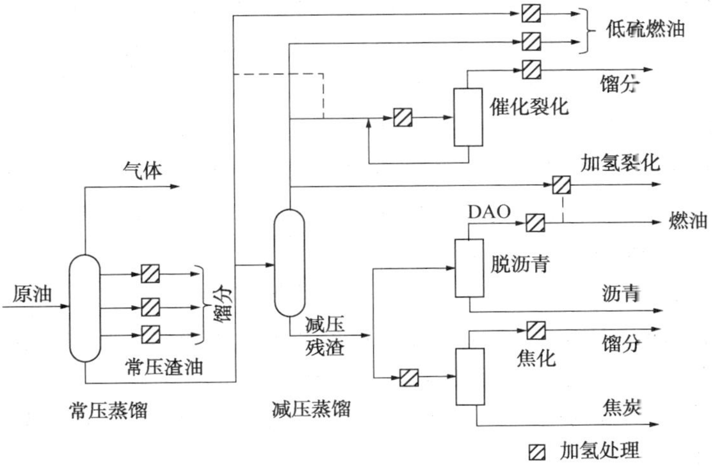

图 2.5　炼油厂简化流程图

极端的情况是，传统的炼油厂要么加工像 Ekofisk 和阿拉伯轻质原油这样的低硫原油(见表 2.1)[28]，要么就选择加工致密油(见表 2.2)[29]。然而，即使是这种原油，不经过催化处理也无法生产商业燃料，哪怕是在环境法规宽松的时期。因此，直馏馏分油不太可能直接用作燃料。例如，对于汽油，除非添加大量的添加剂(如四乙基铅)，否则必须进行重整加工以达到期望的辛烷值水平。由于重整时需要使用贵金属催化剂，因此必须对重整原料进行 HPR 以脱除硫和氮。否则，会影响重整催化剂的寿命。为了确保稳定性，重整产品可能需要进行额外的 HPR 以脱除烯烃。

就柴油和航空燃料而言，产品必须达到理想的冷流动性能(如倾点、浊点和凝点)，通过从原料中脱除直链烷烃，可以达到性能标准规定的参数值。致密油的蜡质性质是由于存在直链高熔点石蜡[29]。致密油中提取的中间馏分的冷流特性必须得到改善才能满足柴油的要求。为此，需要催化剂选择性地促进直链烷烃加氢裂化(HCR)和加氢异构化(HIS)。同样，可能需要另外的 HPR 过程以确保所生产燃料的稳定性。可以选择在同一反应器中使用几层不同的催化剂来完成所有步骤。例如，前层酸性催化剂执行 HCR 和 HIS 功能，而末端层催化剂将执行氢化(HYD)功能。在另一种布置中，可以在同一反应器容器的不同部位使用不同的催化剂。

减压蒸馏常压渣油(AR)可得到减压柴油(VGO)，减压柴油既可以用作燃料，还可以用于生产润滑油。在炼油的早期阶段，尽管蒸馏出的烃类气体具有很高的热值，但还是被简单地烧掉了。如今，在大多数炼油厂，烃类气体(例如在预热炉中)得到有效利用。在某些特定的情况下，使用 AR 作为燃料生产蒸汽和发电是有利的。在其他方法中，减压蒸馏生产其他馏分[例如 VGO 和减压渣油(VR)]是整个炼油方案的一部分。VR，有时也称为沥青，用作建筑材料。在沥青市场枯竭的情况下，增加延迟焦化反应器从沥青中生产其他产品，来自焦化工艺的产品必须通过催化步骤增加稳定性。

延迟焦化生产的焦炭适合生产各种炭产品，例如碳电极、活性炭等。剩余的延迟焦炭用于炼油厂燃烧生产蒸汽和发电。然而，将焦炭气化生产合成气，可能是生产氢气、运输燃料和化学品的基础[27]。如果选择合适的反应器，则可将焦炭气化与炼油厂废物的焚化集成在一起。

AR 和 VR 脱沥青可能是生产其他产品的另一种选择。但是，脱沥青油(DAO)需要额外的 HPR 操作才适合进一步利用，例如用作流化催化裂化(FCC)及润滑油基础油的原料等。与沥青和/或 VR 相比，由于其加工性能不理想，来自脱沥青工艺的沥青的应用受到限制。因此在炼油厂或其附近将其燃烧或气化是一种潜在出路。

假定 HPR 条件的苛刻度范围，即低<中<高<极高，常规炼油厂主要 HPR 装置在低和中等苛刻度条件下运行。低苛刻度适合于常压馏分的改质，而 VGO 和 DAO 转化为燃料则需要中等苛刻度。表 2.2[29]显示，VGO 可能占来自致密油 AR 的近 80%，这表明，如果选择了最佳的催化剂，中等苛刻度就足以满足 AR 的 HPR。改质单元包括固定床反应器或同一反应器中的多层床。在环境法规实施的时期，此类系统可以满足所有要求。传统炼油厂产生的大多数废 HPR 催化剂都是可再生的。然而，在器外再生技术可商用之前，大部分废 HPR 催化剂虽然都具有可再生性，但实际并未再生。如今，在经过几次使用-再生循环之后，催化剂活性可以恢复到可接受的水平；一旦废 HPR 催化剂变得不可再生，就必须考虑其他利用途径。

2.2 改造后的常规炼油厂

图 2.1[24]表明，相对于汽油和燃油，中间馏分油的消耗量有所增加。同时，中间馏分油的主要产品——柴油的排放标准也变得更加严格[31]。对于炼油厂而言，这些发展意味着在采用现有的装置升级的情况下，会消耗更多的氢气，增加较多的催化剂装填量，意味着操作成本的显著增加。可以通过更高效地将中间馏分油改质生产柴油来抵消成本。在这方面，可以通过开发更具活性的催化剂来改进 HPR 性能。但是，经验表明，对现有反应器和其他装置进行改造也可以提高氢气和催化剂的利用率。

如前所述，当致密油容易获得时，必须重新考虑对炼油方案进行一些调整和/或改进，以应对不断增长的重油供应。所有证据表明，致密油对北美炼油厂的影响远远超过对世界其他地区的影响[24a]。尽管如此，石油炼制工业的发展表明，人们作出了巨大努力，旨在通过改造催化反应器来不断改进中间馏分油的改质水平[32]。例如，内构件的安装改善了反应器中流体的分布，这一点可由催化剂床中较低的温度分布所证明。随之而来的是催化剂的抗结垢能力得到提高。雅宝(Albermarle)公司开发的内构件的关键特征包括物流的高效混合和非常理想的液体分布[33]。同样，通用油品公司(Universal Oil Products)开发的 UltraMix 内构件可防止沟流、分布不均、热点和旁路。旁路是一种现象——一部分物料通过装置而没有发生明显的反应[34]。因此，在超低硫柴油的生产中，仅 0.1%的进料旁路就会使产品的硫指标难以满足要求。Patel 等[35]报道，必须认真考虑塔盘的水平度，以免发生旁路。图 2.6 对比了三种不同的分配器。显然，在测试的三个塔盘中，只有一个汽提分配器确保流体均匀分布。进一步观察发现，多孔板或筛板不适合，因为孔眼很容易堵塞。因此，旁路现象必须引起足够的重视，尤其是以柴油的硫含量为目标时。图 2.7 可以证实这一点，该图给出了旁通量与产品中硫含量的关系[35]。在这方面，应该关注各种分配器设计的诸多专利[36-40]。

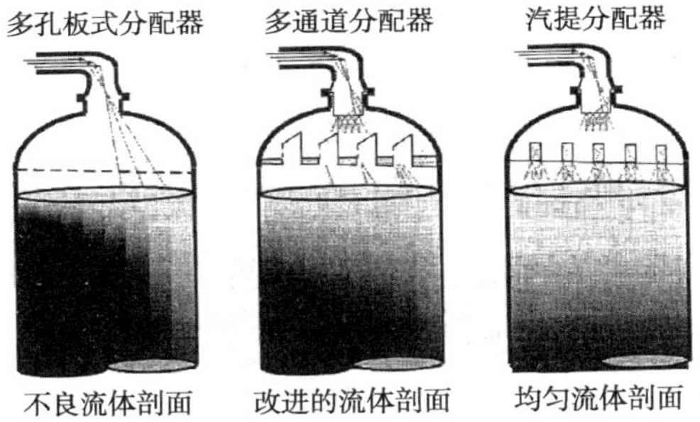

图 2.6　塔盘水平度对液体分布的影响[35]

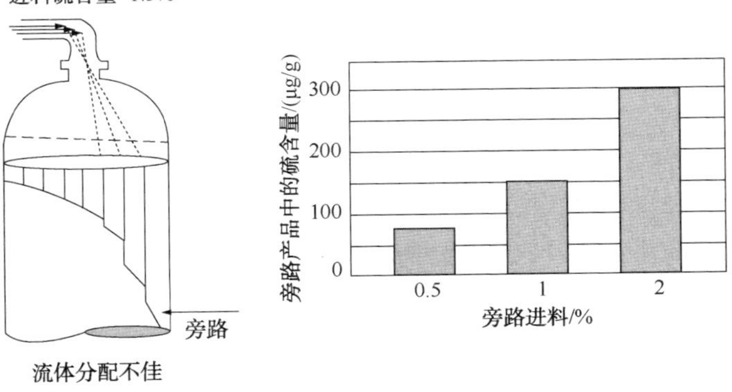

图 2.7　旁路对产品中硫含量的影响[35]

通过最大化利用反应器容积，可以提高炼油效率。Swain 等[41]证实，可以通过设计特殊的反应器内构件来实现，如图 2.8 所示。因此，将预改造的反应器中的三个催化剂床组合为一个床，在改造后的反应器中安装高分散塔板，可使原反应器的床层容量增加约 30%。还应关注 Swain 等[41]的研究中描述的几种其他分散塔盘的特征。需要强调的是，这些改进是针对馏分油的，而不是渣油。

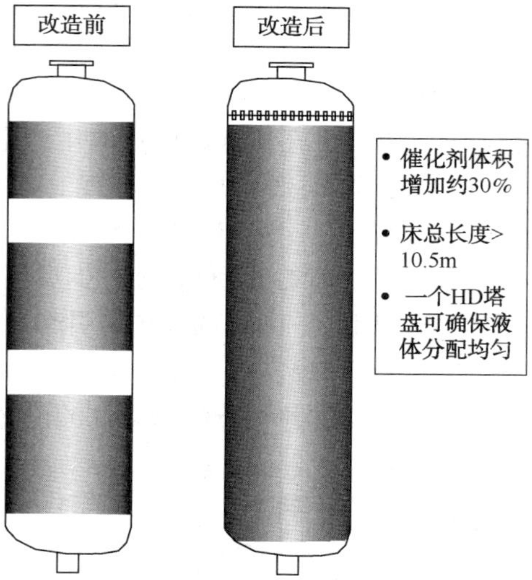

图 2.8　改造对固定床反应器中催化剂体积的影响[41]

Gragnani[42]的报告说，采用级间气体处理可以增加运行时间。图 2.9 给出了常规两级系统及具有气体处理功能的系统的示意图。从图 2.10 中可以清楚地看出后者的优点，这可以归因于气态烃的脱除，尤其是 H_2S。H_2S 的积累和 H_2 分压的逐渐降低最终导致 H_2S/H_2 的提高。可以肯定，当 H_2S/H_2 较高时，由于 H_2S 的过量吸附，会抑制某些催化活性位点[43]。一般认为，这种现象是造成图 2.10[42]所示系统性能不同的原因。

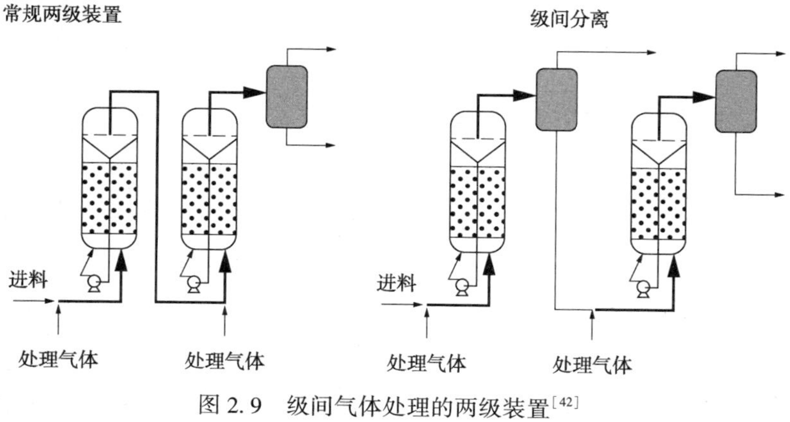

图 2.9　级间气体处理的两级装置[42]

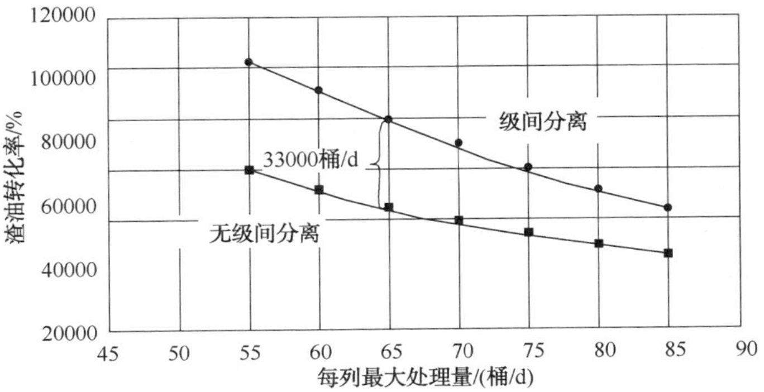

图 2.10　级间分离(见图 2.9)对渣油转化率的影响[42]

显然，任何形式的改造都会直接影响催化剂的性能(整体利用率、活性和稳定性)，其结果是减少了催化剂的消耗以及废催化剂的量。但是，改造可能存在一个极限，超出该极限，任何形式的改造都不可能带来必要的好处。在这种情况下，必须采用更先进的方法。随着原料中污染物含量的增加，在改造旧装置还是采用新工艺之间的取舍就变得更加重要。

据信，从中期来看，生物燃料对商业燃料产品的影响很小。否则，生物质原油的 HPR 需要调整炼油方案，调整的程度取决于生物质原油的类型。例如，可以将源自植物油或源自高脂质含量的藻类生物质的生物原油与相应的常规馏分混合，直接用于 HPR。但是，混合物中生物质原油的含量不应超过 10%[44]。从木质纤维素生物质中获得的生物质原油进行混合加工时可能需要进行预 HPR 处理，目的是使其与常规馏分相容[45,46]。

2.3　先进炼油厂

Mullholland 总结了影响当前炼油厂向未来炼油厂转型的关键因素[46a]。表 2.1和表 2.2[28,29]表明，对于北海 Ekofisk 和阿拉伯轻质原油以及致密油，馏分油(常压和减压)的收率均超过 80%。对于较重的原油(如阿拉伯重质原油和科威特出口原油)，馏分油的收率单产在 75%～80%。另一个极端的情况是，从 Cold Lake 和 Boscan 原油中分别只能获得约 50%和少于 40%的馏分油，除非对渣油(如分别为 50%和 64%)进行额外的改质。石油原料的比较表明，如果不对现有装置进行重大调整和/或改造并与炼油操作相集成的全新系统相结合，没有任何传统的炼油厂愿意承担此类任务。而且，为了提高炼油操作的可行性，将炼油操作与非炼油工艺集成是必要的。所有这些事件今天仍然适用，特别是在没有新的轻质原油的地区。

除了与原油质量下降有关的炼油问题外，还必须对炼油策略进行重大调整，以应对日益严格的环境法规，这些法规一直朝着更加严格的方向发展[26]。例如，如前所述，使用传统的炼油方法无法获得深度 HDS，甚至超深度 HDS 的油品。使用未经改造的反应器，只有大幅降低进料/催化剂并增加 H_2 消耗，才能获得深度 HDS 油品。很明显，可以通过改造反应器设计，改善固定床中催化剂的流体力学来加强 HDS。当然，具有更高活性和选择性的新型催化剂已经开发出来了，并处于不同的发展阶段。在有其他选择之前，改进催化剂性能可以确保其能够经受多次使用-再生循环。

常压渣油作为额外液体的来源已受到广泛关注。就这一点而言，新的升级概念涉及由多个串联的固定床反应器构成的多级催化系统。与馏分油作为原料相比，对于渣油，原料/催化剂显著下降。在这样的多级改质系统中，从与原料接触的第一台反应器到最后一台反应器，催化剂的可再生性增加。引入移动床和沸腾床反应器的目的是适应更多难以加工的原料，例如金属含量接近 300μg/g(V+Ni)的原料。源自这种系统的废催化剂的可再生性相当低，然而已经开发了催化剂再活化(例如复活)的其他方法。应当指出，废催化剂的管理已成为所有先进炼油厂不可或缺的部分。

引入了非催化脱碳工艺是为了处理最棘手的原料，例如金属含量超过 300μg/g 的原料。焦化过程产生的液体需要经过 HPR 才能达到商业燃料的规格。通常，这种液体中的硫、氮和芳香族化合物的含量比沸程相似的常规馏分中的含量高得多。因此，用于处理常规馏分油的 HPR 固定床反应器可能无法有效地对这种液体进行改质。在这方面，可以调整采用多反应器系统和/或采用由多层不同催化剂填充的单一固定床反应器。在同一反应器容器中包括具有不同催化剂的系统是另一种选择。与常规馏分油相比，在焦化馏分油中存在更多的难脱除化合物(例如含 S、N 的杂环化合物和芳香族化合物)，因此需要更苛刻的 HPR 条件。这只有将先进的催化反应器纳入调整的炼油方案中才能实现，如图 2.11 所示[47]。否则，必须采用焦化工艺或脱沥青工艺。尽管如此，源于焦化馏分改质的废催化剂仍应表现出良好的可再生性，尽管利用再生循环的次数可能低于与焦化馏分具有相似的沸程的馏分油改质废催化剂。

从传统炼油厂(见图 2.5)过渡到更先进的炼油厂(见图 2.11)导致加工单位原油和/或生产商业燃料的电力、蒸汽及氢气的消耗量增加。图 2.12[48,49]流程表明，先进的炼油厂必须有能力将炼油厂的渣油“吃干榨尽”，这可能涉及生产额外的液体以及炼油厂运营所需的电力、蒸汽和氢气。

第一步，通过气化完成渣油(例如焦炭)的转化。气化与石油炼制的集成极大改善了对固体和气体排放的控制[27,48,49]。除了气化以外，没有其他技术具有这种优点。与常规炼油相比，诸如焦炭、沥青和元素硫之类的副产物以及产生的诸如苛性碱、污泥和污染水之类的废料也有所增加。如今，已经建立了利用、处理和处置副产品的合适措施。

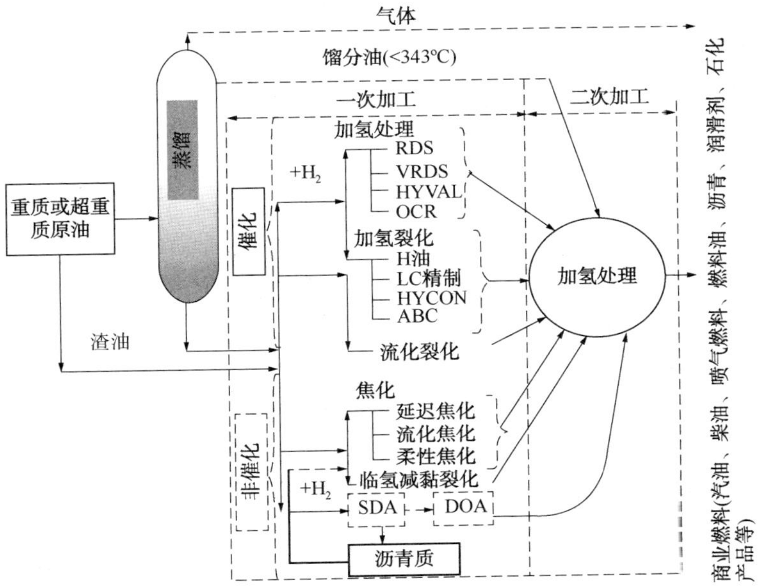

图 2.11　加工重质和超重原油的先进炼油厂[47]

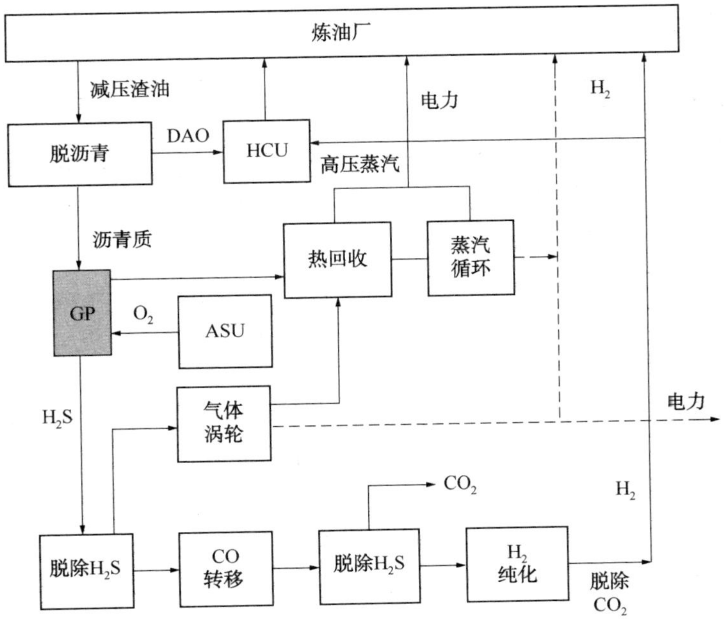

图 2.12　包括气化(GP)的渣油生产氢气、蒸汽及发电装置流程图[48]

已经认识到，处理每单位原油产生的副产物和废物的总成本随着炼油厂规模的扩大而下降。世界各地的发展趋势表明，炼油厂与气化技术集成，可以将焦炭和沥青转化为电、蒸汽和氢气[27]。同时，污泥和一些被污染的水可以与焦炭和/或沥青共同处理，从而被焚化，这一概念特别适合于大规模生产。这类综合装置位于重质原油储层和沥青砂沉积的地点或附近，经常处于偏远地区。但是，对于废催化剂，成本和运输方式、再生公司或金属回收公司的处理方式可能是要考虑的因素。

2.4 炼油的环境、安全与健康

在某些方面，石油炼制方案必须修改和优化，以适应不断发展的环境要求及安全操作法规。Jones[50]在《石油加工手册》中详细描述了这些问题，重点是液体、固体和气体污染物。此外，设备运行时产生的过大噪声也受到关注。以类似的方式，Mulholland[46a]指出了向未来炼油厂过渡期间需要关注的事项，即扩能、升级、调整和消除瓶颈。在这方面，提高系统自动化水平可以显著提高工厂效率，包括与炼油相关的所有安全管理水平。通过维持炼油厂生产部门与计划部门之间的紧密联系，可以进一步提高作业安全性。例如，为了保证生产过程中采取所有安全预防措施，必须十分清楚地了解原油变化情况[50a]。

Han 等[50b]使用生命周期模型将温室气体排放与石油炼制效率相关联，他们证实，与加工较轻的原油和产出较低收率的重产品的炼油厂相比，加工较重的原油及产出较低收率的重产品的炼油厂运行效率较低，排放量更高。后一种类型的炼油厂包括消耗大量热量、电力和氢气的能源密集型装置(例如加氢裂化反应器、减黏裂化反应器及焦化反应器)，造成差异的主要因素是石油炼制技术的发展，公用工程和氢气所需的天然气量不同。

2.4.1 气体排放

就空气污染而言，炼油厂需要关注形成烟雾的物质(例如臭氧、VOC 和 NO_x)的排放。通常，烟雾可能从源头被风吹散，其不利影响可能会波及数英里外。一些炼油厂利用炼油厂的副产品(如石油焦、污泥以及重油)燃烧发电。燃烧过程中释放的 SO_x 和 NO_x 是酸雨的来源，对人类造成呼吸道疾病及其他问题，并给环境和财产造成损害。源自 HPR 过程的副产品硫化氢的毒性是众所周知的，其预防系统已经存在了数十年。《石油加工手册》[50]中详细介绍了处理硫化氢的程序。其他有害污染物包括汞、一氧化碳和颗粒物。

Roh 及 Lee[50c]确定了典型炼油厂中 CO_2 排放源，包括：锅炉和炉子、公用设施装置、FCC 工艺装置与 H_2 生产装置。表 2.3 给出了作为废气排放的 CO_2 总量及相应的 CO_2 浓度的估算值。生产 H_2 产生的废气量最少，但 CO_2 浓度最高，特别是当使用气化工艺生产合成气，然后水汽变换生产 H_2 时更是如此。该工艺

可能是 CO_2 排放的最大来源。因此，这些选择必须引起关注，以减少石油炼制的 CO_2 排放。例如，在一个炼油厂中，通过完全将液体燃料转换为气体燃料，可减少炉中 CO_2 和 SO_2 的排放[51]，通过优化热交换系统还可以进一步减少排放。

表 2.3 典型炼油厂[50c]的各种 CO_2 排放源的特性

项　　目	占炼油厂的比重/%	CO_2 浓度/%
锅炉和炉子	30~60	8~10
公共设施装置	20~50	3~10
FCC 装置	20~35	12~16
H_2 生产装置	5~20	20~99[a]

[a]：20%用于蒸汽-甲烷重整；99%用于煤/焦炭气化。

作为政府主管部门，必须对排放的 CO_2 进行计量。Abella 和 Bergerson[52] 开发了一个模型，用于研究原油质量变化对炼油方案调整程度的影响。关注的重点是根据 CO_2 当量，考察能源消耗及相关的温室气体排放量。基于所考虑的几种情况，预测数据的变异性表明，差异可达 14g CO_2 当量/MJ 原油。显然，按照政府部门的要求，笔者使用的模型可以清晰地对排放量进行量化预测。

与原油改质和液体燃料生产相关的 CO_2 排放量仅占与原油使用相关的生命周期 CO_2 排放量的一小部分。因此，在石油产品的利用(例如运输及加热等)过程中产生的 CO_2 超过了与炼油有关的排放量的一个数量级。Hirshfeld 和 Kolb[53] 估计，到 2025 年，与加工重质原油相关的 CO_2 排放量可能会增加 1.6~3.7Gt/a，该估计值是基于过去 25 年中原油密度和硫含量的年增长率于 2012 年作出的。当然，考虑到轻质致密油的可用性，必须对这些预测进行调整。这表明，一旦获得致密油，CO_2 的排放量可能会降低。

需要指出的是，已经有报告按照 CO_2 当量，研究了其他气体排放对全球变暖的影响。例如，表 2.4[53a] 给出了 CH_4 和 N_2O 排放的影响。在石油炼制过程中可能会同时生成 CH_4 和 N_2O。

表 2.4 100 年水平的全球变暖潜能[53a]

化合物	等效 CO_2	化合物	等效 CO_2
1g CO_2	1g CO_2 当量	1g N_2O	298g CO_2 当量
1g CH_4	25g CO_2 当量		

2.4.2 液体和固体的排放

来自炼油厂的废水可能含有污染物，当排放至下水道时，会消耗水中的氧气。废水中的其他污染物(例如砷、汞及氰化物等)对所有形式生命均有毒性。

当排放到下水道时，有毒污染物可能是不良气味的来源。将污染物在水处理单元处理至规定水平内通常是每个炼油厂的一部分。

固体排放物可能包括来自焦化装置的颗粒物。炼油厂的发电系统必须确保排放至环境中的飞灰颗粒低于规定的限制。出于安全和环境原因，废催化剂作为《石油加工手册》的主题内容，是需要关注的固体。

2.4.3 其他方面

在工业生产中，噪声可能会影响操作人员的听力；如果噪声发生于居民区附近，可能还会影响公众的听力。产生噪声的系统包括压缩机、风扇、机泵、电动机、炉子、控制阀及透平机等。在某些情况下，应该强制操作人员使用噪声防护装置。为了最大限度地减少噪声对公众的不利影响，通常将炼油厂建设在远离居民区的地方。

在石油炼制过程中，必须首先考虑火灾风险，尤其是正在考虑轻质致密原油的 HPR 的炼油厂更应如此。因此，从炼油装置中逃逸的氢气和轻烃是引起火灾和爆炸的主要原因。在炼油厂处理有毒和危险化学药品也可能具有潜在的危险。废 HPR 催化剂属于其他危险物质广泛清单(例如，新鲜的和废 HF、废苛性碱、炼油厂的污泥、废水等)中需要关注的物质。处理这些物质的程序在《石油加工手册》中有详细描述，本书仅讨论废 HPR 催化剂的危险性。

2.4.4 法律法规

Jackson[53b]详细描述了与炼油有关的健康、安全和环境问题，它们受《高危险化学品标准》(29 CFR 1910.119)的过程安全管理(PSM)的发布者——职业安全与健康管理局(OSHA)的监管。该标准用于管理与高危化学品有关的风险，目的是防止有害化学品在工作场所及周围社区的意外释放。炼油厂排出的某些化学品的量不得超过 OSHA 高危化学品清单中规定的阈值。合规性审核应由经过专门培训的团队或外部顾问进行，以确保 PSM 系统按规定得到实施。作为建议，OSHA 预计炼油厂应将其总收入的 3%用于 PSM 活动。关于石油炼制，美国 EPA 的“40 CFR 68”风险管理程序(RMP)适用于炼油厂中的处理单元——从事石油炼制(生产运输燃料油、燃料油或润滑油)和从事焦化、催化裂化及异构化等单元。EPA 的危险化学品清单可能不同于 OSHA 的清单。炼油厂也可能受到 RMP 的监管[53b]。因此，尽管 PSM 和 RMP 是互斥的，但也可能存在重合的情况。

本书中，与废 HPR 催化剂相关的安全、健康及环境的规则、法律和法案，将在第 13 章中进行更详细的讨论。

第 3 章　加氢处理技术

加氢处理(HPR)是最先进的加氢方法，是一种将常规石油和非石油馏分原料以及各种渣油转化为商业燃料和其他产品的工艺[54]。根据原料来源不同，工业 HPR 单元的操作条件变化较大。为了满足加工要求，炼油厂可以选择不同类型的反应器，如固定床、移动床、沸腾床和浆态床反应器。只有在具有加氢活性的催化剂的存在下，氢才能高效地转移到反应物分子上。催化反应器的设计，特别是反应器内构件，对运行有显著的影响。高性能的 HPR 设备要求原料与反应器和催化剂类型实现最佳匹配，只有这样才能确保催化剂失活速率最小化。

3.1　加氢处理的原料

石油原料 HPR 产生的废催化剂大多需要专业的管理程序，这类加氢原料包括来自重油和沥青砂油的合成原油。非石油原料包括生物质原油、页岩油和煤炭衍生物液体，其中页岩油备受关注[29]。工业上有关加氢处理产生的废催化剂的信息是有限的。通过费-托合成生产合成原油，已有几十年的工业经验。一般采用与石油原料加氢处理接近的条件来加工此类原料使产品升级得到工业产品，但也应注意在操作参数方面还是有一些差异的[55]。处理此类废催化剂的过程也是类似的。然而，下面讨论主要集中于源自石油的原料油上，因为有关此类原料加氢处理的文献容易获得，因此只给出了它们属性的一般和简要说明。需要注意的是，不含金属的原料与含金属和沥青质原料的 HPR 操作条件之间存在显著差异。

表 3.1[54]列出了煤油、粗柴油以及常压渣油(AR)等原料的性质。早前已经指出，加氢处理的难度取决于原料油的性质，从轻质原料到重质原料，加氢难度逐渐增加。例如，对表 3.1 中的原料，加氢处理的难度依次为：煤油<柴油<常压渣油。随着加氢难度增加，催化剂的消耗量也逐渐增加，单位质量催化剂处理原料量逐渐降低。图 3.1 表明在耗氢量和氢压之间存在关联。很明显，加氢裂化的耗氢量要远大于加氢处理[例如脱沥青油的加氢裂化(DAO-HC)相较于加氢处理(DAO-HT)]。

表 3.1　一些馏分油和常压渣油的性质[54]

项　　目	煤油	粗柴油	常压渣油[a]
密度/(g/cm^3)	0.7952	0.8967	0.978
馏分/℃			

续表

项　　目	煤油	粗柴油	常压渣油[a]
初馏点/℃	89	232	
50	202	363	
90	262	424	
终馏点	291	440	
硫/%(质)	0.45	2.29	4.2
氮/(μg/g)	200	800	2450
沥青质/%(质)	0	0	约4
康氏残炭值	0	0	约12
渣油/%(质)			
钒/(μg/g)	0	0	67
镍/(μg/g)	0	0	20

[a]：360+℃。

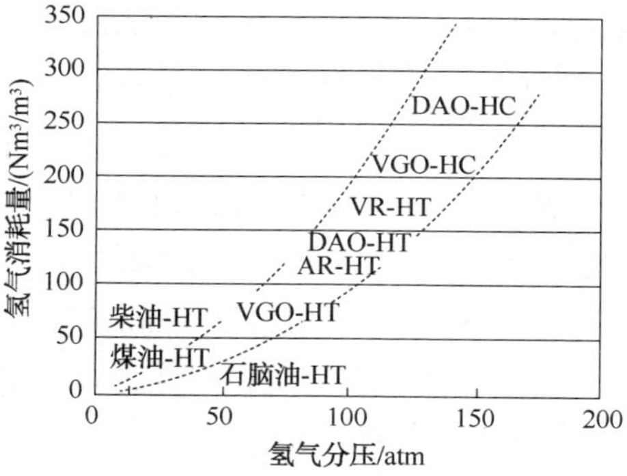

图3.1　原料来源和氢气压力对氢耗的影响(HC指加氢裂化，HT指氢处理)

3.1.1　轻质原料

根据图2.5常规炼油厂的简化流程，常压馏分油、焦化馏分油和减压柴油(VGO)通常需要加氢处理。焦化馏分油一般分馏为石脑油和重柴油(HGO)，图2.5表明VGO加氢处理可以获得燃料油，但是VGO也可以用作流化催化裂化(FCC)的原料，尤其是为了生产汽油。这些原料不含金属、树脂和沥青杂质等污染物。然而，根据原油来源的不同，具有相似沸腾范围的馏分的组成可能表现出很大的变化。由于采用较高的加工温度，焦化馏分油和催化裂化馏分油含有更多的烯烃和芳香烃组分。从加工角度考虑，应主要关注硫含量和氮含量。这些杂原子以杂环化合物的形式存在，其稳定性和/或难脱除性随相对分子质量的增加而增强。必须调整烃类化合物的分布以满足产品规格要求。比如，正构烷烃的含量必须较低才能确保燃料油和润滑油具有所需要的低温流动性，柴油馏分中的芳烃含量必须保持在规定的水平之下。

费-托合成的产品不含金属，硫和氮含量也很低。含杂原子的化合物主要是含氧化合物和少量的水，这些含氧化合物多数具有脂类结构。费-托合成油中的烃类化合物主要是直链烷烃和直链烯烃，也有少量的芳烃和环烷烃。费-托合成油改质的主要目的是将正构烷烃和正构烯烃加氢异构化(HIS)为异构烷烃和异构烯烃，但异构反应受含氧化合物的影响。所以在费-托合成油改质过程中，加氢是基本的加工步骤，以便延长含贵金属加氢异构化催化剂的寿命[55]。

页岩油(见表2.2)一般存在于低渗透性的沉积岩层中，可以应用压裂技术开采出来，石脑油和中间馏分油几乎占页岩油的80%。就这一点而言，页岩油与传统的轻质原油类似。然而，类似石蜡的性质表明其中含有高浓度的直链烷烃。此外，硫、氮以及钒和镍含量也远低于典型的轻质原油。生产页岩油的条件导致页岩油中存在含水乳状液，同时也含有氯化物形式的碱金属、碱土金属以及铁。

3.1.2 中等重质原料

在本手册中，中等重质原料特指V+Ni含量不高于100μg/g，康氏残炭(CCR)量不高于10%(质)的原油。根据表2.1[28]，从阿拉伯轻质原油和北海伊科菲斯克(Ekofisk)原油得到的常压渣油(>345℃)分别含有49μg/g和12μg/g的V+Ni。对于后者，减压渣油(VR)中含有33μg/g的金属V+Ni，也可以归入中等重质原料油。所以，考虑金属含量，北海伊科菲斯克减压渣油VR(>565℃)代表了重质原料的一个特殊情况。一些脱沥青油(DAO)也可以归入中等重质油一类。为了对这些渣油进行改质处理，有必要采用中等难度的加氢处理条件，如采用两个或多个串联的固定床反应器。

图2.5中包含了渣油脱沥青生产DAO的工艺流程，DAO中的金属和沥青质的含量有赖于脱沥青溶剂的类型和原料的来源。因此，在这几种DAO中，金属含量高于渣油的情况并不罕见，特别是来自重质原油(比如，博斯坎原油、玛雅原油、奥里诺科河原油、苏阿塔原油等)。例如，Reyes等研究发现[56]，这种DAO含有约230μg/g的金属。然而，报告显示Boscan原油经过己烷脱沥青处理得到的DAO中分别含有接近510μg/g的金属V和60μg/g的金属Ni[57]。对于这些原料，从运行初期开始，催化剂失活的主要模式是金属沉积，特别是当DAO中的沥青质含量远低于相同金属含量的减压渣油的情况时。有时，将VGO和DAO混合使用更有利，特别是当两者都来自常规原油时[58]。随后，这种混合物可以经过HPR获得FCC或脱蜡原料。相应地，VGO/DAO和/或DAO的HPR困难程度及其与之相关的催化剂失活程度将介于VGO和AR的加氢处理之间。

3.1.3 重质原料和超重质原料

本手册中，重质原料和超重质原料分别定义为金属总含量分别为100~200μg/g和200~300μg/g的原料。在此基础上，由科威特和阿拉伯重质原油加工得到的AR(>345℃)的金属含量分别为163μg/g和123μg/g，而由阿拉伯轻油得到的VR(>565℃)中的金属含量为147μg/g。表2.1[28]中来自其他原油(除了阿拉伯轻质原油和伊科菲斯克原油)的AR和VR的金属含量均高于300μg/g，可归类为超重质原料。

数十年的工业经验证明，无论是重质原油还是超重质原油可采用 HPR 提高产品质量。然而，使原料性质与催化剂类型和反应系统最优匹配，对重质原料油和超重质原料油加氢远比对中间原料和中等重质原料加氢更为关键。金属含量高于 300μg/g 的极重原料也可以进行催化加氢，但只有在催化剂库存充裕和有过量氢源时才采用[49]。先进行诸如脱沥青预处理，再对这些原料进行催化加氢处理才更有意义。否则，必须先对超重质原料进行脱炭加工(延迟焦化、流化焦化等)以初步改质。多数用于超重原料的改质的废催化剂是不可再生的，然而，有时当再生工艺与复活工艺结合使用时，催化活性也可部分恢复。

3.1.4 氢气

氢气是 HPR 的基本原料，制氢成本显著影响 HPR 的总体经济性。合成气水煤气变换反应(WGS)广泛地用于工业制氢，从不同原料(如煤、石油焦、渣油等)气化得到的合成气均可以使用[58a]。在炼油厂，烃先经蒸汽重整，然后 WGS 水汽变换制氢，一直以来是主要的制氢路线。可用下面涉及甲烷的反应描述：

$$CH_4+H_2O = 3H_2+CO$$

$$CO+H_2O = H_2+CO_2$$

氢气提纯采用洗涤或膜分离，将 CO_2 从 H_2+CO_2 混合物中分离而得到。

Farnand 等[58b,58c]详细地论述了现代石油炼制中有关制氢的技术。首先，先进的制氢装置可以在多种模式下运行，从而确保灵活处理广泛的炼油厂副产品，如炼油厂(比如蒸馏、裂解、重整等)中产生的废气和从液化石油气(LPG)到重石脑油的液态烃类。例如，在夏季，多余的丁烷可以经济地用于制氢。LPG 和石脑油可以作为应急原料以避免意外的天然气供应中断问题，天然气是广泛使用的主要制氢原料。表 3.2[58b,58c]列出了许多可以用于制氢的原料，这些原料与天然气组成间的差别清楚地表明，当它们用于制氢时需要调整装置的运行参数，先进的制氢装置有一定的操作弹性。

表 3.2 用于制氢的原料组成[58b,58c]

组成[a]	原料							
	A	B	C	D	E	LPG	丁烷	天然气
N_2	3.5	1.3	3.5	2.4	0.1	0	0	1.2
H_2	60	35	21	26	6	0	0	0
CH_4	19	36	49	8	42	0	0	96
C_2	7	16	20	1	19	0	0	2
C_3	6	6	3	27	16	2	2	0
C_4	3	5	1	33	10	0	85	0
C_5	2	1	0	2	5	0	13	0

[a]：含有痕量的 O_2、CO 和 CO_2。

氢管理影响炼油厂的盈利能力，Umana 等发表的研究证实了这一点[58d]。他们通过改变氢气分压随温度的变化评估运行效率，开发的模型集成了 H_2 生产和 H_2 消耗，以确定最优配置。

3.2 加氢反应

有关加氢处理反应的机理早已有文献报道，几个权威性的综述将加氢处理过程归为几个特定的反应：加氢脱硫(HDS)[1,2,28,59]、加氢脱氮(HDN)[60,61]、加氢脱氧(HDO)[62]和加氢(HYD)[63]。人们更多地关注于模型化合物和实际原料。通常，常规沸点在 350℃以下的原料加氢处理的目的是除去杂原子和将芳烃加氢饱和以得到满足要求的常规燃料。来自重质原料脱炭工艺的馏分(比如石脑油)可能会含有烯烃，必须除掉烯烃组分保证最终产品的稳定性。此外，与重质原料(尤其是含有胶质、沥青质和金属的原料)相比，馏分油 HPR 过程中的反应机制得到了充分的证明[60-64]。

在渣油 HPR 中，HDS、HDN 和 HDO 反应与 HYD、HCR、HDM、HDA 和 HIS 反应同时发生，这些反应间的相互影响相当复杂，对于轻馏分反应，动力学测量可以量化反应进程。一定程度上，这些反应可能受到催化剂性质以及操作条件的影响和/或控制。

与轻质原料相比，由于存在大分子，重质原料 HPR 过程中发生的反应非常复杂。由于沥青质分子的存在及参与反应，从常压馏分原料、VGO/HGO 到 AR 和 VR 以及重质拔顶油反应的复杂性增加。不管什么情况，主要目标是将大分子转化为馏分油，可以通过胶质和沥青质组分的 HCR 以及转化卟啉结构来实现。所以，对重沥青质原料，需要较高的 HDA 率以达到理想的 HDM。因此，在绝大多数沥青质被解聚为较小的分子团之前，无法实现快速的 HDM。

沸点 350℃以下和 350℃以上(如 VGO 和 HGO)的原料在 HPR 中发生的反应相同。然而，当加氢处理的目的是为 FCC 生产原料时，采用 VGO 和 HGO 为原料的情况下，必须尽可能地使芳烃加氢饱和。此外，对这种原料，为了防止 FCC 催化剂中毒，必须脱除痕量的金属、沥青质和氮，除非采用更先进的工艺，如渣油 FCC 工艺。使用 VGO、HGO 和 DAO 加氢处理生产运输燃料时，开环、HIS 和 HCR 反应都是重要的反应。

催化脱蜡时，催化剂必须有足够的 HCR 催化活性和选择性以保证得到高产率的中间馏分油和润滑油基础油。对于脱蜡催化剂，正构烷烃对异构石蜡的 HIS 是保证最终产物低凝点和低倾点的重要催化功能。此外，为了适合于制备润滑油，润滑油基础油必须具有良好的黏度。为此，芳香烃必须转化为环烷烃。对于大多数 VGO、HGO 和 DAO，产品(例如润滑油基础油和柴油)的理想性能难以一步实现。

对于含沥青质和金属的原料，HCR、HDA 和 HDM 是最重要的反应。本手册后面有详细论述。在 HPR 多段反应系统中，不同段由不同的反应控制着。HDM 和 HDA 总是第一段中的主要反应。在第二段及其后续的各段，这些反应仍然很重要，同时胶质的转化变得越来越重要了，直至总的 HPR 反应最终为 HYD、HDS、HDN 和 HDO 所控制。对于 AR 和 VR，最后阶段发生的反应与 DAO 和 VGO 的 HPR 反应相似。然而，不同段的反应程度取决于重质油原料的来源和催化剂类型。所以，需要重视每一段催化剂的选择。

在含氧高的原料(如生物质原料、油页岩液体、CDL 等)的加氢处理中，HDO 反应是最主要的反应。羧酸和酯类是页岩油中除了苯酚和呋喃化合物外的重要反应物，这些都是 CDL 中的主要反应物。在生物质原料中还发现了相当复杂的含氧化合物。然而，脱羧基和脱炭可能是整个 HDO 机制的重要组成部分。

众所周知，催化剂的酸度越大，烃类化合物的结构变化越大，表明涉及 HIS 和 HCR 反应。一定程度上，这些反应通过碳正离子机理进行。因为 C—C 键热断裂形成自由基发生在温度 600K 以上，在典型 HPR 反应条件下可以生成自由基，所以碳正离子和自由基可能都是 HPR 整体反应机理的组成部分。一般地，高石蜡原料(如页岩油、烃类原油和费-托合成油)的 HPR 情形就是如此，直链烷烃是部分改质植物油的主要组成。

3.3 常规的加氢处理催化剂

有几位学者定期对加氢处理催化剂的相关信息进行评述[15,28,54-65]，本手册仅对加氢处理催化剂的化学组成和物理性质进行简要概括说明。以 Co 或 Ni 为助剂的 Mo(W)负载型催化剂已在加氢处理中应用了数十年，γ-Al_2O_3 一直是主要的载体。近年来，为了提高催化剂的性能，逐渐引入了其他载体，如氧化硅-氧化铝、分子筛、TiO_2、介孔硅等材料，使用酸性更强的载体的原因是增加 HCR 和 HIS 反应活性。

3.3.1 结构和化学组成

非负载的 Mo(W)S_2 催化剂呈现出六方配位结构。显然，负载型催化剂也保持同样的配位结构，使用中(硫化态)的催化剂含有 Mo(W)S_2 片状物，片状物在载体上的分布(从一个单层到簇)取决于负载金属的方法、硫化时所应用的条件、操作条件、载体性质等。在加氢处理条件下，Mo(W)S_2 晶体中的棱角和边缘的硫离子易于去除，导致形成具有 Lewis 酸性的配位不饱和位(CUS)和/或硫离子空位，可能形成两个，甚至多个空位。由于具有 Lewis 酸性，CUS 可以吸附原料中有未配对电子的分子(如含 N 碱类)。同时，它们也是加氢活性位。这时，H_2 分子可以均裂和异裂分别产生 Mo-H 和 S-H 基团[66]。

只有具有活化氢气的能力，催化剂才有催化功能，活化的氢随后转移给吸附在 CUS 位上或附近的反应物分子。部分氢可以溢流到载体上，在一定程度上保护活性相不因结焦而失活。在运行过程中，载体上沉积的焦炭的尺寸不断地增大[67,68]。为此，通过优化催化剂制备和预硫化方法，可以增强表面氢的保护作用。

Co 和 Ni 等助剂存在于 Mo(W)S_2 晶体的边角位上，修饰晶体。在助剂存在时，CUS 表现得比金属硫化物单独存在时活泼得多，所以氢气的活化速率显著增强。为了保持 CUS 的最佳浓度，H_2S/H_2 是关键的工艺参数。已经发现，在 673K 以上，催化剂表面上的—SH 基具有 B 酸性[64]，Brϕnsted 酸位点的存在是实现高 HDN 率的理想条件。否则，其他加氢反应将会因为含氮化合物在 CUS 上的吸附而被抑制。除了阻止其他反应物在活性位上吸附以外，CUS 位上的含氮物质也会减缓氢的活化过程，这些不利的影响是催化剂因含氮碱类而化合物毒的主要原因[60,66]。此外，积炭和金属沉积(主要是 V 和 Ni)也会降低催化活性位的可接近性。

除非在投用之前已硫化，工业装置运行中，氧化态催化剂一般要转化为硫化态。经验上一般多倾向于在与原料接触前将催化剂进行预硫化，硫化态催化剂的结构相当复杂。关于这一点，公开出版的资料中有关新鲜和废催化剂评价条件与工业运行条件明显不同[66]，所以几乎没有稳态运行(原位条件)催化剂的存在形式的信息。不可避免地，在加氢处理条件下(600~700K，氢气压力 5~15MPa)，催化剂的一些性质(如活性相与载体的相互作用、晶格振动、助剂与活性金属的相互作用等)会不同于表征条件下的性质。所以，亟须开发与实际情况尽量接近的测试方法，尽管这是一个相当有挑战性的任务。

传统加氢处理催化剂活性相的本质一直是关注焦点[64-68]，实验已经证实，Mo(W)S_2 晶体上存在有利于催化活性的 Co(Ni)-Mo(W)-S 相和边缘位。此外，碳修饰的活性相[Co(Ni)-Mo(W)-S-C]也已经被识别[64]。

3.3.1.1 Co(Ni)-Mo(W)-S 相

几个研究小组一直致力于确定加氢处理催化剂的结构，Topsoe 等[64]对理解这些问题所做出的贡献值得关注。在 $CoMo/Al_2O_3$ 催化剂中，在 γ-Al_2O_3 上存在多种物质，已经明确确认存在的有 MoS_2、Co_9S_8 和 Co/Al_2O_3 等。此外，Mossbauer 谱提供的确凿证据表明，存在 Co 与 MoS_2 结合在一起的物相(例如 Co-Mo-S 相)，类似的结构也在 $NiMo/Al_2O_3$、CoW/Al_2O_3 和 NiW/Al_2O_3 催化剂上发现，分别是 Ni-Mo-S、Co-W-S 和 Ni-W-S。已经确认，在这种物相中，MoS_2 晶粒边角上存在过量的 Co 和/或 Ni 助剂。在 Mo 的同一面内出现这些助剂排除了 MoS_2 层间嵌入 Co 和 Ni 助剂的可能性。在 Co-Mo-S 相中，Mo-S 键较非负载的 MoS_2 弱，所以可以更容易地形成加氢处理反应所需要的 CUS 位。温度和 H_2S/H_2 是控制 CUS 浓度的重要操作参数。

Co-Mo-S 相结构与温度有关[64,69,70]，在低温下形成的Ⅰ型物相仍然通过化学键与载体结合，Al-O-Mo 基团的存在已经证实了这一点，在低负载 Mo/Al_2O_3 催化剂上容易生成这种相，出现该相是硫化不完全的一个迹象，高温下硫化易使Ⅰ型晶相转变为Ⅱ型晶相。因此，Al-O-Mo 基团的消失表明活性相和 $\gamma-Al_2O_3$ 载体间的相互作用减弱了。在非负载的 Co/MoS_2 体系和碳负载的 CoMo 催化剂中已经进一步证实了Ⅱ型的相存在[69]，这表明Ⅰ型相载体上存在与活性相发生相互作用的氧。由于与载体相互作用较弱，与Ⅰ型相呈亚单层分布，Ⅱ型相结构主要是多层状。一般地，前者表现出更高的催化活性，这表明活性位在Mo(W)S晶体的边角位，Ⅱ型相中活性位的比例比Ⅰ型相更大。

Bouwens 等[70]所做的载体对活性相结构影响的研究揭示，碳载体上的Ⅱ型相与 SiO_2 和 $\gamma-Al_2O_3$ 载体上Ⅰ型相类似；也就是说，在前一种情况中，Ⅱ型相接近单层形式。这与一些碳载体上活性金属明显高分散的情况一致。在这里，碳载体上的表面缺陷可能起了重要的作用。比如，相比清洁的石墨，可观察到在活性炭(AC)上活性金属高度分散[66]。对 NiMo/AC 和 $NiMo/Al_2O_3$ 催化剂，只能检测到两种形式的硫化物[71]，一个是如同 Ni-Mo-S 的Ⅱ型，另一个是 Ni_3S_2。对 NiMo/AC 和 $NiMo/Al_2O_3$ 催化剂，当 Ni/Mo 分别超过 0.48 和 0.56 后可以检测到 Ni_3S_2 存在。

Dugulan 等[72]观察到，AC 负载的催化剂中 Co-Mo-S 相的演化与 H_2 的压力有关，CoMo/AC 催化剂在高 H_2 压力(例如4MPa)下 573K 硫化时的穆斯堡尔光谱与在常压下得到的不同。与 $CoMo/Al_2O_3$ 催化剂相比，在高 H_2 压力下，Co-Mo-S 相中的 Co 硫化物的稳定性受到影响，表明在高 H_2 压力条件下，Co-Mo-S 相在碳表面的性质可能与 $\gamma-Al_2O_3$ 载体上的不同。

3.3.1.2 边缘位模型

Topsoe 及其合作者[73,74]采用新的实验和理论方法，如扫描隧道显微镜(STM)、密度泛函理论(DFT)和高角环形暗场扫描透射电子谱(HAAD-STEM)，对 MoS_2、Co-Mo-S 和 Ni-Mo-S 晶相的结构、形貌和活性进行了深入的研究。STM 给出了 MoS_2、Co-Mo-S 和 Ni-Mo-S 纳米簇催化活性边缘位的原子分辨图像，研究发现活性边缘位呈现出特殊的电子态。利用 DFT 进行详细分析，发现边缘位具有金属特性。由此推测，由于边缘位具有金属特征，可以与含硫化合物键合，当附近的边位有以—SH 基团形式存在的氢时，氢发生迁移，同时发生 HYD 反应。边位形成 HYD 催化活性位，但是该边缘位非 CUS。很长一段时间里，人们普遍接受 CUS 是发生 HYD 和氢解反应的关键反应位的观点。一般认为，棱角处具有更高(>2)硫空位的 MoS_2、Co-Mo-S 结构通过 π 吸附主要发生 HYD 反应，而氢解反应可能发生在具有较低硫空位的边缘位上[75,76]。Topsoe 等[73,74]提出的新的边缘位模型与抑制效应、空间立体效应和中毒效应等许多实验现象一致，而此前的空缺模型难以解释这些实验现象。DFT 模拟计算促进了对工业反应条件下噻吩 HDS 过程的深入理解，说明 HYD 反应发生在边缘位，直接脱硫反应发生在棱边位上。HYD 反应中涉及边缘位的机理可以解释很多先前模型难以说明的实验现象。由于边缘位是配位饱和位，不吸附 H_2S，解释了 H_2S 不会抑制 HYD 反应的原因。边缘位模型也可解释在 4，6-DMBT 等分子的 HYD 反应中不存在烷基取代空间抑制效应的原因。边缘位是非常开放的反应位，可以吸附空间位阻大难脱除的分子，在生产超低硫柴油产品时要除去这些分子。边缘位及其附近的质子可以与碱性含氮分子发生强相互作用，这种相互作用比其与简单芳烃化合物(如苯)的相互作用更强[77]，由此解释了含氮化合物强烈抑制 HYD 反应的现象。

应该注意，尽管大多数实验采用了如噻吩这样的简单分子，边缘位模型的提出是 HPR 催化剂的一个亮点。然而，因为采用独特的方法，研究者[73,74]描述了噻吩分子反应的最初阶段和内部状态。随后，详细描述了吡啶与边缘位的相互作用[77,78]，在这之前从未实现，但仍需要更复杂分子的反应信息以增强边缘位模型的有效性。不过，几乎可以肯定的是，HPR 反应过程中几种类型的活性相有利于催化反应以并联或串联方式进行。

3.3.1.3 Co-Mo-C(S)相

在 HPR 反应条件下，催化剂上存在的碳有利于 Co(Ni)-Mo(W)-S-C 相的存在。Wen 等[79]的研究支持这一点，他们的研究表明 $Mo_{27}S_xC_y$ 簇的生成在热力学上是有利的。在这种情况下，MoS_2 上的边位硫原子容易被碳原子取代。类似地，Chianelli 和 Berhault[80]认为碳原子在稳定活性相方面起了重要的作用，他们认为 MoS_2 表面上过多的硫可以为碳所取代，形成化学计量的 MoS_xC_y 相，有人提出了三种具有不同的 S/C(1.83、1.68 和 8.27)的簇[81]。Kasztelan 认为[82]，在晶体学上 MoS_2 边位上的硫是可能被碳所取代的，所以 Co(Ni)-Mo(W)-S-C 相可能是 HPR 催化剂的组成部分，尤其是对碳负载的催化剂。关于这一点，近期 Kibsgaard 等[83]发表的文章应引起注意，他们采用 STM 谱仪研究石墨负载的 MoS_2 纳米团簇，在纯石墨上团簇的分散很有限。然而在引入少量的缺陷后，观察到了高分散的团簇。由此推测，与表面形成某种形式的键(可能涉及 Mo—C 键)，引起分散度增加。在运行中，不能排除焦炭对催化活性相的修饰作用，这表明 Co(Ni)-Mo(W)-S-C、Co(Ni)-Mo(W)-S 及其他潜在相(例如边缘位相)的共存。因此，由于存在碳，可能存在 Co(Ni)-Mo(W)-S-C 并参与了 HPR 反应，即便是负载在 $\gamma-Al_2O_3$ 和其他载体上的催化剂也如此。

3.3.1.4 载体的影响

$\gamma-Al_2O_3$ 载体常用于制备 HPR 催化剂，根据制备过程使用的条件，$\gamma-Al_2O_3$ 载体的比表面积、孔体积和孔径的变化幅度较大。此外，$\gamma-Al_2O_3$ 载体在制备过程中可获得需要的力学性能。负载活性金属后，催化剂的表面性质和机械强度取决于$\gamma-Al_2O_3$载体。一般地，制备用于轻质原料的HPR催化剂，具有大表面积和主要为介孔结构的$\gamma-Al_2O_3$载体是适宜的。但对于重质原料，一般采用大孔、低比表面积的$\gamma-Al_2O_3$载体，本手册后面会详细讨论HPR反应中催化剂表面性质的影响。

众所周知，不只是$\gamma-Al_2O_3$，各种载体对HPR催化剂的活性和选择性都有显著影响[84]。已有人尝试采用其他不同的载体代替$\gamma-Al_2O_3$用于调节重质原料HPR催化剂的催化性能。例如，在载体的协助下，催化剂保持适当的酸度，可以实现大烃分子向轻馏分的理想转化。总体趋势表明，酸性是设计VGO、HGO和DAO加氢处理催化剂的目标参数；而孔隙率是设计渣油HPR的催化剂的目标参数。这并不是说，对于前一原料和渣油原料，空隙率和酸性可以忽略。已经采用各种不同的原料油研究了碳、$SiO_2-Al_2O_3$、分子筛、ZrO_2以及各种混合氧化物载体[85,86]，有关传统$\gamma-Al_2O_3$载体和碳材料负载催化剂的详细评论也早有报道[87]。资料显示，人们对TiO_2载体及其与Al_2O_3和SiO_2复合载体的研究兴趣不断增长。同时，采用少量碱金属(如Na和Li)以及碱土金属(如Ca和Mg)修饰的$\gamma-Al_2O_3$载体用作重质原料的HPR催化剂也进行了试验研究[90-92]。

由于载体的变化引起催化活性的差异主要来自催化剂酸性和金属-载体相互作用的变化，Abotsi和Scaroni[93]的研究表明，碳载体的酸性明显比$\gamma-Al_2O_3$载体弱，AC、$\gamma-Al_2O_3$和相应的FeMo催化剂的NH_3-TPD结果证实了这一点[94]。实验结果表明，相对于$\gamma-Al_2O_3$载体，NH_3在AC上的吸附可以忽略。AC负载金属后，NH_3的吸附增强了。很明显，对AC，新形成的酸性与活性金属有关。正如预期的，$FeMo/Al_2O_3$催化剂的酸性比Al_2O_3载体更大。为了提高(深度和/或超深度HDS)馏分油HDS活性，控制催化剂的酸性很关键，这早已证明。相比$\gamma-Al_2O_3$负载的催化剂，碳负载的CoMo催化剂的HDS催化活性高得多，证实了这一点[87]，后者对馏分油中的含氮碱类毒物更为敏感。

与载体相互作用对活性相(如Co-Mo-S和Ni-Mo-S)的分散和相态也起着关键作用[85,96]。研究表明，钼酸盐离子和载体之间的强相互作用导致形成了低活性的Ⅰ型Co-Mo-S结构，这种结构硫化不完全，还有少量的Mo-O-Al键[64]。应用高分辨电子显微镜发现用不同载体制备的MoS_2和Mo-O-Al结构中层垛程度的有价值的信息[97,98]，与载体极弱的相互作用导致生成多层堆垛的Ⅱ型Co-Mo-S相结构，通过精细地控制载体的性质可以控制堆垛程度。在$\gamma-Al_2O_3$载体上也观测到了稳定的MoS_2小晶体平板，边位非常丰富而且分散度较高，能容纳更多的Co和Ni原子，形成单层高活性的Ⅱ型Co-Mo-S和Ni-Mo-S结构。

3.3.2 物理性质

除非已经获得了适合的表面性质，否则催化剂的化学组成并不太重要。在

HPR 运行期间，催化剂需要维持一定的寿命。除了表面性质，还须选择最优的粒子尺寸和形状以获得最优的催化性能。此外，催化性能一般随催化剂粒子尺寸的降低而增加。即便是对轻质原料，例如 AGO、VGO 和 HGO，孔隙率、催化剂粒子的尺寸和形状的影响也是很明显的。当然，对于含有沥青质和金属的原料，催化剂的设计和选择是一个更具挑战性的任务。

当考虑用于重质原料油时，在催化剂的表面性质中，孔体积、孔尺寸分布以及平均孔径比表面积更重要。同时，对轻质原料油，比表面积可能成为一个合理的催化剂稳定性指标。由于孔道中的活性金属高度分散，高比表面积、中等孔体积的催化剂对 HDS 非常有效。然而，一方面，对重质原料油，由于空口阻塞，孔道逐渐丧失；另一方面，比表面积小和孔体积大的催化剂由于活性位浓度低而活性较低。不过，它们更耐因孔口阻塞而导致的失活，其金属容量更大，所以更适合于 HDM 和 HDA。正如众多文献研究所报道的，表面性质和催化剂活性之间的关系显然更复杂。例如，图 3.2 所示催化剂(表 3.3 中的催化剂)的 HDS 转化率随时间的变化清楚地证明了催化剂类型的显著影响[99]，图 3.2 中的实验结果是采用含约 120μg/g 金属的科威特减压渣油在滴流床反应器(713K，12MPa)上进行的，PD-M2 催化剂的活性最高，表明必须综合优化介孔、比表面积和孔体积以实现优异的催化性能，这说明原料不够重，不足以观测到大孔体积的重要性(见图 3.3[100])。这些结果是在两个串联的固定床反应器上取得的，反应器 1 中的催化剂是典型的高(V+Ni)金属容量(表示为 MOC)的 HDM 大孔催化剂(Mo/Al_2O_3)，催化剂的 MOC 超过新鲜催化剂质量的 50%，实现了大量金属的脱除，这使得反应器 2 可以使用金属容量有限而有 HDN 和 HDS 催化活性的介孔 $NiMo/Al_2O_3$ 催化剂。

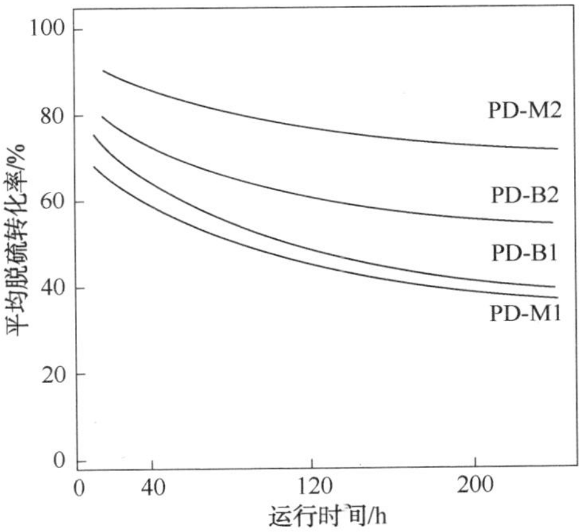

图 3.2 催化剂类型(表 3.3)对 HDS 平均活性的影响[99]

表 3.3 催化剂的性质[99]

物化性质	催化剂			
	PD-M1	PD-M2	PD-B1	PD-B2
MoO_3/%(质)	13.2	11.9	11.6	13.2
NiO/%(质)	4.0	2.8	2.5	4.0

续表

物化性质	催化剂			
	PD-M1	PD-M2	PD-B1	PD-B2
比表面积/(m^2/g)	85	228	136	312
孔体积/(mL/g)	0.60	0.53	0.73	0.76
介孔分布/%				
3~10nm	4	35	7	55
10~25nm	11	60.5	34	8
25~50nm	27	1.5	19	8
大孔分布/%				
50~100nm	15	0	6	6
100~300nm	43	0	16	21
>300nm	0	0	18	2

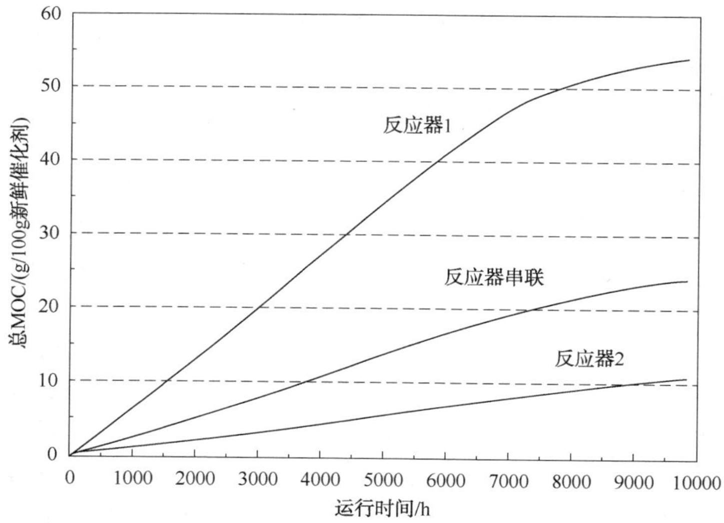

图 3.3　两个串联反应器的 MOC 随运行时间的变化[100]

上述讨论表明，存在比表面积和孔体积的最优组合，从而获得最高的催化活性和稳定性[101]。对不同的原料和催化剂，最优组合会有所不同。显然，从图 3.4[102]可以看出，原料来源对孔隙率和比表面积损失的影响。自然地，当我们将相对较轻的科威特常压渣油的性质与博斯坎(Boscan)原料进行比较时，我们会期望这样的影响。然而，比表面积和孔径分布的最佳组合对于不同沸程的柴油 HDS 的活性也是至关重要的[89]。图 3.5[103]显示了另一个有关原料来源影响的例子，在此情况下，对 HGO 原料油，催化剂稳定地运行了很长时间，而在常压渣油的 HPR

过程中观察到催化剂的连续失活，这是积炭和金属沉积造成的。

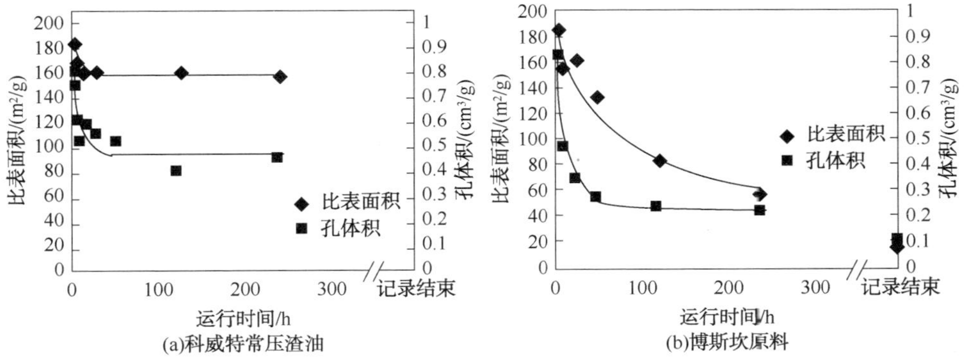

图 3.4　原料来源对催化剂比表面积和孔隙率损失的影响

再次强调，最优的孔尺寸和孔分布对高金属原料的 HPR 至关重要，尤其是对那些来自重质原油的原料，这是因为含 V 和 Ni 的卟啉化合物分子直径较大；也就是说，对微孔催化剂，分子的直径可能超过了孔直径。对小孔径催化剂而言，多数金属会沉积在催化剂的外表面上，反应物向催化剂内部的扩散成为决定因素。因此，随着孔径的增大，催化剂抗金属能力也会增大，如图 3.6 所示[90]。同时，催化剂活性也会降低。在一定的孔径下，催化剂对金属的耐受性会急剧下降，而活性下降并不明显。

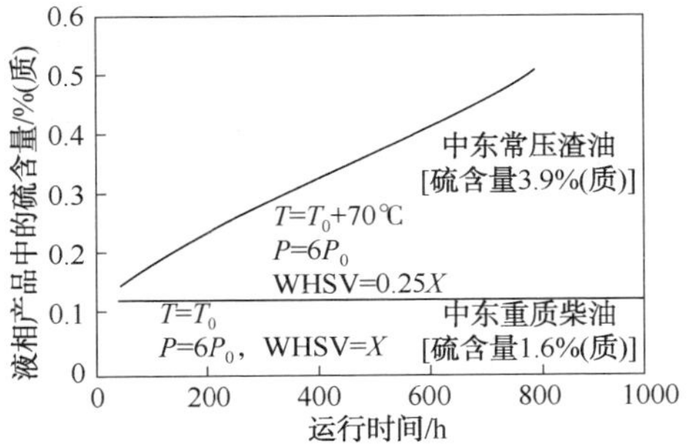

图 3.5　原料来源对 HDS 活性（$CoMo/Al_2O_3$）的影响[103]

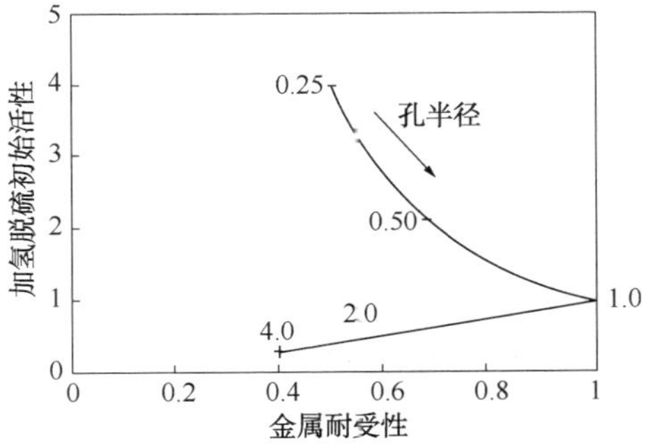

图 3.6　孔径对抗金属能力和 HDS 活性的影响

为了努力提高催化剂整体利用率和反应性能，开发了不同形状和尺寸的催化剂。典型的颗粒形状如图 3.7 所示[87]，在固定床反应器中，可以通过选择最优的颗粒形状来减小床层压降。关于这一点，正如图 3.8 所示[104]，催化剂装填方法（袋式装填或密相装填）也很重要。如果考虑废催化剂原位再生，粒子形状、尺寸以及装填方法都具有重要作用。

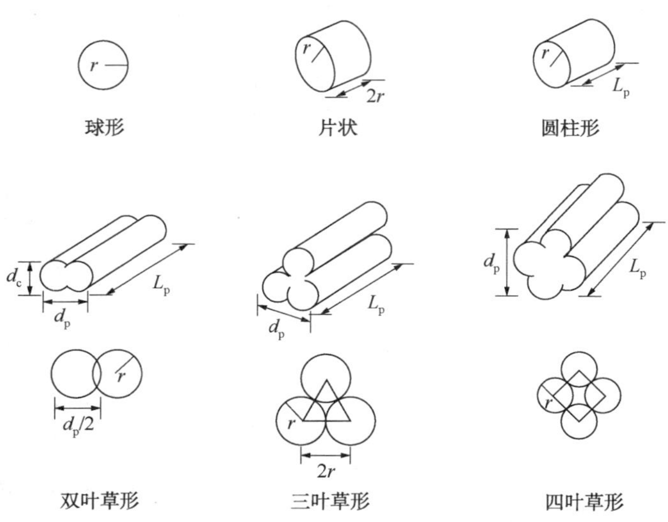

图 3.7 典型的工业加氢催化剂的形状[87]

3.3.3 机械性能

除了活性、选择性和物理性能外，还必须确定催化剂颗粒的机械性能[105]。一般来说，催化剂的密度越小，催化剂的活性越高，同时，机械性能的控制变得更加困难。在某些情况下，成为一个权衡经济性的问题，必须对其进行评估，以达到最佳的催化性能。因此，没有足够的机械强度，难以保证催化反应床层的平稳运行。对重质原料和固定床，比轻质油和流化床更为关键。因此，大孔催化剂比微孔催化剂更难以保持理想的机械强度。如图 3.9 所示[106]，随着孔径的增加，催化剂颗粒的侧压强度逐渐降低，清楚地说明了这一点。对固定床反应器，催化剂颗粒的破碎(因为机械强度不够)导致可能出现诸如催化剂床层压力降增大的现象，产生沟流导致进料分布不均匀，甚至导致固定床的坍塌造成装置意外紧急停车。当催化剂颗粒耐磨性不足时，也会发生类似的故障。制备时要控制催化剂的机械强度，选择适宜的黏结剂及最优的催化剂焙烧温度和时间。此外，将活性金属添加到载体上也会起到一定的作用[107,108]。文献中普遍低估了机械性能对催化剂性能的重要影响，即便对最难处理的原料也是如此。

3.3.4 改进型加氢处理催化剂

在 HPR 时，随运行时间延长催化剂会逐渐失活。催化剂失活速率和寿命主要取决于催化剂结构、操作严苛度和原料质量。对确定的原料，假如使用活性和稳定性更高的催化剂，会降低操作严苛度，延长催化剂寿命。因此，开发性能更好的催化剂是减少新鲜催化剂的使用量和废催化剂的选择之一。在这方面，文献中报道了许多改进催化剂性能的尝试。这些改进以及对催化剂装填程序和反应器中原料分布的改进，明显延长了装置的运行时间，减少了废催化剂的产生。

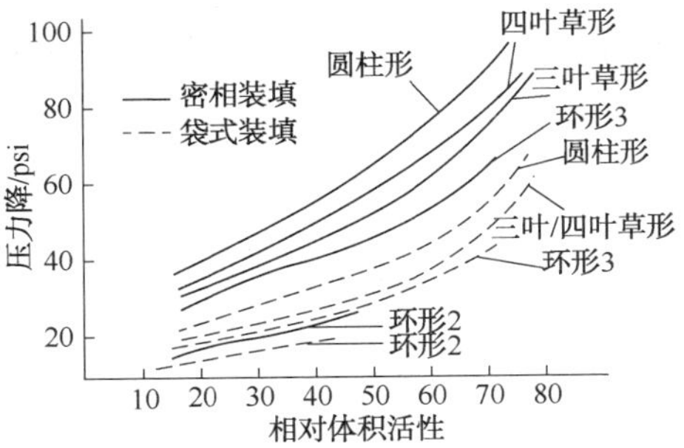

图 3.8 颗粒形状和相对体积活性对反应器压降的影响[104]

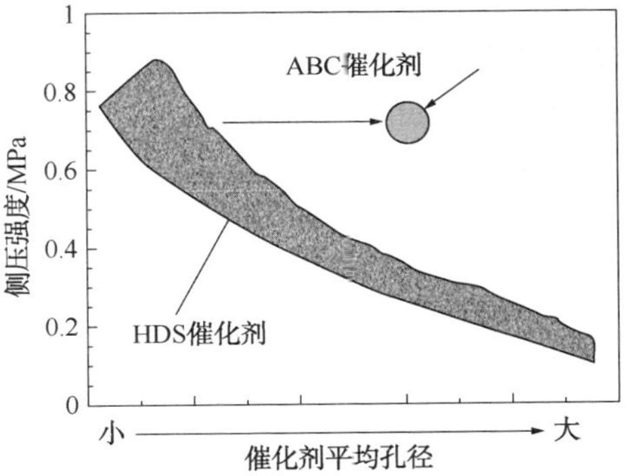

图 3.9 催化剂孔径对侧压强度的影响[106]

馏分油和渣油 HPR 使用的催化剂的性能已经有了显著的改进[28,109-112]，通过深入理解催化剂的关键性质，即活性位的性质和结构、载体的结构特征，尤其是对催化剂性能有显著影响的孔尺寸特征[43,64,113-118]，可以进一步改进 HPR 催化剂的性能。关于新一代高活性的 HPR 催化剂的科学依据，在许多评论和文章[64,118-124]中都已有报道。Haldor Topsoe 推出了一系列催化剂，如 TK-573、TK-573、TK-911、TK-915，不仅显著提高了 HDS 活性，还解决了密度和芳烃含量降低的问题。

Topsoe 开发了一种新的催化剂制备技术[125]，可生产高活性的 HPR 催化剂，新的专有 Brim 技术不仅优化了边缘位加氢功能，而且增加了直接脱硫的Ⅱ型活性位的数量[125]。前两个基于 Brim 技术的工业催化剂是用于 FCC 预处理的 TopsoeÆs TKû 558 BRIM(CoMo)和 TKû 559 BRIM(NiMo)催化剂，接着又推出了一系列用于生产超低硫柴油和加氢裂化原料预处理的新的高性能 TKû 576 BRIM (CoMo)、TKû 575 BRIM(NiMo)和 TKû 605 BRIM 催化剂，TK-607 HyBRIM 和 TK-609 HyBRIM 催化剂[126]的催化性能得到了进一步提升。采用后者，产品中的硫含量可降至 10μg/g，反应温度降低 7℃。Akzo Nobel(现在是 Albemarle)公司开发出了 STARS(KF 757、KF 767、KF 848 等)系列催化剂[127-129]，催化剂的 HDS 活性提高了一倍，并且也开始推广一种新型的 NEBULA 催化剂，该催化剂被认为是 HPR 催化的突破[110]。当用于柴油的 HPR 时，新催化剂的活性约是传统 $CoMo/Al_2O_3$ 催化剂的四倍[130]。如图 3.10[131]所示，在相同的转化率下，明显降低了反应平均温度。AXENS 公司也已经推出了一系列催化剂，正如图 3.11 所示，部分催化剂的 HDS 活性优于传统的中间馏分油 HDS 催化剂[132]。传统的 HDS 催化剂初期活性较高，但随着运行反应时间延长逐渐降低，改进后催化剂的稳定性明显更高。科威特催化剂公司也推出两种新催化剂 HOP-414 和 HOP-467，采用现有的柴油 HPR 装置，可以生产低硫含量的产品[133]。Criterion 公司推出了 CENTINEL Ascent 系列和 CENTINEL Gold 系列催化剂，这两种催化剂旨在满足超低硫柴油生产的要求[134,135]。最后要提及的是，ART 公司已经开发出了 SMART(Sulfur Minimization by ART)催化剂体系，其活性明显高于之前的 HPR 催化剂[136]。

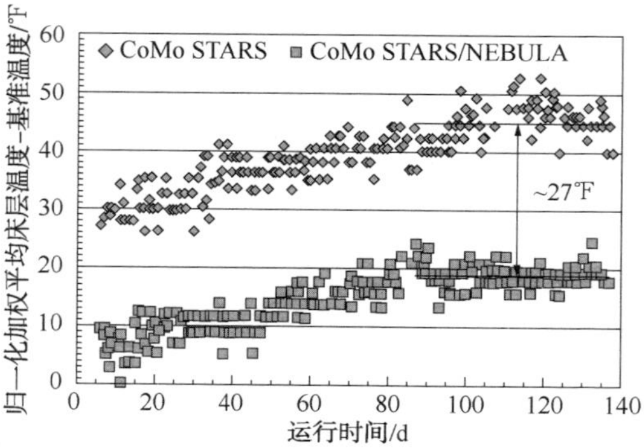

图 3.10　归一化的上部床层温度随运行时间的变化[131]

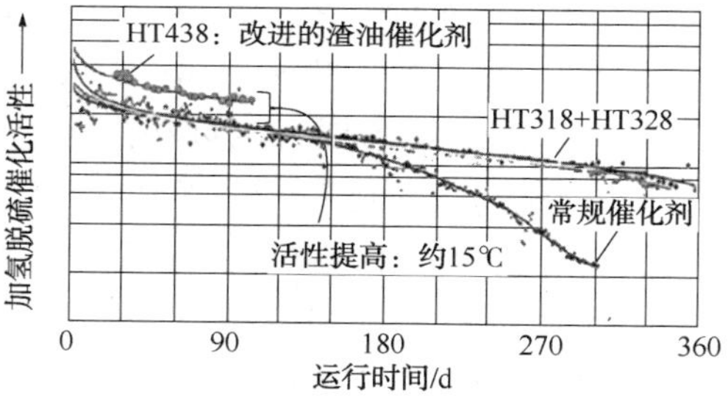

图 3.11　催化剂类型对 HDS 活性的影响[132]

上述催化剂公司已将改进的高性能 HDM、HDM/HDS 和 HDN 催化剂推向市场，用于渣油的 HPR。设计的 HDM 催化剂可最大限度地脱除原料中的金属 V 和 Ni，此类催化剂的孔体积较大，同时具有与之匹配的均衡的大孔和介孔，以提高含金属反应物大分子向催化剂孔道中的活性表面扩散速度，并使脱除的金属均匀沉积在孔道中。新型的 HDM 催化剂具有高的金属容量，同时仍保持了较高的 HDM 活性和稳定性。用在反应器前端，用于保护后续的第二、第三，甚至可能是第四个反应器中宝贵的 HDS 和 HDN 催化剂，以防止这些催化剂因金属沉积而失活。用在中间反应器(第二，也可能是第三个反应器)中的 HDM/HDS 催化剂设计具有双功能：一方面，它们可脱除脱金属催化剂未完全脱除的残余金属；另一方面，它们具有较高的 HDS 活性。第三种催化剂具有高的比表面积和明显更窄的孔分布，通常放在反应器的最后，一般被称作尾端催化剂，这种催化剂具有高的 HYD 活性，除了 HDS 作用，其主要作用还包括 HDN、加氢转化和 HYD。新一代的尾端催化剂有更高的稳定性，这是在更苛刻条件下运行时延长循环周期所必需的。通过在多反应器渣油加氢处理装置中组合使用改进的催化剂，显著提高了整个催化系统的运行效率。

除了开发高活性和更稳定的新一代 HPR 催化剂外，对工艺的改造和优化一直进行着，通过采用更优的分配盘和催化剂装填方法改进反应器中的原料分布，改进反应器的整体性能。上述改进明显地延长了运行周期，也因此减少了废催化剂的产生。

3.4 加氢处理反应器和工艺

关于石油原料加氢处理商业化工艺和新兴工艺已有详细的报道[11,137,138]，图 2.5 和图 2.11 中给出了传统和先进炼油厂的流程简图，炼油厂中有多个加氢处理单元。很明显，在传统炼油厂的转型过程中，催化反应器数量进一步增加。原料的性质和预期产品的性质决定了催化剂的选择和工艺改造的程度。因此，对于较重的原料，仅仅改造反应器可能是不够的，可能需要将几个反应器串联起来运行，以获得预期的转化率和产品质量要求。

图 3.12 中给出了已工业应用的几种催化反应器的示意图，这些反应器的典型操作条件汇总于表 3.4[137]。反应器的特征表明，选择合适催化剂的重要性，尤其是催化剂粒子尺寸和形状，对确保高效和连续运行很重要。除此之外，为获得催化剂和反应器的最优匹配，还应考虑原料的性质。

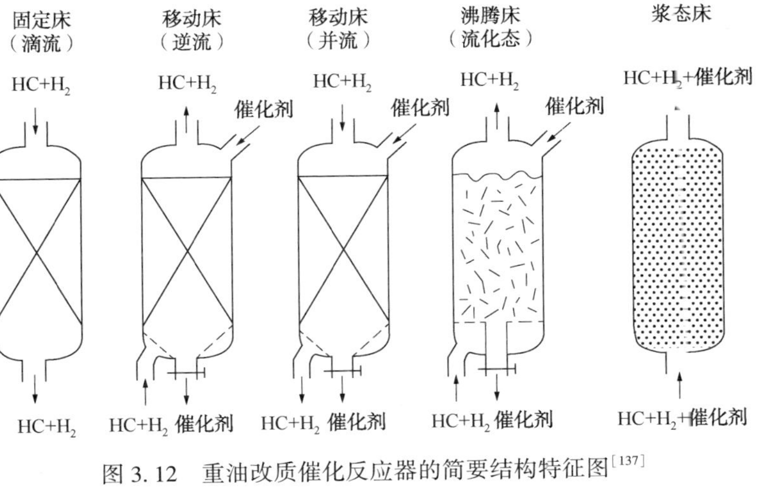

图 3.12　重油改质催化反应器的简要结构特征图[137]

表 3.4　重质原料在不同反应器中加氢处理时的操作条件[137]

项目	固定床	摇摆固定床	移动床	沸腾床	浆态床
V+Ni 最大含量/(μg/g)	120	500	700	>700	>700
压力/MPa	10~20	10~20	10~20	10~20	10~30
温度/K	655~693	655~693	655~693	655~713	693~753
LHSV/h^{-1}	0.1~0.5	0.1~0.5	0.1~0.5	0.2~1	0.2~1
550℃的最大转化率/%	50~70	60~70	60~70	70~80	80~95
运行周期/月	6~12	12	CO^a	CO^a	CO^a
催化剂颗粒	约 1.2×3	约 1.2×3	约 1.2×3	约 0.8×3	约 0.002
尺寸/mm					
RCC^b	1	1	0.55~0.70	1.4~2	

CO^a：连续运行。

RCC^b：同样原料运行一年的相对催化剂消耗量。

对轻质原料的加氢处理，固定床反应器已有数十年的应用经验。固定床反应器已经逐步地改造，以便在处理更重的原料时长时间稳定运行。随着原料中沥青质和金属含量的增加，反应器的改造程度也随之加大。因此，一般认为，对常规原油的常压馏分油，采用单个固定床反应器和/或一个由多层不同催化剂床层组成的固定床反应器可以实现所需要的转化率，采用同一反应器中包含几段的固定床反应器也是可行的。

对含金属和沥青质的原料，采用固定床反应器，不可避免地要频繁停车和更换催化剂。采用多个反应器串联的方式，可以减缓这一问题。这时，第一个反应器的主要作用是脱除大多数金属，以延长后续反应器中催化剂的寿命，这个反应器称作保护床反应器，保护床反应器中的固体材料要求具有较高的金属容量。为了保护废润滑油加氢处理过程中的催化剂，使用的保护剂材料多采用氧化铝颗粒、氧化铝球、活性黏土和活性炭，等等[139]。此时，必须除掉其中的固体、水、盐等物质。当采用活性炭时，催化性能最好，其他固体材料效果不好，从得到高质量的润滑油基础油可以看出这一点。Albemarle 公司已经制造出了八种保护剂材料，并向市场销售[139a]。

在有些情况下，在保护床反应器的上游设置有“保护室”，在 HDM 模式下运行。保护室的主要功能是去除分散在重质原料中的无机固体。因此，保护床反应器主要装填高金属容量的催化剂。同时，保护室装填了低值的固体材料(如黏土、矿物质、氧化铝等)，目的是过滤掉重质原料中的无机固体。采用有适当孔隙率的氧化铝作为保护剂材料，可以脱除掉重质油中的一些 V 和 Ni。固体中的一部分极可能是在 V 和 Ni 卟啉类化合物与 H_2 和 H_2S 的非催化反应过程中形成的，并非经由催化反应生成。保护床反应器下游反应器的数目随原料油中金属和沥青质含量的增长而增加。由于原料性质不同，每一个反应器需要不同类型的催化剂。同样，这取决于原料的来源和预期的产品性质。因此，在选择催化剂时必须特别注意，以便实现多级催化反应系统同步运行。

为了避免由于更换催化剂而导致的频繁停车，必须开发出更先进的 HPR 反应器，在运行中可连续或定期补加和回收催化剂。图 3.12 给出了一种采用膨胀床和/或流化床的先进催化反应器[137]，而另一种采用移动床反应器。在后一种情况下，催化剂从反应器顶部进入，不断地向底部移动，并周期性地与液体物料一起排出。在沸腾床反应器中，催化剂浆料从顶部持续加入，废催化剂从反应器底部抽出。即便是重质油原料中存在无机固体时，沸腾床反应器也可毫不费力地正常运行。因此，在固定床反应器中面临的压降变化、沟流等难题在沸腾床反应器中就不存在了。

在重质油的加氢处理中，人们一直试图进一步改进现有的反应器或开发新的催化反应系统。在这方面，研究主要聚焦在与工业上主流并流反应器相对的逆流反应器上，前一种反应器采用液、气流并流的方式[140]。在逆流反应器中，采用结构化催化剂，催化剂粒子封闭于一个堆积床中。HPR 反应器的各种特性处于不同的发展阶段，应该指出的是本手册只讨论已工业化的反应器，只有这些反应器产生废催化剂。

3.4.1 固定床反应器

几十年来，使用固定床反应器加工不含金属和沥青质的常规原料的操作经验，是对其调整和/或改进以适用于更复杂原料的技术基础。多年的经验证实，常压馏分油固定床反应器操作简单，也适用于 VGO 和 HGO。固定床反应器可以采用上流式或下流式操作模式[141]，后者也就是所谓的滴流床，一直以来被广泛应用。然而，不管采用何种装填程序，上流式反应器能够确保圆柱状或特殊形状催化剂粒子在低和高质量流速下均保持良好的润湿。在滴流床中，可以通过选择适宜的装填程序来改进催化剂润湿，确保反应器中催化剂颗粒水平取向最小，与上流式反应器相比，滴流床反应器由于沟流而发生故障的概率较小。

固定床可能是相同粒子尺寸和形状的同一种催化剂的单一固定床(见图 3.12)，也可能是不同催化剂的多层床。各层可以由化学组成相同但形状、尺寸以及孔径和孔体积不同的催化剂组成。例如，反应器入口是 HDM 催化剂，接着是 HCR 催化剂层，接近反应器出口的是 HDS/HDN 催化剂层。催化剂和催化剂层数的选择取决于原料来源和期望的最终产品质量。

Dik 等[142]采用常规的 VGO 作为加氢处理原料，对几种堆积床与固定床反应器进行了对比研究，研究结果也适用于来自 TOS 的常压渣油的加氢处理。为加氢处理评价，采用络合浸渍法制备了负载在三种不同载体[如：γ-Al_2O_3、30%Y 分子筛/γ-Al_2O_3、70%ASA(Si/Al=0.9)/γ-Al_2O_3]上的 NiMo 催化剂，经液相硫化

(二甲基二硫醚)后，催化剂应用于堆积床反应器加氢处理(见图3.13)。此外，两个装填有 $NiMo/Al_2O_3$ 或 NiMo/ASA 催化剂的固定床反应器用于对比。在每次评价时，催化总质量和体积分别为22g和120mL。表3.5中给出了气体、石脑油(>180℃)、柴油(180~360℃)和渣油(>360℃)等产品的质量收率以及硫含量(μg/g)[142]。就柴油收率和硫含量而言，反应床4($NiMo/ASA-Al_2O_3$)在400℃的反应性能最好。

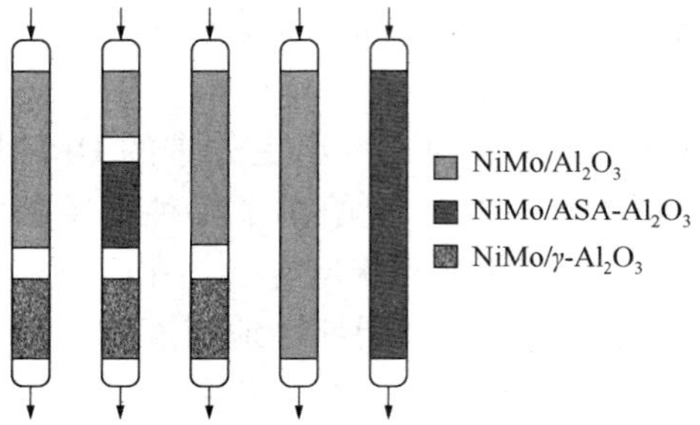

图3.13　堆积床和固定床反应器的对比(结果见表3.5)[142]

表3.5　图3.13中堆积床和固定床反应器加氢处理减压柴油的产品收率[142]

收率	催化反应床											
	1		2		3		4[a]			5[b]		
	380℃	390℃	380℃	390℃	380℃	390℃	380℃	390℃	400℃	380℃	390℃	400℃
气体/%(质)	2.4	3.9	1.7	3.2	2.6	4.7	1.1	1.9	2.0	0.5	0.6	1.2
石脑油/%(质)	13.6	28.2	14.2	19.8	17.7	31.7	3.5	5.7	9.3	1.9	2.3	3.8
柴油/%(质)	45.0	43.4	49.2	49.8	47.0	48.8	39.1	47.5	61.1	27.3	34.6	44.3
渣油/%(质)	39.0	24.5	34.8	19.8	31.6	14.9	56.1	45.0	27.6	70.2	62.6	50.7
硫/(μg/g)	316	211	335	129	306	65	228	176	82	757	394	136

a：$NiMo/ASA-Al_2O_3$。

b：$NiMo/Al_2O_3$。

Peng等[142a]报道催化堆积床反应器是一种有效的超深度HDS生产商业柴油燃料的方法，上部床层中W-Mo-Ni催化剂具有高的HDS和HYD催化活性，而下部床层中的Mo-Co型催化剂表现出较高的烷基转移催化活性，总体上生产出了一种高十六烷值的柴油燃料。

同一个反应器内可由几段催化剂床层组成，中间被空区分隔开的固定床反应系统(见图3.14)有一定优点，每个分区可以装有相同的或不同的催化剂。任何情况下，通过这种结构设计，可以在分区中间引入补偿氢气以吸收放热反应产生的热。有一些反应装置也提供洗脱设备，从第一段床层来的流出物在进入下一段时通过洗涤脱除其中的氨和硫化氢。

因此可以控制 H_2S/H_2，而 H_2S/H_2 对于HDN反应获得高转化率很关键。否则，含氮碱性化合物引起的催化剂的中毒会影响装置的运行。一般情况下，在固定床反应器中都可以观察到积炭由上而下不断增加的现象，而金属的沉积呈现相

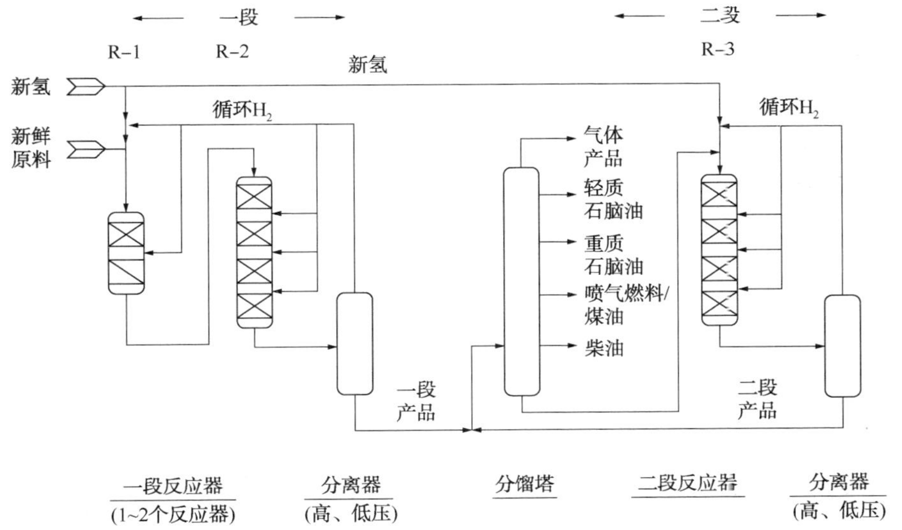

图 3.14 改进的脱蜡石油原料加氢裂化工艺[143]

反的趋势，H_2S/H_2 在同一方向上逐渐增加[28]。因此，预测反应器入口和出口间的废催化剂的结构应该是不同的。

早已发现，固定床反应器的性能取决于催化剂的装填方法(密相装填或袋式装填)[144]。后一种情况下，许多催化剂粒子一起到达装填表面，几乎没有时间到达最优的停留位置。如此一来，粒子会相互紧靠，形成架桥，保持随机的状态，产生大的空隙。在固定床上施加一定的力，架桥可能坍塌。例如，可能引起压降变化，要知道在装置运行期间压力降可能会不断地变化。当催化剂装填速度较慢时，催化剂颗粒在被其他颗粒干扰之前就能就位，阻止了架桥和产生过大的空隙，催化剂床层具有更高的堆积密度，并防止收缩。与袋式装填相比，密相装填的优点是相对体积活性增加、运行起始温度降低[144]，密相装填的负面效应是操作起始压降大。可以预期，当考虑废催化剂的原位再生时，采用密相装填时会产生更多的问题。事实上，在运行末期，对这样的催化剂床层原位再生不可能毫无问题地进行。

为了确保固定床反应器的稳定性能，必须确定每个反应器的孔隙率和活性的最佳组合，同时反应器压降在可接受范围内。因此，催化剂颗粒的形状和尺寸很重要[145,146]，见表 3.6[103]。固定床操作的最大压降是有限的，这取决于原料类型和催化剂颗粒的形状和尺寸。对轻质原料，可以通过选择催化剂颗粒的形状和尺寸实现密相装填，从而获得最大的单位反应器体积催化活性。然而，对于金属和沥青质含量高的原料，为了实现想要的相应催化功能，可能就需要选择小颗粒尺寸的催化剂。然后，必须选择催化剂颗粒的形状以获得具有足够高空隙率的固定床。比如，袋式装填环状和叶瓣型颗粒可以分别得到比圆柱状颗粒高35%和10%的空隙率[103]。

表3.6 催化剂颗粒尺寸和形状对加氢脱硫活性的影响[103]

形状	尺寸/mm	V_p/S_p/mm	活性
条形	0.83(外径)×3.7(长)	0.189	9.7
条形	1.2(外径)×5.0(长)	0.268	7.9
条形	1.55(外径)×5.0(长)	0.345	5.7
环形	1.62(外径)×0.64(内径)×4.8(长)	0.233	8.7
椭圆形	1.9(外径)×1.0(内径)×5.0(长)	0.262	8.4
三叶草形	1.0(外径)×5.0(长)	0.295	8.2
破碎的颗粒	0.25~0.45	约0.04	14.0

经验表明，可以使用几个串联的固定床反应器处理V+Ni含量小于120μg/g的重质原料[147]。在优化的反应条件下，高活性和抗金属能力较低的催化剂可用于金属含量小于25μg/g的重质原料。对金属含量在25~50μg/g的原料，可能需要两种催化剂的催化反应系统。第一段催化剂有较高的抗金属性能，第二段催化剂具有高的HDS和HDN活性。对于金属含量在50~100μg/g的重质原料，可能至少需要三段固定床反应系统。在这种情况下，第一个反应器中的催化剂应具有高的HDM活性和高的金属容量以保证后续反应器中的催化剂使用寿命。一般认为，进行一些改进，仍可以采用固定床反应器加工金属含量超过150μg/g的重质原料油。改进措施包括使用两个保护床反应器，一个投用，一个待用，这种保护反应器是Hyvahl工艺的组成部分[137]。保护反应器的大小(例如总的金属容量)要与重质原料中的金属含量相匹配。当运行的反应器接近总金属容量时，可以切换到装有新鲜催化剂的另一保护反应器而确保装置不间断地正常运行[137]。也可以考虑在下游添加另一反应器，但会提高运行成本，可能达到难以接受的程度。

尽管是由不同工艺开发商许可建造的，商业化的固定床反应器工艺具有相似的特征。工艺所包含的反应器数和/或段数是由重质原料中的金属和沥青质含量、预计的每天重质原料处理量、预期的液体产品质量决定的。对更重的原料，不可能仅在一段反应器中就达到所需要的加氢处理要求。因此，即便是对VGO，也需要多级反应系统，可以采用多层床或多段反应器，尤其是当目标是为了生产FCC原料或提高产品中间馏分油的收率时。

当目标产品是润滑油基础油时，可能需要完全不同的固定床反应器组合。此时，催化脱蜡反应器可以是VGO和DAO加氢处理工艺的一部分，其后紧连着在更温和反应条件下运行的润滑油加氢精制。应该注意，用于脱蜡和补充加氢精制的催化剂配方可能不同于通常的加氢精制催化剂。实际上，需要两种以上的催化剂。正如 Chandak 等所揭示的，这取决于原料来源[147a]。在他们的研究中，多达五个反应器串联在一起，每一个反应器装填了不同的催化剂。

3.4.1.1 Unibon 工艺

通常情况下，Unibon 工艺一般用在脱沥青装置下游，可以用于 VGO 和 HGO 或 VGO 和 DAO 混合物的加氢处理。根据进料的不同，可以用一段或两段配置。比如，采用 DAO 原料的工业 Unibon 工艺配置了两个独立的固定床反应器，一个主要运行在 HDM 模式(保护床反应器)，另一个运行在 HDS 模式[143,148]，所用 DAO 原料含有约 27μg/g 的 V+Ni 以及≤1%的沥青质，也可以使用 VGO 和 DAO 混合物原料。为了适应炼油厂的需求，Unibon 工艺允许不同的组合配置，例如 BOC Unibon、RCD Unibon 等等[149]。图 3.15 中的加氢裂化，属于 RDS 版的 Unibon 工艺，主要用于 AR 和源于常规原油的 VR 的 HDS[150]。除了一个保护床反应器和两个 HDS 反应器外，图 3.15 显示了所有的必要的上游和下游装置，这些装置大多与其他应用固定床反应器的工业装置相同。在采用 VGO 和 DAO 原料脱蜡生产润滑油基础油时，除了加氢处理反应外，HIS 和 HCR 是重要反应，只能通过采用多种类型的催化剂实现。为此，改进 Unibon 工艺，例如加氢裂化工艺(见图 3.14)，由两个反应器组成，每个反应器都包含了数段床层。

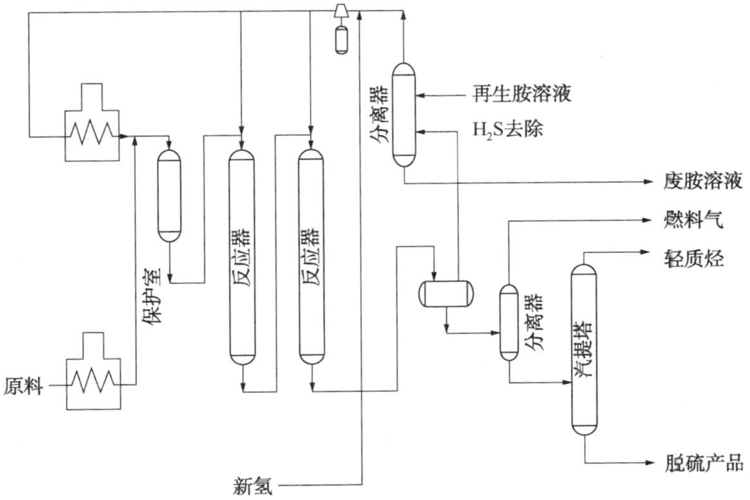

图 3.15　Unibon 工艺流程简图

其他一些采用固定床反应器的工艺也已被许可应用了。比如，日本开发的沥青质末端转化工艺，与 Unibon 工艺类似[149]。该工艺的改进包括将脱沥青单元来的沥青油重新循环进入 HDM 反应器，以进一步加工处理(也就是全循环)。显然，它几乎实现了 AR 的完全转化。Gulf RDS 工艺中的固定床反应器由包括数段床层的一个反应器组成，与 Chevron 减压渣油脱硫工艺[151]相似。采用这些工艺同时选择适当的催化剂可以实现深度 HDS。Chevron RDS 工艺也用在脱沥青装置的下游，对 DAO 进行改质[152]，采用专门的催化剂，可以实现深度 HDS 和较低的 H_2 消耗。EXXON 渣油加氢精制工艺由一个保护床反应器和多段床层的催化反应器组成[153]，用于来自常规原油的 AR 的 HDS，目的是生产满足商业要求的燃料油。

3.4.1.2 常压渣油的脱硫与 HYVAHL 工艺

为响应炼油工业的新发展，开发的 HYVAHL 新工艺采用不同反应器和催化剂组合的固定床反应器。HYVAHL 工艺和 ARDS 工艺的简要介绍，说明了对含金属和沥青质的重质油加氢处理的固定床反应器进行改造所做的努力。ARDS 工艺是由 Unocal 开发的，用于 AR 的加氢处理，如图 3.16 所示。很明显，该工艺是对 Unibon 工艺的一种扩展，目的在于适应更多的难处理原料，采用科威特 AR 原油[典型组成：约 85μg/g V+Ni，约 12%(质)CCR[154]]，积累了多年的实际运行经验。该工艺由两列组成，每列设计产能为 33000 桶/d，分别包括一个保护床反应器、三个主要反应器和一个公共的附加分馏单元。保护床反应器中的催化剂约占 70%的总催化剂量，其主要作用是 HDM。然而，所用催化剂量取决于原料中的金属含量，三个主要反应器内共装填了 31%的催化剂。三个主要反应器采用分级床反应器，所用催化剂要么组成相同但颗粒尺寸和形状不同，要么组成不同。采用分级床的目的是降低反应器压降，特别是前端催化床的压降，该处的催化剂仅接触部分转化和/或未转化的原料。因为保护床反应器仅脱除部分金属，所以下游反应器必须具备足够的 HDM 活性。所以，三个主要反应器卸下的废催化剂中会有大量的金属[155]。不过，通过优选用于保护床反应器和后续反应器的催化剂，可以缓解该问题。改进的加氢催化裂化/HDS 工艺包括五个串联的反应器[156]，该工艺的特点与 ARDS 工艺类似。在这种情况下，第一个反应器实际上是装有高金属容量 HDM 催化剂的保护床反应器。采用这种策略，可以顺利地处理 V+Ni 含量高达 150μg/g 的重质原料。

HYVAHL 工艺由法国石油研究院(Institut France Du Petrole)开发和特许[157]，该工艺包括两个 HDM 反应器及其上游保护床反应器，成功地通过了各种重质原料(如 DAO、AR 和 VR)的测评。为了保护 HDS 催化剂，两个 HDM 反应器在保护床反应器的下游，这种 HYVAHL 工艺称作摇摆反应器，确保处理重质原料(V+Ni 金属含量在 500μg/g 以内)时可连续运行一年左右。该工艺包括两个在运行中可切换的保护床反应器，采用这一设计理念，更换保护床反应器的催化剂时无须停车[157]。保护床反应器和两个 HDM 反应器共装填了约 40%(体)的催化剂，保护床反应器中确切的催化剂装填量取决于原料中的金属含量和催化剂的金属容量。

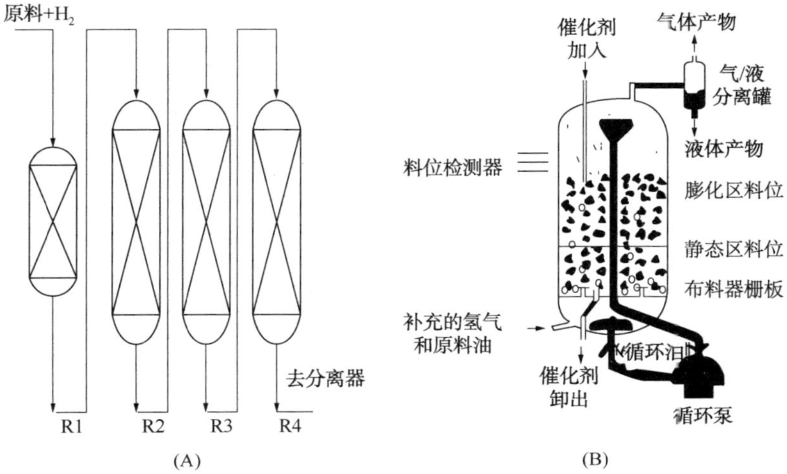

图 3.16　(A)ARDS 工艺和(B)沸腾床反应器的简化示意图[154]

3.4.2　移动床和沸腾床反应器

显然，对固定床反应器，为了加工难以处理的重质原料，可以通过频繁地更换催化剂或串联更多的反应器，有时这两个选择在经济上都不可行。此外，也很难使多个串联的固定床反应器保持同步运行。由于这些问题，设计反应器和开发催化剂的难度更大了。这方面的研究关注点主要集中在开发可以连续运行、在线更换催化剂的工艺上(见图 3.16)，催化剂床层在反应器中垂直移动就曾是研究内容之一，几种移动床催化反应器曾达到商业化规模，其中最广为人知的是料斗式反应器和催化剂快速更换反应器。需要提醒的是，移动床反应器要求专用的设备和操作以便将催化剂安全地加入或移出高温高压的反应器，包括反应器上游和下游的几个高压容器。至于废加氢处理催化剂的生成，对移动床反应器的工艺并不重要。

第一个应用沸腾床反应器的工艺是 H-Oil 工艺，由 City Services 公司和 Hydrocarbon Research Institue(HRI)联合开发。Texaco 公司和 IFP 公司先后加入 HRI，一起推广许可 H-Oil 工艺。而 City Services 公司和 Lummus、Amoco 联合推出了一个类似工艺称作 LC-Fining。沸腾床反应器设计是用来处理极难处理的原料，如减压渣油以及含有大量金属、沥青质、沉淀、分散的黏土和无机矿物质的极重原油。在同时处理减压渣油和煤焦油的混合物以及减压渣油和塑料裂解油的混合物时，成功地证实沸腾床反应器具有良好的操作灵活性。表 3.4[137] 给出了部分运行参数，数据表明沸腾床反应器适合加工金属含量超过 700μg/g 的重质原料。但是，只有在催化剂的量充足时才能实现。由于处于连续运行中，可以使用尺寸小于 1mm 的颗粒，确保较高的催化剂利用率。不过，对于这种催化剂小颗粒，正如 Al-Dalama 和 Stanislaus 所观察到的那样[12]，需要关注机械强度以防止催化剂在反应器中破碎。与焦化和脱沥青等非催化工艺相比，为了使成本更具竞争力，沸腾床工艺必须产出足够多的额外液体产品，才可抵消催化剂量和氢气消耗成本。此外，反应器上游和下游需要额外的高压容器和设备以确保安全运行，正如移动床反应器中那样。相比固定床反应器，增加了应用沸腾床反应器工艺的投资成本。

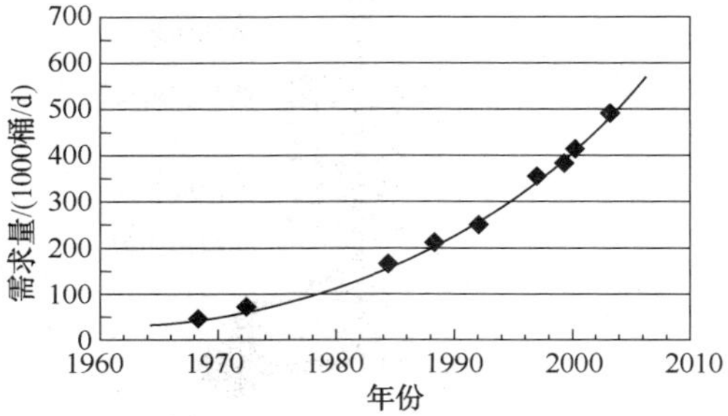

图 3.17　沸腾床反应器的需求趋势[24]

图 3.17 给出了 2010 年以前全球对沸腾床反应器的需求趋势。然而，非常规原油量的稳步增长表明这一趋势或许会变化。因此，尽管世界不同地方对非常规原油影响的感受不同，固定床反应器或许更适宜于新的形势。

沸腾床反应器最重要的特点是能定期地或连续地添加/卸出催化剂而无须中断正常操作，这种设计确保粒子之间有足够的自由空间，允许夹带的固体通过床层而不发生聚集和阻塞及增加压降。在这种条件下，可以用直径小于 1mm 的催化剂颗粒，由于明显减小了扩散限制，反应速率会显著增加。此外，催化剂利用率也会明显增加。根据炼油厂的操作情况，该工艺可以在高转化率模式，也可以在低转化率模式下运行[28]。

有关 LC-Fining 和 H-Oil 反应器的信息非常多[158-160]。再次提醒，这些反应器有类似的特征。在沸腾床反应器内(见图 3.18)，重质原料油和氢气从底部进入反应器，并以足够的速度通过分布板向上移动，使催化剂膨胀形成随机湍流运动状态。膨化床保持在催化剂沉降水平以上大约 35%的高度，可以通过控制循环泵的速度实现。在这方面，一般采用密度检测器监控装置的运行。循环泵从反应器的近顶部位置提供抽吸力，在液体循环之前使用回收盘分离其中的气体。H-Oil 工艺采用了先进的沸腾床反应器设计，包含改进了的内部循环杯，使气体可以完全从循环液中分离出来。通过改造，重质原料的处理量大为增加。工业规模的装置中，通常采用三个串联的沸腾床反应器(见图 3.18)：第一反应器用作保护床反应器，主要作用是 HDM；第二和第三反应器的主要作用是 HDS、HDN 和 HCR。在有些场合下，沸腾床反应器可以放在固定床反应器的上游，作为保护床反应器使用。然而，当重质原料中含有大量的无机固体时，一部分固体不可能完全集中到沸腾床反应器中，这些固体会被液体携带而进入后续的固定床反应器中。

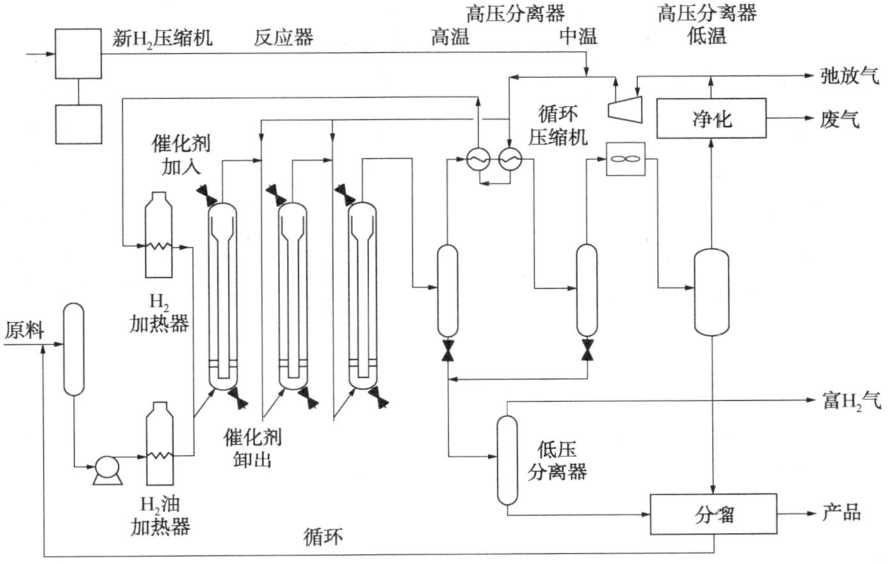

图 3.18 沸腾床反应器的工艺[161]

图 3.19[162]给出了催化剂再生系统的简要流程图，由三部分组成：新鲜催化剂处理系统、日常的催化剂补充和卸出系统以及废催化剂处理系统。新鲜的 HDM 催化剂通过浆料从高压容器中注入第一反应器。平衡催化剂从第三反应器卸下，随浆液一起送入第二反应器。废催化剂从第二和第三反应器中卸出并送往中转仓中。然后经洗涤、冷却，再转移到废催化剂料仓中。沸腾床废催化剂的进一步利用依赖于催化剂的失活程度，尤其是金属 V 和 Ni 的沉积量。

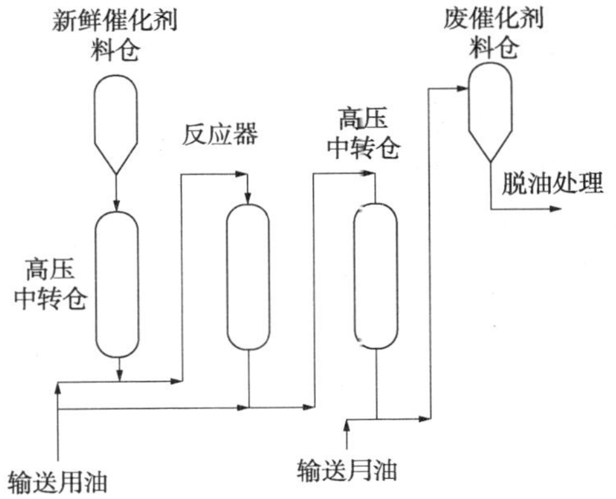

图 3.19 沸腾床反应器的催化剂处理系统[162]

3.4.3 浆态床反应器

如图 3.12 所示，浆态床反应器的特征简单(如不需要内构件)，这种反应器的设计可能比移动床和沸腾床反应器挑战小。不过，制造这种反应器，材料的选择可能更有挑战性。因此，由于使用更重的原料，必须使用更苛刻的加氢处理条件(更高的反应温度和氢气压力)[28]。

为了降低催化剂成本，一次性的、低成本的有催化活性的固体材料一直受到关注。这些材料包括冶金和铝业废弃的副产品、石油焦和煤燃烧产生的飞灰，以及天然黏土和含活性金属(比如铁)的矿物质。固体粉末颗粒与重油浆料一起引入反应器，在比典型的超重原油和减压渣油加氢处理条件更苛刻的反应条件下进行加工。工业应用证明，可以处理(V+Ni)金属含量在300μg/g 以上的重油[49]。可以肯定的是，传统的加氢处理催化剂表现出远比固体废弃物更高的催化活性。然而，更经济的回收金属再利用方法尚未开发出来。在这种情况下，不得不将金属在产品分馏后从减压渣油中分离出来，除非在进一步焦化工艺中将渣油转化为液体产品和石油焦。如果这样，石油焦通过燃烧和/或气化，催化剂中的金属与重原料油中的金属将最终成为灰分。在此提醒，本综述不包括用在浆态床反应器中的催化剂。

3.4.4 加氢处理反应器的对比

一直以来固定床反应器是馏分油加氢处理的首选。可以发现，工业上有许多不同的固定床反应器，经过改造以适应不同的原料。只要采用恰当的设计、装填合适的催化剂，任何固定床反应器都能用于轻质原料的加氢处理。此外，优选反应条件，如温度、氢压、进料流量等，可以保证固定床反应器高效而又稳定地运行。

Morel 等[137]根据 Safania 减压渣油在不同类型反应器上的加氢处理数据，估算了产品质量和收率范围，减压渣油的性质数据见表 3.7，产品的性质及其收率见表 3.8[137]。就产品中的杂质(如硫、氮和 CCR)含量而言，固定床和移动床反应器是最高效的，其次是沸腾床反应器。由于采用更高的反应温度，后者的石脑油和柴油收率较高。浆态床反应器采用废弃固体催化材料，液体产物的收率超过 80%，这是由于采用比常规加氢处理更高的反应温度，停留时间也更长。

表 3.7 Safania 减压渣油的性质[137]

密度/(kg/L)	1.035	康氏残炭/%	23.0
硫/%(质)	5.28	沥青质(庚烷法)/%(质)	11.5
氮/(μg/g)	4600	V+Ni 含量/(μg/g)	203

表 3.8 来自不同反应器的产品性质和收率数据[137]

项目	固定床/移动床	沸腾床	浆态床
	石脑油		
收率/%(质)	1~5	5~15	10~15
密度/(kg/L)	0.71~0.74	0.71~0.72	0.72
硫/%(质)	<0.01	0.01~0.2	0.06
氮/(μg/g)	<20	50~100	200

续表

项目	固定床/移动床	沸腾床	浆态床
粗柴油			
收率/%(质)	10~25	20~30	40~45
密度/(kg/L)	0.850~0.875	0.840~0.860	0.866
硫/%(质)	<0.1	0.1~0.5	0.7
氮/(μg/g)	300~1200	>500	约 1800
减压柴油			
收率/%(质)	20~35	25~35	20~25
密度/(kg/L)	0.925~0.935	0.925~0.970	1.010
硫/%(质)	0.25~0.50	0.5~2.0	2.2
氮/(μg/g)	1500~2500	1600~4000	4300
减压渣油			
收率/%(质)	30~60	15~35	10~20
密度/(kg/L)	0.990~1.030	1.035~1.100	1.160
硫/%(质)	0.7~1.5	1~3	2.7
氮/(μg/g)	3000~4000	>3300	11000
沥青质(庚烷法)/%(质)	5~10	>20	26

来自不同反应器的产品质量数据(见表3.8)反映了操作条件的差别，与固定床/移动床反应器相比，沸腾床反应器的产品质量较低是因为沸腾床反应器使用的温度较高，这可能被沸腾床反应器产品中较低的VR收率抵消。浆态床反应器的产品质量最差，很可能是因为与其他反应器相比使用的温度高。这说明浆态床反应器的液体产品可能需要加氢处理，以满足商业燃料的规格和要求。此外，有催化活性的固体材料的获取方式也影响应用浆态床反应器的可行性。所以，对于处理重质原料10000t/d的装置，达到指定的转化率要消耗约0.5%(质)的催化剂，每天将消耗约50t的催化活性固体材料。因此，与生产低成本固体材料的工业装置(如铝制品装置)整合，可能会增加浆态床反应器工业应用的可行性。

应该关注加氢处理操作安全方面的问题，几十年不同性质重质原料的加氢处理经验表明，固定床反应器容易操作且安全。移动床和沸腾床反应器上下游额外应用的高压设备增加了运行操作的复杂性，沸腾床反应器的反应条件比固定床反应器更苛刻(例如需要高温和高压)，表明制造设备可能需要特殊的材料，浆态床反应器也存在类似问题。

第 4 章　催化剂失活

随着反应时间推移，HPR 反应速率下降，说明随着反应进行催化剂逐渐失活。如图 4.1 所示，在炼油厂的实际操作中，通过提高温度可以抵消催化剂活性的下降。从图 4.1 中可看出，在催化剂活性下降过程中通常可观察到三个阶段：运行初期（SOR）、运行中期（MOR）以及运行末期（EOR）。在运行末期，从反应器中分离出废催化剂。为了使催化剂活性损失最小，科研工作者努力开发活性更高、稳定性更好的加氢处理催化剂[126]，从而减少催化剂的消耗和废催化剂的产生。催化剂的失活程度取决于几个参数，包括原料的质量、操作条件以及催化剂的结构等。例如，图 4.2 显示了温度和氢气压力对沉积在催化剂上的碳和钒的量以及比表面积的影响[161]。随着温度的升高，催化剂上沉积的 V 逐渐增加，这可能与非催化途径的 HDM 加强有关[28]。因此，必须保持 H_2 压力以确保最佳的 H_2S/H_2[28,60,64]。

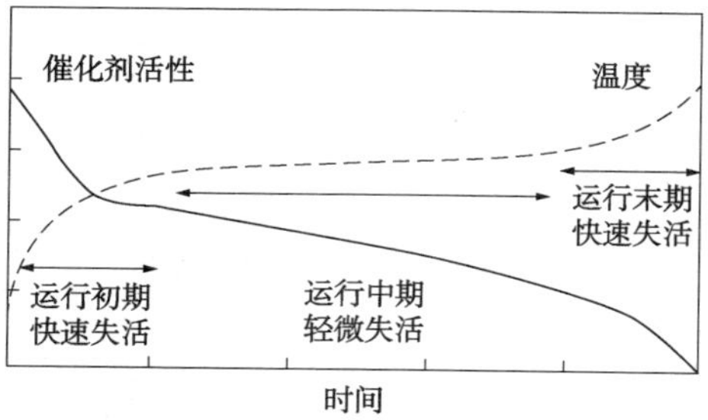

图 4.1　随着时间的推移增加温度以抵消催化剂失活

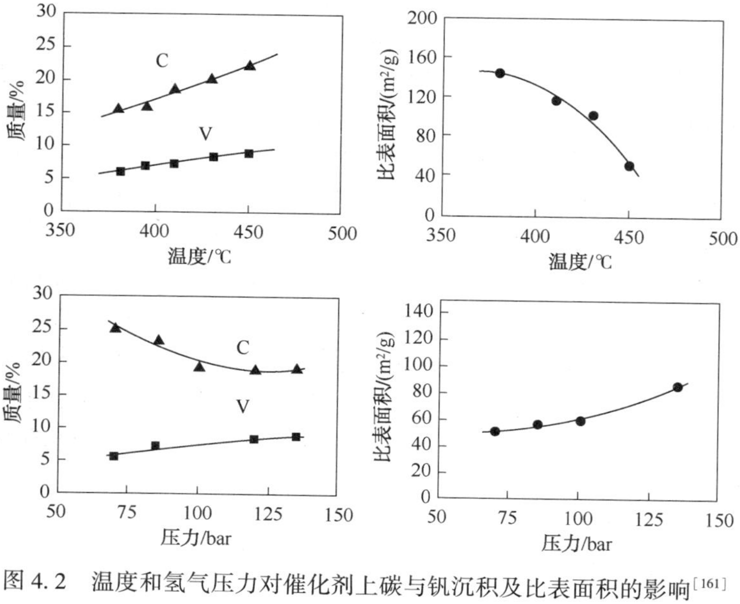

图 4.2　温度和氢气压力对催化剂上碳与钒沉积及比表面积的影响[161]

可以预见，重质原料和轻质原料 HPR 过程中催化剂失活有显著差异。重质原料中如树脂和沥青质以及有机金属化合物(卟啉)等物质的存在是运行初期(SOR)催化剂快速失活的主要原因。同时，使 MOR 缩短。与渣油加氢相比，馏分油加氢处理时 SOR 相对更加平缓，MOR 时间更长。根据渣油和馏分油加氢处理时反应物类型不同，MOR 持续时间分别可达数月和数年之久。因此，对于馏分油，意味着每单位质量的催化剂加工的原料量显著增加。一直以来，HPR 催化技术的发展主要集中在缩短 SOR、EOR 时间和延长 MOR 时间[28]，主要目标是提高 MOR 的催化剂活性。要实现此目标，设计构建的催化剂的化学组成和结构要与反应物匹配，同时催化剂颗粒的尺寸和形状应与催化反应器的特征相匹配。在某种程度上，从图 3.4(a)所示的科威特常压渣油 HPR 的两个阶段[100]可以明显看出这一点。

馏分油和渣油 HPR 时，催化剂活性降低的主要原因可能不同，例如：

1）对馏分油加氢处理而言：

a. 活性相的重结晶(烧结)和结构的改变；

b. 催化剂表面形成称为焦炭的碳质沉积物；

c. 原料中碱性含氮化合物导致催化剂中毒；

d. 含 O、S 化合物和芳香烃化合物的抑制作用；

e. 催化剂颗粒的磨损；

f. 反应物中含有硅基材料。

2）对渣油加氢处理而言：

a. 观察到影响催化剂馏分油加氢处理失活的所有原因在不同程度上都会影响加氢处理渣油的失活；

b. 树脂和沥青质成分在催化剂表面结垢；

c. 反应物中的金属沉积在催化剂表面；

d. 沉积物形成。

对于沸程相似但组成不同的石油馏分，HPR 催化剂的失活情况可能表现出不同规律，含氮化合物是催化剂失活的主要原因。对于非石油馏分(例如，CDL、费-托液体、页岩油和生物质原料)，除了含氮化合物之外，还需要注意含氧化合物和芳烃。非石油馏分加氢处理时，催化剂表面的大部分积炭与这些组分有关[2-4]。大部分非石油馏分硫含量很低，为了确保常规加氢处理催化剂的活性稳定，在原料中添加硫化物可以在一定程度上缓解这一问题。人们正在努力开发不需要预硫化且在大量水(HDO 反应产物)存在下稳定的催化剂[44,163]。

对于石油馏分，HPR 过程催化剂失活主要是由含氮化合物中毒和积炭所致。石油原料中总是含有含氮化合物，含氮化合物优先吸附在催化活性位上，从而减缓了氢的活化过程[60,66,67,164]，导致催化剂失活。总的趋势表明，在操作过程中，氮在焦炭中积累，其含量随着运行时间的增加而增加，焦炭变得更加难溶。结果表明，含氮化合物的碱性对催化剂活性总体损失的相对贡献从渣油到减压柴油/重质柴油(VGO/HGO)和常压馏分逐渐增加。换言之，含氮化合物的相对分子质量越低，中毒效应越强。此外，有人指出，含氮化合物向烃的转化可能受 H_2S/H_2 的影响[10]。可能存在最佳的 H_2S/H_2，使加氢处理(例如，HDS 和 HDN)转化率达到最大值[43]。由于催化剂逐渐失活，最佳比例可能随着时间推移而不断变化，进一步增加了失活机制的复杂性。这个比例可能因原料和催化剂不同而不同。在固定床反应器中，在反应器的进口和出口之间，这个比值可能会发生变化。在多层和/或多级催化系统中，情况将变得更加复杂。

对于含沥青质和金属的原料，积炭和金属沉积共同导致催化剂失活。对于 HDM 催化剂，一些研究表明，超过 50% 的催化剂失活是由积炭引起的[165]。然而，绝大多数信息证实金属是导致失活的主要原因[10,166-168]。然而，这些研究结论和信息往往都过分简化了实际情况，特别是在固定床反应器中。显然，对于高金属含量的原料，床层前端催化剂由于金属沉积失活，从催化剂床层前端往后(尾部)，金属沉积对催化剂失活贡献将减小，而积炭导致催化剂失活的贡献增加。然而，前端区域，由于沉积金属失活的催化剂床层将逐渐向出口移动，直到整个床层失活。在此之前，在加氢处理操作的起始阶段催化剂床层末端发生的 HDM 反应受催化剂上积炭的影响。然后，在催化剂固定床的前端和末端，积炭和金属沉积对失活的相对贡献会有所不同。

以上讨论表明，积炭和金属沉积对催化剂失活的相对贡献随着时间的变化而变化。因此，初期催化剂与重质反应物接触(图 4.1 中 SOR 阶段)，积炭沉积是催化剂失活的主要原因，此时金属沉积对催化剂活性总损失的贡献很小。总的趋势(见图 4.3)表明，焦炭沉积达到一个稳定状态，而金属的贡献几乎随时间线性增加，图 3.3 的结果证实了后期的运行趋势[100]。

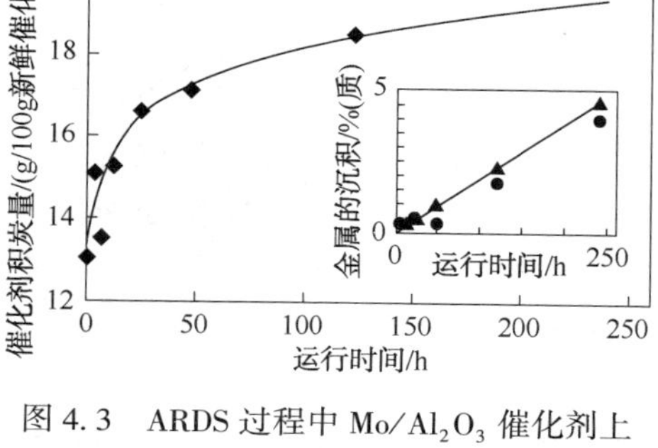

图 4.3　ARDS 过程中 Mo/Al_2O_3 催化剂上积炭和金属的沉积与运行时间的关系[100]

对于一个固定床中的几层不同催化剂或包含不同催化剂的几个固定床组成的分级系统，反应器串联在一起(例如，分别在第一、第二和第三反应器中进行 HDM、HDM/HDS 和 HDS 反应)，从第一个反应器到第三个反应器，金属对失活的贡献逐渐减小[12,169]。同时，积炭对失活的贡献逐渐增加。值得注意的是，反应原料中的含氮化合物逐渐转化为氢化含氮中间体。而后者的碱性，尤其是氢化吡咯的碱性大于反应初期原料中含氮化合物的碱性[164]。这说明，含氮中间体在完全转化为烃类物质之后，随着运行时间的推移，由此导致对催化剂中毒的贡献达到最大值。因而，含氮中间体可能至少导致部分下游反应器中积炭增加。

Al-Nasser 等[154]的研究优化了包含四个固定床反应器的分级系统组合，该系统是工业 ARDS 工艺的一部分。因此，每段都需要不同的催化剂。此外，为了确保 H_2S 的浓度不在抑制范围，还需要控制各阶段的 H_2S/H_2[64]。在一定程度上，可以从反应器中取出一部分气态产物并补充 H_2 来实现，以确保维持最佳的 H_2S/H_2。在进入后续反应器之前，从气体中洗涤 H_2S 的方法可能不太实用。

Rana 和 Ancheyta 的研究表明[169]，不同的实验条件导致了复杂的失活模式。在研究中，采用实验室规模的下流式微反和上流式微反分别研究了玛雅(Maya)原油以及 Maya 原油和柴油 50%/50%混合油的加氢处理。下流式反应器可容纳 10 倍以上的催化剂(例如，100mL/85g)。此外，微反应器中的实验条件为 653K、5.4MPa 和氢气浓度 10L/h，实验室规模反应器中的实验条件 573K、7.0MPa 和氢气浓度 100L/h。使用 $CoMo/Al_2O_3$ 和 $NiMo/Al_2O_3$ 催化剂反应 120h 后的实验结果汇总在表 4.1 中[169]。操作条件对于 HDA 的影响最为显著。对于 $CoMo/Al_2O_3$ 催化剂而言，HDA 在实验室规模装置中的转化率比微反应器装置中的转化率显著下降，而 $NiMo/Al_2O_3-TiO_2$ 则观察到相反趋势。同时，对于这两种催化剂，HDM 反应在实验室规模装置中活性损失比微反应器中损失更明显，这些结果可说明在催化剂失活研究期间得到的观察结果和结论受实验条件的影响。

表 4.1　在微反应器[MR]和实验室规模反应器[BS]中的催化剂活性[169]

催化剂	转化率/%		
	加氢脱硫	加氢脱金属	加氢脱沥青
$CoMo/Al_2O_3$-MR	56.6	50.0	40.0
$CoMo/Al_2O_3$-BS	56.6	31.2	14.9
$NiMo/Al_2O_3$-MR	37.8	35.4	34.0
$NiMo/Al_2O_3$-BS	35.6	15.7	45.7

4.1　催化剂结构变化引起的失活

在加氢处理期间，催化活性相会因热效应而发生结构变化。在持续运行数年之后，催化剂活性相结构变化更加明显。由热效应引起催化剂的重结晶会导致催化剂孔隙率、孔体积和比表面积等性质发生变化。另外，MoS_2/WS_2 晶粒(微晶)可能发生纵向和横向的尺寸增加。Yokoyama 等[170]的研究表明，$CoMo/Al_2O_3$ 催化剂中 MoS_2 微晶的横向生长是造成在 660K 和 5.9MPa 下减压柴油 HPR 催化剂活性丧失的部分原因，边缘位置的活性损失最为明显。

由于催化活性位点包括配位不饱和位点(CUS)，因此在长时间的运行中维持其稳定性是至关重要的。这需要合适的 H_2S/H_2，以确保 CUS 的理想尺寸，其中包括硫空位和邻近的—SH 基团[66]。结果表明，随着 H_2S/H_2 的增加，空缺数逐渐减少。此外，在低 H_2S/H_2 下，催化剂可能发生过度还原。据报道，反应过程中活性相中硫的损失是 HPR 催化剂初始失活的原因之一[171]。这种情况有利于含 N 碱性化合物的吸附和焦炭的沉积，不利于氢的活化。

为了模拟催化剂的失活，Tanaka 等[172]在中试装置中进行了比工业装置更高温度的加速老化实验。在前一种情况下，由于晶体横向生长导致的活性损失比在工业装置中观察到的更明显，在较低温下的运行时间比在加速老化实验中使用的时间更长。这与 Gamez 等[173]用 $CoMo/Al_2O_3$ 催化剂研究 AGO 和 VGO 混合物的加氢处理的观察结果一致[174]。因此，在比 Tanaka 等[172]使用的温度更低的工业装置中运行 12 个月后，仅观察到 MoS_2 微晶形态的微小变化，观察证实了温度是影响催化剂重结晶的主要参数。几项研究中报道了助剂从 Co-Mo-S和 Ni-Mo-S 活性相中分解(分离)[172,175-177]。Osman 等[177]通过化学气相沉积技术研究了 Co-Mo-S 结构的热稳定性，结果显示 Co-Mo-S 结构在 623K 是稳定的，673K 时不太稳定，高于 773K 时结构明显破坏。结果表明，在高温下部分 Co 原子从 Co-Mo-S 结构中脱离，Co-Mo-S 结构形成部分 MoS_2 边缘空位，而脱离的 Co 原子形成没有催化活性的 Co 硫化物簇。载体影响 Co-Mo-S 结构的热稳定性，Al_2O_3 负载的 Co-Mo-S比负载在硼改性的 Al_2O_3 和 SiO_2 上具有更好的热稳定性。定量计算表明，在 873K，10% H_2S/H_2 中处理 2h 后，Al_2O_3 上负载的 Co-Mo-S 结构约有 30%分解，相比之下，硼改性的 Al_2O_3 和 SiO_2 上负载的 Co-Mo-S 结构约有 50%分解。

Guichard 等[178]通过各种表征技术，如 X 射线光电子能谱、过渡电子能谱、能量散色 X 射线、密度泛函理论计算和催化性能评价研究了运行状态下 Co-Mo-S 和 Ni-Mo-S 相的稳定性。结论是，在高温和还原反应条件下，部分 Co 和 Ni 会从 Co-Mo-S 和 Ni-Mo-S 微晶(晶粒)的边缘脱离。

在重质馏分油的 HPR 中，金属沉积可能导致催化剂初始活性相化学组成逐渐改变，催化剂上沉积的金属 V 和 Ni 对活性的影响相当复杂的。例如，沉积物对 HDM 反应有利，已证明当沉积物质量占比在 15%~20%时，催化活性达到最大[179,180]。而进一步增加金属沉积，HDM 活性开始下降。几乎可以肯定，催化的活性下降是由于孔径分布变化引起的，这随之影响反应物分子扩散到催化剂孔中。因此，对于 HDM 催化剂，孔隙率与化学组成对催化活性同等重要。工业经验表明，在没有促进剂的情况下，合适孔隙率的 γ-Al_2O_3 载体上负载约 5%(质)的 MoO_3 对 HDA 和 HDM 反应具有活性，这种催化剂已工业应用。HDS 和 HDN 活性受金属沉积影响程度与 HDM 反应不同。这是由于 Co(Ni)MoS 相转变为 VMoS 相，而后者活性更低[181]。此外，据报道，单独的无载体 V_2S_3 硫化物表现出一定的 HYD 和 HDS 活性。但是，这些研究验证仅针对模型化合物。

4.2 馏分油加氢处理催化剂的失活

造成馏分油加氢处理催化剂活性损失的所有原因，在不同程度上也明显影响渣油加氢处理催化剂的活性。对于渣油，其中的金属和重物质是催化剂活性损失的另外原因。因此，馏分油加氢处理催化剂失活的信息对于解耦催化剂活性损失的不同影响具有重要意义。前面已提及，催化剂上积炭和碱性含氮化合物是导致馏分油加氢处理催化剂失活的主要原因。对于非石油馏分加氢处理反应，反应物中含氧化合物和芳烃对催化剂性能存在不利影响。

4.2.1 积炭和碱性含氮化合物引起的加氢催化剂失活

在馏分油加氢处理时，积炭和含氮化合物引起催化剂失活同时发生。含氮化合物在催化位点上的强吸附减缓了氢的活化速率，同时也减缓了积炭的形成，可利用的催化位点对于加氢处理反应至关重要[66]。此外，含氮化合物的长时间吸附减少了其他反应物分子进入催化位点的途径。因此，至少部分积炭形成是由于催化剂被含氮化合物中毒造成的。大量公开发表的综述报道了[50]积炭和含氮化合物导致催化剂失活的研究。需要注意的是，如果不尽量减少含氮化合物的中毒作用，就无法完成深度甚至超深度 HDS。

用不含硫/氮类化合物的棕榈油为原料油比较 Ni/Al_2O_3 与 Co/Al_2O_3 催化剂的失活情况(573K，5MPa，滴流床反应器)[185]，前 100h 的反应中，两种催化剂都表现出良好的活性。然而，150h 后，Co/Al_2O_3 催化剂的活性迅速下降，而 Ni/Al_2O_3 催化剂的活性缓慢下降。焦炭沉积是失活的主要原因，在 Co/Al_2O_3 催化剂上表现得更为明显。Ni/Al_2O_3 相比于 Co/Al_2O_3 具有更高的加氢活性因而催化剂失活缓慢[66]。在 HDO 实验之前，催化剂在 773K 下预处理 3h，在氢气中还原后，活性几乎可以完全恢复。

VGO 与 HGO 中的含氮化合物对催化剂的中毒作用存在差异。重质柴油中存在低于 350℃ 的馏分，而减压柴油中没有。因此，这取决于重质柴油的制备工艺，低于 350℃ 馏分占重质瓦斯油的 30%。在前面已经指出，随着馏分沸程的降低，含氮化合物对加氢催化剂中毒作用增加[10,60,186]。例如，馏分沸程增加到 616~666K、706~756K、大于 797K，喹啉的 HDN 反应速率以相同的顺序增加[186]。在实际情况下，例如在固定床反应器的入口和出口之间，在大多数含氮化合物转化为烃之前，含氮化合物对催化剂活性的抑制作用可能最强[132]。类似地，在多段反应器中，含氮化合物对催化剂活性的抑制作用将从第一阶段增加并在某一下游反应器中达到最大值。

Kaernbach 等[187]发表的关于俄罗斯原油馏分油 HDS 的研究清楚地证明了含氮化合物对催化剂活性的中毒作用。在连续固定床反应器中进行实验之前(633K 和 7MPa)，通过离子色谱法从原料中分离含氮化合物。正如所预料的，当反应物中不存在氮化物时，HDS 的转化率要高得多。相似地，有研究宣称通过用 SiO_2-Al_2O_3 从原料中吸附分离含氮化合物，HDS 活性提高了近 60%[188]。含氮化合物对催化剂的中毒作用随着温度升高而降低，因为升高温度它们在催化位点上的吸附性减弱。Massoth 等[189-190]也证实了原料中含氮化合物对催化剂活性的不利影响。

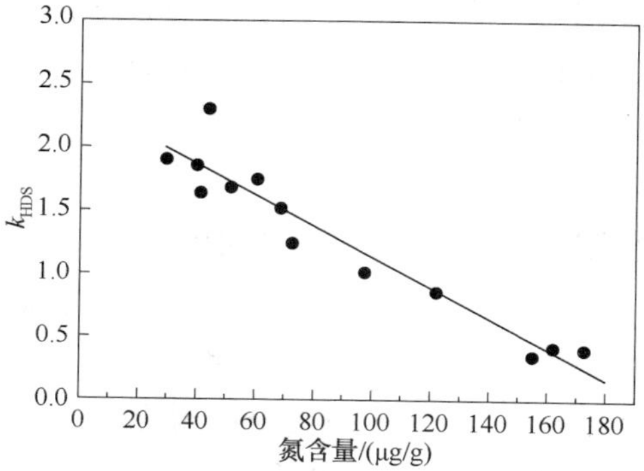

图 4.4　氮含量对 HDS 性能的影响

图 4.4 显示，随着反应物中氮含量的增加，馏分油 HDS 活性的损失增加[191]。分析各种不同氮含量馏分油的加氢处理催化剂活性损失情况得出结论，活性下降与催化剂积炭量的增加一致，证实碱性含氮化合物比其他反应物在催化位点上具有更强的吸附性，减少了其他反应物与催化位点的接触。此外，当催化活性位点存在碱性含氮化合物时，活泼氢的供应也受到影响[66]。

Muegge 和 Dong 等[192]进行的研究，有力地证实了催化剂上积炭对催化活性的不利影响。分别用蒽溶液硫化 NiMoP/Al_2O_3 催化剂和用含有吖啶和咔唑的矿物油溶液硫化 CoMo/Al_2O_3 催化剂制备了一系列预焦化催化剂。催化剂在 375℃ 高压釜中预焦化后含有 2%~12%(质)的焦炭。随后，用二甲苯萃取催化剂，然后使用模型化合物(二苯并噻吩、吲哚和萘)评价催化剂的活性。图 4.5 显示了碳含量对 HDS、HYD、HDN 和 C—N 键氢解(CNH)的影响，实验在 648K、3.5MPa H_2 压力下进行，随着碳含量增加，所有催化功能都受到影响，但影响程度不同。当催化剂上积炭含量在 2%~12%(质)时，观察到催化活性顺序为 CNH>HDS>HYD>HDN，扩散系数测量表明积炭使催化剂内部孔口收缩，比表面积也会受到影响。

从单个固定床不同深度取出运行 12 个月后的催化剂样品[VGO 加氢处理(633~673K，8MPa)]，发现积炭沉积模式不同[193]。随着床层深度增加积炭量增加，床层末端积炭的石墨性质逐渐增加。Koizumi 等[194]观察到催化剂床层入口处的积炭主要是无定形结构，床层出口处积炭为石墨结构，这与 Anemia 等的研究结果一致[193]。有人提出，固定床末端的温度升高(由于放热反应速率增加)是积炭结构差异的主要原因。几乎可以肯定，催化剂由含氮化合物引起的中毒的增加也是一个重要因素。因此，在固定床前端附近含氮化合物发生加氢反应导致形成比相应反应物碱度更高的含氮中间体[161]，最终导致表面可用的活性氢减少[66]。

deJong 等[195-197]在减压柴油的 HPR 研究中指出，催化剂上积炭的形成取决于催化剂结构。因此，根据图 4.6 所示，向 $\gamma-Al_2O_3$ 中加入少量 Mo 导致积炭显著减少[196-197]。随着催化剂 Mo 含量的增加，积炭的积累量增加；也就是说，随着催化剂活性增加而增加。因此，形成的积炭，称为化学反应积炭，与加氢处理反应有关。在 $CoMo/Al_2O_3$ 和 Mo/Al_2O_3 催化剂的老化研究中进一步证明了催化剂结构对积炭的影响[198]。在固定床反应器中使用减压柴油，在 723K 和 3MPa 下进行老化研究，对于这两种催化剂，沉积的积炭量相似。然而，由于前一种催化剂积炭的覆盖率大得多，使得前一种催化剂活性损失更多，$CoMo/Al_2O_3$ 和 Mo/Al_2O_3 催化剂活性损失分别约为 90%和 50%。对于后一种催化剂，存在积炭聚集现象，而对于 $CoMo/Al_2O_3$ 催化剂，积炭则分布更均匀。Van Dorn 等[198-200]对减压柴油 HPR 废催化剂进行了详细的光谱分析，观察了沉积在催化剂表面上积炭的形貌信息。结论是，大多数积炭位于远离活性相的位置，覆盖整个表面呈不规则形状。

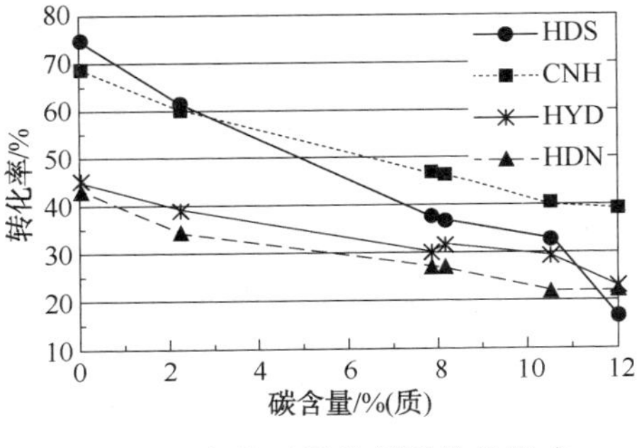

图 4.5 积炭对催化剂活性的影响

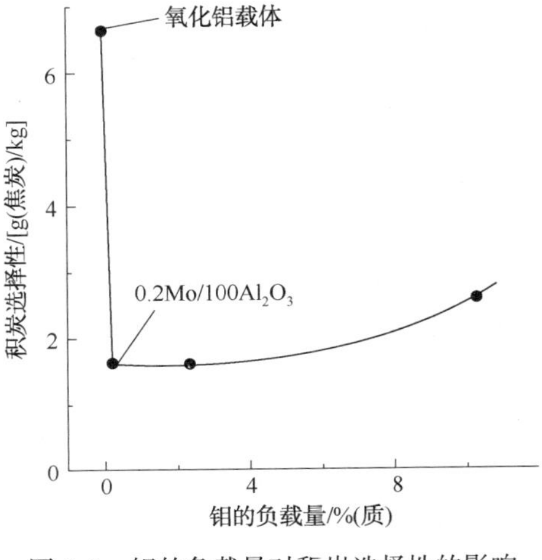

图 4.6 钼的负载量对积炭选择性的影响(减压瓦斯油)(3MPa)[196]

资料显示[201]，对于模型化合物，如咔唑和烷基咔唑，以及多环芳烃(PAH)等，最初沉积的积炭[小于 5%(质)]主要发生在 Al_2O_3 载体上。因此，在初始阶段几乎没有观察到失活。但是，在类似条件下减压柴油 HPR 时，运行几分钟后就观察到催化剂由于反应物中含氮化合物和多环芳烃引起的中毒现象[202]。同样，尽管程度较轻，Maya[203]在重质原油 HPR 过程中也观察到了催化剂由于反应物中含氮化合物引起的中毒现象。在科威特常压渣油 HPR 时，Matsushita 等[204]得出结论，在加氢反应初期形成的积炭沉积发生在载体上而不在活性相上。同时，反应物中的含氮化合物吸附在活性相附近或活性相上，促进了初期催化剂失活。因此，模型化合物 HPR 时观察到的催化剂失活模式[201]与实际馏分油 HPR 时观察到的失活模式大有不同[202-204]。

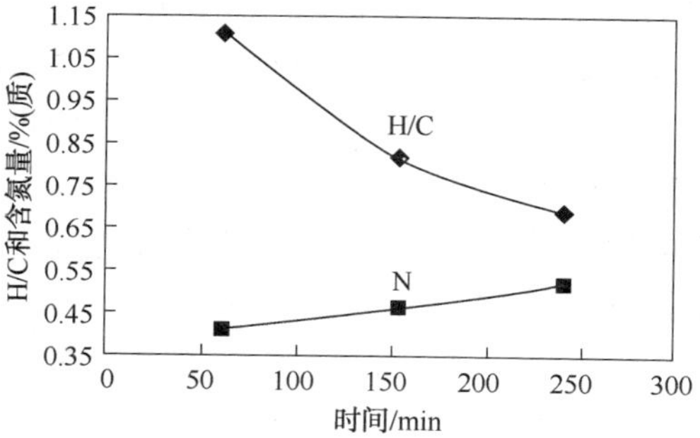

图 4.7　加氢处理运行时间对催化剂焦炭上 H/C 和含氮量的影响

如图 4.7 所示，随运行时间的推移，催化剂上积炭的 H/C 减少[205]，同时积炭中 N 含量线性增加。表明随着运行时间的增加，在中国重质原油稀释的 VR 加氢处理时，催化剂上积炭中积累的碳和氮增加，而氢随运行时间增加而减少，最终导致催化剂上积炭的类石墨结构含量增加，实验在高压釜中在 683K 和 8MPa 下进行。在实验期间，没有将金属沉积对催化剂失活的贡献与积炭和含氮化合物中毒失活的贡献分开。实验期间(例如，最多 5h)观察到的结果反映了 HPR 初始阶段发生的失活情况[205]。与此相反的是，Callejas 等[203]报道了玛雅重质原油 HPR 实验早期阶段，随着时间推移积炭中氮含量降低，表明这种积炭刚刚形成，仍具有一定的活性。但是，与可溶性较低的积炭相比，较易溶解的新积炭对 HDS 活性失活影响更大[206]。另外，在活性相区域，积炭沉积物比裸露载体更薄[207]。在几种柴油的 HPR 中使用的挤出型催化剂上观察到典型的 M 形焦炭[208]，这表明积炭通过连续失活机制沉积，可以明显观察到积炭的形成趋势，积炭的结构取决于原油的来源、催化剂类型以及操作条件。在运行期间对积炭进行评估也很重要。与馏分油 HPR 相比，在渣油 HPR 过程中，金属沉积在催化剂表面可能通过积炭改变催化剂失活的模式。对于渣油，随着 HPR 反应的进行，从固定床反应器入口到出口，原料中含氮化合物对催化剂总体失活贡献将增加。

4.2.2　由 H_2O 引起的催化剂失活

常规催化剂的稳定性可能受到原料[例如，费-托液体、生物质原油和致密油]中或催化加氢过程中加氢脱氧反应生成的大量水的影响。在几篇涉及石油原料[208]、煤衍生液体[209]、费-托合成的液体[55]以及生物质原油[163,164]的综述评论中已给出了关于水对加氢处理催化剂活性影响的详细报道。

在更早的文献中可以找到关于水对加氢催化剂失活影响的不同信息。例如，水对苯酚[210]和实际原料[211]HDO反应有轻微抑制作用，而对HDN反应有促进作用[212]。详细研究结果表明，这些研究中的大多数催化活性评价是在相对较短的时间内进行的，反应体系尚未达到平衡。而且，在实验之前进行的催化剂硫化可能不完全，表明催化活性相尚未真正形成。

如图4.8所示，在模型化合物(典型催化裂化汽油中存在的反应物)HPR期间，反应物中的水对HDO和加氢抑制作用较弱[213]。实验在固定床反应器中于523K和2MPa H_2压力下进行，使用硫化的$CoMo/Al_2O_3$催化剂。在相同条件下，CO对催化的抑制作用更加明显，表明在水煤气变换反应期间和之后将CO完全去除，对于获得高纯度H_2至关重要。Bezergianni等[213a]也观察到了类似的情况。

Badawi等[213]详细研究了水对未促进的MoS_2和硫化$CoMo/Al_2O_3$的结构和形貌的影响，对于前者，边缘S与O进行交换；而对于$CoMo/Al_2O_3$，产生的不利影响不太明显，证明Co原子阻止了S—O键的交换。高分辨透射电镜表征表明，未促进的MoS_2片状催化剂平均长度减小，而对于促进的$CoMo/Al_2O_3$催化剂变化很小。此外，水可促进γ-Al_2O_3载体转化为薄水铝石，从而使催化剂稳定性和活性降低[44,163]。

使用2-乙基苯酚为HDO的模型化合物描述水对催化活性的影响[213]，反应通过两个途径进行[62]，加氢途径产生乙基环己烷，直接脱氧途径产生乙苯。从图4.8中可以看出，对于未促进的MoS_2和硫化的$CoMo/Al_2O_3$催化剂，加氢路径对水的敏感性比直接脱氧路径高得多。对于Mo催化剂和CoMo催化剂，加氢活性分别降低3倍和1.3倍。对这两种催化剂，从图4.8中观察到水对直接脱氧途径的影响较小。

将三层平均长度为6nm的Ni-W-S催化剂用于萘的加氢(HYD)(350℃和5MPa)，生成约40%的十氢萘(萘烷)和40%的四氢萘[213b]。体系中H_2O含量在1%以下时，观察到催化剂失活很少，而H_2O含量达到2%时，萘的转化率几乎从100%降低至约70%。此外，十氢萘的产率从40%降至不到8%。

石油原料与生物质原料混炼一直受到关注[44]，在Templis等[214]的研究中，含有甘油三酯[0~5%(质)]的瓦斯油的HDS率随着甘油三酯含量的增加而降低(实验条件：$CoMo/Al_2O_3$，310~350℃，3.3MPa，WHSV为0.7~1.4h^{-1})，进一步提高甘油三酯含量一直到10%，影响程度变化不大。HDO反应中形成的水在改性催化剂表面中起重要作用。

在一定条件下，活性金属可以被原料中的水或羧酸浸出，降低催化剂表面上活性位的浓度。对于源于植物油的生物质反应物，游离脂肪酸是转化为烃之前的主要中间体。羧酸也存在于各种费-托(F-T)液体和从木质纤维素生物质衍生的生物质反应物中[44,45]。值得注意的是，一直以来水或羧酸对活性金属的浸出现象受到的关注较少。

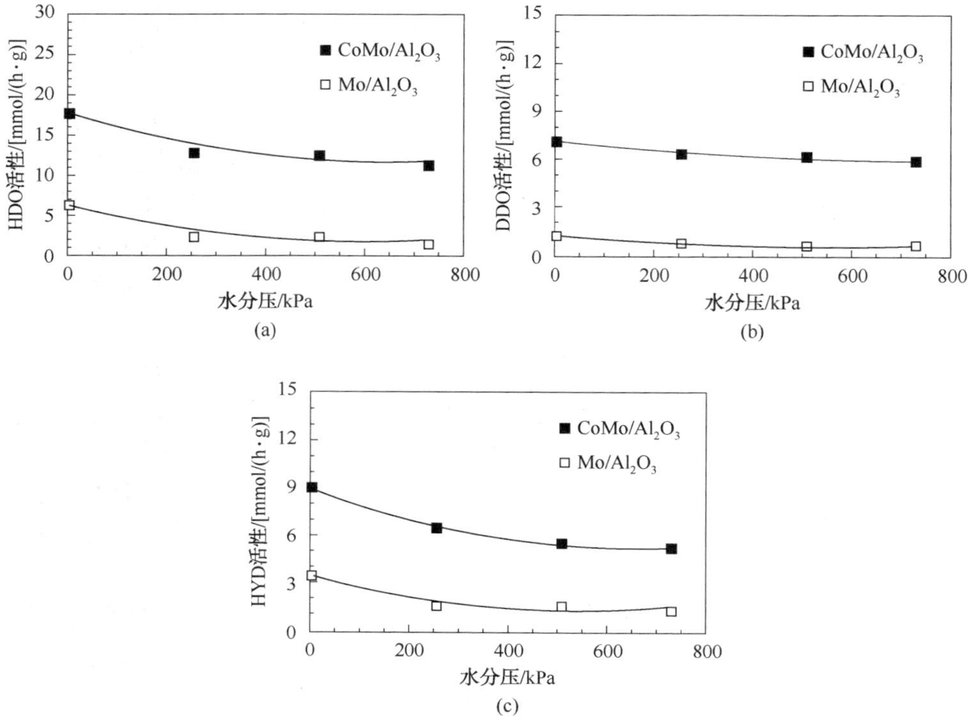

图 4.8 水分压对活性的影响[213]

4.2.3 由芳香族化合物引起催化剂的失活

一般认为，沸程相近的反应原料，对芳香性较高的原料进行改质较为困难[63-66]，通过反应需要消耗更多氢和/或催化剂可以证明。此外，对于高芳烃进料，需要更严苛的加氢条件达到目标产品规格。与链烷烃和环烷烃加氢处理相比，反应物中的芳烃更容易形成积炭。

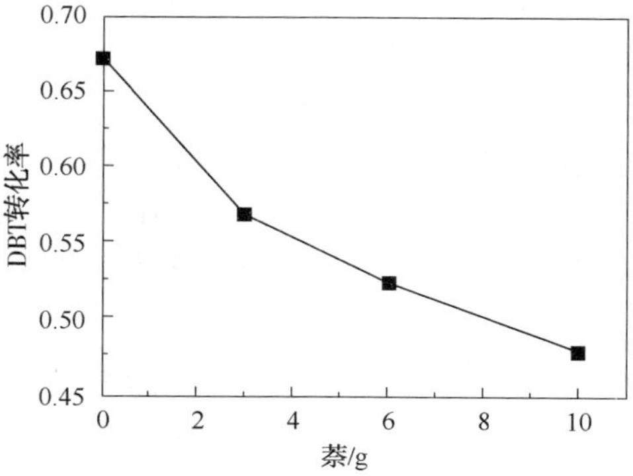

图 4.9 萘对 DBT 转化率的影响[215]

Koh 等[215]用模型化合物说明芳烃对 DBT 加氢脱硫的抑制作用，使用 DBT 和萘的混合物作为模拟化合物。根据图 4.9 所示，DBT 转化率随着混合物中萘含量的增加而降低。然而，如图 4.10 所示，芳烃对催化活性的抑制效果随着 H_2 压力的增加而降低[215]，表明在 DBT 和萘之间存在对活性氢的竞争。

Koide 等[216]比较了两类含有不同芳烃含量的馏分油，如图 4.11 所示，当反应物中含有更多芳烃时，补偿催化剂失活需要升至更高温度。在这种情况下，目标是制备含有 8μg/g 硫含量的柴油。

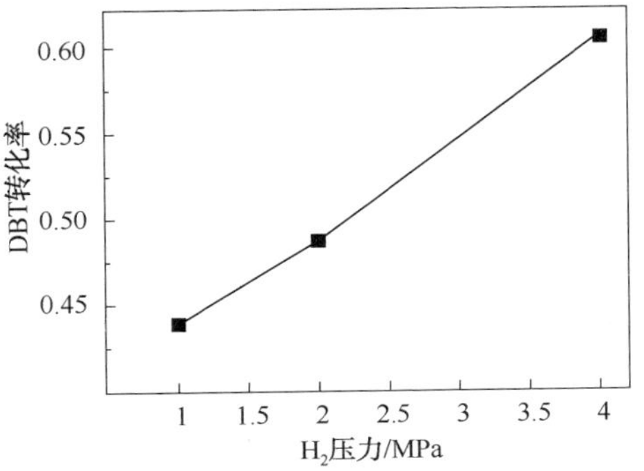

图 4.10 H_2 压力对二苯并噻吩(DBT)转化率的影响[215]

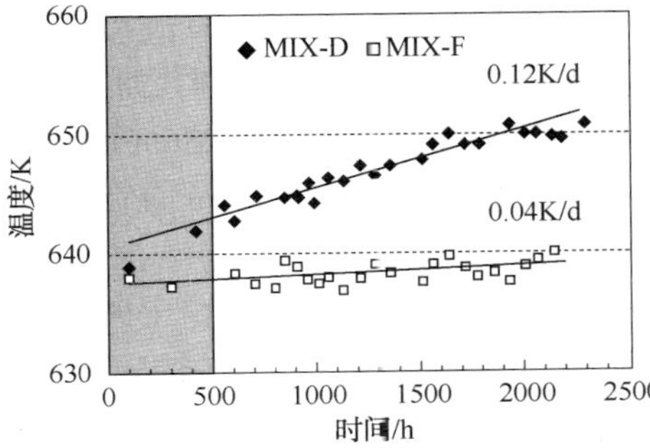

图 4.11 升高温度达到 8μg/g 硫含量(5.5MPa，$LHSV=1.5h^{-1}$)

4.2.4 由硅污染物引起催化剂的失活

当重质焦化反应物加入馏分油(石脑油和重质瓦斯油)时，加入硅油(聚二甲基硅氧烷)以防止起泡，大部分硅最终都在焦化石脑油中。因此，它不是直馏石脑油的典型污染物。此外，在深水采油时可能需要在井中注入消泡剂[217]。在高温下，过量的硅油和类似组分转化为改性硅胶，在焦化石脑油中检测到同系列的环状硅氧烷证实了这一点。这部分改性硅胶由具有 SiOH 和 $Si(OH)_2$ 表面基团的本体 SiO_2 以及表面甲基化的改性凝胶组成。在 HPR 过程中，这些化合物迅速吸附在催化剂表面上[218,219]，由硅污染引起的催化剂失活是不可逆的[217]，硅沉积是表面氧化铝位点的扩散控制反应。硅的吸附随着催化剂表面积的增加和平均催化剂床层温度的增加而增加。硅对 HDN 和 HYD 活性的抑制作用比对 HDS 活性的抑制作用更加明显，在石脑油的 HPR 过程中催化剂的 HDN 活性降低表明进料中可能存在硅[218-221]。然而，当催化剂表面上 SiO_2 的含量达到 20%(质)[Si 含量约 10%(质)]时，导致 HDS 活性损失约 90%。对于低硅含量的进料，可以通过吸附除去硅[222]，可能需要少量催化材料。因此，通常将硅沉积在保护材料上保护高活性催化剂。

4.3 重质原料加氢处理过程中的失活

典型的重质原料中含有胶质和/或由树脂、沥青质、有机金属化合物(例如卟啉)组成的胶束[1,4,28]。常规的 AR 和 VR 以及重质原油和超重质原油是典型的重质原油。树脂可能是部分脱沥青残渣和重质原料的主要组分，如 DAO。在脱沥青油 HPR 期间，尽管反应物中可能仅含有微量的沥青质和金属，但仍然需要引起注意。应强调的是，与馏分油进料相比，重质原料中的高分子反应物，如树脂、沥青质和卟啉为 HPR 催化剂的失活增加了新的维度。这些反应物的分子直径在催化剂颗粒的孔径范围内，如果催化剂孔径小于反应物的分子直径，可能在催化剂颗粒外部发生部分加氢反应。因此，对于重质进料，催化剂孔隙率决定催化剂活性和抗失活性以及催化剂利用率[28]。对于 HDS，具有单峰孔结构、孔体积最大且中孔直径在 10~25nm 的催化剂的活性最高。对于 HDM 和 HDN，大孔且孔主要集中在 100~300nm 直径范围内的催化剂更有效[10,28,100]，小孔丰富和双峰孔催化剂易于失活。

在馏分油 HPR 期间，由于碱性含氮化合物、积炭沉积、催化剂烧结和磨损导致催化剂的失活也可能在渣油 HPR 过程中发生。然而，对于后一种进料，沥青质和金属是催化剂失活的主要原因。在反应初期，在积炭达到稳态之前，大的沥青质分子迅速沉积在催化剂表面上。这种失活模式的沉积规律不太清楚，被称为结垢。同时，随着运行时间的推移，金属沉积几乎呈线性增加。在任意单元中，焦炭和金属的沉积趋势如图 4.3 所示[100]。

4.3.1 由于结垢/焦化引起的失活

在重质原料 HPR 过程中，催化剂表面最初形成积炭的两个主要来源是不稳定中间体的聚合(如化学焦炭)和结垢。沥青质的热转化促进了化学焦炭的形成[223]。定量地区分这两种效应是一项艰巨的任务，尽管它们在催化剂活性下降初期对沉积物总量的贡献很小，但渣油中存在的金属(V、Ni)增加了失活的复杂性。此外，由于积炭导致部分孔隙堵塞，最初形成的积炭对金属沉积速率有显著影响。

由于结垢的物理性质，形成碳质沉积物的量最初受进料中沥青质和树脂含量的影响。实际上实验表明，沥青质的量与最初形成的沉积物之间呈近似线性关系[224,225]。随着沉积物量的增加，催化剂的活性逐渐下降。例如，使用沥青质含量不同的几种重质原料，Morales 和 Solari[225]确定了重质原料中沥青质含量与其 HDS、HDN 和康拉逊残炭(CCR)转化率之间的相关性。由此，转化率随着沥青质含量的增加而降低，当进料中沥青质增至约 20%(质)时趋于平稳。然而，这些结果不可能应用于所有重质原料，因为沥青质的化学结构可能是影响焦炭沉积的另一个参数。因此，对于沥青质含量相近但化学结构不同的重质原料，焦化倾向随着沥青质的芳香性增加而增加[28]。而且，改质后的重质进料中沥青质的性质可能与原料中的性质不同。因此，Sun 等[226]观察到，在加氢处理过程中，残留在进料中的沥青质的 H/C 降低 S 含量减少，而氮含量、芳香性和芳香环的缩合度增加。Yang 等[224]进行了类似的观察，反映了在运行初期阶段发生的情况，沉积物和/或初期焦炭的结构表明，其仍然保留了沥青质的一些结构特征[223]。

4.3.2 由于防污剂引起的失活

对于一些重质进料，由胶体不稳定引起的沉积可能发生在换热器中，可以通过添加防污剂来防止。Ferm 报道[227]加入 100μg/g 的药剂可以缓解这个问题，这些试剂可能对重质原料的加氢处理产生不利影响。Xiao 等[228]研究了含 P 和无 P 防污剂对加氢处理过程中催化剂失活的影响，与无 P 剂相比，含 P 的防污剂对催化剂失活的贡献更大。含 P 防污剂沉积在三叶形颗粒外部形成壳层，阻碍反应物扩散到催化剂内部从而引起失活。此外，含 P 的防污剂促使 MoS_2 微晶聚集，减少了催化活性位点的数量，预计废 HPR 催化剂表面上的防污剂会影响氧化再生以及金属回收。

Stratiev 等[228a]详细研究了如何使用防污剂来控制渣油不相容引起的沉积，介绍了在沸腾床(H-Oil)加氢处理的实际应用情况。结果表明，高芳香性催化裂化循环油与渣油共混是一种比防污剂更有效的沉淀抑制剂。

4.3.3 由于积炭和金属同时沉积引起的失活

图 4.1~图 4.3 显示在渣油 HPR 过程中虽然催化剂上同时存在积炭和金属，但两者积累程度不同。为了克服这些困难，必须使用多个反应系统。例如，采用第 3 章(图 3.16)中讨论的常压渣油脱硫(ARDS)工艺加工科威特常压渣油，图 4.12 为其中部分过程中四个反应器中金属和焦炭的沉积程度[12]。在该工艺中，原料自反应器 1 进入，产物从反应器 4 出来。正如所预料的，金属的沉积和催化剂失活从反应器 1 向反应器 4 逐步减少，积炭与失活趋势相反。从图 4.13 中可以看到，孔体积与比表面积的损失与积炭沉积具有相似的趋势，表明积炭对孔体积和比表面积的影响比沉积的金属影响大。如图 4.12 和图 4.13 所示[12,229]，用类似的一组催化剂来评估氧化再生时比表面积的恢复情况[12]。从反应器 1 和反应器 2 中取出的催化剂，比表面积的恢复程度较低，这是由于金属沉积导致催化剂的永久失活。从反应器 3 和反应器 4 中取出的催化剂，比表面积的恢复程度较高，对于这些催化剂，积炭沉积是催化剂失活的主要原因。

Liu 等[230]制备了八种孔隙率不同的 $NiMo/Al_2O_3$ 催化剂，并用阿拉伯原油减压渣油进行 HDM，结果如图 4.14 所示，大部分孔径在 10~20nm 的催化剂表现出更高的 HDNi 活性，有效的 HDV 要求催化剂兼具 10~20nm 的介孔和大于 100nm 的大孔。很明显，Ni 比 V 更容易脱除。以上研究表明，催化剂的孔隙率是实现高加氢脱金属率的关键指标。

图 4.15 确定了在三级沸腾床反应器工艺中含沥青质和金属原料加氢处理过程中导致催化剂失活的主要因素[231]，研究中使用 V 和 Ni 含量为 400μg/g 的重质

原料。对于每个阶段，在运行 110d 后记录曲线上的最后一个点。对于 3 段催化剂，催化剂失活主要由积炭引起，而对于 1 段催化剂，金属沉积和扩散受限是主要的失活模式，随着时间的推移后者的贡献增加并成为催化剂失活的主要原因。此外，失活因素对催化剂失活的相对贡献取决于重质原料的性质。在 3 段中观察到的失活模式可能接近在减压柴油 HPR 过程中观察到的失活模式。因此，每个阶段可能需要不同类型的催化剂。

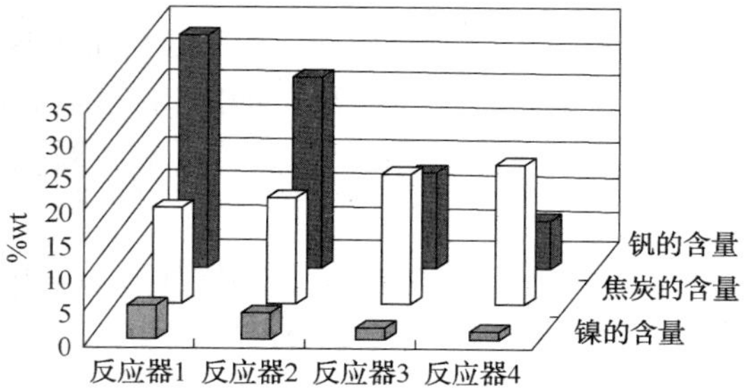

图 4.12　常压渣油 HDS 反应器中废催化剂中钒、镍和焦炭的含量[12]

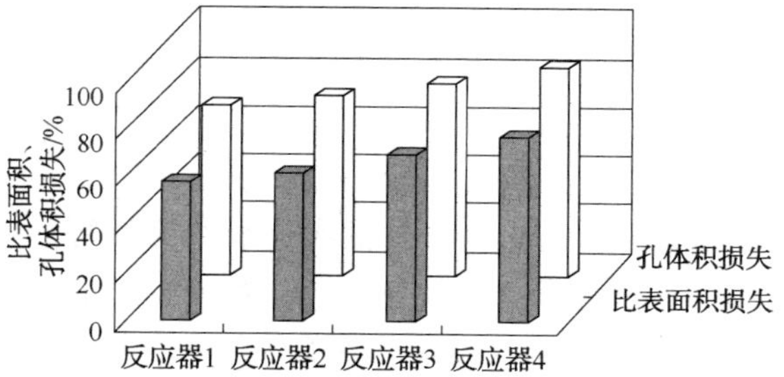

图 4.13　常压渣油 HDS 废催化剂的比表面积和孔体积的损失[12]

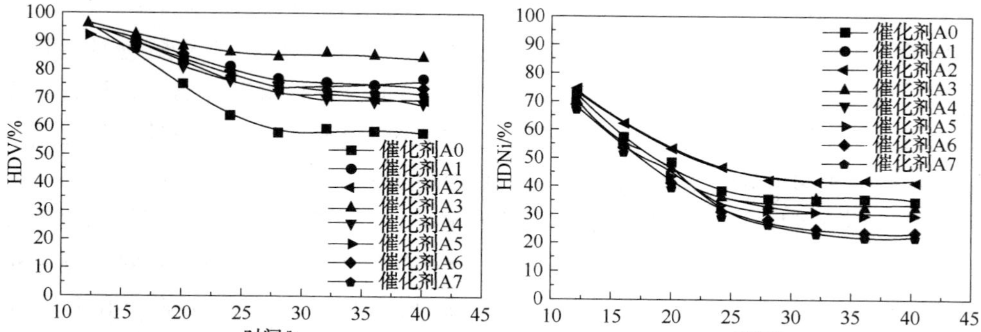

图 4.14　催化剂孔隙率对 HDV 和 HDNi 的影响[230]

图 4.16 显示了在相连的两个滴流床反应器中金属和焦炭的沉积情况，处理含 27μg/g 的 V 和 Ni 以及低于 1%(质)的沥青质的脱沥青油[232,233]，脱沥青油由常规

原油的减压渣油脱沥青得到，表 4.2 中列出了催化剂 A 和 D 的性质[232]。将催化剂(在篮子中)放置在两个固定床反应器的中心轴上，在第一个反应器中，催化剂放置在床的顶部和中部，而在第二个反应器中，催化剂放置在床的中部和底部。该装置主要为后续 FCC 生产原料[232,233]，总操作压力为 10MPa。为了弥补催化剂失活，开工和停车时第一和第二反应器的温度分别从 603K 增加到 628K 和从 646K 增加到 658K。在运行 241d 后进行催化剂表征，对于催化剂 A 来说，在第二反应器末端焦炭生成明显增加；而对于催化剂 D 来说，焦炭生成变化不大。这表明，在第二反应器反应结束时，催化剂被碱性含氮化合物毒害是导致催化剂失活的主要原因。催化剂 A 表现出比催化剂 D 更大的金属容量，尽管后者的平均孔径更大。很可能是因为催化剂 A 的粒径小于催化剂 D 的粒径，从而保证了催化剂的高效利用。此外，前者催化剂粒径在 60~100Å 的比表面积是催化剂 D 的 9 倍。

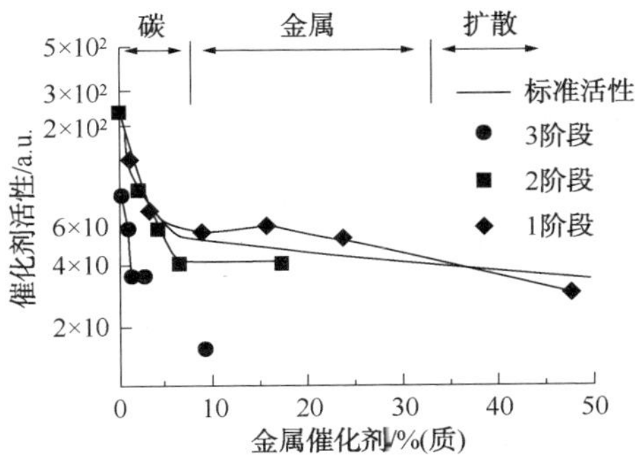

图 4.15 催化剂失活的主要因素随催化剂上金属量的变化

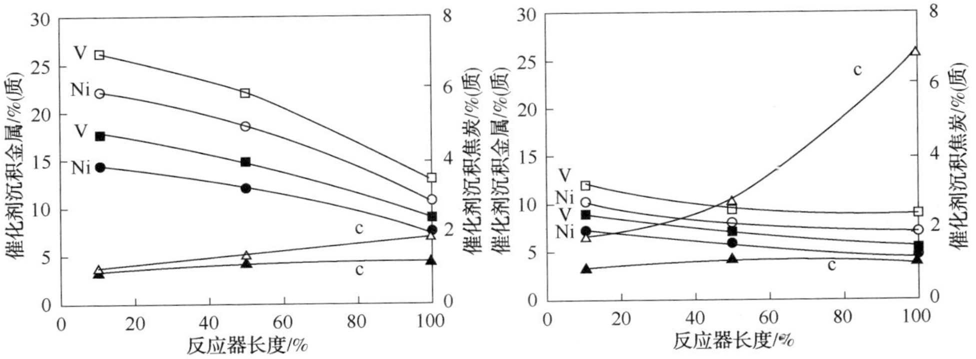

图 4.16 在表 4.2 中，催化剂沉积金属和焦炭沿反应器变化图

(空心符号为催化剂 A，实心符号为催化剂 D)[232]

表 4.2 催化剂的性质[232]

	催化剂 A	佳化剂 D
Mo/%(质)	8.1	8.0
Ni/%(质)	2.3	2.0
粒子尺寸/mm	1.0	2.1
比表面积/(m^2/g)	320	146

续表

	催化剂 A	催化剂 D
平均孔径/Å	126	233
孔径范围/Å	比表面积/(m^2/g)	
0~60	32	4
60~100	80	9
100+	208	133

预计最早沉积的焦炭量取决于原料中的沥青质和树脂的含量，图 4.17 中的研究结果支持了这一结论[224]。在这种情况下，通过两种减压渣油溶剂脱沥青油和一种常压渣油获得具有不同含量的树脂和沥青质的原料。仔细研究图 4.17中的数据分布，沉积的焦炭量受沥青质和树脂来源的影响。Morales 和 Solari[225]的观察结果在一定程度上补充了图 4.17 中的结果[225]，他们使用了几种重质原料，确定了重质原料中沥青质含量与 HDS、HDM 和康氏残炭(CCR)转化率之间的相关性。转化率随着沥青质含量的增加而降低，但当原料中沥青质增加至约 20%(质)时它们的转化率趋于平稳。但是，这些观察结果通常不可能适用于所有重质原料，因为沥青质的化学结构可能是影响焦炭沉积的另一个参数。因此，对于沥青质含量相近但化学结构不同的重质原料，焦化倾向随着沥青质的芳香性增加而增加。

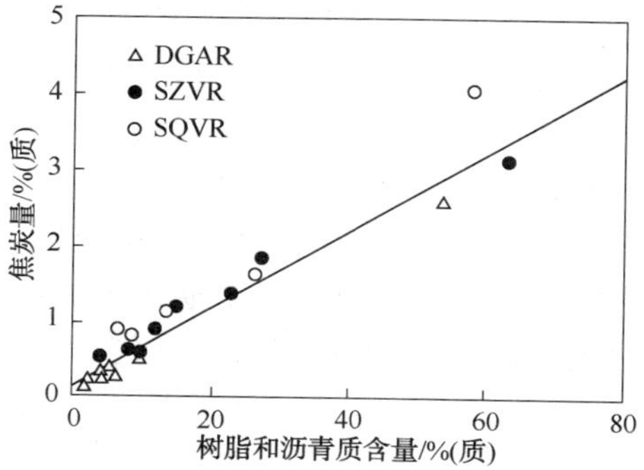

图 4.17　焦炭量随树脂和沥青质含量的变化趋势

在运行初期，金属对积炭形成的影响很小。由于催化剂部分孔道被积炭堵塞，初期形成的积炭对金属沉积物形成的速率具有显著影响，也可能是由于沉积金属的载体被焦炭占据了。因此，保持最低的焦炭生成速率以确保催化剂具有较高的 HDM 活性至关重要。在这方面，图 4.6 中的研究结果可能对 HDM 催化剂的设计和制备具有重要意义，尽管它们是 VGO 的数据[195-197]。因此，通过选择催化剂的最佳组成，可以将积炭的形成保持在最小量。催化剂在最佳组成下，通过 HPR 形成化学焦炭是很缓慢的，由于积炭干扰催化活性下降减小，从而确保高的 HDM 活性。然而，Marafi 等[234]有关科威特常压渣油[90μg/g 的 V+Ni，3.6%(质)沥青质]的研究中并未证实这一点，他们比较了孔体积为 0.7mL/g 的 Mo/Al_2O_3[3%(质)Mo]催化剂与孔体积为 0.5mL/g 的 $NiMo/Al_2O_3$[8%(质)Mo 和 2%(质)Ni]催化剂，这两种催化剂分别用于 HDM 和 HDS。温度在 633K 与 693K 之间，压力为 12MPa，HDM 催化剂上沉积的焦炭更多。正如预期，HDM 催化剂上的焦炭的 H/C 远低于 HDS 催化剂，因为后者（$NiMo/Al_2O_3$）的 HYD 活性较高。这些自相矛盾的结果进一步说明由于积炭和金属沉积同时引起催化剂失活的复杂性，尤其是在运行初期，这可能是由于实验条件的差异造成的。可以通过初期观察到的不同进料和各种催化剂的不同催化剂失活模式证明。在这种情况下，催化剂预硫化的方法可能是控制初始积炭沉积的重要因素。

在含金属的重质原料的 HPR 期间，催化剂上积炭结构受原料中金属的影响，Zeuthen 等在研究中观察到了这一点[235,236]。在这种情况下，催化剂上沉积金属 V 的区域附近形成的积炭更难溶。也就是说，这种积炭比孔内部形成的积炭的 H/C 更低。表明在实验过程中，金属 V 增强了积炭的脱氢作用。因此，催化剂表面可能存在不同形式的焦炭，Galiasso Tailleur 和 Caprioli[237] 使用 $NiMo/Al_2O_3$ 催化剂，在 23.6MPa 和 683~703K 下，研究委内瑞拉原油 VR 加氢处理过程中金属对积炭性质的影响。他们观察到，在运行初期，积炭先充满孔道，然后沉积在催化剂颗粒外部。然而，由于其渗透性，液相可以到达催化剂表面。在催化剂完全失活之前，积炭的渗透性逐渐降低，通过催化剂表面上沉积金属的增加来补充渗透率降低。因此，可以认为金属是导致渗透率下降的原因之一。在这种情况下，在 $NiMo/Al_2O_3$ 催化剂上研究了来自委内瑞拉原油的 VR，压力为 23.6MPa，温度在 683~703K。

沉积在催化剂表面的金属 V 和 Ni 逐渐转化为硫化物。大量的信息表明，金属 V 倾向于沉积在催化剂颗粒的外表面上，而 Ni 的径向分布则更加均匀[10,225,238,239]，图 4.18 可以说明[238]。然而，对于大孔 HDM 催化剂（孔体积为 $0.95cm^3/g$），V 和 Ni 的沉积分布模式之间的差异不太明显，图 4.19 给出了孔隙率对金属分布的影响[161,241]。有人指出，在催化剂表面形成沉积物时，与含镍卟啉相比，V 以氧钒基形式存在是含 V 卟啉的反应活性增强的原因之一。钒在扩散到催化剂内部之前首先沉积在催化剂表面上，已经观察到，由于阻塞活性位点，少量 V 即可使催化剂失活。由于孔口堵塞，大量沉积的 V 使催化剂失活[165,242]，Ni 沉积物堵塞孔口不太明显。事实上，资料表明，催化剂上若沉积有 Ni，可以改善催化剂性能，尤其是 HYD 活性[243,244]。Koyama 等[244] 提出了沉积金属导致催化剂失活的两个区域，第一区域涉及活性中心的中毒，另一个区域是由于孔口堵塞导致有效扩散率降低。一般认为，在两个失活区域中，V 沉积物的失活效应比 Ni 沉积物的失活效应更明显，有关进料中砷沉积在催化剂表面上的影响的相关信息很少[245]。

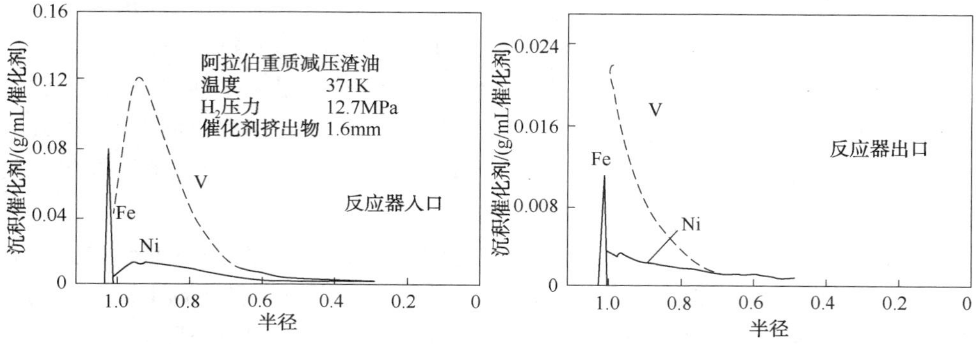

图 4.18　孔径对 V、Ni 和 Fe 沉积浓度的影响[238]

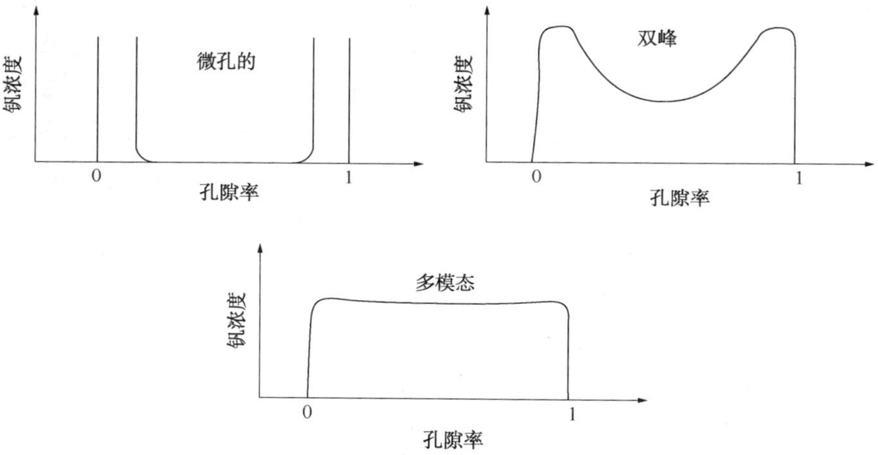

图 4.19　孔结构对金属分布的影响[240]

4.4　温度和氢气压力对催化剂失活的影响

温度是控制积炭的一个重要参数。对于馏分油，随着温度升高积炭呈线性增加，Jong 等在 VGO 的 HPR 研究中证实了这一点[195,196]。如图 4.20 所示，随着温度的升高，焦炭的积聚几乎呈指数增长至最大，然后突然下降。沉积的焦炭突然减少是由于流体的变化引起的，以液体为主的系统逐渐转变为气体。

图 4.21[246]展示了渣油 HPR 过程中积炭随温度变化的趋势。375℃以下时，随温度升高积炭增加，归因于原料中重质组分缓慢转化，从而延长了它们在催化剂表面的停留时间，增加了转化为积炭的机会。树脂比沥青质的转化更快可能是积炭增加的另一个原因。在这种情况下，原料的相溶性降低有利于沥青质的沉淀。在 375℃以上时，积炭前驱物转化为较轻产品，与聚合成积炭形成竞争。显然，在 440℃以上，积炭的形成主要受热效应的影响。尽管与其他研究温度范围

不完全相同，也证实了图 4.21 的变化趋势。若考虑到渣油来源和 H_2 压力的差异以及在各种研究中使用的催化剂类型，图 4.21 中显示的积炭随温度变化的趋势就不足为奇了。

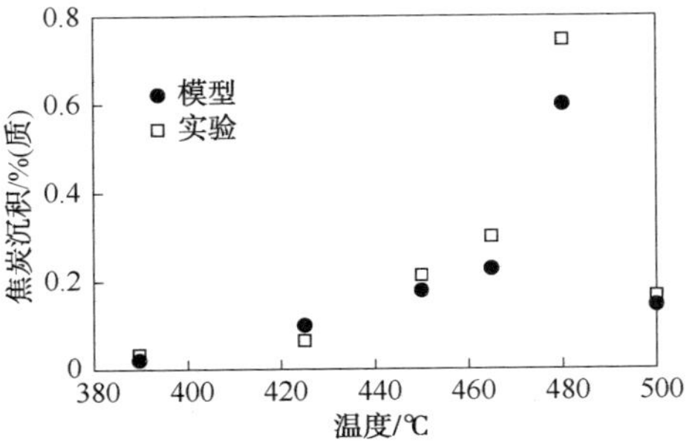

图 4.20 温度对焦炭沉积的影响（减压柴油，$CoMo/Al_2O_3$，3MPa）[196]

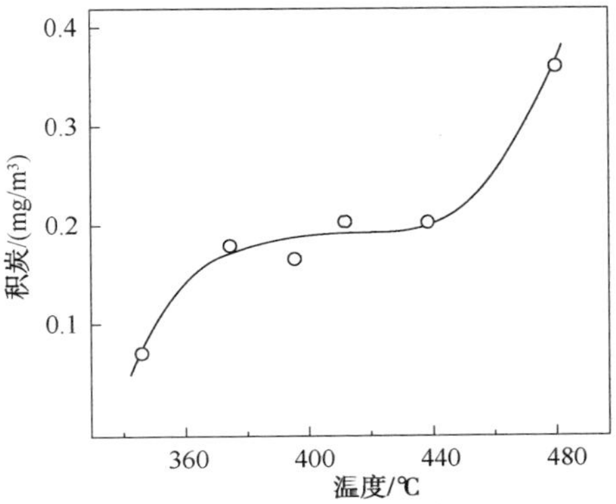

图 4.21 温度对催化剂上积炭的影响[246]

Gualda 和 Kasztelan[165,247]观察到温度对积炭形成的影响与图 4.21[246]中的研究不同。在前一种情况下，随着温度的升高，结焦速率增加并达到了最大值。一方面，使用的渣油原料含 100μg/g V 和 Ni，金属的含量约为先前研究中使用的渣油金属含量的三分之一[165,247]。另一方面，使用科威特 AR 时，积炭积累随温度从 633K 至 693K 线性增加[161,248]，这些观察结果再次证实了温度对催化剂表面上积炭形成的影响趋势取决于几个实验参数。因此，在不同的研究中观察积炭形成的趋势不同并不奇怪。

在 Seki 和 Yoshimoto[249]的研究中，对硬积炭[定义为甲苯不溶物(TIS)]在废催化剂($Ni/CoMo/Al_2O_3$)上的积累进行了量化。使用科威特常压渣油(643～653K、14.0MPa、16h)对催化剂预老化。在预老化之后，催化剂用轻循环油(LCO)在 623K 下原位洗涤 6h 除去软积炭，然后使用脱金属的常压渣油物料进行老化试验，在 643K、703K 和 8.0MPa 条件下进行 20h。在这种条件下，硬积炭的积累随着温度的升高而降低。正如 Seki 等[250]所观察到的，可能归因于随着温度升高沥青质倾向于转化为轻质产物[250]，Takahashi 等[251]报道了类似温度对积炭结构的影响。

分析产品可以确定温度对控制积炭的重要性，从 Marafi 等发表的图 4.22 中可以明显看出这一点[252]。研究中使用科威特 AR，随着温度的升高，产品中沥青质和树脂含量下降，表明随着温度的升高，它们对积炭形成的贡献变得不那么重要，可能归因于沥青质向轻质产物的转化加强。因此，HDM 反应速率也应该增加。

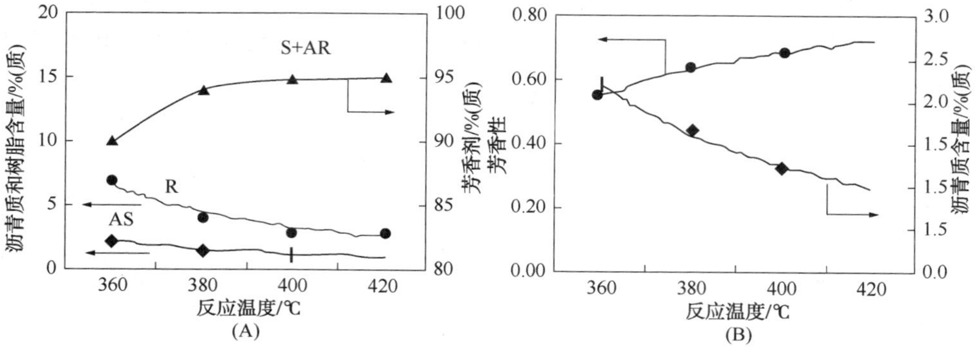

图 4.22 (A)产物中反应温度与沥青质和树脂含量的关系图和(B)芳香性随温度变化图
($Ni/Mo/Al_2O_3$, AR, 12MPa)[253]

在相同温度下，H_2 压力可能是控制积炭形成的一个关键参数。H_2 压力增加积炭减少，相对有利于金属的沉积。Richardson 等[253]使用阿萨巴斯卡(Athabasca)沥青和商售 $NiMo/Al_2O_3$ 催化剂，在 703K 条件下，在连续搅拌釜式反应器(CSTR)和高压釜反应器中研究了 H_2 压力对初期积炭形成(在运行 1.5~5h 期间)的影响，在运行中 1h 内积炭快速积累，之后积炭形成不随进料与催化剂的比例增加而变化。同时，H_2 压力从 7MPa 增加至高于 15MPa，积炭量将从约 17%(质)减少至约 11%(质)。如图 4.23 所示，Gualda 和 Kasztelan[165]在 AR 的加氢处理研究中发现，将 H_2 压力从 2MPa 增加到 15MPa，积炭量从约 10%(质)降低至约 4%(质)。而且 H_2 压力对催化剂上积炭的 H/C 有显著影响，图 4.24[11]展示了 H_2 压力对焦炭稳态水平的影响。在处理阿萨巴斯卡(Athabasca)沥青时，大的沥青分子在焦炭形成的初始阶段起主导作用。因此，即使对于低进料/催化剂，也有足够量的沥青质形成相同量的积炭。

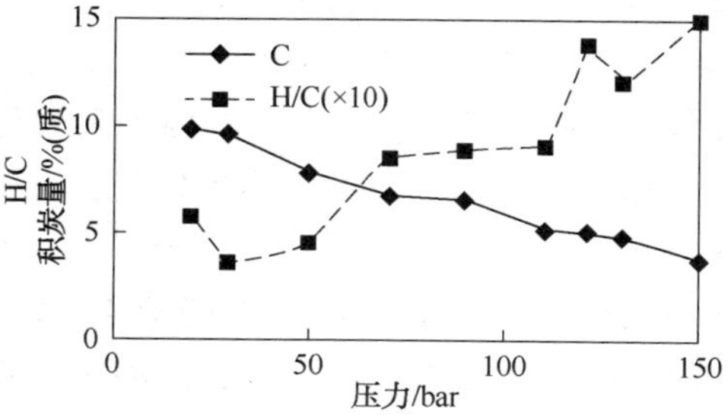

图 4.23 H_2 压力对催化剂上焦炭的影响
($NiMo/Al_2O_3$, AR, 663K)[165]

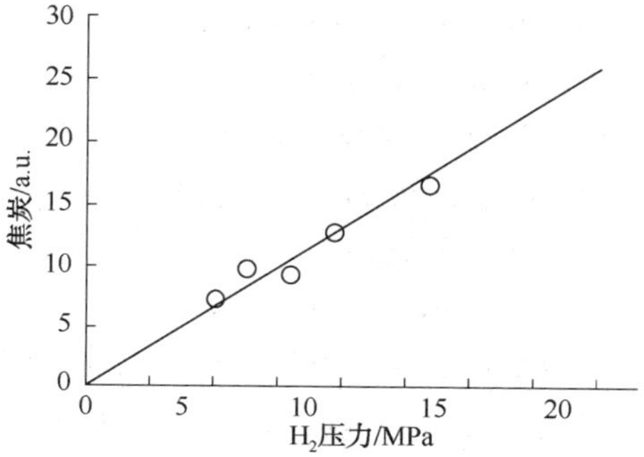

图 4.24 H_2 压力对催化剂上焦炭的影响[11]

Higashi 等[254]在低 H_2 压力下使用常压渣油，研究了催化剂表面上积炭沉积的初期阶段。研究是在实验装置上进行的，他们观察到，在后续阶段，在相同温度下增加 H_2 压力，不能去除积炭和/或不能恢复催化剂活性，表明积炭使催化剂永久失活。因此，必须在运行开始时通过 H_2 压力控制积炭沉积。在这种情况下，尤其注意 HDS 活性的损失，观察到催化剂预硫化是控制初期积炭沉积的重要因素。

Kumata 等[255]研究了温度和 H_2 压力对焦炭的综合影响时观察到相当复杂的失活模式。研究中使用阿拉伯重质原油部分脱金属 AR 为原料，使用典型的 HDM 催化剂[γ-Al_2O_3 上负载 4.2%(质)的 MoO_3]进行 HDM。系统包括两个串联的滴流床反应器，在相邻的反应器中加入 Ni/CoMo/Al_2O_3HDS 催化剂，观察到在 653K 下，积炭在第一 HDS 反应器的顶部和第二 HDS 反应器的底部之间分布相当均匀。然而，在 683K 时，在相同方向上积炭积累逐渐增加。在 653K 下，当 H_2 压力从 8.0MPa 增加到 14.0MPa 时，积炭的沉积量从约 20%(质)降低到 14%(质)，表明可以探索确立最佳的反应温度和 H_2 压力组合，使得积炭沉积最少。

4.5 催化剂力学性能的影响

从图 3.9 中可以看出[106]，催化剂颗粒的机械强度在很大程度上受其孔体积的影响。显然，如果没有足够的机械强度，催化剂无法实现理想的性能。在固定床中，催化剂磨损形成的细颗粒被液体带走，减少了催化剂的量。此外，细颗粒减少催化剂颗粒之间的空隙，将影响液体和气体流动模式，从而导致催化剂床层产生压降。因此，如图 3.7 所示[106]，通过选择催化剂颗粒的形状可以获得最佳的催化剂性能。否则，最终可能会造成故障(例如沟流)，导致运行中断。虽然这可能不是真正意义上的催化剂失活，但催化剂细粉引起的操作问题需要引起注意。在前面已经提出，如果不从进料中除去，细的颗粒可能会导致类似的问题。

由于催化剂颗粒在沸腾床反应器中连续运动，颗粒的磨损和/或破碎导致催化剂的消耗比固定床反应器更明显。此外，为了提高催化剂活性相的利用率，催化剂颗粒的典型直径为 1mm 以内。如果催化剂没有足够的机械强度，无法避免颗粒的破裂。由于在沸腾床中剧烈混合，周期性添加的新鲜颗粒可能与回收的废催化剂颗粒充分混合。然后，回收未完全利用的催化剂。直到 Al-Dalama 和 Stanislaus[12]研究工作的报道之前，关于这些现象的信息很少。结果如表 4.3 所示，估计轻微污染的催化剂在混合物中所占比重约 30%(质)。这些催化剂通过分离技术从混合物中分离出来。颗粒的长度分布特别重要，对于新鲜催化剂，颗粒的长度分布控制在 3.0~6.0mm。对于严重污染的催化剂，超过 70%的催化剂颗粒被破坏至长度小于 3.0mm。轻度和严重污染的催化剂之间，比表面积、孔体积和侧压强度存在显著差异。已经确定，细颗粒被液体带走，意味着单位催化剂的活性损失。由于利用不完全而被过早抽出的轻度污染颗粒，也是导致催化剂活性损失的另一个原因。这些现象是物理和/或机械因素造成的，本质上不同于催化剂失活期间发生的现象。然而，由于最终的结果是催化剂活性的损失，因此在催化剂设计和操作过程中值得注意。

4.6 催化剂失活机理

所有证据都表明，在馏分油 HPR 过程中，催化剂失活的总体机理远没有处理沥青质和含金属原料的机理复杂[10,28]，后一种进料中树脂和沥青质的存在增加了催化剂表面上积炭形成机理的复杂性。在这种情况下，重组分的物理沉积(结垢)可能主导积炭形成，特别是在催化剂与物料的初期接触期间，物理沉积的程度可能受重质原料中胶体稳定性的影响。这表明，对于含沥青质的原料，除了操作参数如 H_2 压力和温度以及催化剂的类型之外，原料的物理和化学性质也都很重要。由于重质原料中大多数金属 V 和 Ni 与沥青分子有关，因此催化剂失活的机理涉及树脂和沥青质以及金属。

4.6.1 积炭形成机理

使用模型化合物和轻质原料研究确立的积炭形成机理，是解释馏分油 HPR 过程中积炭生成机理的基础[10]，这一信息有助于阐明重质原料 HPR 过程中催化剂失活的机理，在已发表的综述中可以得到证实[28]。

4.6.1.1 化学方面

众所周知，C—C 键的热裂解开始于约 600K，裂解主要产物是自由基。除非它们迅速稳定，否则自由基可以与大分子结合并最终形成积炭。一些研究人员提出自由基参与了积炭的形成过程[60,256-262]，Kubo 等[261]的研究工作也为自由基的参与提供了直接支持。因此，供氢液作为自由基清除剂，抑制了积炭形成。根据键强度，与亚甲基连接的键中 C_{AL}—C_{AL} 键最活跃，产生的自由基最不稳定。除非涉及叔碳，否则 C—H 键断裂参与自由基的形成是不太明显的。例如，异丙基取代的芳香族结构产生非常稳定的叔基。如图 4.25 所示，自由基也可以通过重排形成芳环[256]。随后，自由基逐渐重新组合成较大的物种，最后焦化，除非自由基非常稳定。在 Fetzer[263] 提出的机理中，将小芳环转化为蒄烯，随后将其耦合形成二亚壬基，甚至更高分子量的缩聚芳烃。Nakamura 等[264]和 Kubo 等[261]加入供氢体减少积炭形成的实验研究，从自由基机制的角度进行了解释。

理论上，—SH 和—MeH 形式的活性表面氢也可以是稳定自由基。然而，在运行末期，由于大量催化剂失活导致活性氢减少，自由基清除源可能会耗尽。观察工业设备的运行，验证了这一结论；也就是说，在运行的最后阶段，催化剂活性下降末期(EOR)，积炭快速集聚(见图 4.1)。

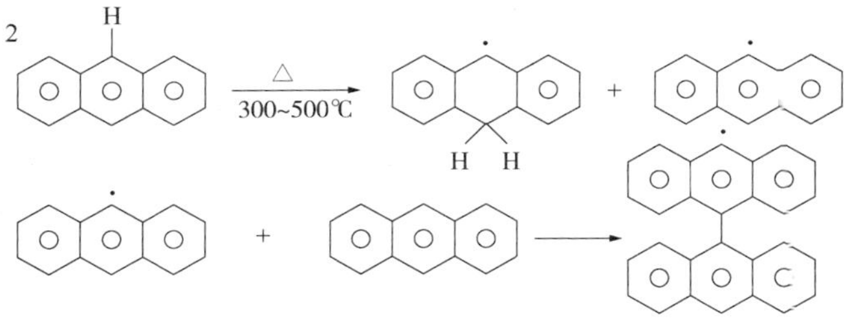

图 4.25　从蒽形成焦炭的自由基机理[256]

碳正离子也可能参与了积炭形成，碳正离子是一些反应的重要中间体，如 HIS、HCR、聚合等。如果碳正离子不稳定，碳正离子可以结合成较高相对分子量的物种。有人提出多核芳烃偶联形成积炭前驱体，最后形成积炭[265-271]。存在布朗斯特酸性位的反应的速率增大，表明质子(通过碳正离子)参与了焦炭形成过程。通过用碱性物质预处理催化剂载体来破坏布朗斯特酸后，焦炭形成显著减少。无论重质原料的来源如何，碳正离子机理可能是积炭形成整体机理的一部分。在这种情况下，载体的类型可能是比原料类型更重要的影响因素。普遍认为，如果没有质子源，一些烃反应(裂化、异构化、聚合等)的速率相当低。在这方面，最合适的是酸性载体(例如沸石)负载的催化剂。

关于载体的酸性，碳可能是沸石的另一个极端。因此，除非对碳进行特殊的预处理，否则不太可能存在酸性位点。然而，可能存在 C—H 键，因为碳可以活化氢[87]。Nakamura 等[264]使用碳载催化剂进行科威特 AR 加氢处理，研究结果从自由基机制的角度进行了解释。在碳负载的 Co(Ni)/Mo(W)催化剂上，—SH 基团可淬灭自由基所必需的氢，除非使用的重质原料源于环烷烃。在一定条件下，—SH 基团可能具有布朗斯特酸性。例如，随着温度升高，这些基团的布朗斯特酸性增加[39]。然后，接近 700K，—SH 基团可以提供质子并开始形成碳正离子。因此，即使对碳载催化剂，也不能完全排除积炭形成过程中碳正离子的参与。

积炭形成机理的发展受益于光谱技术(例如，^{1}H NMR、^{13}C NMR、LD-MS、FTIR 等)和其他分析方法的进步，利用这些技术可以对焦炭以及相应的原料和产物进行更详细的分析表征，进而确定原料、产物和沉积在催化剂表面上的焦炭的各种结构参数。基于这些信息，可以更准确和更详细地确定积炭形成机制。

Sahoo 等[272]对减压柴油 HPR 的两种废催化剂上部分 CH_2Cl_2 可溶和不溶的沉积物进行了表征，前者的结构参数与减压柴油原料中的重组分相似，称之为软焦炭。与此同时，硬焦炭(不溶的)更具芳香性，但芳香性比渣油 HPR 废催化剂上的类似硬焦炭低。这并不奇怪，因为后者需要更严格的条件(如更高的温度)才能达到理想的转化水平。此外，在处理 VGO 的情况下，由于条件不太苛刻，部分焦炭可能发生加氢。因而，影响馏分油焦炭形成的因素可能与渣油原料不同。

Seki 和 Kumata[273,274]通过光谱技术对产物中的沥青质和树脂进行了大量的表征，研究中使用 Mo/Al_2O_3 和 $NiMo/Al_2O_3$ 催化剂进行常压渣油 HDM 和 HDS，产物中沥青质和树脂的相对分子量在 HDM 反应过程中逐渐降低。在 673K 以上时，伴随着沥青质分子中烷基链的去除，焦炭累积率显著增加，沥青质的芳香性增加，这种变化促进了沥青质在催化剂表面上吸附并导致催化剂失活增加。在烷基链存在的情况下，由于脂肪链的空间位阻干扰，干扰了沥青质的吸附。

Fonseca 等[275e,277]认识到固态 ^{13}C 核磁共振(NMR)是一种表征催化剂表面焦炭的有效技术，在三级沸腾床中试装置中使用 $CoMo/Al_2O_3$ 催化剂[0.7%(质)CoO，4.5%(质)MoO_3]。在运行 4d、21d 以及 120d 后分别从第一和第三反应器中取出废催化剂，原料是 Khafji 减压渣油和稀释剂的混合物，采用 NMR 技术观察积炭量不到 69%。Hauser 等[278,279]在核磁共振表征焦炭方面取得了进一步的进展，他们在低或中等魔角纺丝条件下使用固态 ^{13}C 核磁共振交叉极化和极化反转，利用质子解耦单脉冲激发和元素分析结果补充分析。通过这种方法，Fonseca 等[275-277]使用的固态 ^{13}C 核磁共振技术局限性被最小化。在表征之前，用甲苯或四氢呋喃(THF)萃取废催化剂。1h 后，进料中的焦炭和沥青质的 H/C 相似，表明沥青质对催化剂的污染是焦炭形成的主要原因。此外，也表明在运行初期，催化剂表面几乎没有参与反应。但是，甲苯不溶物(TIS)和四氢呋喃不溶物(THFIS)的 NMR 分析表明，1h 后沉积在催化剂上的沥青质的结构发生了变化[278,279]，尤其是长链的损失。如图 4.26 所示，1h 后，甲苯不溶物(TIS)和四氢呋喃不溶物(THFIS)焦炭结构与沥青质不同[279]，它由缩聚较小的芳环和较短但重度支化的烷基取代基组成。在 1~12h，焦炭沉积减慢。在这个阶段，同时发生积炭中芳香烃的积聚、部分芳环的加氢、异构化和脱烷基化。对于四氢呋喃不溶物(THFIS)焦炭，也发生环缩合。即使在运行 240h 后，尽管烷基取代度显著降低，甲苯不溶物(TIS)和四氢呋喃不溶物(THFIS)焦炭的 H/C 也大于 1。结果表明，如果没有催化剂表面的直接参与，以上有些反应不会发生。例如，与催化剂表面的强相互作用可能是四氢呋喃不溶物(THFIS)焦炭溶解度低的一个原因。图 4.27 显示了运行 6500h 后，工业常压渣油脱硫工艺中使用相同原料的 HDM 催化剂上的焦炭结构。在这种情况下，积炭的芳香性很高，特别是 THFIS-焦炭的芳香性非常明显。从图 4.26 和图 4.27 中可以得出结论，这种结构的形成是催化剂表面上焦炭石墨化的开始。因此，在运行过程中，催化剂上积炭的加氢和脱氢与加氢裂化、异构化和缩合反应同时发生。

Matsushita 等[280]使用几种补充技术对 Hauser 等[278,279]关于废催化剂的研究进行了另外的评估。在程序升温氧化期间，在 573K 和 698K 处可观察到两个大的

CO_2 峰，它们分别对应于软积炭和硬积炭的氧化。如图 4.27 所示，软积炭可能是在运行 120h 后形成的甲苯不溶物（TIS）积炭；而硬积炭，即 THFIS-积炭（四氢呋喃不溶物积炭），在运行 6500h 后形成。如所预期的，后一种积炭的溶解性非常低。随着时间的推移，软积炭逐渐转化为更难溶的积炭。低温 CO_2 峰在 1～240h 呈下降趋势，而高温 CO_2 峰在 1～240h 呈上升趋势。此外，氮和硫在难溶积炭中的富集程度高于软积炭。

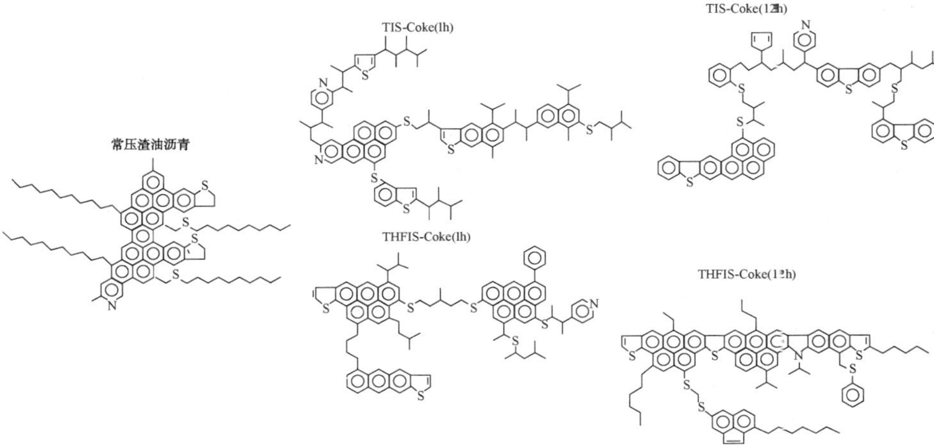

图 4.26　运行时间（120h）对催化剂上甲苯不溶物（TIS）和四氢呋喃不溶物积炭结构的影响（Mo/Al_2O_3，AR，653K，12MPa）[279]

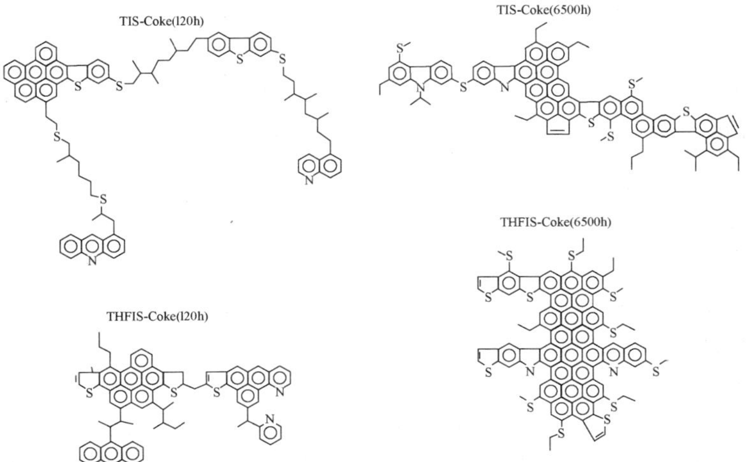

图 4.27　运行时间（6500h）对催化剂上甲苯不溶物（TIS）和四氢呋喃不溶物积炭结构的影响（Mo/Al_2O_3，AR，653K，12MPa）[279]

利用光学显微技术根据其反射率、荧光和各向异性来表征积炭，显微照片显示中间相的存在，即显示液晶特征的球形区域。中间相更致密，具有更高的表面张力，对催化剂表面的润湿效果更好。从结构上看，这与积炭前驱体中长链脂肪链的损失是一致的。这些链形成了催化剂表面与积炭前驱体之间的空间位阻，从而抑制了催化剂表面的润湿。Beuther 等[281]提出了以中间相为过渡相的积炭形成机理。随着时间的推移，液晶可以转化为结构不断变化的积炭，这涉及芳香薄片的排列和堆叠，是石墨化的早期阶段，随着堆叠严重程度的增加而增加。图 4. 26 和图 4. 27 为这种机制提供了支持[278,279]。因此，6500h 后的积炭呈片状，具有较高的芳香性。特别是当催化剂接近其使用寿命时，这种薄片可能会堆积成平板；此时，表面活性氢非常有限。

Munoz[282]和 Gray 等[283]利用光学显微技术对重油改质的一系列废催化剂的抛光横截面进行了研究，除了高反射率外，还观察到由于原料组分和中间相引起的各向异性的荧光，这表明存在比周围基质芳香性更高的物种。这表明原料组分逐渐转化为中间相，随后转化为高芳香性物种。在较高温度和较长运行时间等更严苛的条件下，缺少原料组分和高芳香性结构的优势支持了这一点。这些观察与其他研究一致[271,284-286]。

4. 6. 1. 2 物理方面

对于重质原料，由油、树脂和沥青质组成的胶体的稳定性特别重要。当树脂的转化率高于沥青质时，稳定性可能会受到影响。类似的效应会使胶体中油相的 HYD 率较高，DAO 的情况可能不太清楚，脱沥青的条件和进料的来源可能对原料的胶体结构和稳定性有显著影响。在这些体系中油相占有主导地位，因而馏分油的相溶性不是问题。

作为胶束的一部分，沥青质实体表现出相当的反应性。因此，最易溶的部分(芳香族和极性最小的部分)是最具反应性的，而不溶部分的反应性最小。后一部分，有时称为油焦质，通过溶剂沉淀与沥青质分离。大部分沥青质可反应部分转化为较轻馏分，剩余的碳化物可在反应器和相邻的上游单元中形成沉淀物。由于不同重质原料中沥青质中炭含量不同，其沉积物形成倾向也不同。然而，油焦质作为胶体系统中反应性最小的组分，可能部分导致从相应的原料中分离出的沥青质的芳香性增加，在科学文献中有相关报道。

简要说明测定催化剂上沉淀物量和积炭量的方法，可能有助于区分沉淀物的来源和积炭的来源。因此，一般采用 ASTM-D4870 等标准方法测定石油原料和产品中沉积物的含量。在这种情况下，在 100℃ 使用标准过滤材料对精确称量的样品进行真空过滤。冷却至室温后，首先用 80/20 的正庚烷/甲苯混合物洗涤固体，然后用纯正庚烷洗涤，在 110℃ 下干燥后得到的固体量为沉淀物的含量。另一种方法如壳热过滤测试，在特定条件下测量不溶于重油相的沥青质部分，测试基于溶解度理论的热力学模型[287]。根据该模型，沥青质与周围的流体处于平衡状态。积炭通过结垢和聚合沉积在催化剂表面上，通过氧化燃烧来测定积炭的量[288]，少量的典型沉积物可能是积炭的一部分。否则，在上游(蒸馏塔，进料管线等)和下游单元中形成沉积物，如产物分离系统。

人们注意到，缺乏关于重质原料 HPR 过程中沉积物形成的信息。为了填补这一空白，应该注意公开发表的关于各种重质原料中沥青质的结构、溶解度和含量的大量数据[289]。普遍认为，这种现象对操作的不利影响非常显著。沉积物是由重质原料的胶体平衡被破坏而导致沥青质中最难溶解部分形成的沉淀。例如，如果原料的油相过于石蜡化，沥青质过于芳香化，后者将以细小固体形式沉淀[228a]，这种沉积物可以填充到固定床催化剂颗粒内。此外，反应器壁为沉积物形成提供场所。无论如何，沉积物的形成最终结果可能造成固定床反应器以及上游和下游单元的故障，表明无论何种类型的反应器，都可以观察到沉积物引起的操作故障。

Matsushita 等[290]发表的关于沥青质溶解度的结果补充了 Seki 和 Kumata[273,274]提出的沉积物形成机理，前者引入了溶解度指数，定义为沥青质的 H/C 与从相同原料使用不同溶剂/原料获得的 DAO 的 H/C。溶解度指数的降低，表明沥青质中烷基链的损失(芳香性增加)，与 Callejas 等[203]的观察结果一致。因此，烷基链中的链烷烃氢是总氢的重要来源，会降低沥青质在油中的溶解度并促使它们在催化剂表面沉积。此外，产品中沥青质的沉淀也会增强。沥青质沉积的开始可使用临界溶解度参数来确定，临界溶解度参数可通过测定絮凝开始的滴定法确定。结果表明，结垢对催化剂来源的依赖远远小于对原料胶体稳定性的依赖。观察到随着溶解度指数的增加，积炭沉积速度减慢，树脂(庚烷可溶物)的 H/C 降低[290]。

通过滴定法测定的临界溶解度参数描述了絮凝的开始[289,291]，人们尝试使用该参数来预测胶体体系破坏引起的沥青质沉淀的开始。该参数是 H/C 的函数[203]。据观察，结垢对催化剂来源的依赖远远小于对原料胶体稳定性的依赖。一般来说，随着溶解度指数的增加，焦炭沉积减慢，树脂(庚烷可溶物)的 H/C 降低[290]。

Mochida 等[292,293]的研究表明，通过优化操作参数可以缓解多级 HPR 系统中的匹配性问题。因此，使用两级系统可以防止在一级系统中形成大量沉积物。在后一种情况下，在第一反应器中，在 663K 的操作条件下，有利于 HYD 和沥青质解聚。在第二反应器中，在 693K 的操作条件下实现了在相对短的接触时间内沥青质的高转化率，需要使用大孔 $NiMo/Al_2O_3$ 催化剂才能获得这种结果。这些研究集中在产物中的沉积物，催化剂表面沉积物的过程中也涉及类似的因素。

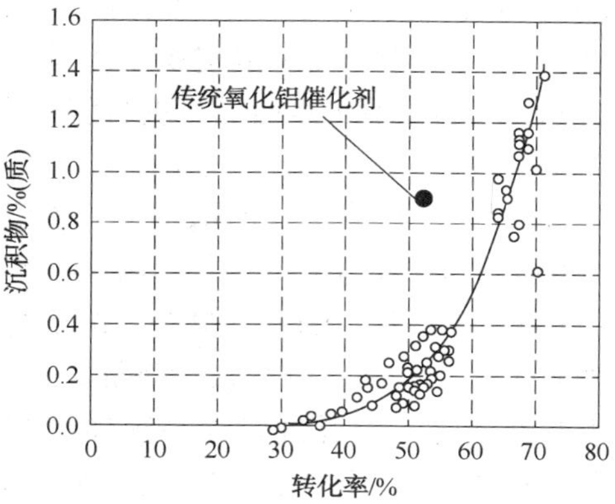

图 4.28　转化率对沉积物形成的影响[294]

在沉积物形成过程中，沥青质相对分子质量的变化是另一个重要参数。通常，由于侧链的丢失，沥青质随着工艺严苛程度的增加而减少。因而，沥青质在油相中的溶解度降低，沉淀和/或形成沉积物的倾向性增加。因此，如图 4.28 所示，形成沉积物的可能性随着原料中沥青质转化率的增加而增加[294]。在这方面，催化剂的结构可能起重要作用。因此，在转化率约为 50%时，在 $CoMo/Al_2O_3$ 催化剂上形成的沉积物的量大约是 CoMo/Carbon 催化剂上的四倍，这种差异可归因于后一催化剂具有更高的 HYD 活性[87]。

通过优化操作参数，例如温度、H_2 压力和接触时间，可以减少沉积物的形成，将重质原料与芳香性较高的馏分油混合是控制沉积物形成的另一种选择。显然，HPR 催化剂的类型可能起决定性作用。例如，Marchal 等[295]报道，通过在 $NiMo/Al_2O_3$ 催化剂中加入氟化物，形成的沉积物显著减少。在沸腾床反应器中，可以将 VR 与来自 FCC 的重循环油或澄析油混合来控制沉积物的形成[296]，这归因于后者中存在三、四和五缩聚芳香族化合物。然而，在这种情况下，在上游和下游装置中观察到的沉积物形成的减少比在催化反应器中观察到的对操作的影响更有利。

4.6.2　金属沉积的机制

在石油中，金属以无机金属和有机金属形式存在，无机固体物的沉积机理应该与有机金属的不同。此外，与卟啉的 HDM 相比，卟啉在与 H_2 和 H_2S 反应的非催化脱金属过程中形成不同形式的沉积物。

4.6.2.1　无机固体物的沉积

重质原料中的无机固体物包括在油层或在开采过程中污染原油的矿物和黏土状固体。从沥青砂中分离出的沥青，部分矿物来自热水分离过程中使用的苛性物。此外，在分离之后，沥青中仍然残留少量细砂粒。在蒸馏过程中，这些固体累积在渣油中。在渣油 HPR 期间，无机固体物沉积在催化剂的外表面。就其性质而言，沉积机制是物理沉积，通过无机固体在催化剂颗粒外表面壳状积累来证实。实际上，从 Athabasca 沥青 HPR 废催化剂的表层中观察到高含量的 Fe 和 Ca[283]，在与 H_2S 和 H_2 的非催化反应中形成的 V 和 Ni 硫化物也可能形成类似的沉积。在原油中，碱金属和碱土金属的固体主要以氧化态形式存在，它们通常以黏土和矿物质的形式与 SiO_2、Al_2O_3 和 $SiO_2-Al_2O_3$ 相结合。在 HPR 时，碱金属和碱土金属的氧化物与 Fe 氧化物类似，逐渐转化成相应的硫化物。如果存在乳化剂可能含有碱金属的氯化物，这可能是致密油在压裂过程中被乳化剂污染[29]。这类问题，可以通过使原油进入炼油厂脱水来缓解。

工业经验证实，固定床反应器中由无机固体物沉积引起的操作问题比沸腾床反应器更明显。在前一种情况下，固定床的前端受影响最大，沉积在反应床前部的固体形成的壳状层可能形成沟流，产生压降，从而影响操作。在这方面，应该注意由于上游设备腐蚀带来的金属颗粒污染原料。铁垢或细颗粒通常不会深入渗透催化剂孔内，不会产生强烈的失活效果。由于这些颗粒可能积聚在床层顶部或催化剂颗粒之间的空隙中，更容易造成压降增大。类似的问题可能是由来自消泡剂的硅引起的。这些试剂是在焦化之前添加的，因此它们可能存在于 HGO 中。对于一些重质原料，必须在催化反应器的上游安装过滤系统，以避免无机固体物沉积引起的操作困难。轻质致密油也可能需要一个过滤系统，以最大限度地减少催化反应器的问题[29]，可以用低成本的固体(例如氧化铝、铝土矿、黏土等)充当保护床实现这些功能。

4.6.2.2 有机金属的沉积

在自然界中，砷(As)以有机形式存在于许多原油中，虽然在高温高压条件下，有机砷化合物的反应性非常强，但一直以来很少受到关注。此外，催化剂重复利用和再生循环后，由于砷导致的失活非常明显[245]。因此，它们要么转化为气态 AsH_3，要么快速分解并吸附在催化剂表面。在固定床反应器的入口和出口之间可观察到非常陡峭的 As 浓度梯度。一旦进入催化剂，As 可转化为硫化物。在典型的 HPR 条件下，非常容易转化。砷可能是一种严重的催化剂中毒剂，尤其是对 HDS 反应，对再生催化剂比对新鲜催化剂更明显[297]。事实上，在中等条件下，超过 0.3%(质)的 As 限制了 HPR 废催化剂的再生。

V 和 Ni 形式的卟啉是重质原料中的主要有机金属化合物，它们是催化剂表面上金属沉积物形成的主要原因。在原油中，金属大多数与沥青质有关，沥青质的解聚被认为是金属沉积物形成的第一阶段。因此，卟啉释放到油相中，进行 HDM 反应。如图 4.29 所示[297a]，研究证实 HDM 期间 V 的去除速率常数与沥青质转化的速率常数呈线性相关。此观察结果通常适用于其他体系，因为是使用三种孔隙率变化很大的 HPR 催化剂确认的。此外，金属沉积的初始阶段与含金属化合物的整个 HDM 的最后阶段一致；也就是说，金属与吡咯配体骨架分离。

已经注意到，在大多数重质原料中 V-卟啉比 Ni-卟啉更多。因此，金属沉积模式受到前者影响的程度更大。此外，V-卟啉的反应性大于 Ni-卟啉，尤其是在转化率较低的情况下[298]，从图 4.30 中 Khafji 常压渣油 HPR 的动力学数据可以证实[248]。因此，不同催化剂粒度反应性能不同。与 Ni-卟啉相比，V-卟啉的反应性较高归因于 VO-基的存在，VO-基与催化剂表面强烈相互作用。在高转化率下，例如在严苛的 HPR 条件下，Ni-卟啉的沉积速率比 V-卟啉更快。另一种考虑该问题的方式是在催化剂固定床的入口和出口之间的转化率的变化。因此，转化率向固定床的出口方向增加。另外，如 Tamm 等[238]所证实的，Ni 化合物对沉积物形成的贡献在相同方向上增加。

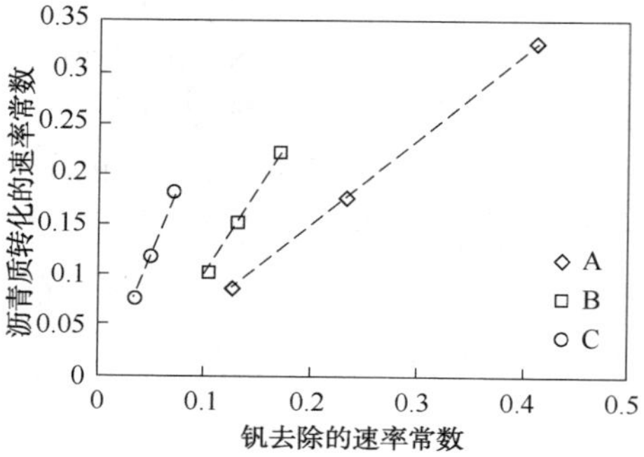

图 4.29 沥青质转化率与钒去除的影响[297a]

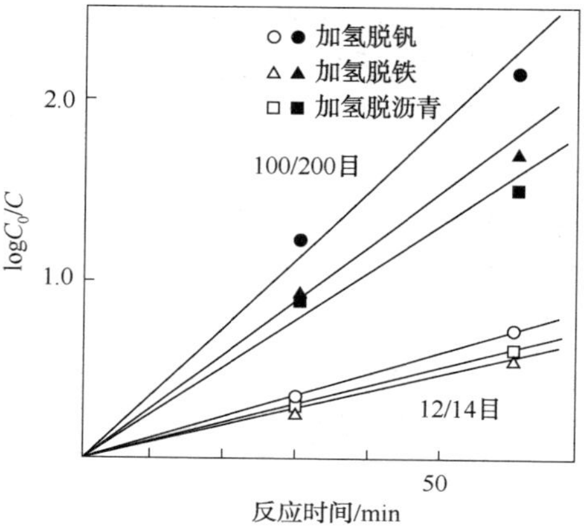

图 4.30 一级图[248]

4.6.2.2.1 含钒沉积物

一旦进入催化剂表面，钒氧基转化为 V 硫化物可能会受到空间位阻的影响，这可能会阻止 V═O 基团与卟啉骨架分离后被完全硫化。因此，在废催化剂和新预硫化催化剂中仅观察到钒部分硫化，仍然存在 V═O 基[62,274]，V═O 基可以与未覆盖的载体和负载在载体上的活性金属相互作用[299]。根据 Loos 等[300]的研究，尽管另外四个硫原子对 V 的多面体平均配位数有贡献，但在废 NiMo/Al_2O_3 催化剂中基本上没有变化，仍然存在 V═O 基。与 Mo 和 Ni/Co 的硫化相比，说明 V 硫化不完全，Janssen 等[301]的研究证实了这一点。因此，用偏钒酸铵浸渍的 Al_2O_3 硫化时，需要在 1273K 的温度下才能完全转化为 V_2S_3，而在 673K 时，大部分 V 仍然以氧硫化物的形式存在。

在极端情况下，催化剂上的沉积物中甚至可能存在未转化的卟啉，已经确定的卟啉与催化剂表面相互作用的几种可能形式支持这一观点。例如，它们可能包括供体-受体键合，其中卟啉环的 π 键是供体，而布朗斯特和/或路易斯位点是受体[302]。应该注意的是该信息是在低温条件下获得的，几乎没有实验证据证实积炭中存在未转化的卟啉。由于沉积物的性质复杂，对于重质原料 HPR 废催化剂上积炭中卟啉结构做出令人信服的鉴定将是一项相当具有挑战性的任务。

Asaoka 等[302]研究发现，在催化剂存在下，纯 H_2 条件下金属沉积模式与 H_2 和 H_2S 混合物中的金属沉积模式之间存在显著差异。在后一种情况下，前驱体在与催化剂表面第一次接触时即转化为沉积物，然后沉积物逐渐渗透到催化剂颗粒内部，而且沉积量从反应器的入口向出口逐渐减少。沉积物(在 H_2 和 H_2S 混合物中形成的)的光谱分析证实主要组成是 V_3S_4[302]。在 V_3S_4 中，V 部分以 V^{4+} 存在，部分以 V^0 存在，其中 V^0 的比例向催化剂颗粒外部方向增加。与此相反，Loos 等[300]观察到 V_2S_3 的存在，而不是形成 V_3S_4。但是，Loos 等使用的是含 VO-卟啉的模型化合物而不是重质原料。Kim 和 Massoth[303]指出，在真实原料 HPR 期间形成的含 V 沉积物的结构可能与用含 V-卟啉模型化合物形成的含 V 沉积物的结构不同，通过沉积物对催化剂性能的影响不同可以说明。因此，真实原料反应形成的沉积物比使用模型 V-化合物形成的沉积物更易使催化剂失活，还应注意模型化合物和真实原料反应形成的沉积物的 V/S 的差异。

4.6.2.2.2 含镍沉积物

Ni-卟啉与 H_2S 的反应产物可能部分是硫化物，HDM 主要是通过 Ni-N 键的氢解释放金属 Ni。Ni 通过已构建的机理硫沉积在催化剂表面上。在典型的 HPR 条件下，Ni 完全硫化后形成 Ni_3S_2，也可能存在部分硫化的 Ni 和/或氧硫化物形式的 Ni。

与 H_2 或 H_2S 通过废催化反应形成的 Ni 硫化物的径向分布与通过 HDM 机制形成的 Ni 硫化物的径向分布明显不同。前者主要沉积在催化剂颗粒的外部，而通过部分 HDM 反应形成的含 Ni 沉积物分布应更均匀，在催化剂表面上区分这两种类型的含 Ni 沉积物可能相当困难。

大量的证据表明，金属沉积最初主要发生在催化剂载体裸露的表面上[304-307]。随着运行时间的增加，沉积物的厚度和/或尺寸逐渐增加。沉积物由 V 硫化物(例如，VS_2、V_2S_3 和 V_3S_4)和 V-氧硫化物以及 Ni 硫化物(例如 Ni_3S_2)的混合物组成，V 和 Ni 同时沉积形成混合硫化物($Ni_xV_yS_z$)。在处理含 Fe 的重质原料研究中，Embaid 等[308]报道了混合的(Fe、V)S_4 硫化物的形成，混合硫化沉积物中 V 与 Ni 或 Fe 的比例从催化剂颗粒外部向中心变化；在含 Ni 的情况下，V/Ni 将降低，因为比 V-卟啉更多的 Ni-卟啉可以更深地渗透到催化剂颗粒内部。同时，V/Fe 沿着颗粒内部方向增加，因为大多数 V 沉积在催化剂颗粒的外部，催化剂的孔体积和尺寸分布可能起关键作用。

显然，在从卟啉中分离之前，V 和 Ni 可以与活性金属硫化物中的硫配位，是潜在活性相，如 Co(Ni)-Mo(W)-S 可能导致活性位点活性变化，预计 V 比 Ni 对活性相的影响更加不利。因此，其相互作用可能导致比 Co(Ni)-Mo(W)-S 活性低的 V-Mo-S 活性相的生成。

随着金属沉积物的逐渐生长，孔径变得小于卟啉分子的分子直径，限制反应物分子进入内部。在这个阶段，通常会观察到催化剂突然失活[309]。然而，在很大程度上，这取决于催化剂的金属容纳和/或金属储存能力，而金属储存能力又受催化剂孔体积的影响。例如，对于典型的 HDS 催化剂，如图 4.31 所示，在几乎完全失活之前金属容纳可能接近 20%(质)甚至更低[310,311]。尽管容纳 50%金属，观察到 HDM 催化剂的 HDS 活性突然下降，但其仍然具有 HDM 和 HDA 活性，表明金属容纳可以超过 50%。人们认为，在这种金属容纳水平下沉积物的化学组成和结构相当复杂，并且从沉积层的外表面到与催化剂表面接触底部垂直地变化。这时催化剂的性质，尤其是其孔体积可能起重要作用。

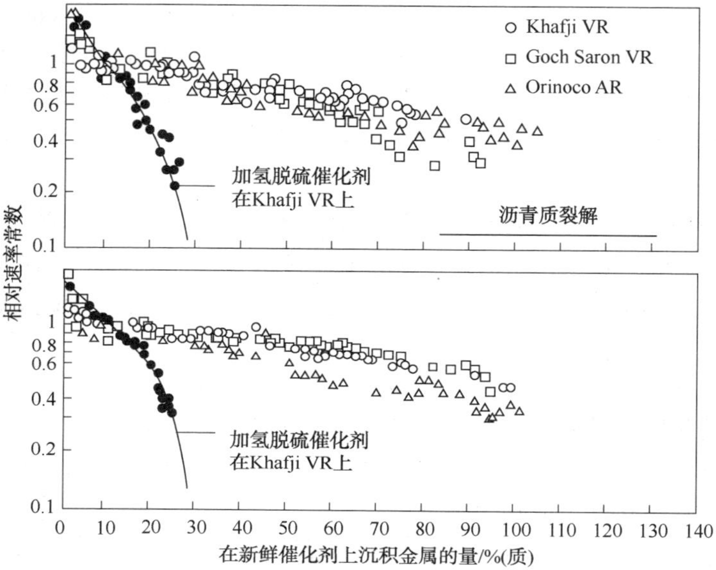

图 4.31 金属沉积对 HDS 和 HDM 催化剂中沥青质转化和去除钒的影响[310]

4.7 催化剂失活的动力学

本部分的目的是量化催化剂结构和组成随时间的变化，以及与这些变化相关的催化剂活性的持续下降。另外，动力学数据可用于开发模拟 HPR 运行期间催化剂性能的模型。前面讨论主要集中在催化剂活性下降初期(SOR)、中期(MOR)和末期(EOR)的活性相的化学和组成变化(见图 4.1)。结构参数(比表面积和孔隙率)的变化以及反应物分子向催化剂颗粒内部的扩散模式的相关变化会影响动力学参数。对于馏分油，扩散限制的影响非常明显。在更大程度上，这些会影响重质原料 HPR 的动力学参数。这些效应的量化需要一组全新的参数和常数(例如，体积和有效扩散率、Thiele 模量、分布因子、有效因子、曲折度等)[10,28,100]。对于固定床催化剂，金属和积炭沉积以及相关的扩散现象可能在床的入口和出口之间不同，这表明单个催化剂颗粒的扩散现象的量化不足以描述固定床中的实际情况。

4.7.1 积炭形成的动力学

Voorhies[312]测量了催化裂化反应过程中积炭量随反应时间的变化，并提出了以下速率方程：

$$C = At^n$$

其中，C、A、t 和 n 分别代表催化剂上的积炭量、经验常数、运行时间和积炭形成反应级数。使用实验数据，根据 $\ln C \sim \ln t$ 斜率，可估算反应级数 n，经验常数 A 作为轴截距。在 HPR 条件下，H_2 压力显著影响积炭量。在这种情况下，反应动力学级数将在两个极端之间变化，即在运行初期和积炭水平达到稳定状态之间变化(见图 4.3)。初期阶段积炭沉积的动力学参数的数据库，需要在恒定的 H_2 压力和不同的温度下或在可变的 H_2 压力和恒定温度下进行一系列实验获得。

Voorhies 方程适用于 HPR[313-319]。例如，Chen 等[316,317]使用改进的 Voorhies 动力学方程来研究四种 $CoMoP/Al_2O_3$ 催化剂常压渣油的 HPR(663K、7MPa)动力学，如：

$$X_t = X_o \exp(-btn)$$

在该方程式中，X_t 是在 t 时间的 HDM 转化率，X_o 是在零时刻的 HDM 转化率，b 是失活常数，n 是反应级数。使用 $\ln(X_t/X_o)$ 与反应时间 t 的相关性研究 $CoMoP/Al_2O_3$ 催化剂上添加 Ni、W 和 Ru 对催化性能的影响[317]。对于 HDS，0.5 级失活动力学的实验数据拟合最好，与 Lee 等的结果一致[318]。Maity 等[319]使用改进的 Voorhies 方程研究了催化剂失活对 HDA、HDN、HDM 和 HDS 转化的影响。

需要注意 deJong 等[195-197]研究 HPR 条件下积炭形成动力学的重要意义。在这些研究中，为避免金属对整体失活的干扰，采用 VGO 原料。研究人员假设存在两种类型的积炭，分别为催化积炭和热积炭(图 4.6)，在运行初期，催化剂上积炭主要是热积炭。使用 Langmuir 动力学方程来表示催化积炭的形成速率(R_c)，如下所示：

$$R_c = \frac{k_c \cdot K_a d_s \cdot C_q}{(1+K_c C_q)}$$

其中，k_c、$K_a d_s$ 和 C_q 分别代表积炭形成的速率常数、积炭前驱体的吸附常数和原料中积炭前驱体的浓度。积炭形成的速率常数取决于催化剂表面上的积炭量：

$$k_c = k_{c,0}(1 - C/C_{max})$$

其中，C 代表在催化剂上的积炭量，C_{max} 表示实验确定的最大积炭量。热积炭形成速率(R_t)表示为：

$$R_t = k_t C_q^2 / P_{H_2}$$

积炭形成的总速率表示为 R_c 和 R_t 的总和，动力学模型可以非常准确地预测温度和 H_2/进料对积炭形成的影响。

Martinez 和 Ancheyta 的研究[320]集中在催化剂运行活性下降初期(SOR)，他们引入了以下催化剂失活函数：

$$\Phi=\frac{1}{(1+k_d t)^m}$$

在这种情况下，k_d 和 m 分别表示总的失活常数和失活级数，t 代表反应时间。尽管原料中存在金属，但它们在 SOR 阶段对整体失活的贡献可以忽略。为了包含所有失活因素，k_d 可以表示为：

$$k_d=k_c+k_n+k_o+k_m$$

其中，k_c、k_n、k_o、k_m 分别表示积炭、碱性含氮化合物、原料中其他物种、金属对催化剂失活的贡献。人们认为，不可能消除催化剂失活的所有原因。但是，由于积炭是 SOR 催化剂失活的主要原因，因此可以采用以下假设：

$$k_d \sim k_c$$

$$k_c \gg (k_n+k_o+k_m)$$

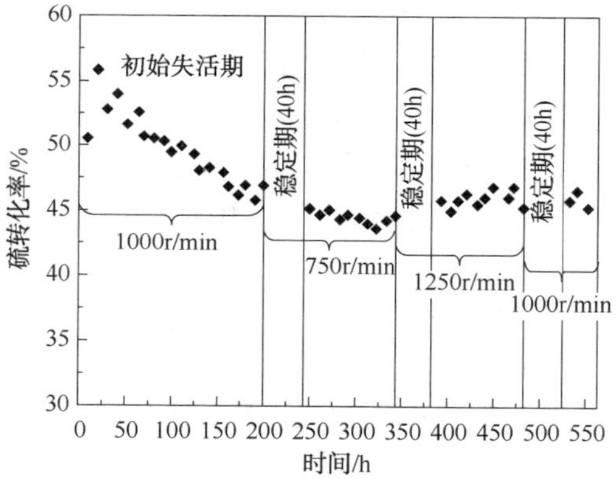

图 4.32　硫转化率随搅拌速率的变化[320]

研究发现失活级数 m 约为 0.2[316]，然而这仅是在一个 H_2 压力(10MPa)下进行测定的结果。Martinez 和 Ancheyta[320]估算了 SOR 期间的动力学参数，在 Maya 重质原油的减压渣油加氢裂化过程中，使用五种动力学失活模型，在连续搅拌釜反应器(CSTR)中使用 $NiMo/Al_2O_3$ 催化剂，在 380~420℃、约 10MPa、液时空速(LHSV)为 0.5~1.25h^{-1}条件下获得。如图 4.32 所示，在运行 200h 后催化剂活性下降[320]。很明显，搅拌速率是避免外部扩散问题的重要参数。φ 函数包含在速率方程中：

$$r_{VR}=\varphi\eta k_0 y_{VR}^n$$

其中，r_{VR}是减压渣油总转化速率，η 是有效因子，k_0 和 n 分别是相应的速率常数和级数，而 y_{VR} 是减压渣油的整体组成。图 4. 33 所示的网络建立了一个广泛的动力学参数数据库(见表 4. 4)[320]，以说明减压柴油、中间馏分油(M)、石脑油(N)和气体(G)的形成和转化。在这种情况下，建立了网络中每个步骤的动力学集总表达式。

表 4. 4　图 4. 33 反应网络动力学参数[320]

动力学参数	路径	温度				活化能/(kcal/mol)
		380℃	400℃	410℃	420℃	
k_0	VR→Prod	14. 35	49. 84	84. 24	131. 39	50. 2
n_R		2. 0	2. 0	2. 0	2. 0	
k_d		3. 8	15. 12	21. 92	42. 47	53. 3
m		0. 22	0. 22	0. 22	0. 22	
k_1	VR→VRO	7. 96	25. 73	42. 22	62. 61	46. 9
k_2	VR→D	4. 04	15. 10	26. 02	42. 67	53. 3
k_3	VR→N	1. 57	6. 05	10. 96	16. 80	54. 1
k_4	VR→G	0. 78	2. 96	5. 04	9. 21	55. 2
k_5	VGO→D	0. 03	0. 10	0. 12	0. 18	38. 9
k_6	VGO→N	0. 004	0. 10	0. 030	0. 04	51. 2
k_7	VGO→G	0. 003	0. 01	0. 02	0. 02	52. 3
k_8	MD→N	0. 05	0. 15	0. 20	0. 36	42. 7
k_9	MD→G	0. 001	0. 003	0. 004	0. 007	44. 9
k_{10}	N→G	0. 05	0. 24	0. 63	0. 98	67. 2

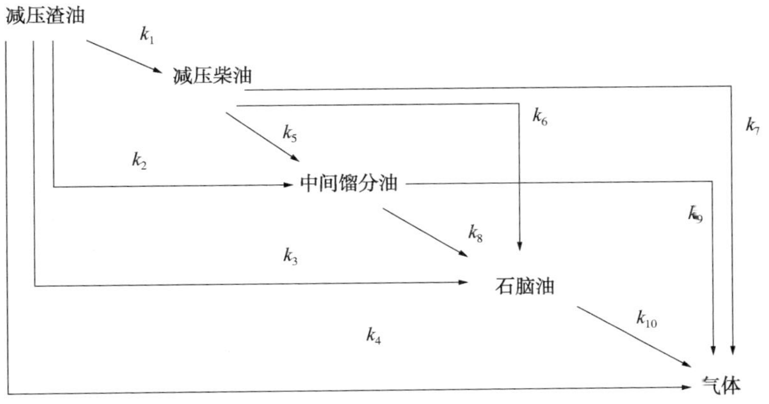

图 4. 33　渣油加氢处理过程总转化动力学图[320]

4.7.2 金属失活动力学

Kang 和 Mosby[321]使用孔填充模型研究由于金属导致的催化剂失活，在这种情况下，结合催化剂相对活性和相对金属负载量与可调的 Thiele 模量，使用新鲜催化剂(Φ)和失活催化剂(Φ_z)，用以下方程表示标准活性 a：

$$a=\frac{(Z/\Phi)\{(1/\Phi)\tanh[2\Phi_z(1-z)]+1\}}{(1/\Phi)+\tanh[2\Phi_z(1-z)]}$$

其中，Z 是未转化金属的参数，Φ 和 Φ_Z 是促进催化剂失活的两个 Thiele 模量，参数采用以下形式：

$$Z=(1-MOC/MMOC)^{1/2}$$

$$\Phi=\Phi_0^2/\Phi_z$$

$$\Phi_0=(k_0/D_z)^{1/2}(r_p/2)$$

$$\Phi_z=(k_z/D_z)^{1/2}(r_p/2)$$

其中，D_z 是沉积层中的扩散率，r_p 是初始孔半径，k_z 是沉积速率常数。

由于金属导致催化剂失活的动力学可能受到自催化作用的影响，在运行过程中金属可能沉积在积炭上形成自催化剂。在这种情况下，积炭是这些沉积金属的基底。然后，起初不活跃的载体展示出一定活性，从科威特原油的常压渣油 HPR 研究结果可清楚地看出这一点(见图 4.34)[100,322]。使用串联的两个反应器，在第一反应器(R1)中，HDS 活性在初期快速下降然后开始增加，在第二反应器(R2)中不太明显，因为在 R1 中除去了大部分污染物 V 和 Ni 金属。Al Dolama 等[323]的研究为渣油 HPR 过程中自催化的发生提供了另外的支持。

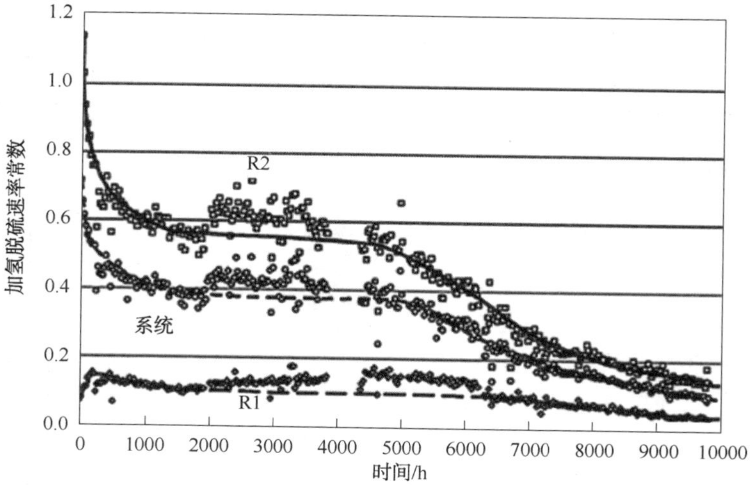

图 4.34 加氢脱硫速率常数随运行时间的变化[100]

在重质原料的 HPR 期间，需要对催化剂表面上沉积金属的量进行定量以确定分布参数和 Thiele 模量，如 Bartholdy 和 Hannerup 所研究的[324]。例如，如果前者是 V 平均浓度与催化剂颗粒外部和中心之间的最大浓度的比率，则其随运行时间减少将表明 V 积累在催化剂颗粒的外表面上，这与 HDV 速率的下降和 Thiele 模量降低一致。需要指出的是，Thiele 模量是反应速率与扩散速率之比。从 HPR 的几个模型中可以明显看出，分布参数和 Thiele 模量是 HPR 反应的重要参数，在 HPR 建模部分中讨论了这些模型。

Takatsuka 等[325]用常压渣油[V、Ni 含量共 360μg/g，含 8.2%(质)沥青质]在上流式固定床反应器中发现，基于时间运行 HDS 和 HDV 活性逐渐降低，研究了催化剂失活的动力学。采用以下方程测定 HDS 和 HDV 速率：

$$r=D_{\mathrm{cat}}AE_{\mathrm{f}}kC_{\mathrm{H_2}}C^{n}$$

其中，C 是原料中 S 或 V 的浓度，D_{cat} 是催化剂的密度，A 是催化剂的比表面积，$C_{\mathrm{H_2}}$ 是原料中氢的浓度，E_{f} 是有效的扩散系数。值得注意的是，$C_{\mathrm{H_2}}$ 等参数很少被其他研究人员纳入动力学方程。催化剂上的积炭沉积，包括假设部分沉积的积炭可以被氢化，用以下方程表示：

$$R=D_{\mathrm{cat}}Ak_{\mathrm{c1}}-D_{\mathrm{cat}}A_{\mathrm{c}}k_{\mathrm{c2}}C_{\mathrm{H_2}}$$

其中，k_{c1} 和 k_{c2} 分别是积炭沉积和通过 HYD 积炭去除的速率常数。Al-Adwani 等[326]使用一组类似的方程来研究科威特常压渣油 HPR 积炭沉积的动力学，温度、H_2 压力(P)和溶解度参数对 $C_{\mathrm{H_2}}$ 的影响是显而易见的。H_2 压力范围为 5~18MPa，温度(T)范围为 573~733K，他们使用以下方程式：

$$C_{\mathrm{H_2}}=8.91\times10^{-6}P+4.16\times10^{-6}T(T-273)-1.40\times10^{-3}$$

可以确定有效因子：

$$E_{\mathrm{eff}}=3\int\eta^{2}C_{\mathrm{D}}^{n}d_{0}$$

其中，η 是距颗粒中心的无量纲距离，C_{D} 是无量纲浓度，n 是反应级数。

4.7.3 积炭和金属同时导致失活的动力学

随着时间的推移，催化剂失活的进程可以通过将时间 t 处的反应速率与 $t=0$ 处的初始速率相关联来量化，可以通过失活函数 $\varphi j(z, t)$ 表示，例如：

$$\varphi j(z, t)=\frac{rj(z, t)}{rj(z, t=0)}$$

其中，j 代表考虑的反应，z 是轴向分布，t 是运行时间。为了描述在整个运行期间从 SOR 到 EOR 的整体失活，必须考虑在 MOR 期间普遍存在的积炭和金属沉积主导的初始失活，如 Ceteno 等[327]使用以下方程表示：

$$\Phi_{j}(z, t)=\frac{1}{(1+\alpha_{j}\cdot t)^{\beta_{j}}}+[\chi_{\mathrm{MOC}}(z, t)]^{\gamma_{j}}$$

方程中，第一项表示通过积炭沉积的初始失活，α_{j} 和 β_{j} 是双曲函数的拟合参数。在 Ceteno 等[327]使用的中试条件下，达到稳定状态之前约 100h 后终止初始失活期，以上方程中的第二项反映了金属沉积对催化剂失活的贡献。其中，χ_{MOC}定义为在时间 t 时催化剂上金属的局部浓度与催化剂的最大金属容纳的比率，γ_j 是拟合参数。为了跟踪整个运行期间总体失活进度，函数 $\varphi j(z, t)$必须包含在以下质量平衡方程中：

$$\frac{dCi(z, t)}{d(1/LHSV)} = k_j^{app}(T)\varphi j(z, t)C_i(z, t)$$

其中，k_j^{app} 是 j 反应的表观速率系数，假设使用的为活塞流反应器，并且遵循一级动力学反应。

4.8 失活模型

模型可用于生成数据库，用于选择与原料匹配的催化剂和合适的反应器，并预测系统的长周期性能。模型包括界面、相内和颗粒间温度、浓度梯度随时间的变化。与轻质原料相比，重质原料的化学结构的复杂性表明，模拟重质原料 HPR 的模型开发更具挑战性。它需要确定性能参数，例如催化剂活性随运行时间的变化、催化剂失活的参数、催化剂的金属储存容量、孔径分布等。现在已经有了确定大多数参数的实验技术。可通过动力学研究确定具体参数，包括表观速率常数、活化能、有效扩散系数、效率因子、分布参数、Thiele 模量等。利用这些参数，可在催化剂颗粒水平和活性相位水平两个尺度上建模。值得注意的是，大多数研究都是在一个以上的尺度上进行的。

对于反应器级别的建模，根据催化剂活性水平和催化剂颗粒水平确定动力学参数以及运行参数(例如，持液率、反应器的高度和直径、反应器和催化剂床的体积、表面液体速度等)。这些信息包含在数学方程和/或模型中，用于评估原料反应性、催化剂的选择性、催化体系性能的模拟和优化、氢消耗、催化剂寿命等，被视为最高级别的建模，即反应器级别。总体而言，在此级别上进行建模所涉及的主要问题可归纳为：

① 可靠的动力学参数以及与原料组成有关的产品的产量和组成。

② 监测反应器径向和轴向温度分布的热效应，包括随着运行时间增加温度以抵消催化剂失活。

③ 氢的消耗以解释氢平衡。

④ 流体动力学效应预测压降和催化剂利用率。

⑤ 用失活效应来预测催化剂的寿命，并在达到反应能力上限之前估计运行的终点。

从图 4.35 中可以看出[327]，对馏分油 HPR 进行建模所需的关键参数与涉及重质原料加氢处理的建模参数显著不同，这是由于后一种原料在 HPR 期间存在明显的扩散限制。因此，催化剂的孔径分布必须与原料的相对分子质量相匹配。轻质原料(例如石脑油)中的小尺寸反应物分子允许使用微孔丰富的催化剂。

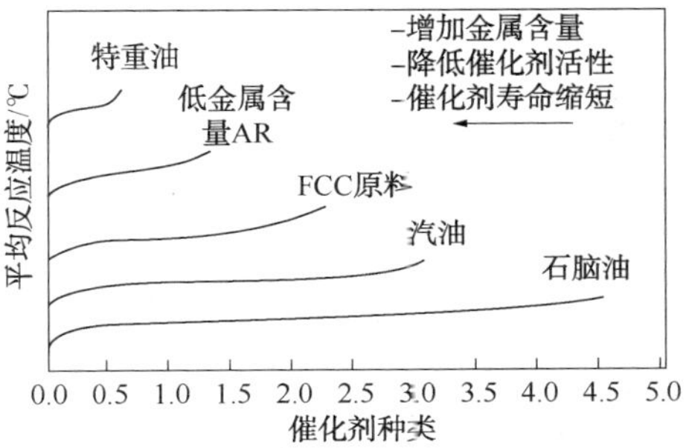

图 4.35 原料来源对 HPR 催化剂失活的影响[327]

如果相同催化剂用于重质原料 HPR(见图 4.35)，其使用寿命将显著缩短。由于积炭和金属的沉积导致催化剂连续失活改变了扩散模式，数学模型必须考虑到这一事实。

涉及多种原料的研究表明，模型与原料和催化剂结构相关[28,100]。因此，针对特定原料开发的模型可能需要修正以使用不同的原料预测催化剂性能。模型考虑了积炭沉积在催化剂表面引起的初始和稳态失活，以及来自重质原料中的金属的线性和连续沉积更少。在图 4.3 中已经尝试通过在原料与催化剂接触的初期阶段的积炭沉积来模拟失活，模型的有效性可以使用实验室规模的小试、中试和工业反应器中加速老化实验数据来验证，已经注意到在加速老化实验期间获得的结果和在工业装置中获得的结果存在矛盾[175]。就模型开发而言，结果有效性有限。但是，Alvarez 等[57]开发的加速老化测试可以非常准确地预测中试装置中的催化剂性能。

4.8.1 模拟馏分油的加氢处理

三十多年来，开发模拟馏分油 HPR 模型的方法一直是焦点[28,100,328-331]。建模所需的实验参数取决于 HPR 的目标，例如当以中间馏分油的深度 HDS 为目标时，需要 HDS 和 HDN 反应的动力学参数。此外，当以 VGO 和 HGO 生产轻质馏分油(例如石脑油和煤油等)为目标时，必须理解 HCR 反应的动力学。对于某些馏分油，加氢脱芳(HDAr)和 HYD 反应可能是生产商业燃料的重要反应。对于链烷烃原料(例如费-托液体和蜡)，HCR 和 HIS 是 HPR 的主要反应。

对于滴流床反应器，虽然可能存在非理想流动状态，但其动力学模型是基于活塞流的假设。Tsamatsoulis 和 Papayannakos[328]使用三种常规 HPR 催化剂进行 VGO 的 HDS 反应研究解决了这个问题，他们还研究了氢耗，研究强调了模拟馏分油 HPR 所需的参数。对硫平衡，建立了以下一级微分方程：

$$Q\rho \mathrm{d}c_{\mathrm{S}} = E_{\mathrm{S}} r_{\mathrm{HDS}} \mathrm{d}V_{\mathrm{R}}(1-\varepsilon)$$

对于 H_2 质量平衡：

$$Q\mathrm{d}c_{\mathrm{H}} = r_{\mathrm{H}} \mathrm{d}V_{\mathrm{R}}(1-\varepsilon)$$

对于非理想流体，轴向扩散模型给出以下二级微分方程：

$$D_Z \frac{d^2 C_S}{dz^2} - u \frac{dC_S}{dz} - E_S r_{HDS} \frac{1-\varepsilon}{\varepsilon h_1} = 0$$

方程中，Q 代表液体体积流量，ρ 代表液体的密度，C_S 代表硫浓度，E_S 代表剩余的催化剂活性，r_{HDS}代表加氢脱硫本征速率，V_R 代表催化剂体积，ε 代表空隙率，D_z 是轴向扩散系数，z 是床的长度，h_1 代表持液量。图 4.36[328] 给出了液时空速(LHSV)对三种 HPR 催化剂 HDS 转化率达到 90%时所需温度的影响。对于每种催化剂，活塞流模型预测的温度更高。图 4.37 显示，考虑非理想情况时，预测反应器出口处 S 浓度比使用活塞流模型计算值高 40%，HDS 转化率高于 95%时，差异进一步增加。但是，转化率低于 50%时，差异要小得多。使用 L-M 模型计算 r_{HDS}，考虑了 HDS 期间产生的 H_2 和 H_2S 的抑制作用。

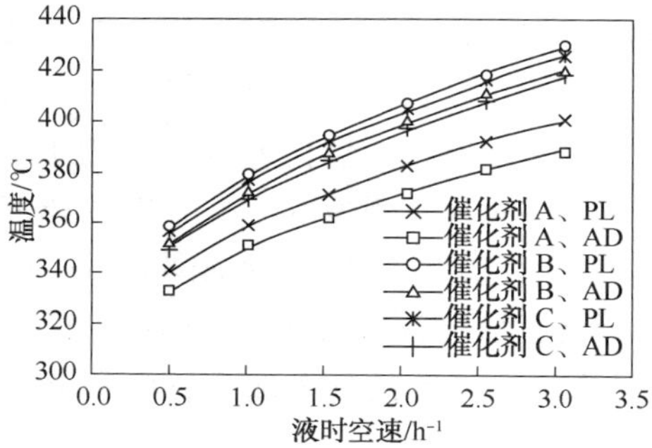

图 4.36　液时空速对 90%HDS 所需温度的影响[328]

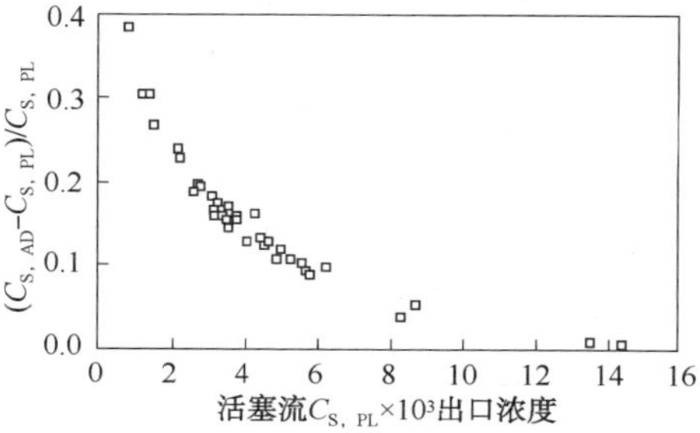

图 4.37　活塞流 $C_{S,PL}\times10^3$ 出口硫浓度[328]

Macias 和 Ancheyta[329] 在滴流床反应器中使用不同形状(例如球形、片状、圆柱形、二叶形、三叶形、四叶形) $NiMo/Al_2O_3$ 催化剂进行直馏瓦斯油 HPR，研究了持液率、外部和内部浓度梯度、堆积密度、催化剂机械强度、液体分布以及压降的影响，建立了数学方程，并用实验结果验证了反应模型。

首先，大多数工业 HPR 反应器以并流模式运行，H_2 和原料沿相同方向流动。其次，大多数关于 HPR 动力学和建模的研究都集中在并流操作模式。显然，逆流操作的潜力尚未完全实现。Medereos 和 Ancheyta[330] 使用一维活塞流异质模型，比较了中试装置反应器与并流或逆流模式的工业 HPR 反应器的性能。在后一种模式中，必须在能量平衡方程中考虑由气流引起的整个反应器的冷却效应。逆流操作产物的 S 更低。此外，在前一种操作模式中，H_2S 对 HPR 的抑制作用不太明显。而且，相间质量传递阻力不是逆流 HPR 反应器的限制因素。在 Cheng 等[331] 关于柴油的 HDS 和 HDAr 的研究中进行了类似的观察，研究确定了并流与逆流操作的优点和缺点。

4.8.1.1 集总模型

最初，开发这些模型是为了通过 HCR 量化重质馏分油到轻质馏分油的转化[332,333]，将原料和产品分成不同沸程的馏分。对于不同馏分，可以考虑不同的反应途径。随后，可以导出每个馏分的质量平衡方程。在 HDS 和 HDN 时，含硫和氮的化合物可根据其反应性分成几个区间。例如，对于含硫化合物，高活性的噻吩和苯并噻吩(BT)在一个区间，而低活性的烷基化 DBT 在另一个区间，也可以使用正构烷烃、异构烷烃、环烷烃、烯烃和芳烃等烃类区间。Basak 等[334]比较了用于模拟石油原料 HCR 的主要集总方法：

① 离散集总方法。

② 结构导向的集总和单事件动力学方法。

③ 集总的连续统理论。

在离散集总的情况下，除沸程外，根据其相对分子质量和/或碳数分布将原料和产物分成离散区间。增加的区间数量，也就是转化为大量的模型参数，可能需要更详细的实验数据库进行合理的预测。由于原料之间成分的差异，以及未考虑基本的催化反应，该模型只能应用于特定原料而不能作为通用的模型，使用离散集总模型可能存在其他限制。

结构导向集总方法结合了馏分区间的一些组成参数，例如 Gray 开发了核磁共振技术分析确定馏分区间碳的类型[335]。Basak 等[334]总结了用于结构集总的几种其他方法，其中一些方法可能需要实验大数据。Melis 等[336]提出了基于馏分区间动力学的瓦斯油中芳烃的 HYD(230~365℃)特异性模型，三芳烃馏分区间考虑了所有三环稠环结构，认为菲烯和蒽作为单个区间由于不同的反应性可能引起误差。由于原料中的量可忽略，所以双环芳烃区间忽略了环己基磷铵的存在。单芳族基团使环己基苯、环己基四氢化萘和苯基癸胺集中在一个区间，饱和脂肪酸被认为是一个单一的区间。该模型假设 HYD/deHYD 反应按照 L-M 机制发生，其中碳氢化合物和 H_2 吸附发生在不同的活性位点。使用硫化型 $NiMo/Al_2O_3$ 催化剂，在中试装置上获得模型的实验数据，集总方案还考虑了 BT 和 DBT 的转换。

连续统理论集总模型假设进料形成连续系统，可通过真沸点(TBP)、反应性、碳数、相对分子质量等参数表示。此外，还考虑了化学基本原则，例如较重的链烷烃比较轻的链烷烃裂解得更快。TBP 连续统集总模型假设在反应过程中，原料的 TBP 连续变化；也就是说，随着停留时间的增加，原料中更多的较重组分转化为较轻的组分。TBP 曲线可以转换为分布函数，其中任何成分的重质组分作为归一化 TBP(Θ)的函数，定义为[334]：

$$\Theta=\frac{\mathrm{TBP}-\mathrm{TBP}(l)}{\mathrm{TBP}(h)-\mathrm{TBP}(l)}$$

其中，TBP(h)和 TBP(l)是反应混合物的最高和最低沸点，或混合物中可能存在的最重和最轻的组分，混合物组成的变化可以用任意给定时间 t 的连续函数 $C(\Theta, t)$ 表示。

通过将集总区间的连续统理论与面向结构的集总结合起来，预计可以改进 HCR 过程。例如，混合原料可分为链烷烃、环烷烃和芳香族化合物的连续沸点混合物。在这种情况下，原料特性涉及 TBP 分析和每个窄 TBP 部分的 PNA（石蜡、环烷烃、芳烃）分析，以产生 PNA 的单独 TBP 曲线，Basak 等[334]的研究中使用了这种方法。

4.8.1.2 其他模型

在开发集总模型的同时，还有其他类型的模型受到关注：统计重构方法、系统动态模型、稳态模型、CFD 模型。

将集总动力学与统计重构方法相结合，可以提升对工业 HPR 性能的预测，后者用于处理不同原料和产品特征的广泛数据库。Lopez-Garcia 等[337]使用统计重构方法使用碳数（C_1～C_{30}）和化学基团（例如，饱和化合物、芳香族化合物和杂原子烃）计算原料组成。这些信息可以通过质谱和 GC 等分析方法获得，也可通过含硫和含氮化合物的结构表征获得。然而，在不使用重构方法的情况下，大约 587 个模拟化合物的详细表征将会太复杂。用于模型开发的反应策略基于碳数分解以及 HDS、HDN 和 HDAr 反应。使用 Langmuir-Hinshelwood 方程预测芳烃和氮物种对 HDS 的抑制作用。对于二苯并噻吩（DBT），一级动力学分析可以识别三个反应基团，从图 4.38 中可以看出[337]，DBT1 反应活性最强，DBT2 反应活性居中，在 S 原子的 4、6 位上有两个甲基取代基的烷基化 DBT 反应活性最低。将统计重构结果与使用不同馏分原料（例如，直馏、LCO、焦化等）在中试装置中用工业 $NiMo/Al_2O_3$ 催化剂进行 HPR 的数据进行比较，发现计算结果和实验结果之间一致性良好。

Liu 等[338,339]提出了一种系统动力学模型来模拟含氮化合物和芳烃对 HDS 的抑制作用，模型考虑了 HDS、HDN 和 HDAr 的质量平衡、能量平衡和集总动力学反应。考虑到为了模拟 LCO 进料，用硫、氮、芳烃和饱和物的集总组分表示，能够预测反应器中含硫化合物和含氮化合物以及芳烃的轴向浓度，引入含氮化合物和芳烃的影响因子来表征其抑制作用。

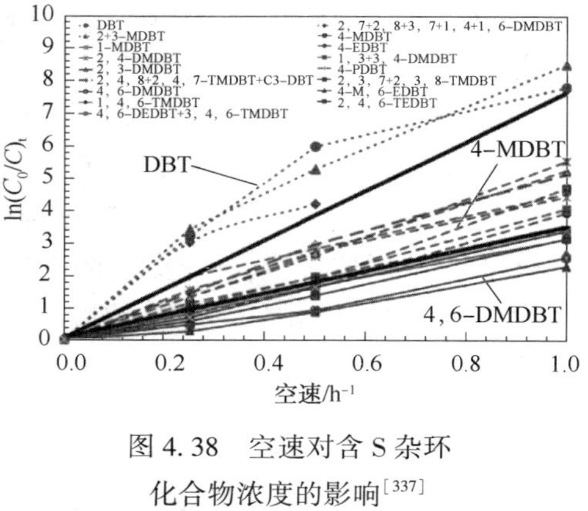

图 4.38　空速对含 S 杂环化合物浓度的影响[337]

Avraam 和 Vasalos[340]开发了一种用于滴流床均质活塞流反应器的

稳态模型模拟馏分油 HPR，给出了模型中的质量和能量平衡的细节。使用特定的相关性，可以预测液相和气相的许多流体动力学参数，如持液量、催化剂颗粒的润湿效率、两相流压降以及气液和液固界面区域，该模型还涵盖计算性能的数据库(数值计算程序)，例如相密度、黏度、电导率、扩散率、界面张力、蒸发潜热、比热容，以及焓变和相平衡。对于滴流床反应器，Gunjal 和 Granade[341]开发的计算机流体动力学(CFD)模型，通过模拟静止和运动阶段之间的相互作用，将粒子尺度信息(例如，床孔隙度、颗粒特征、床粒径比和弯曲度)转换为反应器放大(反应器规模)的能力。明确催化剂床层孔隙率的信息，包括平均孔径、孔隙径向和轴向变化是必要的。其中一些参数可以通过实验确定，而其他参数需要通过数学模拟确定。将床特征与流动模型方程(基于 Eulerian-Eulerian 多流体模型)相结合，CFD 模型可以提供关于持液率、压降和局部流体速率的详细信息。例如，对于实验室规模的反应器，关于颗粒尺寸/形状和 Ergun 常数对持液率和压降影响的模拟结果分别在图 4.39 和图 4.40 中示出[341]，该模型可用于研究馏分油 HDS 和 HYD 工业反应的性能。结果表明，预测工业反应的性能总是优于实验室规模的反应性能。颗粒形状，尤其是三叶形，预测实验室规模反应的流体动力学参数时产生了相当大的差异。

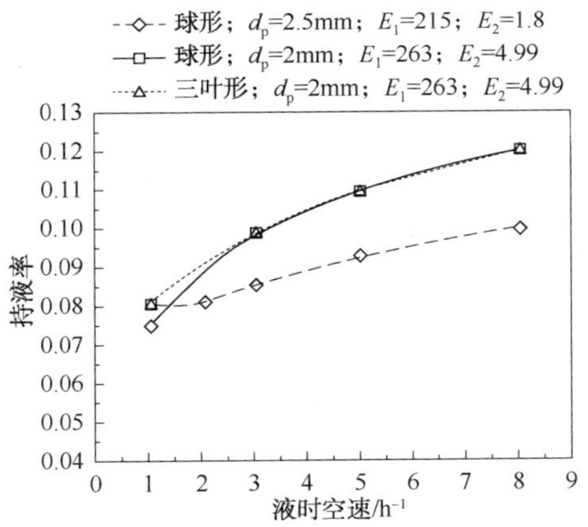

图 4.39 Ergun 常数对持液率的影响[341]

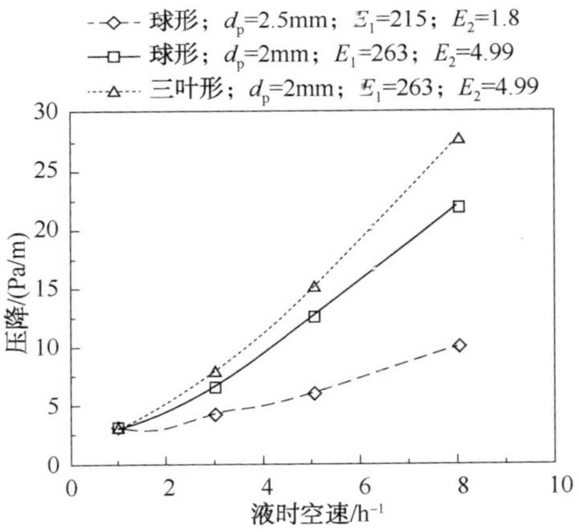

图 4.40 Ergun 常数对压降的影响[341]

4.8.2 重质原料加氢处理的模型

与开发馏分油加氢处理模型相比，重质原料 HPR 的建模付出了更多努力，重点是在所有级别上建模，并且已经注意到重质原料的 HPR 模型比馏分油模型更复杂。

4.8.2.1 催化剂活性粒子水平的建模

应该关注 Tamm 等在三十多年前发表的基础研究[238]，他们使用五种不同 V

和 Ni 含量的渣油(例如，含量约 40~500μg/g)，他们的模型证实，金属沉积模式依赖于原料，金属对活性位点的中毒和金属对孔道的物理堵塞是催化剂失活的主要原因，研究结果如图 4.18 所示[238]。

Long 等[304,305]在催化剂活性水平上建立的模型显示，实验结果与该模型预测的结果非常吻合。然而，只有假设在初期阶段 V 沉积在未覆盖的载体上才能获得良好的吻合，这对金属活性相无不利影响。因此，与其他一些模型不同，该模型并没有假设金属沉积是均匀的[342-344]。此外，金属沉积物(例如，V_3S_4)可能也表现出一些 HPR 活性。在建模过程中，通常忽略了沉积物的自催化作用。自催化可能至少部分地导致预测结果与实验结果出现偏差，在运行的初期阶段尤其明显。Melkote 和 Jensen[345]是少数考虑自催化作用的研究者之一。

Oyekunle 和 Ikpekri[346,347]的研究证明了颗粒尺度模型在设计重质原料 HPR 催化剂方面的实用性，他们对三种类型的催化剂进行了计算，微孔和大孔分别以平均孔径<100Å 和平均孔径=100~250Å 为主，且中间孔的平均孔径介于微孔和大孔催化剂的平均孔径之间。他们使用 Ancheyta 等[348,349]发表的重质玛雅原油 HPR 数据，如图 4.41 所示，数据与模型预测吻合良好，然后通过使用图 4.41 中的结果线性回归分析估计催化剂寿命[347]，预计发生在大孔、中间孔和微孔中总体活性损失分别在运行 462d、316d 和 150d 后。

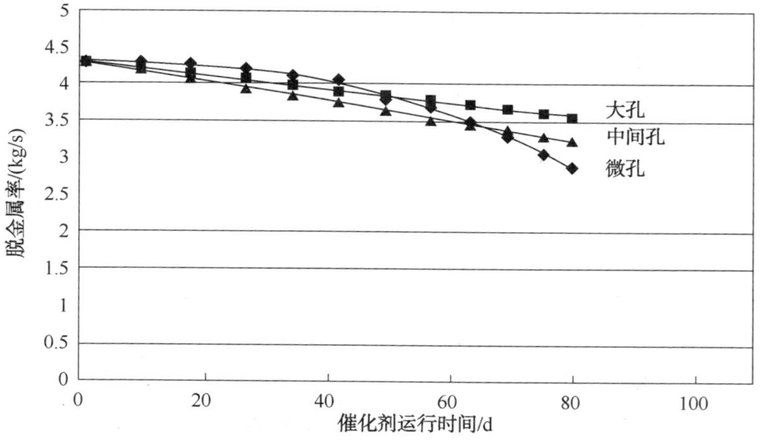

图 4.41　不同模型的脱金属率随时间的变化[347]

Perreira[350,351]提出的单颗粒模型适用于预测双峰催化剂的性能，分别包括 0.12mL/g 和 0.60mL/g 的微孔和大孔体积，开发了涉及包括分布因子、反应速率、孔半径、Thiele 模量等参数随时间变化的一系列关系式，建立了关于原料来源和催化剂性质对 HDM 影响的数据库，结果证实了双峰催化剂的优势。该模型适合于选择和设计与原料性能相匹配的催化剂类型，包括催化剂颗粒的大小和形状，以及催化剂孔隙率。

Jacobsen 等[65,352]提出的模型结合了孔隙堵塞和孔隙填充特征，假设颗粒半径为 R 的部分孔隙被金属沉积物污染，而另一部分孔隙未被金属沉积物污染。然后，壳的厚度 $(1-x)R$ 从开始运行时开始累积，留下半径为 xR 的未污染的核心，在那里发生反应。反应物分子的扩散将受到沉积金属厚度的限制，而未污染的部分将接近整体扩散。

在其他模型中，Toulhoat 等[353,354]提出涉及估计单个催化剂颗粒的最终储存容量，储存容量定义为 HDM 催化剂颗粒中累积的金属质量，相对于新鲜催化剂的单位质量，累积直到催化剂活性变为零为止，使用各种原料测试了许多其他模型的有效性。例如，Dautzenberg 等[355]、Hannerup 和 Jacobsen[65,356]开发的模型都是基于金属堵塞孔隙。由 Oyekunle 和 Hughes[357]开发的孔隙堵塞模型预测，如果催化剂具有合适的孔径分布，HDM 催化剂可以连续运行 1 年。

4.8.2.2 反应器水平建模

早期开发的各种模型积累了宝贵经验，加速了预测和优化渣油 HPR 催化反应性能模型的开发。渣油 HPR 动力学的综述表明[28,100]，动力学参数数据库和催化剂寿命是开发模拟 HPR 模型的基本要求。为了建立模型，除了加速老化试验之外，还需要关于催化剂活性水平和催化剂颗粒水平的两种试验。与馏分油进料类似，将实验数据拟合到基于表面科学和化学定律得出的数学方程中，因为它们适用于 HPR 催化。因此，主要目的是模拟反应器中固定相和移动相之间的相互作用，将结果与工业运行的结果进行比较。因此，模型开发和结果验证需要借鉴这些装置来进行催化剂测试和分析以及原料和产品的表征。此外，它需要有能力构建数学方程，其中包括动力学及其他参数和相关的计算结果，从工业装置中获得数据对于验证模型非常有利。

Marafi 等[100]在开发用于预测重质原料 HPR 催化剂性能的模型时，确定了以下基本步骤：

① 中试装置实验数据的获得和解释。

② 数学方程和模型的验证。

③ 从工业装置中获取数据。

④ 处理从中试装置、工业装置和模型模拟获得的数据。

⑤ 整合前述步骤，形成完整的催化剂评估方法。

为了解释模型数据，需要理解各种因素(例如，气液与液固相的传质阻力、返混、持液率、催化剂不完全润湿等)对 HPR 反应的影响。此外，了解催化剂的活性、选择性和失活随时间变化的信息是必要的[28,100]，对于优化多相催化剂体系反应性能的模型特别重要。在这种情况下，对所使用的每种催化剂体系进行寿命测试，成本可能非常昂贵，工作量大并且非常耗时。另一种可行的方法是在加速老化条件下评价催化剂。Zbuzek[358]和 Pacheco 等[359]研究了有关馏分油在各种催化剂上加速老化的实例，前者使用高芳烃原料在 $CoMo/Al_2O_3$ 催化剂和 NiW/Al_2O_3 催化剂上进行柴油的 HDS，使产品中硫含量降低至低于 10μg/g。将相同的催化剂放至工业反应器中运行 16 个月，将加速试验期间观察到的失活参数与工业装置中的失活参数进行比较，在类似的加速失活研究中，确定 HDS、HDN 和 HDAr 的动力学参数，以模拟工业催化剂性能。对于渣油催化体系，加速老化测试的目标是获得最大金属容量的信息。人们需要这样的信息来确定与金属沉积有关的催化剂寿命，Marafi 等[100]在发表的有关渣油 HPR 动力学综述中详细给出了影响的细节。

在反应器水平上建模需要在催化剂活性和单颗粒尺度上建模所用的所有参数。此外，还有新的参数，如持液率、床层高度、床体积、催化剂体积、颗粒大小和表面液体速度，这些参数是必要的。对于固定床反应器，大多数模型假设液体和气体同时从顶部到底部通过催化剂颗粒之间的空隙，催化剂表面的润湿确保反应主要发生在液相中。此外，对于这种模型，通常假设反应器以活塞流流动确保理想混合，忽略径向和轴向分散或返混。如果没有这种简化，模型的开发将相当复杂和困难。Tamm 等[238]公开的结果证实了反应器水平建模的复杂性，表明反应器入口和出口之间催化剂失活模式存在显著差异。在微观评估的基础上，研究者观察到 V 和 Ni 沉积分布呈现 U 形或 M 形；也就是说，金属沉积的最大值位于催化剂颗粒表面或催化剂颗粒内部，例如如图 4. 18[238]和图 4. 19[240]所示，这取决于催化剂颗粒在固定床中的位置。因此，在反应器入口观察到 M 形轮廓，而在反应器出口观察到 U 形轮廓。随着温度降低，H_2 压力降低，颗粒直径减小，平均孔径增加，金属沉积的最大值向内移动。

Khang 和 Mosby[321]开发的模型基于金属填充孔隙，并在滴流床反应器中使用大孔催化剂验证其适用性。失活过程可以用两个可变的 Thiele 模量表示，一个假设是体积扩散和动力学，另一个假设表示失活孔中的有效扩散系数和动力学，该模型适用于预测 HDS 和 HDM 反应的失活曲线，在孔隙被金属填充不到 50%之前，模型预测结果与实验数据吻合良好。模型数据显示，中试装置获得的 HDM 活性与固定床反应器入口和出口之间的金属沉积量结果一致性良好。Togava 等[140]使用 Khang 和 Mosby[321]开发模型的修正式，分析科威特 ARDS 工艺过程中获得的五组失活数据。经过修正后，该模型适用于高达 80%的孔隙填充金属，而 Khang 和 Mosby[321]观察到的孔隙率为 50%，Kam 等[360]还报道了使用修正模型的改进模型。

Kam 等[361]开发了集成反应器模型，他们认为积炭沉积导致初期催化剂快速失活，区分了初期形成的软积炭和在稳定失活状态下形成的硬积炭。同时，在运行开始时，由金属造成的失活不太明显，而在运行中期，特别是在接近结束之前，金属沉积是引起催化剂失活的主要模式。图4.42[361]将模拟数据与中试装置中运行400d以上的数据进行比较，这些结果用于四组反应器工艺的第二反应器，对于HDS反应，预测结果与前4000h运行结果一致性良好，而观察到HDA结果存在很多差异。同样，对HDV和HDNi进行了很好的预测。然而，HDM预测数据与测量结果的偏差在运行4000h后变得更加明显。为了进一步改进模型，Kam等[361,362]假设通过非催化反应从重质原料中除去部分V和Ni，应用该假设后，运行4000h后的预测结果准确性显著改善。

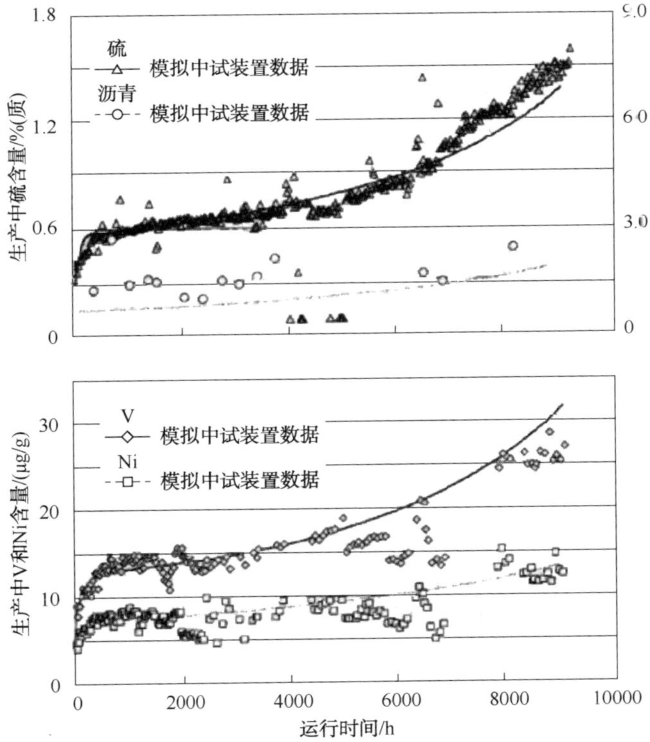

图4.42　常压渣油加氢处理工业数据与模拟数据比较[361]

图4.43展示了使用Takatsuka等[325]提出的模型预测催化剂性能的结果，催化剂的性质见表4.5。显然，对于HDS，初期催化剂A比催化剂C活性更高，因为其产物中的硫含量较低。然而，前者(催化剂A)的活性随着时间的推移而下降，去除V的活性最小。催化剂B由于孔体积、粒径和比表面积达到最佳组合性能最佳。

表 4.5 催化剂的性质[325]

项　　目	催化剂		
	A	B	C
	Ni-Co-Mo	Co-Mo	Co-Mo
孔体积/(mL/g)	0.44	0.60	0.79
比表面积/(m^2/g)	280	155	341
颗粒直径/mm	1.16	1.34	1.59

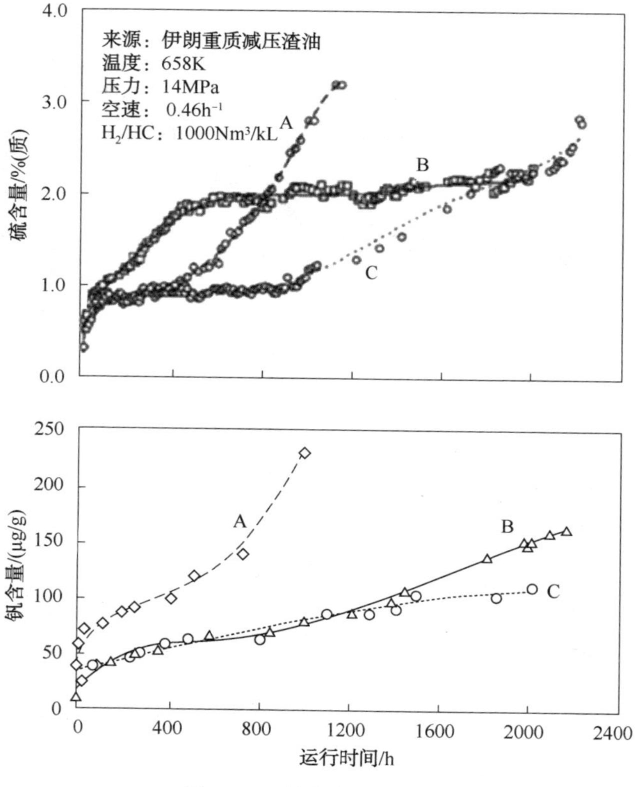

图 4.43 催化剂老化模拟

(催化剂 A、B、C 孔体积分别为 0.44mL/g、0.60mL/g、0.79mL/g)[325]

采用基于 Bethe 网络的[363-365]渗流模型模拟反应性能，它涉及 50 多个数学方程，用于描述在活性相级别上发生的事件，以及在粒子级别上发生的传递现象。其中液体和气体通过催化剂颗粒之间的空隙从顶部到底部同时流动，该滴流床反应器用于在反应器水平上建模。在此条件下，催化剂表面润湿确保反应在液相中发生。除了在活性相和单个颗粒水平上使用的所有参数之外，在数学方程中并入了诸如持液率、表面液体速度、床层高度和直径、反应器体积和催化剂体积等参数。对于该研究，假定为活塞流确保理想混合，忽略径向和轴向扩散以及返混。上层催化剂的预测数据和实验数据之间存在良好的一致性。该研究的理论部分包括几个相关性，即其中任意选取 Thiele 模量以确定扩散对于颗粒水平上 V 分布的影响。通过这种关联，Thiele 模量的含义变得更加清晰。

THERMIDOR(用于渣油等效/等性能脱硫的热监测)模型由法国石油研究所开发，用于模拟 HYVAHL 过程，包括在四组固定床反应器上游以扰动模式运行的两个保护反应器[366]。模型考虑了催化剂粒度和床尺寸，使用催化剂颗粒的半径作为变量，考虑催化剂的形状(球形、圆柱形、多叶形等)，用分数轴位置描述反应器入口和出口之间的变化，使用了 40 个以上数学方程式，认为代表了模型开发的最全面的方法之一，这些方程超出了本次评论的范围。使用假 L-H 定律表示 HPR 反应中一级反应的转化率(例如，硫、金属和沥青质)，假设原料中约 10%的沥青质是造成积炭累积的主要原因。图 4.44[336]显示了使用大孔 HDM 催化剂催化 Boscan 重质原料的实验失活曲线和模拟失活曲线，实验数据与模型预测的数据之间非常一致。THERMIDOR 软件采用 Fick 定律表示液相中的局部摩尔通量，将 Stokes-Einstein(斯托克斯-爱因斯坦)定律和 Andrade(安德拉德)定律结合起来描述了温度对原料黏度和分子扩散系数的影响。随机球、随机针和随机硬币模型用于表示催化剂多孔介质。THERMIDOR 程序的其他方程能够模拟其他参数，例如入口和出口温度随着运行时间的变化，温度的纵向剖面、Tamm 因子、比表面积和孔隙率，以及运行时间。

模拟 HYVAHL 工艺的模型开发集中在 HDM[367]，考虑了扩散、吸附、催化剂失活和动力学等因素。对于传质和吸附，分别用 Stefan-Maxwell 方程以及 L-M 定律[367]。渣油馏分区间用饱和烃、芳烃、树脂和沥青质来描述。对于沥青质，最大沥青质聚集体的尺寸和体积受到两个区间的限制。为了解释催化剂上的金属沉积，又添加了一个区间。还考虑了天然气和积炭的产生。如图 4.45 所示，通过模型预测所有考虑的烃类区间的分布与实验数据基本一致[367,368]。以类似的方式，沥青质、树脂和芳香区间中的 S 含量(见图 4.46)以及 S、N、V 和 Ni 的脱除，模型预测与实验数据一致性良好。根据 C、H、S、N、O、Ni 和 V 的成分细分，总共分为 35 个亚种，通过模拟(线)和实验(圆点)数据预测的五个区

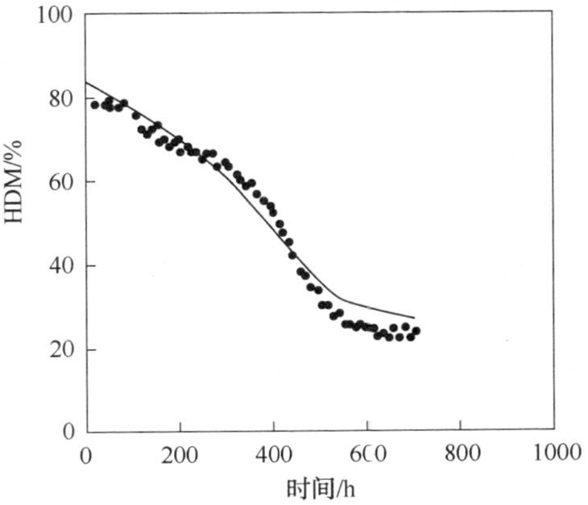

图 4.44　HDM 催化剂的实验(圆点)和模拟(线)数据(博斯坎原油)[366]

间中硫的轴向分布如图 4.46 所示[368]，脱除总氮和硫以及金属时，模型和实验数据之间的一致性良好。共有 37 个亚种和 84 个反应，包括 HCR、HYD、HDM、HDS 和 HDN，是整个 HPR 网络的一部分。

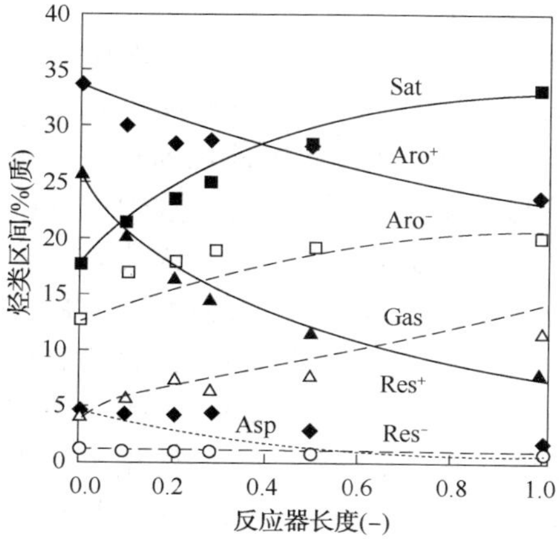

图 4.45 烃类区间随反应器长度的变化[368]

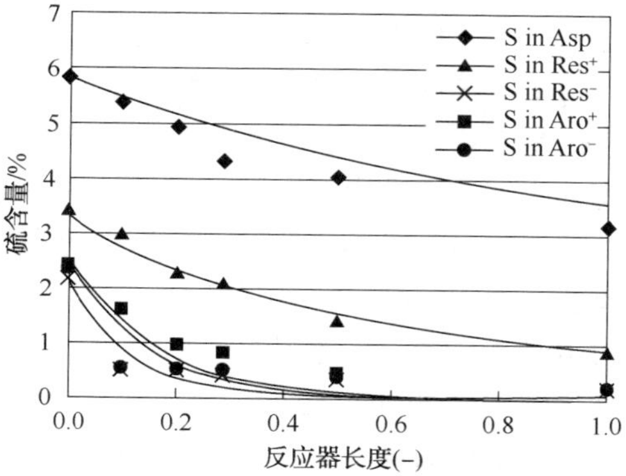

图 4.46 区间硫含量随反应器长度的变化[368]

Kodama 等[369]开发了另一种适用于模拟多级系统性能的模型(例如 ARDS)，Al-Adwani 等[326]将其用于模拟四组反应器的性能，例如在 ARDS 过程中。显然，该模型应该比其他模型更少地依赖于催化剂和原料性质，该模型可以预测液时空速(LHSV)对达到一定 HDS 水平的设定点温度的影响。对于特定程度的 HDS，设定点温度随着液时空速(LHSV)的增加而增加；也就是说，减少了接触时间。总的来说，该模型预测 HDS 的程度与 HDM 的程度相似。

沸腾床反应器的特征和应用在第 2 章中已进行了阐述，尽管有工业应用，但与滴流床反应器相比，沸腾床反应器建模的信息有限。自 Eccles[370]于 1993 年首次进行模拟工作以来，文献中很少有研究提及。这一点从 Martinez 等[371]最近发表的综述中也可以看出。Eccles[370]开发的动力学和流体动力学模型用于验证实验室和工业数据预测的数据，该模型可以估算渣油转化率和反应器的所有独立变量。因此，可以模拟持相率和循环流、催化剂更换率、催化剂孔隙率，也能模拟沸腾床反应器中热催化区与催化区的比例。阐明了模型用于监控工业装置反应性能的潜在应用。Calderon 和 Ancheyta[370a]发表了有关渣油 HCR 浆态床反应器建模的综合评述。

已经认识到人工神经网络是很好的建模工具[372,373]，神经网络包括由许多模拟元件组成的计算系统，这些模拟元件和带宽信道交互连接，通过响应外部输入来处理信息。最初，它可以使用工业历史数据，通过实验室和中试研究的结果以及文献中的结果来构建。Kam 等[372]开发的神经网络结构由三个神经层和八个指定输入节点与九个隐藏节点组成，用于预测床层膨胀高度。从工业反应器获得的归一化床高度数据与通过人工神经网络预测的归一化床高度数据比较，具有良好的一致性，绝对平均偏差值表明该模型适用于工业 H-Oil 膨胀床/沸腾床系统。此外，预测的产品类型及产量与工厂数据较为一致。

已经确定了与沸腾床反应器的性能相关的各种参数，但不是在重质原料 HPR 典型条件下确定的[374-380]。研究期间采用的方法可以进行修正，以接近渣油 HPR 的操作条件。在这方面，Calderon 和 Ancheyta[370a]发表的研究比较了几种方法，确定了需要关注的其他一些要点。

第5章 再　　生

本章讨论的再生仅包括去除催化剂表面的积炭，从而尽可能恢复催化剂的初始活性，同时恢复催化剂的比表面积和孔结构。去除杂质金属恢复催化剂活性以及结构将在下一章中进行讨论，即催化剂的复活。

通常认为，适合于再生的废催化剂上杂质金属(例如 V 和 Ni)沉积量不能超过 5%(质)，否则无法实现恢复催化剂初始活性 80%的目标。馏分油加氢催化剂的再生通常可以实现该目标，而如果催化剂表面同时沉积了炭和金属，则很难达到较高水平活性的再生。

常用于恢复活性的再生手段，包括利用稀释空气或者水蒸气-空气混合物进行氧化再生去除积炭。其他氧化剂也有潜在的应用可能，氧化再生技术商业化已有数十年历史[7]，也有利用水蒸气和 CO_2作为氧化剂的一些尝试。积炭也可以用 H_2还原去除，目前该方法还没有得到工业应用。也有一些方法尝试使用不同溶剂萃取催化剂表面沉积物，然而该方法局限性较大。此前有研究表明，焙烧可以提高催化剂强度，可以用螯合剂来提高活性金属的分散性，然后进行焙烧提高催化剂强度[381]，类似的方法也可以用于催化剂再生。

5.1　废催化剂的可再生性

在炼油厂，必须对如何处理从反应器中卸出的 HPR 催化剂作出决策，可能需要在实验室进行再生评价测试确定催化剂活性恢复的潜在水平。一般来说，HDS 和 HDN 活性恢复到新鲜催化剂的 80%是可接受的最低水平[382]，尽管某些炼油厂希望恢复到 90%[383]。否则，认为该催化剂不能再生。与孔体积和孔径分布相比，单独使用比表面积恢复率不足以准确反映催化剂活性恢复率。此外，实验室再生催化剂的抗压强度、粒径分布也需要满足最低需求。为了保证实验结果的可靠性，必须优化实验条件，否则实验室测试的催化剂可再生性结果就会与工业再生结果相矛盾。

由于实际可再生性测试的复杂性，炼油厂一般会要求催化剂提供商或者催化剂再生商提供实验室测试再生数据以决定是否对废催化剂进行再生。对炼油厂而言，催化剂全生命周期管理技术是另一种可能的选择。此外，也可以进行中试测试以获得更加可靠的数据。根据 Smart 等的论述[382]，可再生性测试包括如下四个部分：

① 活性、动力学常数以及活化能测试；

② 催化剂在不同 H_2分压、空速以及温度下的性能；

③ 利用加速老化实验估计催化剂的稳定性和寿命；

④ 评价催化剂可再生性以及其他影响再生的指标。

当然，所有测试阶段一般都会进行催化剂性能表征作为补充。

在前一章中提到，催化剂表面沉积物的结构和组成取决于反应物来源、催化剂种类和反应条件。用于常压馏分 HPR 的废催化剂可以很容易地再生，因为沉积物中污染金属的含量可以忽略不计。因此，这种催化剂可以实现多次再生利用循环。在这种情况下，难以避免活性组分再结晶以及活性金属迁移导致的寿命减少。随着使用时间的延长，有时会持续数年，长时间暴露于操作条件下这可能是导致常压馏分加氢催化剂失活的主要原因，而且极有可能是永久失活的原因。

催化剂结构则影响了其稳定性以及可再生性，载体的种类具有重要的影响。在 SiO_2、Al_2O_3、ZrO_2和 TiO_2中，ZrO_2可再生性最高，其次是 TiO_2[384]。此外，在间甲苯酚的 HDO 中，Mo/ZrO_2和 Mo/TiO_2催化剂的失活速率最低。此外，尽管 VGO 和重油加氢催化剂相比于常压馏分加氢催化剂而言使用在更恶劣的环境下，它们也可以再生。更恶劣的使用条件，会导致催化剂发生烧结，失活更加严重。因此，相比用于常压馏分加氢，这些废催化剂再生-使用可循环次数就会少一些。

温度和 H_2压力是影响废催化剂可再生性的最重要参数之一[385]。实际上，操作条件的影响可能比减压馏分的来源和催化剂的类型更为明显。在 VGO 的加氢处理中，催化剂在低 H_2浓度下发生温度失控[13]。此时，为了达到理想的积炭去除率，需要更加苛刻的再生条件。

常规渣油中杂质金属（V+Ni）含量普遍较低。因此，通常认为，多段反应器（例如 ARDS 工艺和 Hyvahl 工艺）下游或尾部的废催化剂非常适合再生。然而，这些废催化剂，其再生-使用可循环次数低于轻质油加氢催化剂。同样，对于 VR 催化剂，用于第四段反应器甚至是第三段反应器（见图 3.16）的废催化剂再生也较为容易。Al-Dalama 和 Stanislaus[12]的工作证实了这一点，从 ARDS 工艺第三段和第四段反应器取出的催化剂的比表面积和孔结构可以显著恢复，而从第一段和第二段反应器中取出的催化剂再生不理想。有的催化剂再生后并不放回原反应器，而是级联使用，即用于不同催化工况条件。对于具有多个催化操作单元的大型炼油化工厂来说，级联使用方案有较高应用价值。在炼油厂中级联操作以及催化剂再生的综合评价将在后续章节进行介绍。

高金属含量使重质原油的渣油改质变得复杂。在这种情况下，废催化剂可能不能再生，特别是在沸腾床反应器中使用过的催化剂。对于这种情况，可以对原油进行预处理缓解这个问题，例如使用溶剂脱沥青。DAO 的质量主要决定于脱沥青所采用的溶剂。通常而言，在 DAO 的产量与品质之间，需要某种平衡取舍。

例如，当 DAO 产量增加时，金属杂质含量也会增加。对 DAO 加氢废催化剂再生带来不利影响，也就是再生-使用可循环次数将会下降。而在某些情况下，从重质原油中得到的 DAO 品质接近于从常规原油中得到的渣油。

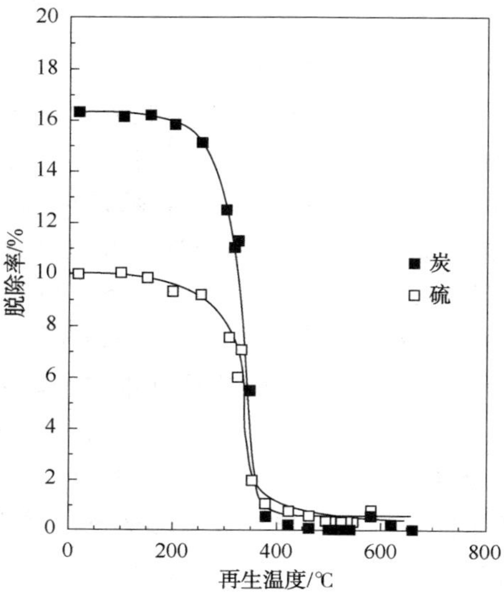

图 5.1　废催化剂再生过程脱炭以及脱硫曲线图[386]

关于仅存在积炭中毒的重油加氢催化剂的再生资料相对较少，图 5.1 为 VGO 加氢催化剂再生测试结果[386, 387]，数据显示几乎所有积炭均可在再生过程中脱除。研究工作还比较了其他几种用于轻质油的加氢催化剂的再生，最大的区别在于 VGO 加氢催化剂脱硫温度相对于轻质油加氢催化剂而言要更高一些。另外，由于积炭量较高，与轻质组分加氢催化剂相比，VGO 加氢催化剂再生时间也较长一些。由于 VGO 加氢条件更为苛刻，VGO 加氢催化剂上积炭活性极低，这也是导致其再生时间较长的一个原因。

也有例外情况，一些用于含金属、沥青原料的加氢催化剂也有可能进行再生，例如刚才提到的 ARDS 工艺和 Hyvahl 工艺第三段、第四段反应器的催化剂可以进行再生[12]。甚至于在某些情况下，即使是上述工艺中的第二段加氢催化剂也可以部分再生重新使用。例如，床层末端催化剂再生之后，可以级联使用至床层顶部，用于下一个反应周期。

无论是对于轻质油还是重质油，连续运行时砷会积累在催化剂表面。已有研究表明，反应物中的有机砷化合物会分解并沉积在催化剂表面[7]，导致 HDS 活性中心严重中毒，对于含砷量超过 0.4%(质)的催化剂，不能采用氧化再生方法[7]，一般认为这类催化剂不可再生。

5.2　氧化再生

最成熟的再生方法包括氧化脱除(通过控制燃烧)积炭，积炭通常称为焦炭(在运行过程中沉积在催化剂表面)。为确保安全，再生初期采用稀释空气作为氧化介质。在再生最后阶段，也就是绝大多数积炭都已经去除时，可以使用空气直接作为氧化剂。使用空气进行氧化再生时，为了确保安全，必须严格控制再生器的温度。这种情况下，需要对再生器进行仔细设计，或者增加冷却系统。然而，必须通过提高再生效率来弥补额外增加的变动成本。

5.2.1 氧化再生机理

由于同时存在有机积炭、与积炭耦合的杂质金属、催化剂表面的金属以及无机组分，增加了再生机理的复杂性。由于催化剂具有孔道，化学控制和扩散控制始终是整个再生机制的组成部分。此外，其他再生条件的变化(例如 O_2浓度、温度、废催化剂颗粒尺寸以及废催化剂预处理方法等)均会对再生产生显著影响。

5.2.1.1 积炭的氧化

气态产物的分析为氧化再生机理的研究提供了关键信息，文献对各种实验技术进行了比较[13]。在典型再生条件下且含有 O_2时，废催化剂上无机及有机组分均会发生氧化。随着积炭的去除，有机组分的氧化会变得越来越明显，典型的积炭分析结果见表 5.1[13]。研究者指出，焦炭的氧化将涉及以下反应，并给出形成的所有主要气态产物：

$$H_mC_nS_xN_y+O_2 \longrightarrow H_2O+CO+SO_2+NO+CO_2$$

根据实验条件，预测也可以产生 N_2O、NO_2和 SO_3，反应条件的差异以及储存、填埋时发生的积炭氧化将在环境与安全的章节进行介绍。因此，在再生时，废催化剂与氧化剂的接触温度更高。也就是说，再生条件下发生氧化的速率要比储存条件下高数个数量级。

表 5.1 废加氢催化剂积炭分析结果[13] %(质)

项目	A	B	C
MoO_3	15.0	16.0	16.0
CoO		4.0	4.0
NiO	4.0		
碳	18.8	11.4	2.8
氢	1.5	2.0	
硫	7.1	4.4	6.1
氮	0.5	0.5	0
比表面积/(m^2/g)	26	65	126

此外还需要指出，即使在 O_2不充足时，氧化的主要产物仍然是 CO_2。这源于碳氢化合物自氧化机理，该机制涉及 O_2的化学吸附，从而形成固体过氧自由基和过氧化氢等表面复合物[388, 389]，该机理见图 5.2。随着再生温度逐渐上升，表面吸附的不稳定物种分解产生 CO 和 CO_2。程序化温度氧化(TPO)分析和几种废 HPR 催化剂的等温氧化分析支持了这一观点[388,389]。在较低温度下，由于 O_2发生化学吸附生成表面吸附物种使催化剂质量增加。一旦达到临界温

度，表面吸附物种迅速分解。通常认为，至少在再生初期，由于 O_2量供应不足，气相反应对 CO_2的贡献较小。因此，CO_2主要源于表面吸附物种的分解，见图 5.2[389]。

$$CO+0.5O_2 \xlongequal{} CO_2$$

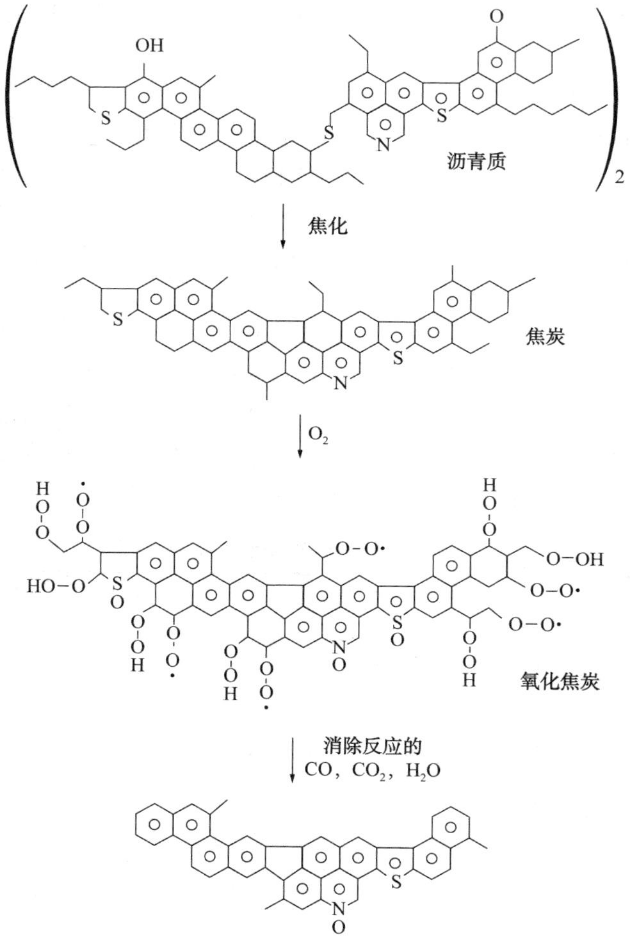

图 5.2　炭自燃时表面氧化物种生成机理[389]

根据图 5.3[390]，即使在 2%O_2中再生，CO_2的产率也比 CO 高 13 倍以上。然而，在使用空气进行再生的最后阶段，气相 CO 氧化生成 CO_2的路径也成为 CO_2一个重要的来源。

再生过程中通常忽略了氢的燃烧，尽管它也对反应机理有重要贡献。通过测量水的产率，可以量化氢的参与（见图 5.4），类似于图 5.3 中 CO_2和 CO 定量过程。如果 O_2供应量充足，预计整体积炭氧化可以用如下的方程描述：

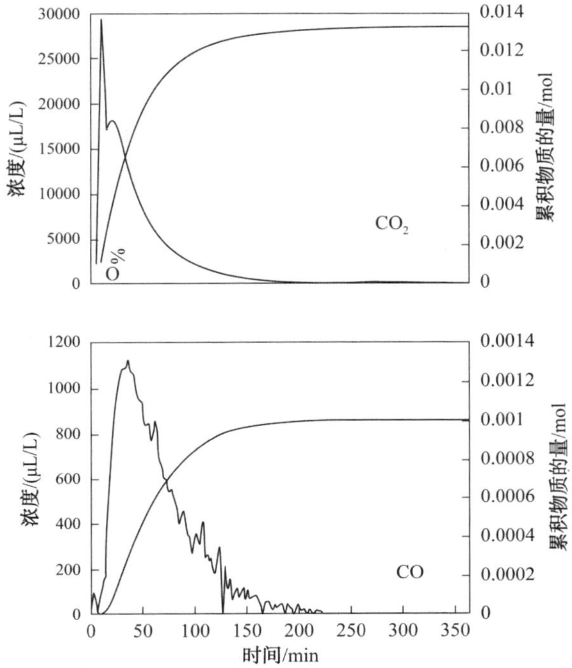

图 5.3　废催化剂程序升温氧化（TPO）产生 CO 和 CO_2 测试结果，测试条件为 2% O_2，350℃[390]

$$C_nH_m+(n+\frac{m}{4})O_2 = nCO_2+\frac{m}{2}H_2O$$

图 5.5 和图 5.6 显示了废加氢催化剂分别在空气和 2% O_2 中逐步升温再生时 H_2O 和 CO_2 的产生过程。在空气中（见图 5.5），350℃时可以去除大部分氢。与此同时，碳的去除率不到 20%，通常认为去除的碳来自烷基取代基以及积炭中嵌杂的碳氢化合物的氧化。在 2% O_2 中（见图 5.6），在 350℃时观察到 H_2O 的产生速率较高，而几乎观察不到 CO_2 的产生。而 500℃时，2% O_2 则足以将积炭氧化为 CO_2。基于图 5.5 和图 5.6 的结果，可以提出两个不同氧化再生阶段理论：一种与脱氢有关，一种与脱碳有关。脱碳不太涉及活泼积炭，因为活泼积炭在

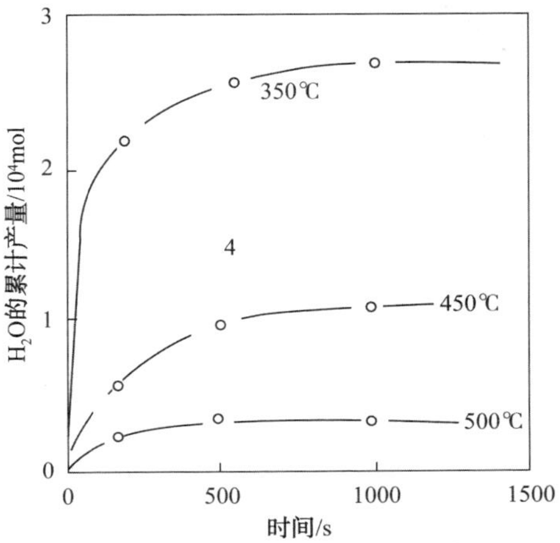

图 5.4　对废 CoMo/Al_2C_3 催化剂恒温再生时温度对于 H_2O 的影响

富氢阶段已经去除。图 5.7 中以一个较为简单的积炭分子的氧化展示了这个过程，O_2不充足时，结构 2 通过去除活泼组分生成结构 1，例如其中的脂肪链氢生成 H_2O。这与图 5.6 中 350℃初期氧化过程一致。而在氧化末期，只有当所有活泼的脂肪链氢被去除后，O_2才能够氧化产生 CO_2。在空气中再生，因为 O_2过量，结构 2 则氧化生成结构 3。从图 4.26 和图 4.27 中[279, 280]可以看到，积炭中存在部分脂肪链结构，例如烷基取代物以及亚甲基，这些基团的去除将会导致惰性的高芳香性结构残留在积炭中。图 4.26 和图 4.27 显示了反应不同阶段下积炭结构的变化，表明加氢催化剂在氧化时(例如图 5.3 和图 5.8)从不同位置取出的催化剂的再生温度曲线完全不同。

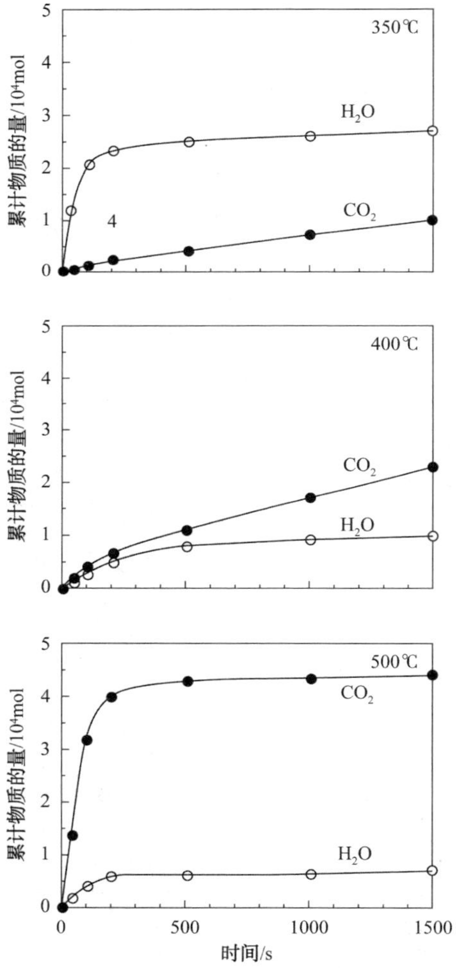

图 5.5　温度对于空气中恒温处理催化剂产生 H_2O 和 CO_2的影响

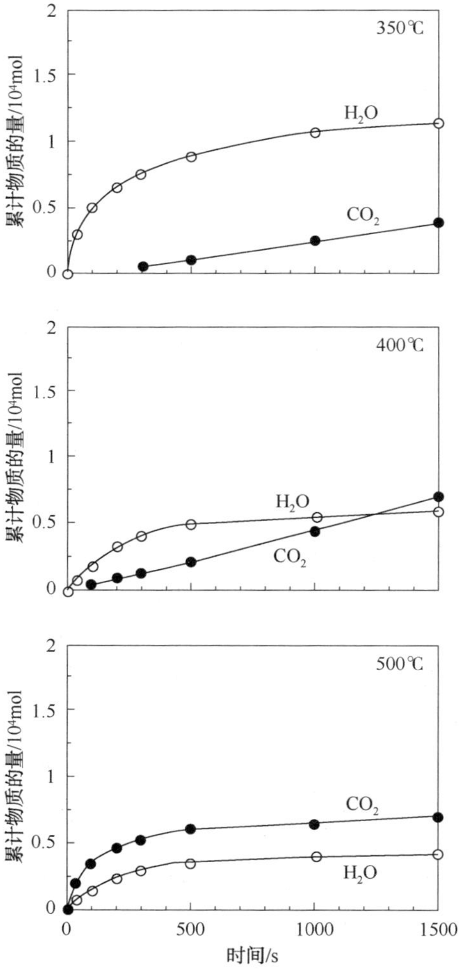

图 5.6　温度对于 2%O_2中恒温处理催化剂产生 H_2O 和 CO_2的影响

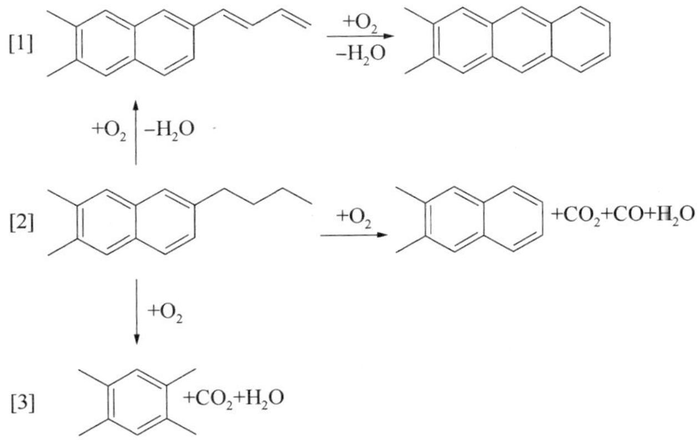

图 5.7　积炭分子氧化机理

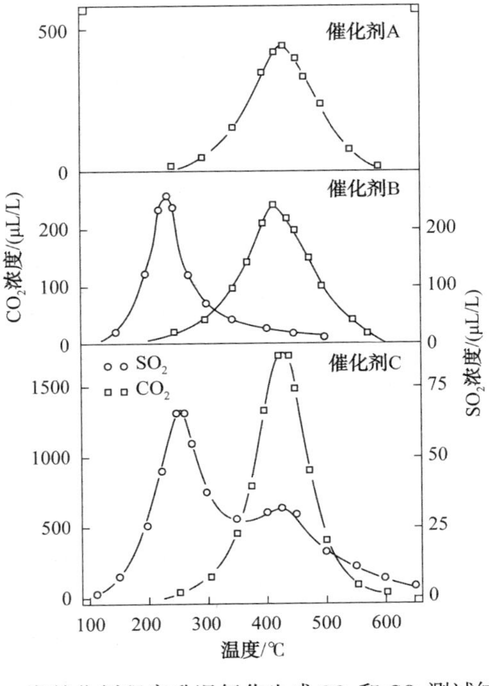

图 5.8　废催化剂程序升温氧化生成 SO_2 和 CO_2 测试结果[391]

积炭杂环结构中的 S 和 N 杂原子，可以优先氧化生成 SO_2 和 NO，图 5.2 中[389]通过亚砜和氮氧化物的形成描述了这一点，氧化物中的 C—S 和 C—N 键要比原始的杂环分子更弱，这些过渡结构更容易进一步分解生成 SO 和 NO。由于 SO 稳定性极低，因此即使在极少的 O_2 条件下也能够迅速氧化生成 SO_2。高价氧化物如 SO_3 和 NO_2 也能存在，尤其是在空气中再生时。实际上，在气体离开再生区域时，SO_2到 SO_3和 NO 到 NO_2的气相反应可以继续发生。

氧化再生产生的所有的碳和氮氧化物都来自有机物。同时，废催化剂的结构意味着有机积炭和催化剂有助于生成 SO_2。从图 5.8[391] 和图 5.9[280] 中可以清晰看到两种不同的 SO_2来源。在该研究中，氧化态 CoMo/Al_2O_3(A 催化剂)用于正己烷和苯酚体系的加氢。硫化态 CoMo/Al_2O_3(B 催化剂)用于同一反应。将硫化态 CoMo/Al_2O_3(C 催化剂)用于 VGO 的加氢。可以看到，C 催化剂的 TPO 结果显示 SO_2的形成分两个阶段。低温段 SO_2的生成与 B 催化剂重合，归属于金属硫化物的氧化。此外，高温段与 CO_2的生成重合，因此可以归属于积炭中有机硫的氧化。在 TPO 实验前将图 5.8 中[391] 的催化剂粉碎至 100~200 目，减少扩散干扰，在图 5.8 中观察到的趋势与 Zeuthen 等[392, 393] 的研究结果一致。

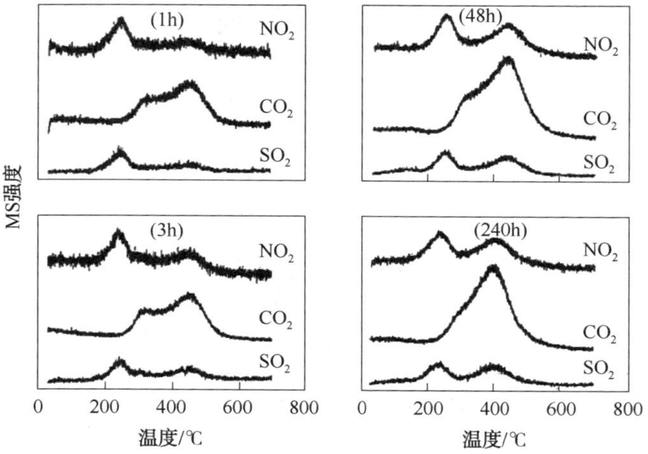

图 5.9　反应时间对废催化剂(Mo/Al_2O_3，用于常压渣油加氢，653K，12MPa)程序升温氧化结果的影响[280]

Matsushita 等[240] 利用 TPO 实验分析了 Hauser 等[278, 279] 研究中的废催化剂，废催化剂用于科威特常压渣油加氢，源于同一装置不同段反应器。TPO 实验(见图 5.9)显示有两个 CO_2峰，一个位于约 573K，另一个位于约 700K，这两个氧化阶段分别属于软积炭和硬积炭的氧化。需要指出的是，在 Seki 和 Yoshimoto [249] 的研究中，这种硬积炭被定义为甲苯不可溶的积炭。而在 Hauser 等[279] 的研究中，硬积炭更为惰性，强烈吸附于催化剂表面。Hauser 等[279] 研究的软积炭在结构上可能接近于前 120h 内形成的甲苯不溶性积炭，而硬积炭则接近于 6500h 后形成的四氢呋喃(THF)不溶性积炭。软积炭向硬积炭转变过程中发生的化学转化如图 4.26 和图 4.27[278,279] 所示。不出所料，硬积炭的溶解度很低。一般认为，在裸露的催化剂表面首先生成软积炭。随着催化剂使用时间延长，软积炭逐渐向惰性积炭转变。如图 5.9[280] 所示，在 1~240h 之间，低温 CO_2峰的减小和高温

CO_2峰的增大支持了这一点。使用 120h 后，绝大多数的积炭均呈现很大的惰性，且难溶于 THF。难溶积炭中氮和硫的浓度高于软积炭。这些观察结果与 Hauser 等[278,279]提出的积炭形成机理一致。图 5.9 中软积炭和硬积炭的显著区别可能受 TPO 过程中活性金属的影响。因此，许多研究者[202, 249, 391]提出过渡金属催化积炭氧化，也就是氧从活性金属向积炭转移。然而，活性金属附近的积炭实际反应活性更高(例如更软)。考虑到氧化再生总机理，软积炭上的脱氢过程也会比硬积炭的氧化更为明显。在 Torres-Mancera 等[394]的研究中，则把 550℃以下氧化的积炭定义为软积炭，高于该温度的定义为硬积炭。

Callejas 等[203]的研究为积炭问题研究提供了另一个维度。在 TPO 实验中，研究者观察到在大约 700℃处有另一个信号峰，这个峰出现在反应 1100h 的催化剂样品上，而反应 100h 的催化剂样品没有该峰。随着 1100h 后不断延长反应时间，该峰信号不断增强，NMR(核磁共振)证明这种积炭没有脂肪族结构。有人提出，这种积炭是通过金属自催化的炭气化氧化还原转移氧实现的。

如图 5.9 所示[280]，所有催化剂在低温和高温段均出现了 SO_2信号，分别归属于金属硫化物以及有机硫的氧化，与图 5.8 一致[391]。类似地，也可以观察到两个 NO_2峰。需要指出的是，在分析测试条件下，所有氮在进入检测器前均已经氧化为 NO_2。类似地，低温 NO_2可能并不是来自积炭的氧化。因此，该峰比 CO_2峰要更靠近低温区间，可能是吸附在催化剂表面的氨以及含氮化合物发生的气-固氧化反应，而氨氧化遵循如下反应[395, 396]：

$$2NH_3+2O_2 = N_2O+3H_2O$$

在 Hauser 等[279]研究使用的分析条件下，初级产物 N_2O 将会被进一步转变为 NO_2，如下所示：

$$N_2O+1.5O_2 = 2NO_2$$

需要指出的是，Furimsky 等[397]也观察到了催化剂再生时生成 N_2O。尽管他们的实验是在恒温条件下进行的(450℃，4% O_2+He)，图 5.10 中的结果表明出现了两个 N_2O 峰。第一个峰源于更活泼的含氮物种，可能来自催化剂表面强吸附的氨的氧化，而第二个峰则来自积炭中氮的氧化。有报道称当氮存在于五元杂环时，相比于六元杂环更容易生成 N_2O[398, 399]。由于 N_2O 对环境具有负面影响，因此废催化剂氧化再生尾气中的 N_2O 需要处理。

部分氮与无机硫可以同时去除，即低温 NO 脱除峰可能与 SO_2重合[12, 280]，最有可能的是，这部分 NO 源于吸附在催化活性相上的氨和其他含氮化合物，而不是直接吸附在载体上。有研究指出，吸附在载体上的碳和氮可能会逐渐转变成金属碳化物和氮化物[400, 401]，这些产物对加氢反应有催化活性。因此，再生后残留的碳和氮可能是无害的，而且想要去除残留的碳和氮需要延长氧化时间。

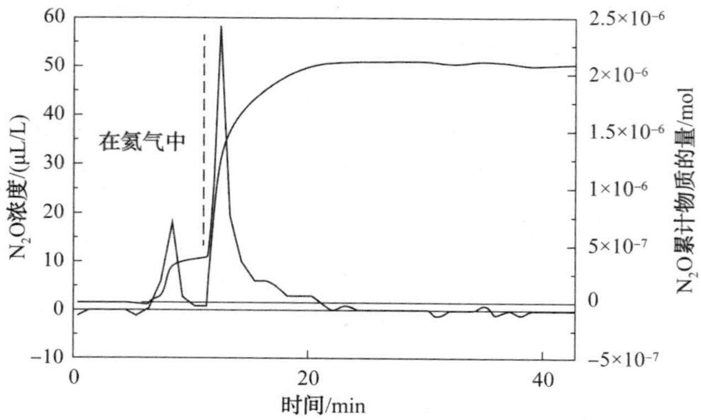

图 5.10 废催化剂在 4%O_2、450℃条件下程序升温氧化生成 NO 和 N_2O[397]

Noguchi 等[402]的研究结果也证实了这一点，他们指出只要催化剂上残炭量小于3%，废催化剂的活性就几乎能完全恢复。

催化剂积炭上氮化物转变的主要反应与其他炭物质的氧化类似[403]。因此，在低 O_2浓度下[例如约 2%(体)]，最主要的反应产物是 NH_3和 HCN，表 5.2 中工业上废加氢催化剂的恒温氧化产物分布测试结果证实了这一点[390]。NH_3和 HCN 的产生与 CO_2和 CO 的产生趋势一致，表明其产生与积炭的氧化有关。当 O_2含量由 2%(体)增加至 4%(体)时，除了 NH_3和 HCN，还产生了 N_2O。在 4%(体)O_2浓度下，温度由 350℃提高至 450℃导致 NH_3、HCN 和 N_2O 的量显著下降。与此同时，NO 变成了含氮产物的主要组分。综上所述，废催化剂氧化再生过程中初始阶段氮转化的机制可能与焦炭的热分解有关，即：

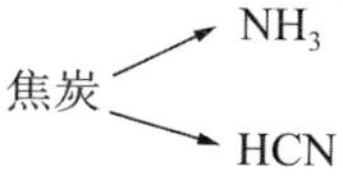

表 5.2 氧化尾气产物中含氮化合物分布结果[390]

项目	2%O_2		4%O_2	
	350℃	450℃	350℃	450℃
总 N[a]	20.7	13.0	23.9	8.8
HCN	10.8	0.6	11.3	0.9
NH_3	8.3	0.2	5.1	0.4
NO	1.5	5.2	1.3	5.1
N_2O	0	7.0	6.2	1.6
总 C[a]	63.9	35.0	98.3	0.8

[a] 总 N 和总 C 以催化剂中 N 和 C 的质量分数计。

大量数据证明，O_2有助于从碳物质中去除 NH_3和 HCN [397-399]，也有证据表

明 NH_3更容易生成 N_2O，而 HCN 更容易生成 NO。这些反应均发生于气相中，但是这并不能排除表面反应不按此进行。因此，催化剂再生过程口，气相氮氧化物的形成机理可以用如下方程式表示：

$$2NH_3+2O_2 = N_2O+3H_2O$$

$$2HCN+2.5O_2 = 2NO+2CO+H_2O$$

$$N_2O+0.5O_2 = 2NO$$

$$NO+0.5O_2 = NO_2$$

这一机理表明，氧化再生过程中，N_2O 和 NO 有两个来源，一种来自催化剂表面强吸附的 NH_3的氧化，另一种来自焦炭中其他含氮化合物的分解，生成 NH_3 和 HCN 的前驱体，随后在气相中氧化生成氮氧化物。

5.2.1.2 金属相关问题

渣油加氢处理废催化剂中的积炭含有金属 V 和 Ni。根据反应物的不同，也可能存在其他金属(诸如 Fe、Ti、Ca、As 等)。通常认为，积炭中的 V 主要以氧化物或者硫化物的形式存在，而 Ni 主要以硫化物的形式存在[28]。在氧化再生过程中，这些金属会转变为对应的氧化物，如下式所示：

$$VO_xS_y+1.25yO_2 = VO_{(x+0.5y)}+ySO_2$$

$$NiS_x+1.25xO_2 = NiO_{0.5x}+xSO_2$$

显然，在操作过程中沉积在催化剂表面上的其他金属也应该以类似的方式被氧化，生成相应的 Fe、Ti、Ca 等氧化物。

大量信息证实，在 HPR 过程中，大多数活性金属以硫化物的形式存在[64-66]。因此，活性相由 Co(Ni)-Mo-S 结构组成，也可能存在其他硫化物结构，诸如 MoS_2、WS_2、Co_9S_8、Ni_3S_2以及这些金属的部分硫化氧化结构，这些硫化物氧化成对应的氧化物可以由如下反应表示：

$$MoS_2+3.5O_2 = MoO_3+2SO_2$$

$$WS_2+3.5O_2 = WO_3+2SO_2$$

$$Co_9S_8+12.5O_2 = 9CoO+8SO_2$$

$$Ni_3S_2+3.5O_2 = 3NiO+2SO_2$$

通常认为，这些硫化物的氧化可以进行得很彻底，因为再生最后阶段通常是在空气中进行的，且温度较高(例如约 450℃)。然而，硫化物完全氧化之前可以通过中间氧硫化物向金属硫酸盐转变，图 5.11[404] 给出的新鲜硫化催化剂的 TPO 数据实验支撑这一观点。对于商业催化剂 A($CoMo/Al_2O_3$)，在大约 700 K 出现了一个小的 SO_2信号峰，接近过渡金属硫酸盐分解的温度范围，反应产生对应的金属氧化物以及 SO_2。Iwamoto 和 Kagami[405] 指出在 V 存在下，也有可能生成 $Al_2(SO_4)_3$。他们指出，钒氧化物可以催化 SO_2生成 SO_3，从而进一步产生H_2SO_4，

并最终形成 $Al_2(SO_4)_3$，这一系列反应可以用下式表示：

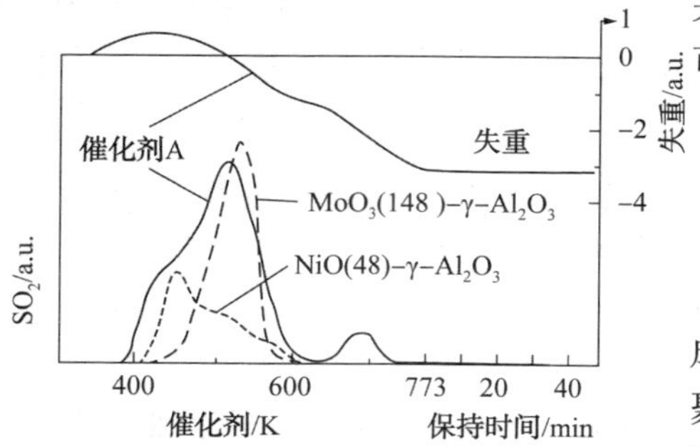

图 5.11　预硫化的 $NiMo/Al_2O_3$ 催化剂程序升温氧化中 SO_2 的生成与质量损失[404]

$$V_2O_5+2SO_2 = V_2O_3+2SO_3$$

$$SO_3+H_2O = H_2SO_4$$

$$Al_2O_3+3H_2SO_4 = Al_2(SO_4)_3+3H_2O$$

在催化剂外表面，$Al_2(SO_4)_3$ 的生成尤为明显，这与观察到的 V 容易集聚在废催化剂外表面的现象相一致（见图 4.18、图 4.19）。Yoshimura 等[404]也发现了类似的现象。

有报道称废 $CoMo/Al_2O_3$ 催化剂比 $NiMo/Al_2O_3$ 催化剂更容易再生[406]，研究者将其归于生成羰基镍，按照该理论，CO 会与 Ni 反应生成羰基镍：

$$Ni+xCO = Ni(CO)_x$$

需要进一步的研究来证实该反应在废 HPR 催化剂氧化再生过程中的发生。

Yoshimura 等[407]利用一组热力学数据得出结论，认为 Mo 的硫化物比 Co 的硫化物更容易发生氧化。Co 氧化为 $CoSO_4$ 和其他钴氧化物，而 MoS_2 只能氧化为钼氧化物。由于 $CoSO_4$ 在 973K 下几乎不能分解，因此这部分 Co 无法形成 Co-Mo-S 相。经过多次利用再生循环后，生成 $CoSO_4$ 的损失是催化剂活性下降的原因之一。对此，Majadjev 等[408]给出了相应的实验证据。类似 Yoshimura 等[409]的实验表明，在相似处理条件下 Ni 也会生成 $NiSO_4$，在随后的再硫化过程中也无法完全去除。因此，在确定催化剂再生操作条件时，要尽量避免生成金属硫酸盐。

Yoshimura 等[409]对理解氧化再生机理作出了重要贡献，他们研究了硫化态 Co/Al_2O_3、Mo/Al_2O_3 和 $CoMo/Al_2O_3$ 催化剂在不同 O_2 浓度混合物中的氧化。对于 Mo/Al_2O_3 催化剂，在 533 K 以下氧化时，Mo^{4+} 量显著下降。然而，大多数的 Mo 仍然处于硫化态形式。在 653K 时，大部分的 Mo^{4+} 转变为 Mo^{6+}。与此同时，硫化态和硫氧化态的硫物种显著减少。对于 Co/Al_2O_3 催化剂，几乎所有的 Co 均转变为 Co^{2+}，而在 423K 以下，硫主要以硫酸盐形式存在。在 $CoMo/Al_2O_3$ 催化剂中，Co 硫化物相比于 Co/Al_2O_3 催化剂更不容易被氧化，在 488K 氧化时，仍有 Co 硫化物存在。相比于 Mo/Al_2O_3 催化剂，$CoMo/Al_2O_3$ 催化剂中硫化物向硫氧化物以及硫酸盐转变更为明显。在空气中再生时，Co 的硫酸盐通常在催化剂外表面富集形成一层壳层减缓 O_2 向催化剂颗粒内部渗透。而如果换成 0.5% 的 O_2，抑制效应则会削弱。X 射线延展精细吸收谱（EXAFS）数据证实了 Mo—S 键和 Mo—Mo 键逐渐被 Mo—O 键取代。

积炭与催化剂表面的密切接触表明，在积炭氧化过程中，表面可能参与其中。然而，这需要在废催化剂中存在氧化态的金属，图 5.12 所示的结果支持了这一观点[409]，图 5.12 中每一个数据点均由对应温度下催化剂恒温再生得到。因此，在 200℃时，炭的去除率为大约 20%(以 CO_2 形式)。而相应地，废催化剂中硫的去除率大约为 80%。图 5.12 [409]和图 5.13[410]中的结果可以进一步证实，在碳开始氧化前，大部分金属硫化物已经开始发生氧化。然而，如果催化剂由于积炭严重失活时，情况则有所不同。然而，几乎可以肯定的是，积炭与金属氧化物的氧化还原循环是再生机理的主要组成部分。当然，在再生的不同阶段，氧化还原循环程度会有所不同，可以用如下几个反应式进行阐明：

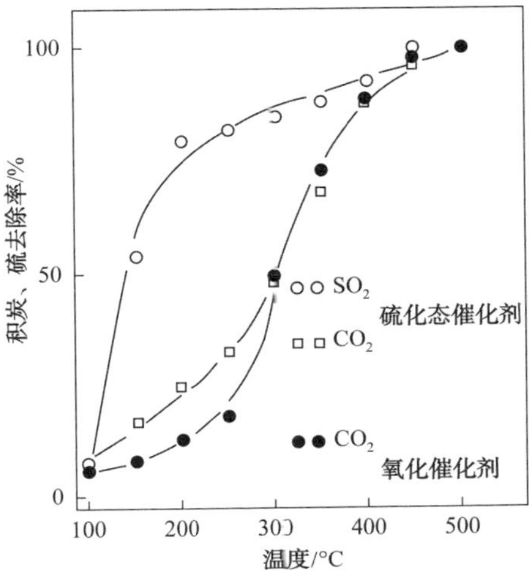

图 5.12　程序升温再生时，温度对于积炭、硫去除率的影响[409]

$$Me_xO_y + C \longrightarrow Me_xO_{(y-1)} + CO$$

$$Me_xO_y + CO \longrightarrow CO_2 + Me_xO_{(y-1)}$$

$$Me_xO_{(y-1)} + 0.5O_2 \longrightarrow Me_xO_y$$

已有许多实验证明在炭氧化过程中过渡金属氧化物(例如 Mo、Ni、Fe 等)参与了氧化还原[13, 411]。通常可以观察到，在过渡金属氧化物存在时，可以显著提高炭氧化速率。因此，通过氧化还原循环方式去除积炭，可以使炭变得不那么惰性，也就是硬积炭可以变得更软从而被去除。

催化剂与积炭作用的一个直接的证据是 NiMo/Al_2O_3催化剂上 TPP 实验产生 H_2O[412]，在该研究中，利用吡咯或吡啶在催化剂表面沉积，随后通过热解产生模型积炭。积炭的催化剂在 TPP 过程中产生的 H_2O 只可能来自其与催化剂表面的相互作用。在 TPP 实验条件下，以及包括 TPO 之前的特殊预处理过程中，催化剂是唯一可能的氧源。

Yoshimura 等[413]比较了 NiW/Al_2O_3催化剂和 CoMo/Al_2O_3催化剂对同一反应物的加氢，前者生成的积炭更软，相比于 CoMo/Al_2O_3生成的积炭具有更高的 H/C。然而，NiW/Al_2O_3催化剂表面的积炭却更难氧化，这归结于 Ni 与 W 金属之间的氧化还原效率要低于 Co 和 Mo 组合。图 5.13(A)中[410]展示了在 N_2气氛下进行 TPP 实验生成 CO_2和 SO_2的实验结果，给出了金属氧化物参与了生成 CO_2和 SO_2的直接证据。在该研究中，废催化剂用甲苯进行萃取。显然，相比于图 5.13(B)中的氧化环境，惰性气体中 TPP 实验过程中 CO_2和 SO_2产率显著下降。而且，在 N_2气氛下进行 TPP 实验时，只有在未完全被有机或无机硫化物硫化的废催化

剂表面才能观察到 CO_2 和 SO_2 的生成。

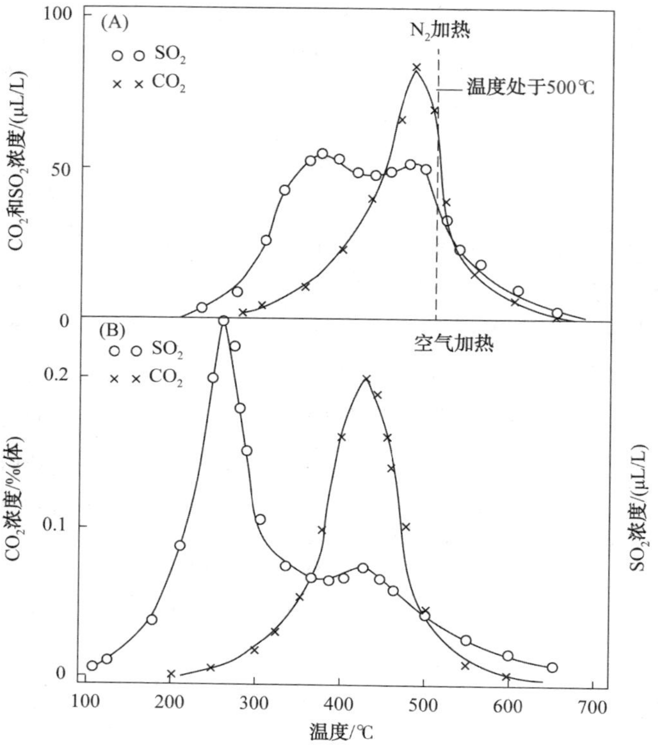

图 5.13　萃取后废催化剂在 N_2 和空气下加热产生 CO_2 和 SO_2[410]

在工业再生过程中，很难实现100%去除碳、氮和硫。总有一部分元素残留在再生催化剂上，但这对催化剂活性恢复不产生任何负面作用。关于再生催化剂上的碳和氮的形态研究仍较少，现在有研究指出其可能主要以碳化物、碳氧化物、氮化物和氮氧化物的形式存在。一些研究中报道了[400]这几种结构的形成条件。Yoshimura 等[404]的研究集中分析了再生催化剂中硫的存在形式，他们确认最后残留的硫以硫酸盐形式存在。Bogdanor 和 Rase [414]在再生的 $NiMo/Al_2O_3$ 中检测到了 $NiSO_4$ 的存在。催化剂中残留的硫酸盐即使在随后的硫化中仍然会保持其结构。显然，其原因在于硫化温度不足以分解硫酸盐。许多研究中均报道了新鲜硫化催化剂中存在硫酸盐[415-417]。尽管该过程很慢，但是硫化催化剂暴露在空气中导致的硫酸盐化过程也不能被排除，废催化剂在空气中硫酸盐化的过程在前一章中进行了讨论。

再次强调废催化剂氧化再生机理的复杂性，这是由于反应中沉积在催化剂表面的积炭和金属状态的复杂性导致了再生机理研究的困难。直到最近，人们才对积炭的结构有了更细致的研究[278-280]。再生过程中，积炭与催化剂表面的作用是再生机理研究的一个重要内容。由于结构的复杂性以及整个过程中结构的不断变化，废催化剂再生过程中无机组分的行为在将来仍需进行进一步研究。因此，在讨论废 HPR 催化剂氧化再生机理时，难免会有一些假设甚至猜测。

5.2.2 氧化再生动力学

对催化剂再生过程动力学参数的估计有助于定量地了解催化剂再生过程，有几种方法可以用来量化再生过程中焦炭的去除。基于气体中再生时间的不同导致催化剂变化进行分析的实验方法，需要多次燃烧实验。显然，最合适的方法是在实验过程中对所有燃烧产物进行在线定量分析，图 5.14[397] 展示了不同温度下 CO_2 累计产量与时间的关系。如图 5.3 所示[390]，催化剂上碳去除动力学主要是生成 CO_2 所主导，而 CO 的贡献似乎相当小。当然，这里并没有考虑决定速率的初始步骤，而这有可能涉及表面反应。通过测量再生过程失重得到的动力学数据就不那么可靠了。因为在实验条件下，很难区分碳去除和矿物质对失重的贡献。

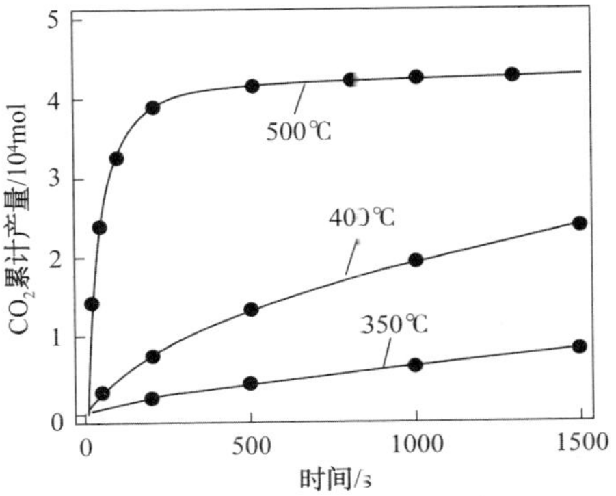

图 5.14 废催化剂在空气中等温再生时 CO_2 累计产量曲线[397]

催化剂再生过程往往还会受到扩散影响，如图 5.14(500℃测试数据)所示，可以看到两个再生阶段：化学控制段(主要发生于再生初期)和扩散控制段(主要发生于再生末期)。化学控制段主要和沉积在催化剂颗粒外表面的积炭有关，而扩散控制段则与沉积在孔道内部的积炭有关。在过渡区，化学因素和扩散因素共同影响反应动力学。在末期，再生进展缓慢主要与 O_2 进入孔道逐渐困难有关。这时，O_2 扩散进入催化剂内部会受到正在脱离孔道的再生产物(CO、CO_2、SO_2 和 NO_x)影响。因此，炭-积炭界面就会出现在催化剂颗粒内部。而在低温下，或者在低 O_2 浓度下氧化再生时，动力学为化学控制。在这种情况下，可能就无法形成炭-积炭界面，因为反应缓慢使得积炭有充分的时间接触到扩散进入催化剂的 O_2，而不是在高温时那样发生炭化。因此，在较高的温度下，焦炭中形成两个 H/C 显著不同的区域可能很明显。在这种情况下，外部区域 H/C 会更低。

尽管氧化再生时积炭中碳是动力学的主要研究点，氢的影响也不可忽视。图 5.5 和图 5.6 证实了积炭中氢的去除也存在两个动力学阶段，即化学控制段和扩散控制段。然而，尽管在 350℃ 时碳的去除在整个再生过程中属于化学控制过程，但是该温度下氢的去除仅在初期阶段为化学控制过程，这一过程涉及积炭分子中最活泼的含氢官能团的去除。很大程度上，这一再生机制可以基于图 5.7 进行解释。因此，在 350℃ 燃烧的早期阶段，整体动力学以去除氢为主，在前文中氧化再生机理介绍时也有提及(见图 5.2 和图 5.7)。然而，在 450℃ 甚至更高温度时，去除氢反应则显得不那么重要了。

5.2.2.1 化学控制动力学

假定脱碳为一级动力学，则可以用如下方程描述碳燃烧过程：

$$dC/dt=-kC \tag{5.1}$$

方程(5.1)可以描述恒定 O_2分压过程，也就是 k 隐含了 O_2分压。对初值条件，也就是 $t=0$ 时 $C=C_o$，该方程积分可以得到：

$$\ln(C/C_o)=-kt \tag{5.2}$$

该方程意味着用相对碳浓度(例如 C/C_o)替代绝对碳浓度会更方便[418]。重新整理方程后，可以得到在高再生速率区(C_1)和低再生速率区(C_2)的碳去除率表达方程：

$$C_1=C_{1o}e^{-k_1t} \tag{5.3}$$

$$C_2=C_{2o}e^{-k_2t} \tag{5.4}$$

其中，总碳 $C=C_1+C_2$，相对碳浓度随着时间发生变化：

$$C/C_o=C_{1o}/C_o e^{-k_1t}+C_{2o}/C_o e^{-k_2t} \tag{5.5}$$

$$C/C_o=(1-f_2)e^{-k_1t}+f_2e^{-k_2t} \tag{5.6}$$

这里f_2定义为 $t=0$ 时初始的 C_2浓度。因此，当所有的 C_1碳均被去除后，则方程变为：

$$C/C_o=f_2e^{-k_2t} \tag{5.7}$$

为了测量动力学，需要确定废催化剂再生过程中不同时间的炭含量。为了得到比较接近实际的再生过程描述，必须在程序升温时测试不同阶段的炭含量，一直到绝大多数碳均从废催化剂表面去除为止。Alwarez 等[46]利用该方法研究数个不同失活程度的废催化剂，其实验数据在 90%积炭去除之前，均可以用两条平行的独立一级动力学函数进行拟合，即方程(5.5)和方程(5.6)。然后，如果废催化剂含有 4.1%(质) V 且含有 36%(质)积炭时，则需要用二级动力学关系才能给出实验数据最佳拟合结果。

已确定的信息(见图 5.12 和图 5.14)表明，在工业规模上，再生过程至少分两个阶段进行。出于安全考虑，第一阶段必须在稀释空气中或在空气中进行，但必须采取一切预防措施，避免活泼积炭反应导致升温。在该阶段下，积炭上氢的去除要比碳的去除更明显。按照如上分析，该过程可以用方程(5.8)表示：

$$H=H_oe^{-k_3t} \tag{5.8}$$

其中，k_3表示氢去除的反应速率常数，而 H 和H_o则是积炭在 t 和 $t=0$ 时对应的氢含量。因此，在初期阶段时，方程(5.9)可以用于描述化学控制的积炭去除动力学过程：

$$\text{碳去除}=H/H_o e^{-k_3t}+C_{1o}/C_o e^{-k_1t} \tag{5.9}$$

如果第一段再生温度控制在 350℃以下时，氮含量对于去除积炭的影响是可以忽略的。通过比较图 5.14 和图 5.15 中 CO_2 和 NO 的产生也可以得到这一结论。因此，在动力学方程中忽略氮的影响对于总的积炭去除动力学参数估计几乎没有什么影响。此外，某些合成油(例如煤制油、生物油、费-托合成油等)的废加氢催化剂中含有较高浓度的氧，而在动力学方程中加入氧会提高再生过程中积炭去除动力学的准确描述。然而，在常见的石油原料中，氧含量通常较低。因此，废催化剂中积炭的氧含量也较低，对再生影响十分小。然而，对于再生前在空气中有暴露史的催化剂(例如储存、运输等)，有必要在方程中引入氧的贡献。

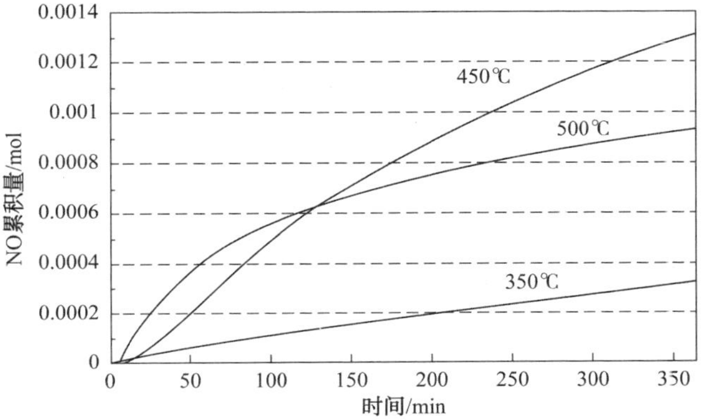

图 5.15 废催化剂阶梯等温再生时 NO 累积量曲线[390]

Yoshimura 等[391,409]研究催化剂再生反应动力学的实验装置可以用于估计再生早期阶段产物的量。因此，在再生过程中，在数秒间隔内采样分析。典型的产率-时间关系曲线可以见图 5.14 和图 5.16[397] 中 CO_2 数据以及图 5.5和图 5.6 中 H_2O 数据。前者表示碳的去除，图 5.5 和图 5.6 表示积炭中氢的去除。根据图 5.5、图 5.6 和图 5.14，在曲线上选择任意时间段，在同一时间段内产生相应的生成量，即可确定瞬时反应速率。同时，图 5.16 适合于确定初始再生速率，用这种方法估算的动力学参数比用其他技术确定的要准确得多，例如测量再生过程中的失重。

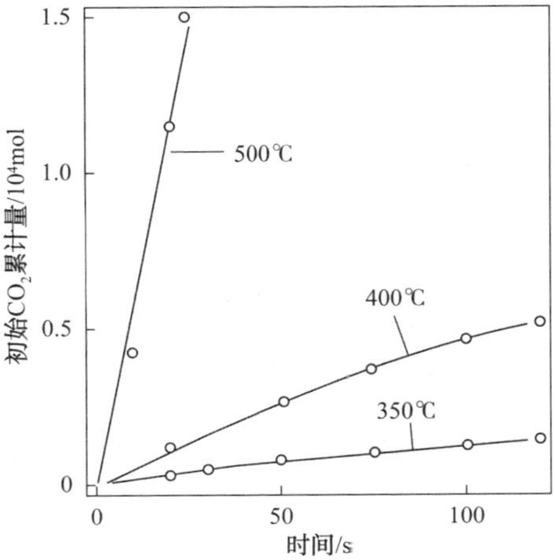

图 5.16 废催化剂在空气中阶梯等温再生初始 CO_2 累计量曲线[397]

表 5.3[409] 比较了利用热重分析(TGA)和利用再生产物累计结果得到的动力学参数，TGA 数据会受到 O_2 化学吸附影响，从而测试时产生额外增重，因此估

算反应速率常数偏低，尤其是对于未预硫化的加氢催化剂。因此，正如之前提到的，可靠的动力学参数只能通过分析随时间变化再生产物变化的信息，得到的反应速率数值会比 TGA 结果高得多，这可能是因为固定床反应器中气流为湍流状态，而 TGA 中则为层流。由于前者的影响，O_2和废催化剂的接触更充分。另外，硫化态催化剂测得的反应速率常数也明显要高于氧化态催化剂，这很可能是因为积炭活性的差异导致的。由于硫化态催化剂上的积炭具有更高的加氢活性，因此相比氧化态催化剂上的积炭，硫化态催化剂上的积炭则不那么惰性，也就是更软，硫化态催化剂上积炭的 H/C 更高也证实了这一点。

表 5.3　由 TGA 和反应产物产率得到的反应速率常数[409]

温度/℃	反应速率常数/[1/(min · atm)]			
	TGA		产率	
	氧化态	硫化态	氧化态	硫化态
300			0.094	0.97
350	0.095	1.64		
400	0.37	2.00	1.08	3.01
450	0.65	2.46		
500	1.52	2.60	10.30	18.90

表 5.3[409]中的反应速率常数以 Arrhenius 曲线(见图 5.17)[410]的形式表示，以估算活化能。需要注意的是，这些速率常数是再生早期测试的，也就是不到 50 s 时间内。因此，它们代表了不受扩散影响的化学控制再生过程，氧化态催化剂的活化能要比硫化态催化剂高得多。对于后者，TGA 得到的活化能数据受到金属硫化物向对应氧化物转变时质量损失的干扰。对于硫化态催化剂，在低温段，在固定床反应器中利用反应产物浓度测得的 Arrhenius 曲线具有一定弧度，这是因为低温下氧化反应速率更高。实际上，考虑到积炭中存在活泼组分，氧化速率高是情理之中的，这涉及图 4.26 和图 4.27 中所指出的富氢物质(例如烷基取代基)的氧化去除。换句话说，低温氧化积炭的结构与高温氧化积炭的结构是不一样的。因此，积炭结构的变化及其相应的反应活性是计算废催化

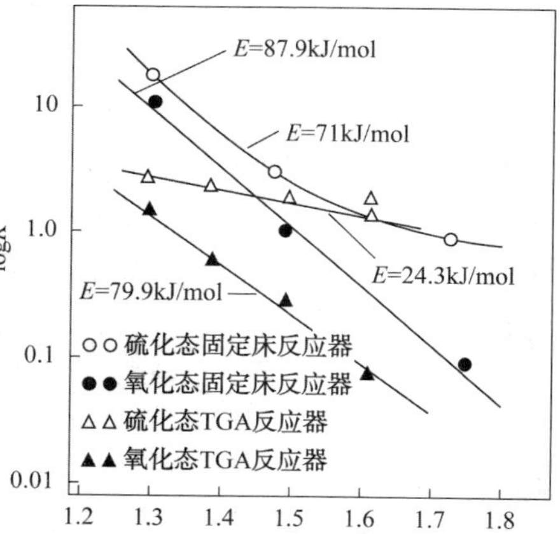

图 5.17　固定床和 TGA 反应器再生实验 log K 和 $1/T$ 的关系曲线[410]

剂氧化再生活化能时需要注意的另一个参数。因此，Alwarez 等[57]测得的活化能大约为 157 kJ/mol，然而研究数据是再生后期的反应速率常数，反应速率常数很可能受到了扩散干扰。在氧化再生过程中有使用 H_2O 或 CO_2 混入 O_2 作为再生气体进行实际应用的，Tian 等[419]研究了这种反应动力学，尽管他们使用的是重油裂解废催化剂，但是研究方法与废加氢催化剂再生是类似的。用方程(5.10)描述仅有水蒸气存在时的再生过程：

$$\frac{dX}{dt}=kP_{H_2O}^{n}(1-X)$$

整理为：

$$\frac{dX}{dt}=k'(1-X) \tag{5.10}$$

其中，X 为再生时的炭量，k 为反应速率常数，n 为反应级数，而 P_{H_2O} 为水蒸气分压。重新整理方程用于恒定 H_2O 分压情形。对于 O_2 和水蒸气共存条件，该方程可以调整为：

$$\frac{dX}{dt}=K'(1-X)m \tag{5.11}$$

其中：

$$K'=KF_1(T)F_2(P_{O_2})F_3(P_{H_2O})$$

在拟速率常数 K' 中，$F_1(T)$、$F_2(P_{O_2})$ 和 $F_3(P_{H_2O})$ 分别是温度、O_2 和 H_2O 分压。对于 O_2 和 CO_2 共存气体，则拟速率常数 K' 中可以将 $F_3(P_{H_2O})$ 替换为 $F_3(P_{CO_2})$。

5.2.2.2 扩散控制动力学

再生过程扩散控制占优阶段，废催化剂颗粒尺寸以及孔结构是影响动力学的参数。然而，影响化学控制过程的几个参数在此也是同样重要的。图 5.14 和图 5.16 中[397]所示商业催化剂再生曲线支持了这一点，测试时催化剂破碎至 100~200 目。在 350℃时，整个再生过程为化学控制。此时，低的再生速率保证了 O_2 能在催化剂表面消耗完之前扩散进入颗粒内部。在这种情况下，预期催化剂颗粒各地方积炭均均匀去除。在 450℃时，情况也大致类似，虽然此时扩散影响开始逐渐凸显。

根据图 5.14[397]，在 500℃再生的后期阶段，化学反应速率远高于 O_2 扩散进入催化剂颗粒内部的速率。因此，明显存在两种不同的机制，即化学控制过程和扩散控制过程。在 500℃化学控制区，积炭与 O_2 充分接触，因此能够迅速燃烧。逐渐地，由于扩散控制开始占优，反应速率逐渐下降。此时，在催化剂颗粒内部则会形成一个积炭-催化剂界面(见图 5.18)[13]。如果是化学控制占优，则不会形成这种界面，此时径向积炭去除是均匀的(例如图 5.14 中的 350℃)。在扩散占优时，由于积炭与 O_2 迅速反应，O_2 在扩散进入催化剂内部时就已经被消耗，可以使用方程(5.4)和方程(5.7)描述高再生速率区的动力学。

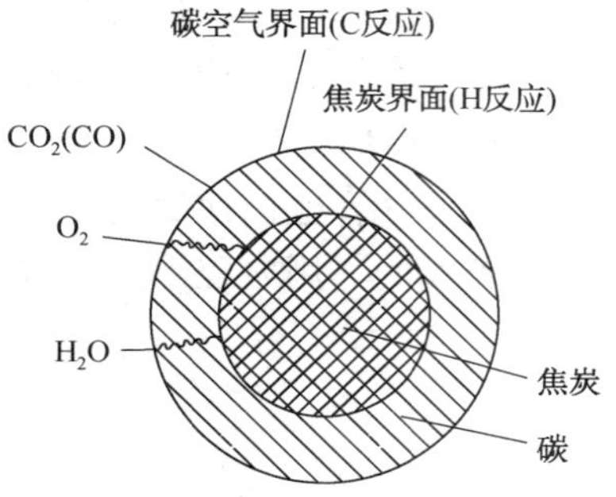

图 5.18　碳和氢同时氧化结构模型[13]

此外，上述的过程也适用于仅含少量积炭的废催化剂。例如，对于 FCC 催化剂，在积炭含量低于 6%(质)时，积炭在径向均匀分布[420, 421]，然而 FCC 催化剂颗粒尺寸要远小于废加氢催化剂。加氢催化剂即使只含 7%(质)积炭，即使是在 350℃时，O_2也会优先与表层积炭反应，之后才会进入颗粒内部[390]。从图 5.19 中可以明显看出，在 2%O_2气氛下，含约 16%(质)积炭的废 NiMo/Al_2O_3催化剂再生时生成 CO_2、CO、HCN 和 NH_3。新鲜催化剂是半径为 1mm 的球，这类催化剂 350℃时再生曲线接近于图 5.14 中破碎催化剂 500℃时再生的情况，意味着氧化再生前废催化剂的预处理(例如脱油)以及其颗粒尺寸对于再生动力学十分重要。

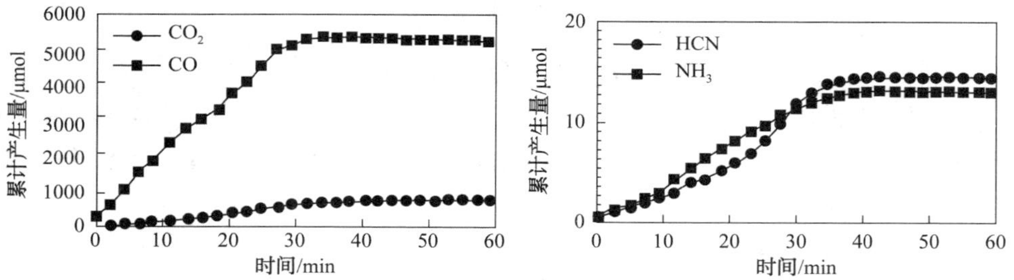

图 5.19　废催化剂在 350℃、2%O_2气氛下再生时 CO_2、CO、HCN 和 NH_3的累计产生量[390]

扩散控制再生过程伴随催化剂孔体积、孔径分布的连续变化。Chang[422]提出的模型中考虑了这些参数以描述扩散控制区废加氢催化剂的再生过程。根据该模型，再生末期的反应速率低主要是由于催化剂表面出现了岛状分布的无积炭区，从而降低了活泼表面积。理想情况下氧化再生会恢复催化剂的孔道。然而，实际上即使是完全去除碳后，这一情况也不会出现。因为再生几乎一定会伴随有其他变化，例如催化剂在使用和后续再生中的再结晶会对再生催化剂孔结构产生影响。此外，再生时也很难保证所有积炭均被去除。

5.2.3　氧化再生模型

该模型的首要目标就是预测再生时的温度曲线，这一信息可以用于对再生过程的条件微调。为实现目标，就需要估计放热反应速率，这包括碳、氢以及有机硫的氧化过程。此外，金属硫化物的氧化也需要考虑在内。因此，动力学测量构成模型建立的基础。在 FCC 催化剂再生中已有大量的可用数据。然而，与废加氢催化剂再生相比，预测 FCC 催化剂再生温度曲线则简单得多，因为碳主要以积炭形式存在。此外，废 FCC 催化剂上积炭数量相比于废加氢催化剂也少得多。而且，FCC 催化剂上金属硫化物的量也非常少。因此，仅仅考虑碳氧化就足以给出预测废 FCC 催化剂再生温度曲线所需的信息。

预测废催化剂再生时起始温度的模型由 Klusacek 等[423]提出，在该模型中，起始温度定义为相比于进入系统的氧化性气体温度，整个系统温度出现陡升的点，同时考虑了碳和硫的燃烧。主要研究了常压馏分油加氢的废 $CoMo/Al_2O_3$催化剂，确保催化剂中不存在 V 和 Ni，积炭在催化剂颗粒径向上均匀分布。在这种情况下，可以得到如下热平衡方程：

$$-C_{ps}(\mathrm{d}T_s/\mathrm{d}t)=r_cq_c+r_sq_s+3h(T_s-T_g)/(d_pa) \tag{5.12}$$

在该方程中，r_c和 r_s分别是碳和硫的氧化速率，T_s和 T_g分别代表了催化剂颗粒以及催化剂颗粒间隙空气的温度，C_{ps}和 d_p是催化剂的比热容以及表观密度，q_c和 q_s分别为碳和硫的燃烧热，h 是催化剂颗粒和气体之间的传热系数，a 是催化剂颗粒当量半径。对于床层空隙气体热平衡，则有：

$$(\mathrm{d}T_g/\mathrm{d}t)=(s/e)(T_{in}-T_g)+(1-e)3h(T_s-T_g)/(eC_pd_a) \tag{5.13}$$

其中，T_{in}是进入固定床底部的氧化性气体温度，s 是气体空速，定义为常温常压条件气体体积流速与催化剂床层体积比，e 为床层空隙率，d_a为空气密度，C_p为空气比热容。假定微分项相比于其他项显著较小，则方程(5.13)可以简化为如下方程：

$$T_g=T_{in}+[(1-e)d_p/(C_pd_s)](r_cq_c+r_sq_s) \tag{5.14}$$

$$T_s=T_g+[(ad_p)/3h](r_cq_c+r_sq_s) \tag{5.15}$$

通过比较计算结果和实验值验证了模型的正确性，尽管积炭中并未考虑氢的氧化，模型预测的再生起始温度与实际实验值的差异可以忽略。对于放热较少以及积炭含量低的场合，氢氧化对于总放热贡献不太显著，是否考虑氢氧化贡献取决于积炭中氢的含量。

5.2.4 再生催化剂的表征

正如前文强调的，再生时需要仔细控制并检测再生参数，说明再生条件对再生催化剂最终性质有决定性影响。任何情况下，再生的目标都是尽可能恢复催化剂的性能。对此，要实现该目标就需要对温度以及 O_2浓度进行优化。否则，会不可避免地发生飞温现象。图 5.20 中[424]展示了 $CoMo/Al_2O_3$催化剂在再生温度超过 600℃时对活性组分产生的负面影响，即 Mo 由于 MoO_3升华而产生损失。与此同时，再生催化剂中 Co 含量几乎没有变化。随后的讨论可以看到，在该温度下，再生催化剂的表面性质受到显著影响。有报道指出[426a]，在超过 1000℃时，MoO_3的升华现象非常明显。在焙烧的第一个小时内，损失随着时间线性增加，

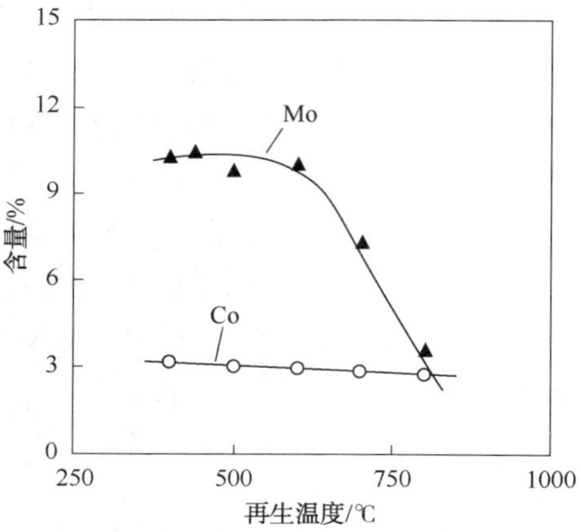

图 5.20　再生温度对于催化剂活性金属含量的影响[424]

在随后的 1~3h 期间，则几乎不再有变化。在这种情况下，催化剂的表面性质受到极大的影响。

5.2.4.1　表面性质

诸如比表面积、孔体积和孔径分布等催化剂表面性质受到再生条件影响。根据图 5.21[424]，在 400℃再生可以得到最佳的比表面积和孔体积的恢复。在最佳操作点，比表面积完全恢复，而孔体积仅恢复到新鲜催化剂的 80%(见表 5.4)[424]。先在 5% O_2 中进行再生，然后再通入空气再生。在 400℃以下，由于积炭还未完全去除，催化剂表面性质还未得以完全恢复。在 400℃以上，比表面积和孔体积的损失则归于催化剂逐渐烧结的结果。图 5.22[424]也证实了随着再生温度的提高，微孔逐渐收缩。根据另一研究[13]，即使是短暂的高温再生也会对催化剂造成显著的破坏。

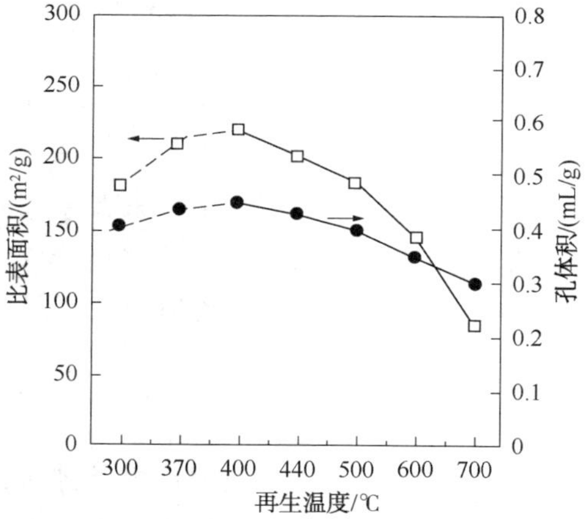

图 5.21　再生温度对于催化剂比表面积和孔体积的影响[424]

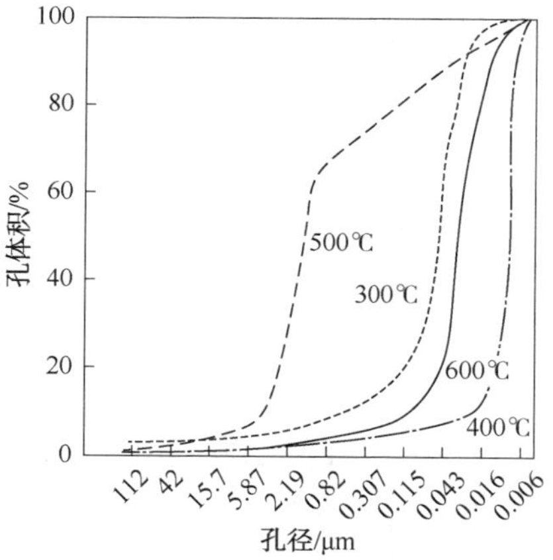

图 5.22　再生温度对于催化剂孔径分布的影响[424]

表 5.4　新鲜催化剂与废催化剂参数对比[424]

项目	新鲜催化剂	废催化剂
MoO_3/%	15.7	15.1
CoO/%	4.1	4.0
碳/%		10.5
硫/%	6.4	
比表面积/(m^2/g)	240	108
孔体积/(mL/g)	0.54	0.22

如图 5.23 所示[424]，氧化气氛中的 O_2浓度是控制再生温度的关键参数，使用5% O_2时进行再生，可以完全恢复比表面积。O_2浓度进一步升高时，比表面积会下降。实验是在 400℃进行的，然而在较高 O_2浓度时，催化剂的实际温度几乎总是高于 400℃[13]。因此，几乎不可能避免催化剂烧结。通过增加氧化性气流的流速，也可以提高再生器的 O_2供给量。如图 5.24 所示[424]，对于恢复比表面积，有一个最优的流速值。如果超过该最佳值继续增加气流流速则会减少催化剂比表面积的恢复率。实际情况下，通过利用高效热回收系统，可以减小催化剂在空气中再生时的破坏。

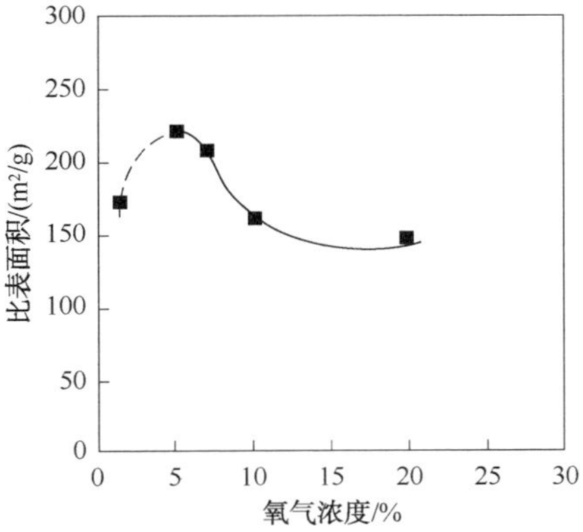

图 5.23　再生时 O_2浓度对于催化剂比表面积的影响[424]

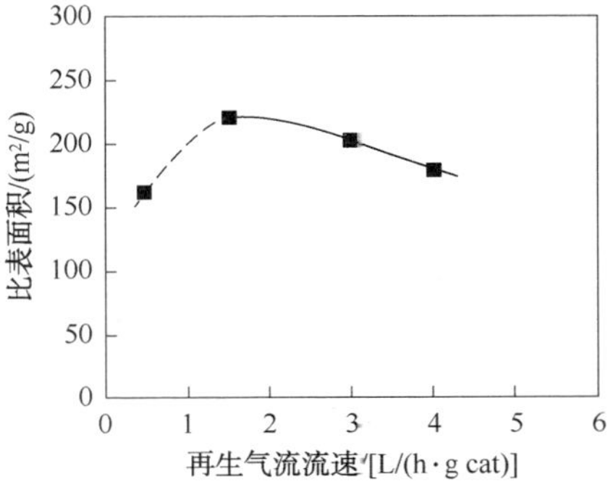

图 5.24　再生气流流速对于催化剂比表面积的影响[424]

表 5.5 中[425]的数据比较了两种极端的再生条件，一种为 N_2中含 2% O_2，另一种为空气。其中，废 CoMo/Al_2O_3催化剂和 NiMo/Al_2O_3催化剂分别含有 8%(质)和 20%(质)的积炭。两种催化剂在空气中再生，比表面积只能恢复到新鲜催化剂的大约 40%。而 NiMo/Al_2O_3催化剂在 2% O_2中再生，令人意外，比表面积得到了较高的恢复率，尤其是同时由于金属和积炭失活的催化剂。空气中再生后的催化剂颗粒成像分析出现了无定形相，因此证实了明显的烧结现象。

表 5.5 新鲜催化剂比表面积的损失与恢复数据[425] m^2/g

项目	$CoMo/Al_2O_3$	$NiMo/Al_2O_3$
新鲜催化剂	210	140
废催化剂	167	17
N_2中处理	182	50
比表面积损失率/%	11	64
再生		
空气中	90	54
2% O_2中	197	127
比表面积恢复率/%		
空气中	43	39
2% O_2中	94	91

Ammus 等[425]发表的大量新鲜、废催化剂以及再生催化剂的表面性质的数据(见表 5.6)显示了两种不同颗粒尺寸的 $CoMo/Al_2O_3$催化剂再生过程中表面参数的变化。在该研究中，颗粒尺寸(L_p)被定义为颗粒体积与其外比表面积的比例。催化剂为常压渣油加氢催化剂，反应原油中金属含量小于 20μg/g。随着使用时间的延长，比表面积和孔体积的减小十分显著。在运行 140h 后，比表面积和孔体积仍然能够在再生后恢复超过 80%。对于 $NiMo/Al_2O_3$催化剂，长期运行的催化剂 70~140Å 的孔出现较大损失[426]。大部分孔在再生后恢复。而如果原油中金属含量较高，比表面积和孔恢复率则相对较低[427]。

表 5.6 新鲜、废催化剂以及再生催化剂孔结构数据[425]

孔尺寸以及测试编号	催化剂	孔体积/(mL/cm^3)	比表面积/(m^2/g)	比表面积损失率/%	运行时间/h
$L_p=0.00567cm$	新鲜催化剂	0.557	253		
1	废催化剂	0.272	178	30	
1	再生催化剂	0.537	232	8	30
2	废催化剂	0.159	107	58	
2	再生催化剂	0.530	229	9	70
3	废催化剂	0.152	44	83	
3	再生催化剂	0.465	211	17	140
$L_p=0.0294cm$					
1	废催化剂	0.229	147	42	
1	再生催化剂	0.538	230	9	15

续表

孔尺寸以及测试编号	催化剂	孔体积/(mL/cm^3)	比表面积/(m^2/g)	比表面积损失率/%	运行时间/h
2	废催化剂	0.222	136	46	
2	再生催化剂	0.509	253	0	50
3	废催化剂	0.174	93	63	
3	再生催化剂	0.518	220	13	90

Jia 等[427a]分析了滴流床渣油加氢 NiMo/Al_2O_3新鲜催化剂、废催化剂和再生催化剂的比表面积、孔体积、平均孔径，反应结束后催化剂用甲苯萃取并在430℃氧化再生。如表 5.7 所示，在运行 100h 后再生，再生催化剂表面参数接近新鲜催化剂。然而，如果运行了 4000h，则比表面积和孔体积恢复率出现下降，这是由于反应物中杂质金属(V+Ni)的沉积，平均片层堆积数随着运行时间增长也略微增长。

表 5.7　NiMo/Al_2O_3新鲜催化剂、废催化剂以及再生催化剂孔表征数据[427a]

催化剂	比表面积/(m^2/g)	孔体积/(mL/g)	平均孔径/nm	C/%(质)	S/%(质)	Ni/%(质)	V/%(质)	长度 *L*/nm	片层堆积层数
新鲜催化剂	136	1	18.4					4.5	1.5
运行 100h 废催化剂	123	0.37	12.1	10.0	4.4	1.7	2.1	6.2	1.5
再生催化剂	125	0.57	18.2					4.7	1.2
运行 4000h 废催化剂	84	0.24	11.3	10.7	15.4	7.7	30.4	5.7	1
再生催化剂	58	0.27	18.6					5.5	2.0

扩散率的测量可以提供重要的信息，尤其是同时对新鲜催化剂、废催化剂以及再生催化剂进行测试时尤为明显。在 Johnson 等[428]的研究中通过将催化剂与环己烷中的冠烯溶液接触来确定扩散率。催化剂的扩散系数随着催化剂的再生而增加，催化剂性能的恢复与扩散系数损失无明显相关性[427]。相比而言，扩散系数损失比活性损失更为显著。

5.2.4.2　再生催化剂活性

图 5.25[386, 387]显示了温度对于再生催化剂比表面积以及动态化学吸附 O_2(DOC)的影响，后者通常在再生预硫化催化剂上进行，能够较好反映催化剂活性恢复情况。Cable 等[429]也证实了化学吸附 O_2实验方法的意义。与图 5.21[424]一致，600℃以上再生催化剂的比表面积明显下降。同时，DOC 的下降是逐渐发生

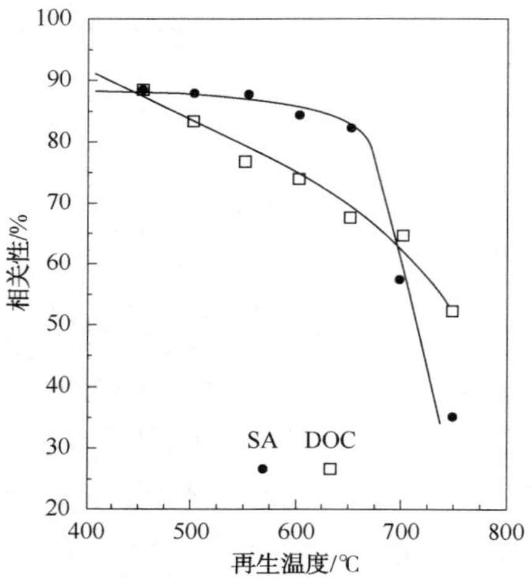

图 5.25　再生温度对于催化剂孔径比表面积恢复以及动态 O_2 化学吸附的影响[386]

的。然而，只有在低于 500℃ 时再生才能确保催化剂活性恢复到预期目标。DOC 值持续低于比表面积数值，说明比表面积恢复率高并不意味着活性的恢复率高，然而这一结论并不能简单推广。例如，Inoguchi 等[430]的研究指出，仅受积炭影响失活的废催化剂的比表面积和活性是可以同时完全恢复的，然而如果存在金属污染，比表面积或者是活性均无法恢复至新鲜催化剂水平。另一组有意思的数据是 Sakabe 和 Yagi[431]在对渣油加氢 $CoMo/Al_2O_3$ 催化剂再生时的研究数据[432]，在该催化剂中可以观察到再生时 HDS 活性的损失。与此同时，加氢裂化活性却得到了提高。Cable 等[429]也报道了类似的现象。因此，再生催化剂也许能够用于有加氢裂化要求的场合，然而这一结论目前尚不能简单推广。

正如图 5.25[386, 387]所示，即使是用轻质油改质的废催化剂，比表面积的恢复率也不是一个催化剂性能恢复的良好指标，有报道称吡啶吸附实验得到的催化剂酸性与再生催化剂活性关联度较高[433]。同时，即使是比表面积得到了完全恢复，也没有观察到催化剂比表面积与活性的关联度，这有可能是因为再生时载体上的活性相发生了团聚、烧结，而比表面积则并不能反映这一点[433]。因此，再生时能促进金属分散的操作都几乎一定会促进催化剂的活性。

对表 5.7 中新鲜催化剂、废催化剂和再生催化剂在固定床连续反应器测试正癸烷溶解的萘(1%)加氢活性，反应条件为 300℃、4MPa[427a]。如表 5.8 所示，在运行 100h 后，产品中没有十氢萘，表明原始的 HYD 活性在再生过程中没有恢复。而运行 4000h 后废催化剂失活显著，即使再生后加氢活性也有明显的损失。

表 5.8　表 5.7 中催化剂进行萘加氢时新鲜催化剂、废催化剂和再生催化剂的活性

催化剂	萘转化率/%	产率/%	
		四氢萘	十氢萘
新鲜催化剂	100	12.6	87.4
运行 100 h 废催化剂	90.2	90.2	0
再生催化剂	100	44.6	55.4
运行 4000h 废催化剂	11.9	11.9	0
再生催化剂	85.7	85.7	0

在 $SiO_2-Al_2O_3$、Al_2O_3 和 Al_2O_3-Y 型分子筛载体负载的 NiMo 催化剂中，以再生后催化剂性能恢复作为指标评估稳定性，$NiMo/SiO_2-Al_2O_3$ 催化剂稳定性最好[434]，再生后催化剂活性几乎与新鲜催化剂一致，该催化剂用于城市生活垃圾热解产物的 HPR 过程。表 5.9[435] 所示的废催化剂再生数据展示了另一类极端条件下同时存在积炭和金属沉积的催化剂的失活情况，这些废催化剂源于两种不同的 Hyvahl 工艺 HDM 装置[153, 435]。新鲜催化剂中，大孔催化剂含有 2.7%(质)的 NiO 和 14.0%(质)的 MoO_3，比表面积为 $140m^2/g$。表 5.10 中[435] 列出了新鲜催化剂以及再生催化剂的测试结果，从表 5.10 中可以看出，无论是在 2% O_2 受控条件下再生还是在空气中再生，活性恢复率均为理想。其中，HDS 和 HYD 活性用小分子进行测试，前者用噻吩进行评价，后者用环己烯进行评价。通常认为，如果用重质油(更大尺寸分子)测试活性，产生的差异可能会更为明显。尽管再生数据并不理想，然而一般认为，将催化剂粉碎后，仍适用于浆态床重油加氢。

表 5.9　废催化剂甲苯萃取后成分分析[435]

元素/%(质)	A 催化剂	B 催化剂
碳	15.0	13.6
硫	5.9	13.5
钒	3.3	10.1
镍	2.7	4.6
铁	0	7.7

表 5.10　新鲜及再生催化剂分析结果[435]

催化剂	处理条件	比表面积/(m^2/g)	转化率/%(质)	
			加氢脱硫	加氢
新鲜催化剂	无	140	46.7	27.5
废催化剂 A	无	17		
废催化剂 B	无	11		
废催化剂 A	2% O_2	127	15.0	10.7
废催化剂 B	2% O_2	60	15.7	12.9
废催化剂 A	空气	54	12.3	9.3
废催化剂 B	空气	17	6.4	5.9

Clark 等[436] 研究了沉积金属(V+Ni)量对催化剂活性的影响，其中积炭通过氧化再生去除。图 5.26 显示去除积炭后含有 8%(质)污染金属的催化剂与新鲜催化剂活性相似，沉积金属大致相当于一半单层覆盖。显然，大部分的金属仅沉积在载体表面无活性相区域。在重油加氢时，随着金属沉积量进一步增加，脱炭催

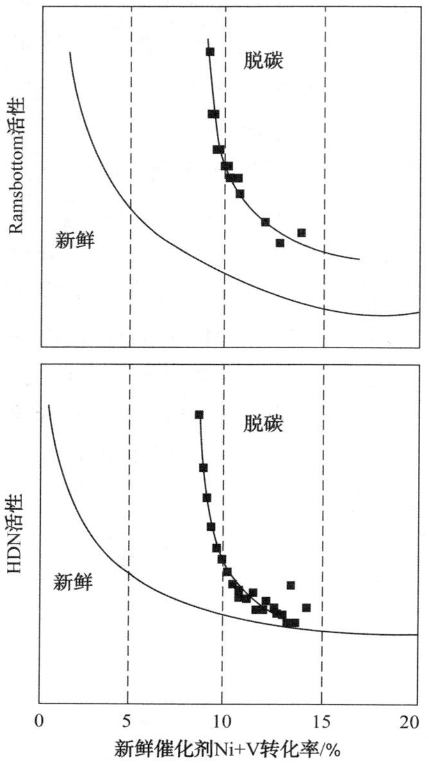

图 5.26　新鲜催化剂与脱碳催化剂 Ramsbottom 碳(RBC)转化率以及 HDN 活性数据[436]

化剂的活性进一步下降，最后接近于相同金属沉积量的新鲜催化剂性能。说明当金属沉积量超过 8%(质)时，主要沉积在活性中心或者其附近，从而导致催化剂永久失活。因此，可能被 Ni 和 V 严重污染而无法再生，尤其是再生催化剂用于重油加氢尤为明显，但是这种催化剂对于无金属和无沥青的原料反应性能如何并不确定。需要注意的是，以上的结论仅基于这一种特定的催化剂，对于其他的废加氢催化剂情况可能并不完全相同。

Kohli 等[436a]详细研究了废 $NiMo/Al_2O_3$ 加氢催化剂的活性和再生性，分析了三种不同 V 和 Ni 含量的减压馏分油以及一种比较特殊的重油加氢过程。如表 5.11 所示，重油含有 99μg/g Ni 和 3μg/g V，而通常 V 含量远高于 Ni[10, 28]。加氢测试后，废催化剂又用于轻循环油加氢(见图 5.27)。无论对于何种反应物，催化剂失活均十分显著。如图 5.28 所示，对于重油加氢后的催化剂，氧化再生后活性几乎完全恢复。图 5.29 中数据清晰表明，V 是催化剂失活的主要元素，而不是 Ni。另外需要指出，研究中仅分析了催化剂 HDS 活性。而通常认为，再生催化剂中如果存在沉积的 Ni 将对加氢精制和加氢脱氮具有促进作用。据说，这是首次在 HPR 过程中由于 V 的失活解耦 Ni 的作用。

表 5.11　研究使用的原料性质[436a]

参数	重质油	VR-Ⅰ	VR-Ⅱ	VR-Ⅲ
S/%(质)	0.26	5.45	4.75	5.45
Ni/(μg/g)	99	65	34	31
V/(μg/g)	3	240	85	118
H/C(摩尔比)	1.59	1.07	1.05	1.64
残渣/%(质)	21.4	43.3	23.5	16.5
沥青/%(质)	0.27	22.9	13.3	9.4

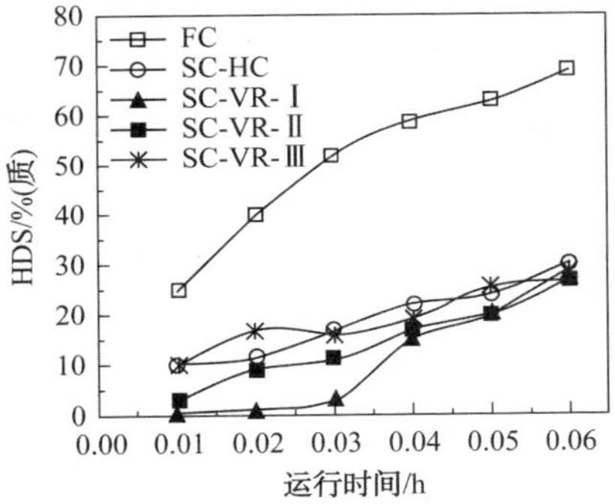

图 5.27　原料(表 5.9)对催化剂失活的影响[436a]

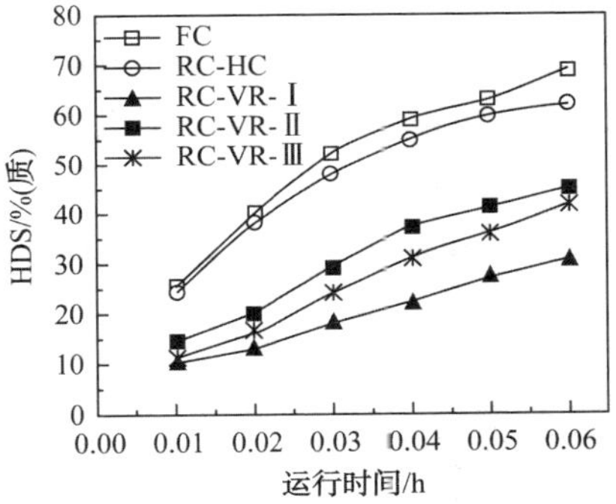

图 5.28　原料(表 5.9)对催化剂再生的影响[436a]

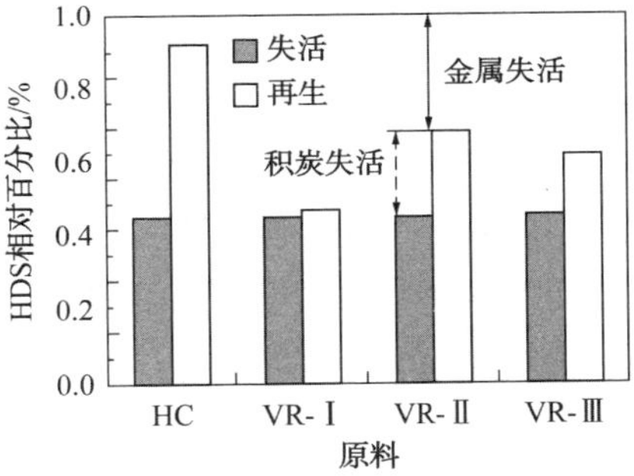

图 5.29　积炭与金属对催化剂失活和再生影响对比[436a]

再次强调，需要注意选择再生催化剂测试条件以获得可靠的信息。因此，Dufresne 等[385-387]指出，新鲜催化剂和再生催化剂(被金属污染)的活性之间的差异通常在运行之初比运行几周/几个月后更大。一种含有高达 21%(质)沉积物污染的催化剂显示出这一现象[437]。再生后，催化剂在运行初期 HDM 和 HDS 活性低于新鲜催化剂。然而，使用一个月后，HDM 活性差异则可以忽略，而 HDS 的活性仍然存在差异，但差异有所降低。实际应用时，无论是再生催化剂回用于同一工况还是级联使用，每一次均需要仔细分析。

5.2.4.3　化学结构

谱学技术通常用于鉴定废催化剂活性相结构。对于再生催化剂，活性相分散度以及与载体相互作用是潜在活性金属流失的主要关注点。利用 EXAFS、X 射线光电子能谱、红外、X 射线衍射等技术可以得到有用信息。

用 XRD 鉴定废润滑油加氢的废 $NiMo/Al_2O_3$ 催化剂焙烧后的相结构[438]，当温度从 550℃升至 950℃时，出现了 $NiAl_2O_4$ 和 $MoAlO_4$ 信号，说明催化剂明显受到损坏，证明活性金属向载体扩散导致了不可逆的催化剂活性损失。因此，在再生催化剂再硫化时，可以形成 Ni-Mo-S 活性相的 Ni 就变少[438]，这些变化还伴随着焙烧后催化剂的孔体积减小以及抗压强度的提高(见表 5.12)[438]。即使在最低的温度下焙烧，即 550℃时，也可以观察到催化剂的显著改变。因此，需要格外注意含空气条件下废催化剂的焙烧。

表 5.12 新鲜催化剂、废催化剂以及再生催化剂的颗粒抗压强度、整体抗压强度和孔体积[438]

催化剂	颗粒抗压强度/(kgf/cm)	整体抗压强度/(kgf/cm^2)	孔体积/(mL/g)
新鲜催化剂	34.31	12.02	0.078
废催化剂	29.88	6.67	0.031
焙烧催化剂			
550℃	27.99	4.71	0.052
750℃	14.48	3.02	0.019
950℃	5.98	1.98	0.007

研究比较了重质油加氢的废 $NiMo/Al_2O_3$在 2% O_2中再生和在空气中焙烧[388]。在 2% O_2中再生，仅观察到$\gamma-Al_2O_3$和 MoO_3信号。由于 Ni 高度分散，没有检测到 Ni 物种。在空气中再生后，出现了一种新的物种 $Al_2(MoO_4)_3$。而即使在 2% O_2中再生，在含有杂质金属(例如 V 和 Ni)的废催化剂上观察到了$\alpha-Al_2O_3$、$\delta-Al_2O_3$和$\gamma-Al_2O_3$，表明杂质金属会加速$\gamma-Al_2O_3$的烧结。如果在空气中再生，还会观察到 V_2O_5、FeO、$NiAl_2O_4$和 $NiMoO_4$。Teixeira da Silva 等[439]指出，$\beta-NiMoO_4$是NiMoS活性相的前驱体。在更高温度下，$\beta-NiMoO_4$倾向于失去 Ni 而形成$NiAl_2O_4$。类似地，Mehandjev 等[408]观察到在多次再生-使用循环后，$CoMo/Al_2O_3$催化剂中 Co 会逐渐损失。在 Madely 和 Wanke [440]的研究中，$NiMo/Al_2O_3$在纯 O_2中再生会观察到严重的$\gamma-Al_2O_3$烧结，而如果在温和的条件下再生，则可以观察到和新鲜催化剂相似的高度分散的金属氧化物。

在 Yoshimura 等[412]对于 NiW/Al_2O_3催化剂的研究中，EXAFS 数据显示加氢后期出现了类似 WS_2的结构，如果仔细控制氧化再生条件(例如 1.5% O_2)，则再生后可以重新分散至与新鲜催化剂相同的水平。XPS 数据显示其表面的 Ni 和 W 可以恢复至与新鲜催化剂相似的水平，而 Ni/W 则比新鲜催化剂略微下降。在低温氧化再生时，催化剂的活性和选择性可以成功恢复。相比之下，对于 CoMo 催化剂，后期产生 MoS_2类似结构硫化物时，Co 则团聚产生 Co_9S_8。在这种情况下，由于少量的 Ni、Fe 和 V 等金属存在，催化剂无法恢复至新鲜催化剂的水平。相比于低温氧化再生时催化剂的活性和选择性几乎完全恢复，高温再生时会损失少量加氢精制活性，但是加氢裂化活性会有大幅提升。

Bogdanor 和 Rase[414]开展的对于 $NiMo/Al_2O_3$催化剂的再生和再硫化实验证明了金属 Ni 和 Mo 发生了显著内部迁移，图 5.30 扫描电镜图中径向方向 Mo/Al、

Ni/Al 和 Mo/Ni 的结果支持了这一观点。有趣的是，废催化剂再生硫化后的表征结果与新鲜催化剂起始分布一致，从图 5.30 中可以得到大量定量分析结果[414]。例如，新鲜催化剂显示 Ni、Mo 的偏析较小，而硫化和反应后则发生了变化，例如 Mo 分布曲线变平，而 Ni 则在靠近中心处浓度提高，导致靠近中心的 Ni/Mo 升高而 Mo/Ni 下降，废催化剂中 Mo 在颗粒中心富集而 Ni 则在颗粒外表面富集，观察到颗粒中心的 Mo/Ni 高，提高再生温度导致 Ni 和 Mo 均向颗粒外表面富集，与 Gellerman 等[441]研究的结果一致。废催化剂及在不同条件下再生并硫化的催化剂都有相同的 Mo/Ni 分布，通常情况下，Ni 比 Mo 迁移性更好。新鲜硫化催化剂反应(噻吩 HDS)时，Ni 向中心迁移；而对于废催化剂再生硫化后，Ni 向外部迁移，杂质金属 V 和 Fe 在再生硫化中没有太大变化。

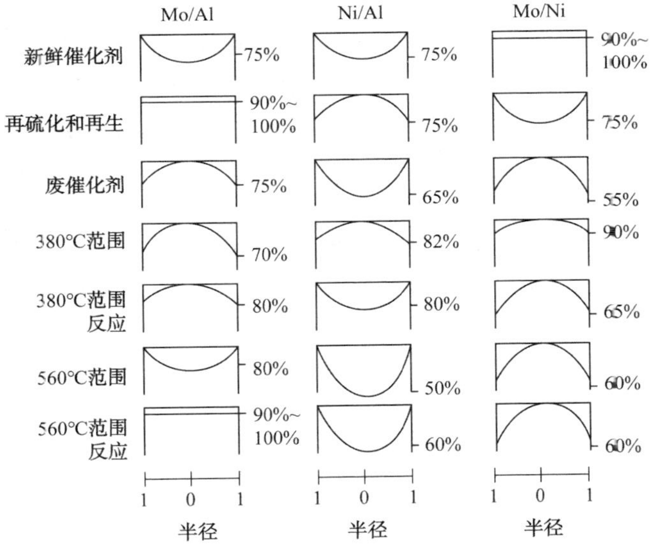

图 5.30 不同状态催化剂颗粒内 Mo/Al、Ni/Al 和 Mo/Ni 断面成分分析结果[414]

5.2.5 氧化再生的安全与环保问题

显然，废催化剂只能在 250℃以下与空气安全接触，且需要保证加氢时产生的可燃的挥发性附着物已经完全去除[388]，包括催化剂上吸附的 H_2、H_2S 和轻质碳氢化合物。否则，温度失控飞温会导致催化剂活性相再结晶和烧结，在之前讨论中已经证实[388, 438]。如果活性相发生了烧结，再生后催化剂的性能就无法恢复，图 5.20 中[424]显示了因温度失控 MoO_3升华，导致催化剂实际上无法再使用。从安全角度考虑，温度失控导致迅速释放有毒物质也值得引起注意；温度突然提升对反应器的破坏也是另一个需要精确控制再生温度的原因。

图 5.31 中[442]显示了在 350℃时废加氢催化剂固定床底部引入空气时产生飞温，在最初几分钟内，温度突然上升到 800℃以上。尽管飞温时间很短，这种温

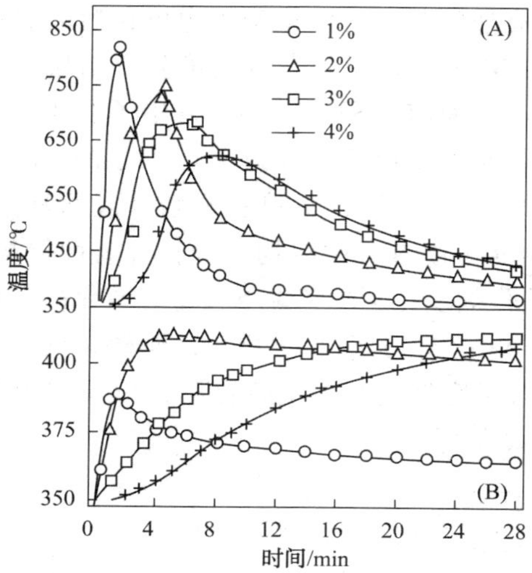

图 5.31 再生 O_2浓度对在(A)空气和(B)2% O_2中再生温度的影响(催化剂床层温度为 350℃)[442]

度陡升还是会对催化剂性能产生负面影响。催化剂在过烧后产生玻璃化结构支持了这一观点。随着燃烧区向固定床末端递进，温度失控现象变得不明显，可能是因为床层底部消耗了部分 O_2，上层催化剂接触到的空气被稀释了。由于积炭被逐渐去除，随着再生时间变化，温度也逐渐下降，直到恢复至初始床层温度。此外，靠近反应器器壁的飞温也更温和。

可以通过调控氧化性气体中的 O_2 浓度控制飞温，图 5.31 中，在 2% O_2 中再生，温度从 350℃升至 410℃，而在空气中则升至接近 850℃[442]，结果表明控制的可行性。为了得到适合的 O_2浓度，需要建立其与 ΔT 参数之间的关系，后者为引入氧化性气体后反应器温度增高值，该关系见图 5.32[442]。研究中，床层起始温度为 350℃，根据曲线估算，约 4%(体) O_2浓度可以保证温度不超过 500℃。因此，根据图 5.21[424]和图 5.25[385, 386]，为了实现催化剂活性的恢复程度较高，氧化再生的任何阶段的温度都不应超过 500℃。

图 5.32[442]中的关系曲线用于特定的废催化剂，不能直接推广至其他催化剂，图 5.31[442]的结果可以证实。图 5.31 和图 5.33 的温度曲线图分别对应于催化剂 A 和催化剂 B，其性质列于表 5.13[442]中。相比于催化剂 A，催化剂 B 积炭更多，而温差小，可能是因为催化剂 B 的比表面积更小，仅允许外部化学控制氧化动力学过程。同时，催化剂 A 有更大的积炭暴露面积。因此，催化剂 A 中 O_2向颗粒内部扩散则起到更主要的限速作用。尽管 O_2是一个关键参数，再生时还有很多其他控制温度的方法。例如，废催化剂的预处理(脱油、惰性气氛预加热、氧化气氛混入蒸汽等)也会减小 ΔT[388, 442]。

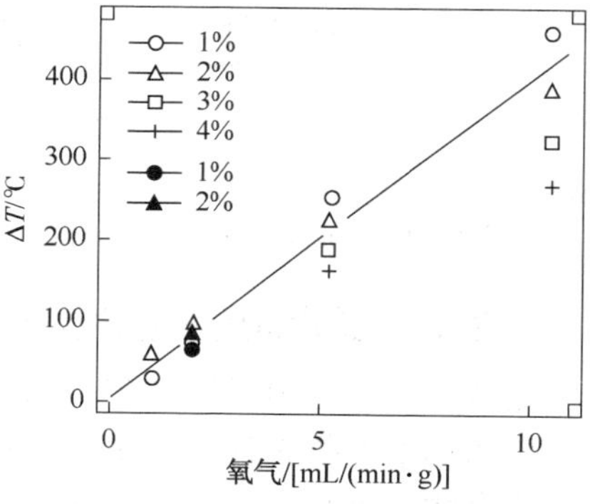

图 5.32 再生 O_2浓度对固定床四个不同区域温度飞升的影响(实心符号为四氢呋喃萃取物)[442]

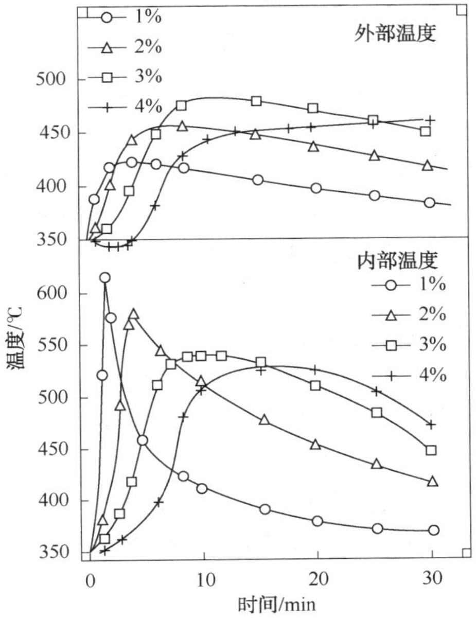

图 5.33　固定床四个区域废催化剂再生时内部温度和外部温度曲线[442]

表 5.13　废催化剂积炭成分[442]　　　　%(质)

成分	催化剂 A	催化剂 B
碳	7.2	26.2
氢	0.8	3.5
H/C	1.3	1.6
氮	0.40	0.27
硫	7.13	5.48

氧化再生产生的排放物包括受管制的颗粒物和气体，气体包括 SO_x、NO_x、CO 和 CO_2 以及一些有毒物质如 NH_3、HCN 和 H_2S。理论上，也可能生成剧毒物质 AsH_3，尤其是在缺 O_2 条件下，产物的分布取决于废催化剂类型以及再生条件。除了颗粒物，固体排放物还会包括废催化剂，所有经过认证的催化剂再生公司都有装备将这些排放物控制在限制范围内，关于控制排放的措施在后文涉及工业再生的小节再进行介绍。

考虑到全球氧化再生的废 HPR 催化剂的体积，CO_2 作为主要气体产物，对全球 CO_2 总排放量的贡献可以忽略不计。人们认为，由于商业再生操作产生的二氧化碳排放无毒且总量低，因此不应引起太大关注。

在氧化再生过程中，特别值得关注的是可能排放的最具毒性的物质，如

HCN 和 AsH_3。需要强调的是，氧化再生时产生量相当小，并且大量氧化性气体能稀释这些有毒化合物。因此，通常认为其在大气中的浓度不会达到法定限值，尤其是有合适的排气设施后更是如此。然而，仍然需要注意 HCN 和 AsH_3可能的排放问题，不能完全忽视。

在氧化再生时，砷会转变为 As_2O_3，如果控制燃烧不合适，可能会进入大气。Zhang 等[443]的研究指出，As_2O_3可以使用固体吸附剂处理。在 CaO、Fe_2O_3和 Al_2O_3等固体材料中，Fe_2O_3的吸附性能最高，CaO 次之，而 Al_2O_3则不适合作为吸附剂。

通过掺杂氟可以提高加氢催化剂的性能，例如添加 3%(质)的氟。到目前为止，在废催化剂氧化再生过程中还没有人关注过含氟化合物(如 HF)的排放问题。早些时候曾指出，由于氟的存在，废催化剂各处置阶段均有必要谨慎处理。尽管比氟毒性低得多，磷也可能存在于废催化剂中。在再生中可能排放不常见的化合物，例如羰基镍[408]。最好调研不常见的物质的排放，例如金属羰基化合物、氟化合物、磷化合物，不断地努力改善 HPR 催化剂氧化再生中形成并释放的有毒化合物。

5.3 其他再生方法

在本节中仅讨论气-固反应再生方法。由于碳氧化驱动力大，可用臭氧作氧化剂[444e,446]。此外，蒸汽和 CO_2以及 N_2O 和 NO 也值得关注。反应的驱动力表示为 log K 值，如图 5.35 所示[447]，对固体碳与蒸汽和 CO_2的碳气化已进行了广泛研究。在这种情况下，参考了还原性碳转化反应与 O_2中的氧化再生反应。因此，虽然在这些反应过程中碳被部分氧化，但其他反应物，即蒸汽和二氧化碳均被还原。尽管 N_2O 和 NO 可能表现出足够的反应活性，但由于它们在理想浓度下的优势有限，几乎没有机会用于工业生产。

由于在炼油厂 H_2容易获得，因此 H_2可以用于废 HPR 催化剂的还原再生。在这种情况下，再生的产物是碳氢化合物，可以在现场进行。贵金属高 HYD 活性表明相应的废 HPR 催化剂可以还原再生。

5.3.1 通过臭氧再生

Copperthwaite 等[444,445]证明，在相对较低的温度(150~190℃)下，臭氧是一种相当有效的积炭氧化剂。最有可能的是，氧化可能涉及以下一系列反应：

$$C+O_3 \longrightarrow CO+O_2$$

$$O_3 = O+O_2$$

$$O+C = CO$$

$$CO+O_3 = CO_2+O_2$$

$$CO+0.5O_2 = CO_2$$

在与积炭反应时，臭氧优先与芳香族碳反应。在以上温度下，积炭氧化过程中 O_2 的参与可能仅限于表面复合物。Solovetskii 等[446]对臭氧再生与常规再生进行了比较，如图 5.34 所示，臭氧再生的优势非常明显。同时，热辐射处理是最有效的方法。据推测，臭氧适用于在较高温度下不稳定催化剂的再生。然而，由于臭氧在理想浓度和数量上的可用性有限，因此它在催化剂再生方面的商业用途受到了限制。

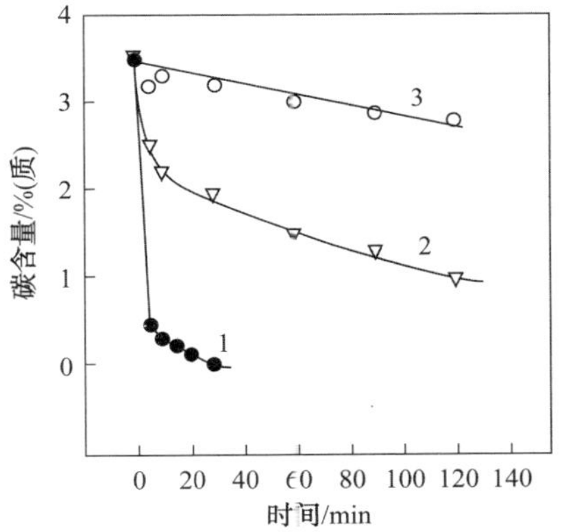

图 5.34 废催化剂脱碳[446]

1—辐射加热；2—臭氧；3—传统燃烧

5.3.2 在 H_2O 和 CO_2 中的再生

催化剂表面上的积炭也可以通过与 H_2O 和 CO_2 反应即碳气化除去，反应的产物包括 CO 和 H_2，确保再生系统是还原气氛。从图 5.35 中可以看出，对于这些反应物，需要更高的温度才能获得理想的积炭去除率。例如，对阿萨巴斯卡沥青减压渣油加氢处理催化剂 CO_2 再生研究表明[449]，通过 Boudart 反应生成 CO 的起始温度在 800K 以上。在纯 CO_2 气氛中要去除大部分碳，需要超过 1000K 的高温。如图 5.36 所示，CO_2 浓度从 10%增加至 100%对碳去除有显著影响。图中，催化剂 A 和催化剂 C 的碳含量分别约为 19%(质)和 3%(质)。由图 5.35 可知，当 H_2O 替代 CO_2 作为气化反应物时，也可以观察到类似的趋势，在积炭气化过程中得到了证实[450]。此外，还有一项专利描述了蒸汽再生[451]，在洗涤(脱油)之后，废催化剂经蒸汽在 540~680℃处理 2h 后催化剂可再使用，但是无法验证废催化剂的组成和结构的细节。而且对于一些催化剂，蒸汽可能促进活性相的烧结。

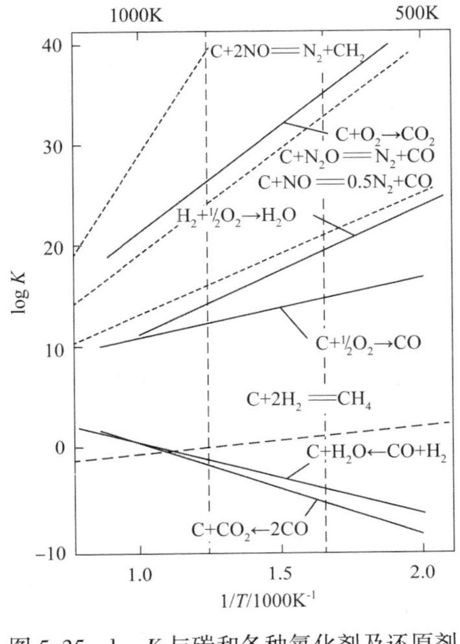

图 5.35 log *K* 与碳和各种氧化剂及还原剂反应的 1/*T* 相关性[447]

$$CO_2+C \Longrightarrow 2CO$$

值得注意的是，作为 FCC 工艺的一部分，蒸汽和/或蒸汽+空气中的再生已经在商业上应用[419]。众所周知，与 HPR 催化剂相比，FCC 催化剂(例如无

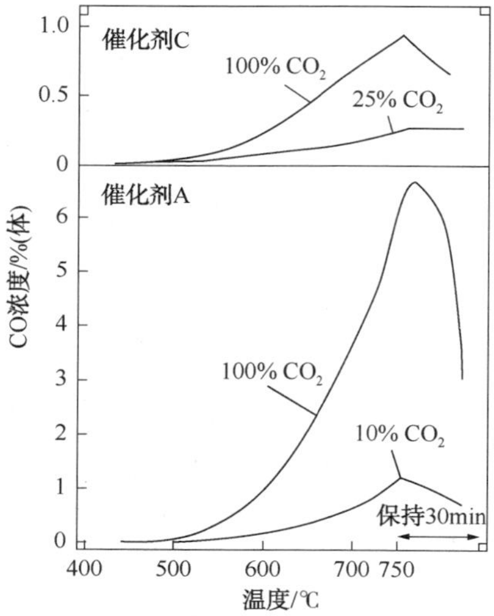

图 5.36　在 CO_2 中的程序升温加热过程中形成 CO：催化剂 A（NiMo/Al_2O_3）和催化剂 C（CoMo/Al_2O_3）[449]

定形二氧化硅－氧化铝、沸石等）在约800℃的温度下保持稳定。对于前者，在此温度下不能避免升华和催化材料的大量烧结而导致 Mo 的损失。

5.3.3　氮氧化物再生

热力学证据表明[447]，利用氮氧化物（N_2O、NO、NO_2）通过以下几种反应脱碳具有显著的驱动力：

$$C+N_2O = CO+N_2$$

$$C+NO = CO+0.5N_2$$

$$C+2NO = CO+N_2$$

由于 N_2O 中 N—O 键非常弱，不能排除产生非常活泼的 O^* 参与除碳反应，例如：

$$N_2O = N_2+O^*$$

$$C+O^* = CO$$

截至本文撰写之时，N_2O 是唯一一种经过测试用于废加氢催化剂再生的氮氧化物。在这种情况下，与纯 O_2 相比，N_2O 能够更彻底脱碳，尽管后者的氧化速率更大。由于安全性和前面讨论过的其他原因，人们认为将 N_2O 与稀释的空气和纯 O_2 比较更有意义。尽管热力学上预测了其他氮氧化物的适用性，但关于它们的资料却很少。在这方面，可以将废催化剂的再生与各种碳将氮氧化物还原为氮气的能力进行比较。在一定浓度和数量的要求下，氮氧化物的可获得性限制了其工业应用。

5.3.4　再活化

利用具有螯合能力的有机试剂对废催化剂进行氧化后再生处理，成功地应用于催化剂再生，可以显著增强活性金属的再分散，在催化剂制备过程中也观察到了类似的情况。

一般来说，不能完全防止活性金属在再生过程中局部烧结。用不同螯合剂浸渍再生后的催化剂，在后续的硫化过程中活性金属的分散度得到了显著提高。2003 年，Albemarle 在工业上引入这种方法，称为 REACT 技术[454]。该技术使 Albemarle 销售的 STARS 催化剂再生后活性恢复到新催化剂活性的 90%以上。这是由于金属重新分布和二类活性相重新构建，使其接近原始催化剂中的活性相。Ginestra [455] 和 Eijsbouts 等[456] 公开的专利中给出了详细信息。后者列出了许多可能使用的螯合剂，例如柠檬酸、酒石酸、草酸、丙二酸、丁二醇、乙二醇醛、乙醛醇、各种二醇等。已发表的数据证实，已成功地用该方法活化了几种废 HPR 催化剂。在表 5.14 中[454]比较了新鲜、再生和通过 REACT 方法再活化催化剂的 HDS 和 HDN 活性，以 VGO 为原料在典型的 HPR 条件下测定活性。与再生催化剂相比，再活化催化剂的 HDS 和 HDN 活性均有明显提高。Criterion catalyst & Technologies 公司也为其 CENTINEL 催化剂开发了类似的活化工艺[457]，Haldor Topsoe 提供了类似的通过化学处理重新激活再生催化剂的复活过程[458]。

表 5.14　活化对催化剂活性的影响[454]

催化剂	产品中 S 含量/(μg/g)	产品中 N 含量/(μg/g)	RVA-HDS	RVA-HDN
新鲜	165	83	100	100
再生	290	220	68	67
再活化	201	105	95	93

注：RVA，相对体积活度。

虽然螯合剂的活化作用已经得到实验证实，但关于活化的机理方面的信息很少。在最近的一项研究中，Mazoyer 等[459]研究了螯合剂，如乙二胺四乙酸二铵盐与焙烧后的 CoMo/Al_2O_3催化剂的相互作用，研究发现螯合剂溶解了不理想的 $CoMoO_4$结晶相，并将 Co^{2+}离子重新分散在催化剂表面，促进了 Co-Mo-S 活性相的形成。然而螯合剂不能从 $CoAl_2O_3$尖晶石结构中溶解 Co^{2+}。Costa 等[460]研究了乙醇基添加剂在提高 CoMo 和 CoMoP 催化剂活性方面的作用，对于所有干燥的、焙烧的 CoMo 和 CoMoP 催化剂(P/Mo 物质的量比小于 0.4)，在浸渍添加剂后，出现了再溶解现象，形成例如 $AlMo_6O_{24}^{6-}$、$AlMo_6O_{40}^{7-}$等 Anderson 型杂多阴离子，然而 Anderson 型杂多阴离子的溶解度影响了这种再溶解现象。对干燥后的 CoMoP 催化剂(P/Mo 大于 0.4)表征，证明含添加剂的催化剂形成 $PCoMo_{11}O_{40}^{7-}$。因此，螯合剂对催化剂活性组分的再溶解和再分散，似乎起着增强活性的作用。

Budukva 等发表了另一项关于螯合剂复活催化剂的研究[461]，研究者采用柠檬酸、草酸、乙二醇、二乙二醇等螯合剂对柴油 HPR 过程中使用的废 CoMo/Al_2O_3催化剂和 NiMo/Al_2O_3催化剂进行了处理。将催化剂浸泡在这些试剂的水溶液中，在 120℃干燥，经过柠檬酸处理的催化剂的活性超过了新鲜催化剂的活性。因此，获得的产物中 10μg/g 硫产品的初始温度比没有预处理的再生催化剂低 10~15℃，比新鲜催化剂低 3~4℃。以类似的方式，Bui 等[462]在氧化再生后使用马来酸活化废 CoMo/Al_2O_3催化剂。在马来酸的作用下，Co 可以在再生过程中从 $CoMoO_4$中恢复，在随后的硫化过程中快速形成 MoS_2，而 Co 仍然以马来酸盐的形式存在，直到温度达到 300℃。在这种条件下，更容易促进 Co-Mo-S 活性相的形成。

5.3.5　辐射处理辅助再生

图 5.34 中的曲线 1 和曲线 3 比较了氧化燃烧法与热辐射处理法脱碳的效果。

值得注意的是，脱碳速率显著提高，而臭氧氧化速率(曲线2)介于常规氧化燃烧法和热辐射处理法之间。在电子束条件下，含碳化合物在10~15min内完全去除。然而，为了避免Mo的升华损失，需要仔细控制实验条件。同时，在废$NiMo/Al_2O_3$催化剂中，Ni含量不受影响。很少有信息表明，热辐射处理法已用于商业规模或接近工业商业规模的催化剂再生。

5.3.6 还原再生

在理想情况下，可以在运行结束时停止进料的同时用H_2来再生。尽管如此，用于石油HPR催化剂的还原再生的相关信息仍然很少，这可能是由于即使在比氧化再生过程中应用的温度高得多的温度下也不能达到理想的积炭去除水平[13]。例如，在VGO的HPR $NiMo/Al_2O_3$催化剂还原再生过程中，通过积炭加氢形成CH_4温度需要超过1000K。如Scheffer等[463]所述，除了其他结构变化之外，还观察到MoS_2颗粒的烧结。几乎可以肯定，在800K左右，活性金属催化积炭加氢气化是CH_4峰的来源。正如人们预期，负载在$\gamma-Al_2O_3$上的Pt、Re和Ir催化剂还原再生在较低的温度下进行，而且比$NiMo/Al_2O_3$催化剂[13]还原再生速率要快得多[464]。

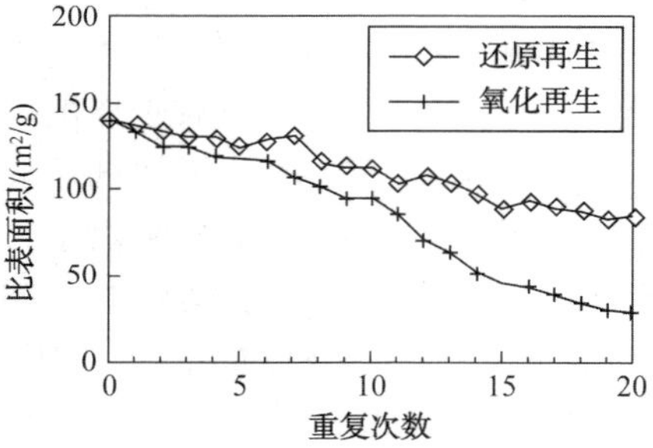

图5.37 氧化还原再生过程中的比表面积恢复率[402]

Noguchi等[402]对还原再生和氧化再生进行简要比较，废催化剂来自在713K、8.5MPa下阿拉伯重质减压渣油HPR。尽管在还原再生之后残留约3%(质)的积炭，而在氧化再生期间几乎完全除去了积炭。但很明显，还原再生过程中比表面积(见图5.37)以及催化活性的恢复率高于氧化再生过程，氧化再生在空气中在923K下进行，还原再生在713K下进行。显然，与923K的氧化再生相比，713K还原再生活性金属附近的部分积炭可以通过活性金属催化加氢气化除去，而不会对催化剂产生不利影响。在此情况下，不能阻止催化活性相的烧结。而且在该温度下，$\gamma-Al_2O_3$载体向其他形式的Al_2O_3的转变变得非常明显。因此，没有在最佳条件下进行还原再生与氧化再生的比较。图4.26和图4.27[278,279]中的积炭结构可以说明氢还原再生过程中可能遇到的困难，这种结构(例如，图4.27中6500h后的四氢呋喃不溶物)不可能在接近大气压的H_2和保持催化剂稳定性的温度下加氢气化。温度和H_2压力的增加会增加积炭的加氢气化速率，可能对催化剂的结构产生不利影响。因此，在合适的脱碳温度下，催化剂的过度还原是不可避免的，同时也会伴随着催化活性相的再结晶。因此，使用还原剂进行原位再生可能是不可行的，特别是对于操作严苛的HPR催化剂。

废催化剂还原处理与其他一些催化剂复活方法相结合的方法已经得到应用[185,465,466]，例如超临界 CO_2 萃取和 H_2 预处理可以去除积炭[465]。同时，在 10 MPa H_2 下，在四氢化萘和四氢化萘混合物等供氢溶剂的作用下，大量积炭被还原除去[466]。用于棕榈油 HDO 的废 $Ni/\gamma-Al_2O_3$ 催化剂和 $Co/\gamma-Al_2O_3$ 催化剂在氧化再生后在 H_2 中还原活性几乎完全恢复[185]。

采用 $Co/SiO_2/Fe_3O_4$ 和 Ni/TiO_2 两种纳米催化剂，在 728K 和 20 MPa 下对煤进行直接液化[467]，反应后用铝箔包覆的普通磁铁棒回收催化剂。用丙酮和乙酸冲洗催化剂，干燥后的催化剂在 H_2 中重新激活，几乎完全恢复了活性。但不经丙酮和乙酸洗涤，催化剂活性恢复较低，Taha 等[468]在生物质原料 HPR 废催化剂上观察到类似的现象。

5.3.7 摩擦/磨损法再生

这种方法的目的是除去“表皮”的无机固体或部分金属，它们主要沉积在催化剂颗粒的表面或附近。对于 V 和 Ni，卟啉与 H_2S 的非催化反应生成的硫化物很容易通过磨损去除。在干燥条件下，可以在流化床反应器中进行磨损试验。在湿式条件下进行磨损试验时，废催化剂必须保持流动状态。

Gray 等[283]将沉积金属的催化剂颗粒与 $\gamma-Al_2O_3$ 颗粒在水中翻滚，干燥后过筛分离催化剂与 $\gamma-Al_2O_3$，观察到去除了部分“表面”金属(如 Fe 和 Ca)，但其效率低于使用稀盐酸萃取的效率。实验也可以在干燥条件下进行，然而这种方法只能去除催化剂外表面的金属，去除孔中的金属需要长时间的磨损，这可能会影响催化剂颗粒的大小和机械性能，一般认为磨损法再生 HPR 催化剂具有一定的局限性，这种方法可能更适合于去除废 FCC 催化剂中的金属。

5.3.8 再生催化剂的再硫化

在工业规模上，废 HPR 催化剂的再生一直以空气和/或稀释空气氧化法为主，即使近年来再活化备受关注，也总是首选氧化再生。再生公司并不是将再生氧化态催化剂运送到炼油厂，而是为炼油厂提供器外预硫化服务。由于预硫化所带来的环境和经济效益，许多炼油厂一直在提供这项服务。如果炼油厂选择非现场再生，可以避免处理与现场再生有关的有毒化合物。此外，反应器启动速度越快，整体运行的生产时间越长。

在一种非现场预硫化方法中，先将氧化催化剂浸渍在含硫化合物的有机溶液中，然后在惰性气体中干燥，在这种条件下，硫与金属氧化物反应不完全，然后在更高的温度和压力下用 H_2 使催化剂活化以完全硫化[469-471]。在 Frizi 等[472]发表的研究中，用巯基乙酸作为硫化剂。除了络合之外，还确保了有效硫化，活性金属高度分散也证实了这一点。再生催化剂浸渍二乙二醇丁基醚后，在 H_2S 和 H_2

混合物中硫化，催化剂活性增强[473]，但 473K 以下对硫化有抑制作用。

通过优化预硫化工艺参数，可以提高含硫化氢气体常规预硫化工艺的效率。例如，Dugulan 等[474]的研究表明，与近似常压相比，在 4MPa 压力下预硫化的催化剂活性更高。Tricat[475]介绍的 XpresS 预硫化方法在第一个沸腾床反应器中使用 H_2S 处理再生催化剂，保证了均匀硫化。随后，将预硫化催化剂转移到第二个沸腾床反应器中，用气体处理使催化剂无嗅，使其可以在空气中处理。

5.3.9 磁分离再生

关于浆态床 HPR 催化剂回收再利用的研究较少。在大多数情况下，人们的注意力都集中在一次性低成本固体催化剂上，固体催化剂可以在使用后进行处理。然而，以磁铁矿为核，MoS_2 和二氧化硅为覆盖层(如 $MoS_2/SiO_2/Fe_3O_4$)组成的催化剂具有超顺磁性。因此，通过外加磁场，可以很容易地将催化剂从反应物中分离出来[475a]。用合适的溶剂清洗后，催化剂可以循环使用，这种方法适用于渣油 HPR 催化剂的回收再利用。

5.4 再生的经济性

Alexander[475b]描述了 Eurecat 公司加工和/或利用废 HPR 催化剂的过程，Eurecat 是世界领先的废 HPR 催化剂再生公司。过程包括废催化剂的初步评价，确定其可再生性。在这种情况下，可以得到污染物(如焦炭和金属)的含量和表面参数。为了达到评价目的，催化剂样品取自固定床的不同深度。通常，床层的前端，也就是床层的四分之一到三分之一，都被污染了。因此，除非能找到其他处理方式，建议将这部分废催化剂进行回收金属，而不是再生。

在决定再生废催化剂或使用新 HPR 催化剂之前，需要对经济性进行全面评估。Yeh[475c]在总结炼油经验的基础上，认为以下因素是最重要的：

① 再生的成本。

② 新催化剂的成本。

③ 缩短周期对维护和生产成本的影响。

④ 新催化剂的优势。

为了说明废 HPR 催化剂适合再生，再生催化剂应具有良好的强度、粒径、足够的活性(85%~90%)和稳定性，以维持合理的循环寿命[475c]。如果需要，可以通过使用螯合剂重新激活再生催化剂来进一步提高活性。当然，这也增加了催化剂回收的成本。根据中东炼油厂的经验，废 HPR 催化剂再生一到两次，并在相同的装置或操作苛刻度较轻的装置中重复使用，再生主要在附近的再生公司进行。

表 5.15　新鲜催化剂节约成本与再生催化剂成本[a][475b]

步骤	新鲜催化剂节约成本/（美元/kg）	再生催化剂/（美元/kg）
催化剂	19.14	
再生催化剂		1.60
信贷	−4.40	
运输[b]	0.35	0.12
筛选		0.15
大小分级		0.30
总计[c]	19.09	2.47

a：涉及中东炼油厂的 7×10^4kg 废催化剂。

b：当再生公司在中东时，从美国或欧洲提供新鲜的催化剂。

c：再生效益高于使用新鲜催化剂 16.62 美元/kg。

在 Yeh[475c] 提出的中东炼油厂的案例中，将 7×10^4kg 废 HPR 催化剂送去再生，与购买 7×10^4kg 的新鲜催化剂进行成本比较，根据表 5.15 中 [475b] 的结果，再生的利润超过 100 万美元。

5.5　工业再生

1980 年以前，废 HPR 催化剂的再生大多数使用蒸汽或氮气稀释的空气在原位进行。从那之后，器外再生逐渐取代原位再生。根据图 5.38 所示[476]，目前大规模的原位再生几乎完全被淘汰。由于很多原因，如腐蚀、安全、环境和时间问题，有经验的工作人员的可用性以及更好的活性恢复率，器外再生成为首选方法。原位再生的缺点之一就是难以控制温度，飞温对催化剂结构和反应器的破坏是无法完全避免的[13]。

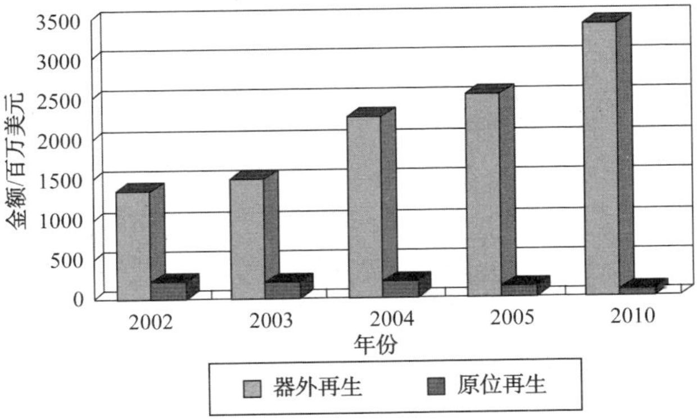

图 5.38　废催化剂器外再生与原位再生的趋势[476]

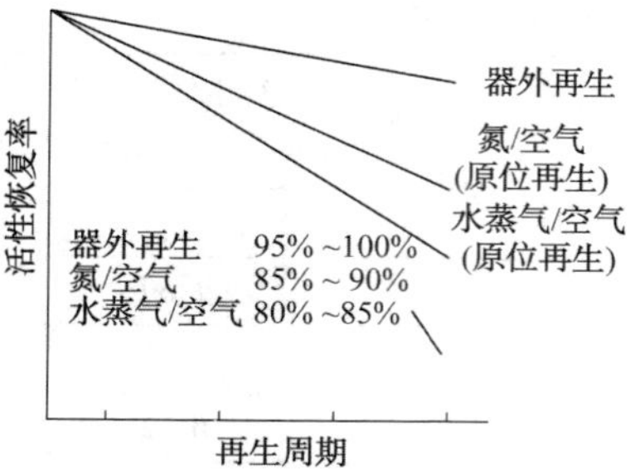

图 5.39 器外再生和原位再生催化剂活性恢复的比较[477]

器外再生为催化剂粒度和密度分级提供了机会，由于在原位再生过程中无法去除细小颗粒，可能会导致压降增加意外停车，除非将反应器的全部催化剂卸出经筛选后重新装填。研究表明，器外再生可以实现更高水平的催化剂活性恢复和/或更多的循环利用周期，图 5.39 所示原位再生和器外再生结果对比支持了这一观点[477]。

5.5.1 废催化剂的机械分离

去除大小不合适的催化剂颗粒，可以提高再生效率。而且，对于一些废催化剂(例如沸腾床反应器)，发现失活程度存在差异。在这种情况下，废催化剂包含具有高活性(例如，几乎新鲜)的颗粒和严重污染的不能再生的颗粒。由于其不可再生性，严重污染的不能再生的颗粒进行再生是没有意义的。图 5.40[478]显示使用密度分级方法将废催化剂分为重催化剂、中催化剂和轻催化剂的质量平衡情况，这一信息是初步设计每年约 6000t 废催化剂再生工艺的基础。

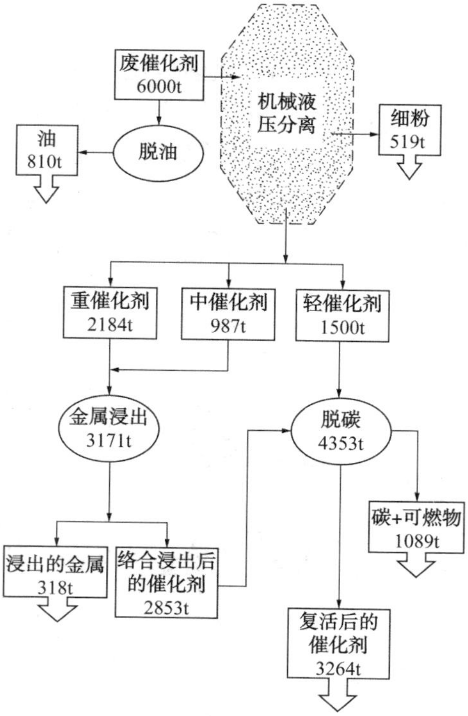

图 5.40 机械分离，脱碳和再生步骤的流程图及质量平衡[478]

根据该方案，只有轻催化剂才能进行再生(脱碳)。中、重催化剂在脱碳前需要再活化(金属络合)。因此，初步设计结合氧化再生及金属络合再生。如果没有整体设计，只有相对较少的一部分废催化剂可以再生实现恢复活性，除非通过络合浸出污染金属。

密度分级方法可以分离相似尺寸但密度差小于10%的颗粒，密度增加可能是由金属沉积(主要是钒)引起的。例如，在重质原料改质的固定床反应器中，床层的上部被钒污染，而床层底部没有。卸出后污染的催化剂和未污染的催化剂混合在一起，使用密度分级方法可以容易地实现分离，因而密度分级方法可以应用于废催化剂或再生催化剂的分离。前一种情况先从混合物中除去少量不可再生的催化剂然后去再生，在 Yoo[480] 的研究中，首先对渣油 HPR 过程中使用的废 $CoMo/Al_2O_3$ 催化剂(1.6 mm 挤出物)进行脱碳，然后通过密度分级方法进行分离，分离得到三种催化剂的收率和性质见表 5.16[480]，重催化剂占 28%(质)，重金属含量为 5.27%(质)，轻催化剂和中催化剂占 72%(质)，其中重金属含量分别为 0.55%(质)和 1.53%(质)。对于这些催化剂，80%以上的比表面积可以实现恢复，可以循环使用或级联到严苛程度较低的过程中，重新复活或回收金属是利用重催化剂的最佳选择。

表 5.16　脱碳 $CoMo/Al_2O_3$ 废催化剂的密度分级[483]

催化剂		收率/%(质)	比表面积/(m^2/g)	Ni/%(质)	V/%(质)
新鲜催化剂			200	0	0
废催化剂			153	0.16	1.7
分级	轻催化剂	19	166	0.05	0.5
	中催化剂	53	161	0.1	1.4
	重催化剂	28	114	0.47	4.8

在炼油厂对废催化剂进行充分的脱油和干燥后，可以通过筛分简单地除去废催化剂混合物中的细颗粒。否则，必须在再生公司进行预处理。在这种情况下，脱油和机械分离过程可以与再生过程结合，如图 5.40 所示[478]。将流体力学相分离器用于废催化剂的密度分级，如图 5.41 所示[478]。分离取决于颗粒的自由沉降速度，自由沉降速度是流体和催化剂颗粒物理与输运特性的函数。通过调节各室的流体流动，分离出不同密度的催化剂颗粒。为了使流体稳定地流过移动的固体，建立了边界层。作用在固体上的力是边界层阻力、形状阻力、外力和浮力的组合。在重力场中沉降分离速率通常受最小颗粒随停留时间下降的速率的限制，这对于确定单元的尺寸很重要。在理想情况下，也可用溶剂脱油分离，可以避免催化剂干燥脱油的步骤。密度分级可成功应用于不同形状和尺寸 HPR 催化剂和 FCC 催化剂的分离[481]。

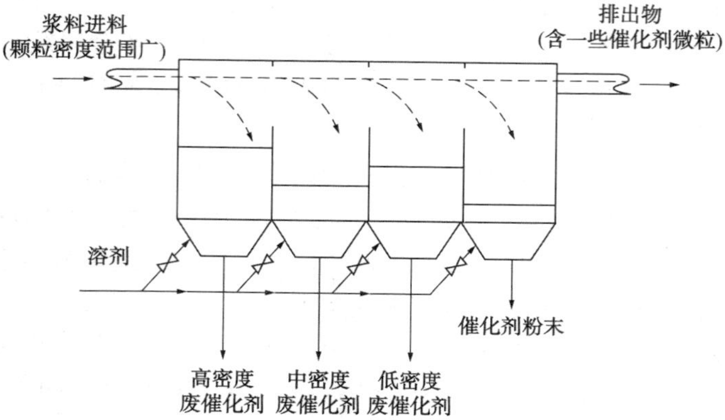

图 5.41　用于催化剂分离的重力沉降装置图[478]

当颗粒尺寸比较均匀时，可以提高密度分级的效率。对于挤出型颗粒，在密度分级之前可能需要长度分级。根据钒含量进行的长度-密度分级已经实现了成功应用。研究结果表明，废催化剂的压实堆积密度和比表面积与钒污染程度有关。废 $NiMo/Al_2O_3$催化剂的长度分级结果见表 5.17，回收的废催化剂颗粒分布及 1.5~3.5mm 的部分如图 5.42 所示[482]，1.5~3.5mm 部分占废催化剂的 70%(质)以上，在再生前先去除小于 1.5 mm 的颗粒。对剩余的废催化剂进行密度分级，得到轻、中轻、中重、重 4 种催化剂，这些催化剂的性质及再生后的相对 HDS 活性见表 5.18[482]。很明显，只有约 28%(质)的废催化剂再生后催化剂活性达到可接受程度。因此，再生催化剂的收率可能是确定长度-密度分级后再生的一个考虑因素。否则，所有的催化剂可能都认为是不可再生的。

表 5.17　长度分级后的收率和平均长度[482]

催化剂	收率/%(质)	平均长度/mm
新鲜催化剂	0	2.3
<1.5 mm	16	1.2
1.5~3.5 mm	71	2.3
>3.5 mm	13	3.6

表 5.18　$NiMo/Al_2O_3$催化剂密度分级结果[482]

催化剂	收率/%(质)	散装密度/(lb/ft³)	比表面积/(m²/g)	V 含量/%(质)	RVA[a]/%
新鲜		36	330	0	100
复合		53	232	9.0	74
轻	28	44	293	4.7	84

续表

催化剂	收率/%(质)	散装密度/(lb/ft^3)	比表面积/(m^2/g)	V 含量/%(质)	RVA[a]/%
中轻	36	48	269	7.2	76
中重	16	52	233	10.0	69
重	20	66	125	14.7	51

[a]：与新鲜催化剂的相对体积活性(加氢脱硫)比较。

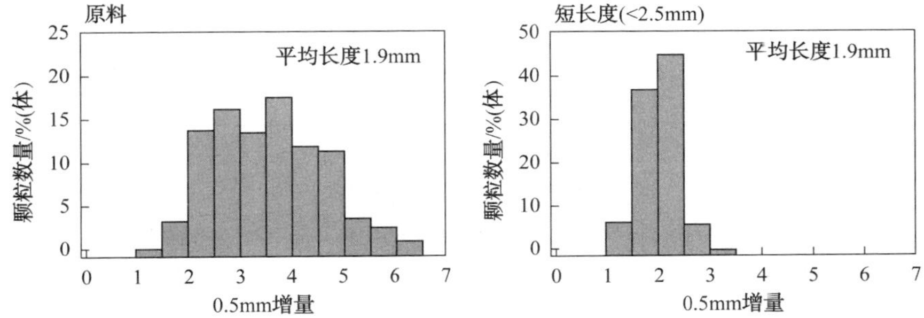

图 5.42　废催化剂及其短长度催化剂的长度分布[482]

如上所述，筛分是最简单的尺寸分级方法。在某炼油厂，再生后的催化剂按常规进行筛分[483]。因此，如果对再生催化剂不进行筛选以除去细粉，可能会出现压降迫使停车。

5.5.2　原位再生

废催化剂的粒度分级可以显著提高经济效益，但在原位再生过程中不可能实现。此外，在原位再生过程中，由于温度失控，可能会引发重大的安全和环境问题。因此，早期文献表明，很少有人尝试原位再生废 HPR 催化剂[476]。

根据 Osipov 等[484]描述的炼油厂现场再生工艺，在 HPR 结束时，在 H_2存在下用直流柴油馏分和轻催化汽油混合代替进料，在 300℃下洗涤催化剂 11h，除去剩余的物料和部分积炭。然后在 380℃用 H_2干燥 6h，然后在 1.5MPa 和 320～340℃下，用惰性气体冲洗系统，然后引入稀释空气。在 480℃、总压 2MPa 下完成再生。再生过程持续了 15 天。在再生期间，使用碳酸钠循环系统除去气态产物中的含硫氧化物。Osipov 等[484]研究原位再生所用的简化示意图如图 5.43 所示，包括用于从再生器出口气体中洗涤含硫氧化物的碳酸钠系统。

据文献报道[13]，原位再生存在重大问题，如温度失控和氧化气体分布不均匀等。此外，由于再生过程中通常形成细颗粒，导致压力降增加和气液分配不均，使后续的 HPR 操作复杂化。在某些情况下，需要卸出催化剂，以去除细粉重新装填，这些问题都是在轻质原料 HPR 催化剂原位再生过程中遇到的。当然，对于重质原料，可能会出现更多的问题。因此，大多数炼油企业更倾向于在器外

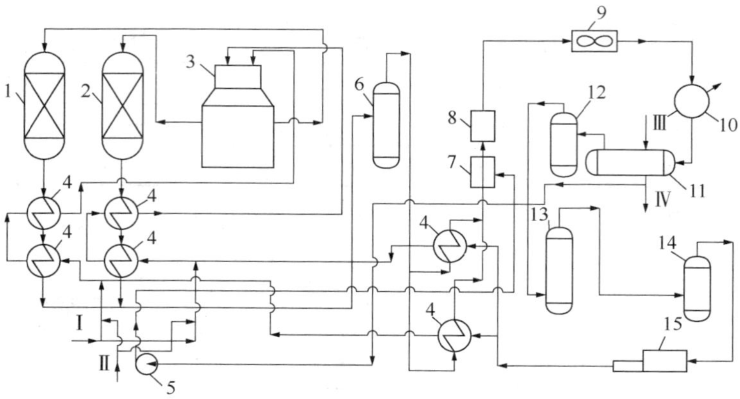

图 5.43 原位再生装置流程图[484]

1，2—反应器；3—炉子；4—换热器；5—泵；6，11，12，14—油罐；
7，8—蒸发器；9—风冷式换热器；10—水冷器；13—塔；15—活塞式压缩机；
Ⅰ—空气；Ⅱ—惰性气体；Ⅲ—新鲜碳酸钠溶液；Ⅳ—废溶液

再生催化剂也就不足为奇。事实上，资料表明，近年来很少有炼油厂尝试对重质原料固定床 HPR 催化剂进行原位再生。

Tamayama[485]描述的废 HPR 催化剂原位再生的方法可以说明该过程的复杂性，首先在接近操作温度和压力的条件下对催化剂脱油，关闭进料管线并用循环气体冲洗固定床约 2h。循环气体除了含有 H_2S 和挥发性碳氢化合物外，还含有高浓度的 H_2。冲洗结束后，降低温度和压力，用氮气代替循环气体。在 N_2 中，将反应器入口温度调到约 330℃，加入约 0.5%(质)的 O_2，温度上升到 385℃左右，不同催化剂的实际温升可能有所不同。随后，氮气中的 O_2 浓度增加到 0.65%，入口温度从 330 ℃增加到 345℃，完成第二段焙烧。如果不进行第二段焙烧，温度可以从 345℃提高到 380℃。同时，O_2 浓度必须从 0.65%降至 0.25%。380℃完成焙烧后，温度升到 400℃达到第三段焙烧。在 400℃时，将 O_2 浓度提高到 1%完成再生。在此阶段，必须采取一切预防措施，以避免温度失控。通过分析再生器的气体监测再生过程。因此，一旦气体中碳氧化物的浓度接近零，再生就完成了。再生后，将催化剂冷却到 80℃后再暴露在空气中。根据这种方法，完成再生可能需要几天甚至几周的时间。作为部分改进方法，可以用蒸汽代替氮气(例如，每吨废催化剂每小时使用 1t 蒸汽)。为避免催化剂受潮，蒸汽温度必须大于 200℃，再生器出口蒸汽压力必须小于 7atm。

这种再生方法的成功依赖于可用的熟练操作人员，考虑到周期性的再生需求(例如，每隔几年再生一次)，维持这种技术可能并不容易。因此，对于石油炼制商来说，由具有专业知识的经过认证的再生公司进行场外再生可能更为有利。

5.5.3 器外再生

在器外再生之前可以对废催化剂进行长度或密度分级，在再生之前去除不可用和/或不可再生的废催化剂，即粒度不合适的或严重失活的催化剂，提高再生效率。与原位再生相比，器外再生具有无可比拟的优势。20 世纪 70 年代开始出现器外再生[486,487]，在早期阶段，在马弗炉中进行器外再生，但氧化介质分布不均匀，主要缺点是不易控制温度，无法避免偶然的温度失控。器外再生发展的第二阶段涉及固定床反应器，氧化介质分布更加均匀，再生过程容易控制，特别是经过预筛的废催化剂。旋转窑已用于各种工业操作，也用于废 HPR 催化剂的氧化再生[475]。

通过引入废催化剂连续再生工艺，温度控制和整体再生方面得到了显著的改进，工艺参数控制的改进使催化剂活性恢复率显著提高，如图 5.39 所示[477]。因此，使用器外再生可以实现至少四个再生循环。在全球范围内，主要有三家公司提供催化剂器外再生服务[7,488]，即 Porocel、Eurecat 和 Tricat，这些公司采用不同的再生技术，Porocel 使用流化床与移动床[489]，Eurecat 使用回转窑[490]，Tricat 使用流化床[491]。

这些公司也提供再生后的预硫化服务，对于负载重金属（Mo 和 Co 或 Ni）的新一代柴油加氢处理催化剂，采用含氧螯合剂对脱碳后的催化剂进行化学处理，使其再分散[492,493]。Albemarle 引入了 REACT 技术，与新鲜催化剂相比，可使再生 STARS 催化剂的活性恢复率超过 90%。研究表明，Albemarle 的 REACT 技术使金属重新分散，活性位点重构为原始的 STARS 催化剂的Ⅱ型结构[130,494]。Criterion Catalyst 公司开发了类似的再生技术，用于 CENTINEL 催化剂再生，再生后催化剂的活性与新鲜催化剂活性几乎接近[494,495]。在这方面，最著名和最成熟的工业化工艺包括由 Catalyst Recovery International（CRI，目前是 Porocel）开发的带式再生工艺和 Eurecat 开发并商业化应用的沿水平轴缓慢旋转的圆桶再生工艺[404,488,496]。简要描述 Eurecat 所采用的方法，以说明在再生之前对废催化剂初步评估的必要性[496]。这一方法依赖于大量的实验结果和工业运行结果，利用数据库可在实验室规模上预测废催化剂评价后再生的难度。为了达到这个目的，样品将分成三份，在不同条件下再生，然后分析碳和硫的含量以及比表面积。在进行动态氧化学吸附之前，对再生样品进行硫化，这是催化剂活性恢复水平的标志。从评价中得到的典型信息如图 5.25 所示[385,386]，图 5.25 中显示了温度对碳和硫含量的影响，以及对再生催化剂的动态氧化学吸附和比表面积的影响。

为了在 1~10 范围内预测再生的难度，尝试将各种实验室和中试的结果联系起来[402]。据此，当再生难度与催化剂中金属总量有关时，建立了最佳的相关性。在此基础上，确定了实现恢复最佳活性的最终再生温度。Murff 报道[496]，TGA 和差热分析技术也可用于预测商业再生的温度。据信，在商业再生之前，其他再生公司也进行过类似的测试，尽管他们的方法无法在文献中验证，类似的信息可能是这些公司的专有技术。

5.6 商业再生工艺

移动带式炉、回转炉两种再生工艺已实现商业化应用，该工艺配有废催化剂预处理系统，以及温度控制和出料系统，以确保符合安全和环境法规，通常废催化剂的机械分离是商业再生过程中不可缺少的一部分。

本节的目的是对广为熟知的商业再生过程以及新兴再生过程进行简要描述，绝不是对再生过程的详尽回顾。世界上仅有 Eurecat、Porocel(2004 年收购 CRI 之后)、Tricat 等几家公司提供成熟的非原位再生服务。每家公司都有自己的技术，例如，采用回转窑、带式炉或流化床。接下来给出关于移动带式工艺(Porocel)的更多细节，可能还有其他工艺处于商业规模和/或接近商业规模，然而它们的细节没有公开文献。显然，一些公司甚至不愿意提供有关流程的简要信息。因此，无法更详细地描述工业再生过程。

5.6.1 Porocel 再生工艺

该工艺以前被称为 CRI-MET 再生工艺，如图 5.44 所示，采用带式炉[497]，包括脱油和再生部分，前者包括去除废催化剂中细粉的筛分过程。通过燃气加热，辐射管燃烧器、热电偶、气体流动等工艺详细说明如图 5.45 所示[498]。为实现高效除油，脱油段进口温度保持在 150~300℃，出口温度保持在 300~330℃。

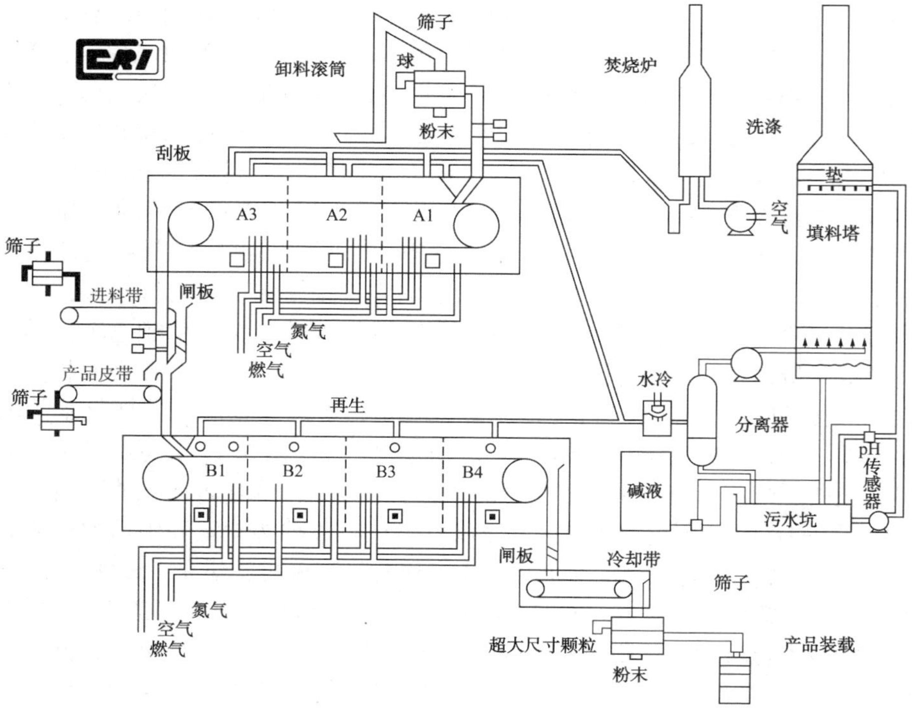

图 5.44 CRE-MET 再生工艺[497]

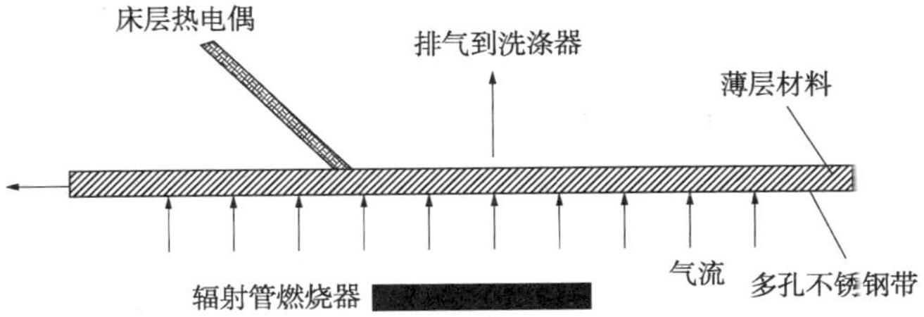

图 5.45　移动带式再生工艺的内部细节[498]

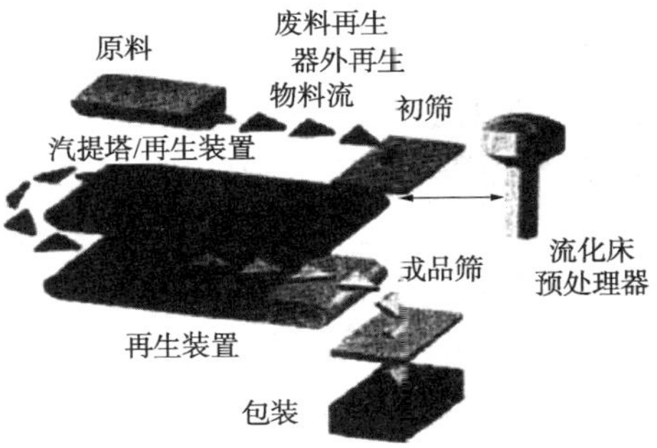

图 5.46　废催化剂在移动带式再生工艺中的运动[498]

移动带式再生工艺再生段由一个矩形、固定的隧道炉组成，高约 3m、宽 3m、长约 25m，细丝编织的不锈钢带连续移动。再生区分为四个区域，每个区域网带的上方和下方都有许多氧化介质的入口。废催化剂放在移动带上，厚度从 0.5cm 到 5cm 不等。当催化剂通过每个区域时，经历不同 O_2 浓度和不同温度。通常，在再生段的最后一个区域，催化剂与空气接触。再生段的热量由四个单独的燃烧器提供，有利于灵活控制温度。有 30 个点连续监测催化剂床层温度，催化剂的厚度、输送机的速度、空气和燃料供给都是保持温度精确控制的重要参数。如果需要，氮气系统可作为额外的温度控制手段。

在图 5.46 所示的移动带式再生工艺简化图中，可更为清晰地看到催化剂通过汽提段和再生段的运动。图 5.46 还展示了移动带式再生工艺与流化床预处理器的集成，即 OptiCat-Plus 反应器，集成后提高了再生的整体效率。该工艺由流化床反应器组成，该反应器使用空气而不是惰性气体去除碳氢化合物。在这种条件下，除了去除碳氢化合物，还进行了部分再生。同时，在惰性条件下汽提导致在催化剂上形成另外的积炭。OptiCat 阶段实际上是化学控制的再生，在再生器中进行长时间的热浸去除剩余的积炭和硫。在大多数情况下，此段为扩散控制区域，需要更长的停留时间。

尾气净化系统是任何商业再生过程的一部分，从图 5.44 中[497]可以明显看出，汽提段和再生段都是如此。前段焚烧炉将汽提过程产生的挥发性物质去除。如有需要，可将焚烧产生的烟气引入与再生段相连的洗涤塔，废气在进入 SO_x 和 NO_x 吸收塔（填料）之前进行水淬，水淬由相邻储罐提供的苛性碱在污水池中进行中和。为了保持洗涤所需的 pH 值，碱液可以绕过污水池直接引入塔顶。由于废碱的 pH 值超过 12 具有腐蚀性，因此被认为是一种危险废物。此外，一些腐蚀性的物质可能具有反应性，酸化时可释放 H_2S[500]。因此，废碱液必须按照环境和安全规程处理。

5.6.2 EURECAT 再生工艺

该工艺通过优化回转窑工艺的温度、气体流量、转速等控制参数发展而来，回转窑已用于各种行业（例如，油页岩干馏、焦油砂焦化、焚烧、水泥生产等）。EURECAT工艺的核心部分（见图 5.47）包括一个连续旋转的圆柱形鼓，沿水平轴缓慢旋转，被一系列重叠的百叶窗包围。百叶窗伸入滚筒约 11m，形成锥形内壳，出料端直径增大 2~2.5m。待再生的催化剂在百叶窗上，通过滚筒的旋转向出料端移动。外部独立的燃烧室中产生的热空气穿过百叶窗之间的空间渗透穿过催化剂床层。旋转加上高速气体保证了催化剂运动，防止产生热点。此外，催化剂和氧化介质逆流有利于稳定温度。其他重要的操作参数还包括床的厚度、进料速率和停留时间，所有这些参数都可以改变，以控制温度在可接受范围内，保证催化剂活性的高恢复率。与 CRI（移动带式）工艺类似，EURECAT 工艺也集成了控制气体和固体排放系统。例如，经过过滤除去废气中细颗粒，最后用苛性碱洗涤除去二氧化硫。如有必要，废催化剂预处理和再生催化剂后处理所需的辅助设备也是 EURECAT 工艺的一部分[7]。

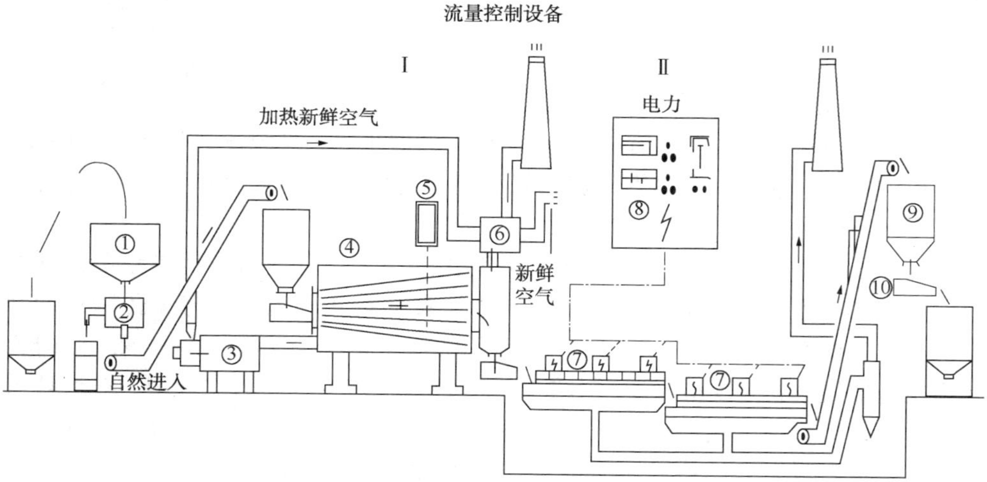

图 5.47 EURECAT 连续器外再生过程示意图[477]

①—进料斗；②—初筛；③—燃烧窑；④—回转窑；⑤—温度检测器；⑥—热交换器；⑦—用于除碳的惯性多孔输送炉；⑧—高压电流源；⑨—成品料斗；⑩—最终筛选

在其他工业应用中，窑炉的倾角约为 30°，确保固体在窑炉进出之间连续运动。回转窑有两种类型，即直接焙烧窑和间接焙烧窑。直接焙烧窑是一种单壳体容器，当催化剂从进口（高的部分）滚向出口（低的部分）时，内置环可以减缓催化剂的翻滚速度，氧化介质的流动方向与催化剂的运动方向相反。由于不断消耗，介质中的 O_2 浓度也会沿同一方向下降。因此，容器中靠近入口的区域作为积炭挥发性成分的汽提器，燃烧器直接燃烧在容器的外壳上，通过改变氧化介质中 O_2 的浓度和流量调节燃烧器的热量控制窑内温度。所述间接焙烧窑包括双壳体筒体，内壳与直燃窑相似，壳体之间的空间由燃烧气体或蒸汽加热。在这种情况下，可以与热气体、蒸汽或翻滚的催化剂接触。通过监测进气和出气的温度来控制催化剂的温度。关于废催化剂再生，Ellingham 和 Garrett 最先报道[486]了回转窑再生。

5.6.3 Tricat 再生工艺

Tricat 再生工艺(TRP)简化流程如图 5.48 所示[501,502]，经过筛选的废催化剂进入图 5.49 所示的两个沸腾床反应器中的第一个反应器，通过分配板进入底部的空气为再生流化介质，设计的沸腾床确保再生温度低于在其他商业再生器的温度，这归因于流化床的流体力学。每个反应器的空气独立供给，通过许多自变量控制温度，例如催化剂进料速率、空气温度、冷却盘管和反应器中的催化剂负荷。再生温度保持在 450~510℃，再生后的催化剂在筛选和包装前通过水套冷却。

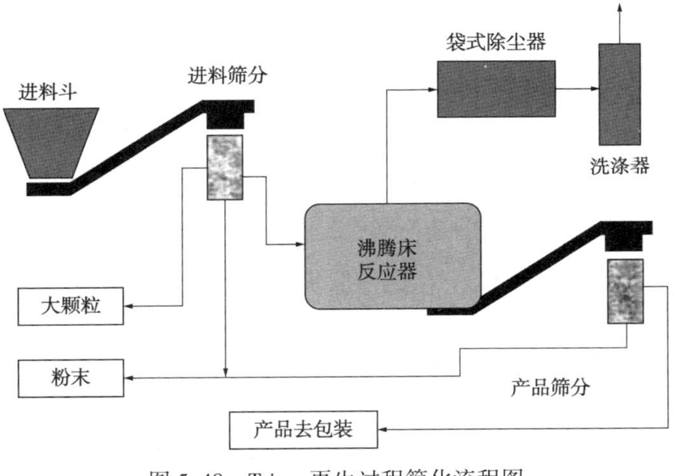

图 5.48 Tricat 再生过程简化流程图

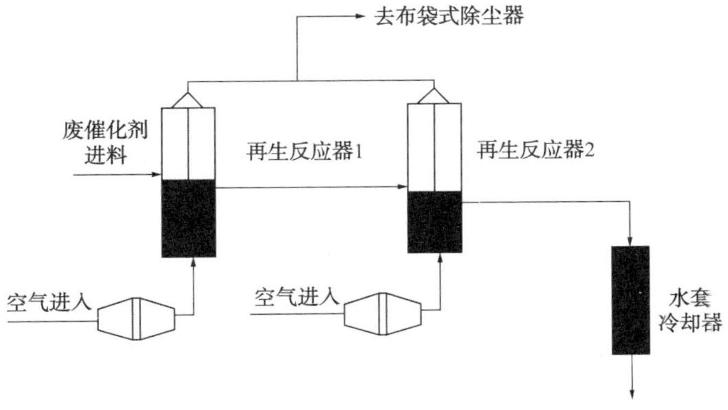

图 5.49 Tricat 再生工艺的沸腾床反应器[501]

汽提器(见图5.50)是Tricat再生工艺的一部分，有助于再生的均匀性。如果不经汽提处理，可能会遇到性能不稳定和温度不好控制的情况。通过将热惰性气体(例如N_2或CO_2)垂直穿过废催化剂，去除多余的水和碳氢化合物，允许更高的再生率和更少的停留时间，再生前的汽提可以改善催化剂的温度控制和流动性能。

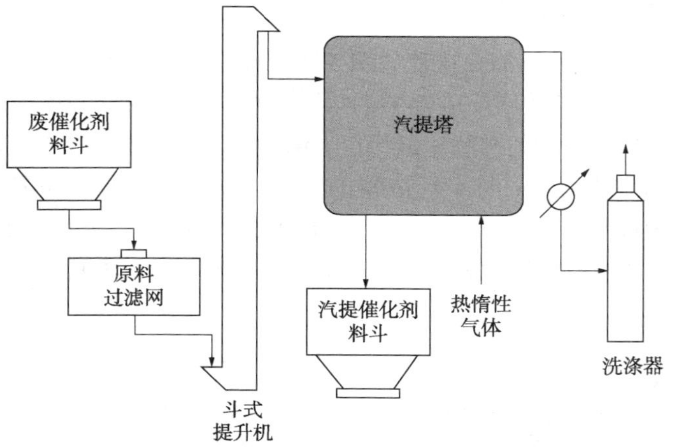

图5.50 Tricat再生过程的催化剂汽提系统[501]

袋式除尘器也是Tricat再生工艺的一部分(见图5.49)[501]，为了进一步保护环境，需对无尘气体进行洗涤，以去除废催化剂中硫氧化过程中产生的SO_x。只有经过洗涤后，气体才能排放到大气中。洗涤液经中和后排出。从洗涤液中沉淀出来的污泥的组成接近石膏，因此它被列为无害固体。

为了向炼油厂提供完整的服务，Tricat再生工艺中加入了XpresS预硫化工艺[503]。该工艺预硫化的催化剂在空气中具有较高的稳定性，活性接近现场预硫化催化剂。使用这种催化剂大大加快了反应器的启动速度，观察不到等温线。

5.6.4 REACT工艺

该工艺是由Albemarle催化剂公司开发的，用于恢复具有Ⅱ型活性位点的STARS系列催化剂的活性，该过程的特征在前面关于废HPR催化剂再生活化的章节中已讨论过[454-457]，用于VGO HPR的Albemarle催化剂通过传统的氧化再生方法再生，并通过REACT过程重新激活[454,458]，使用前者传统再生法催化剂的HDN活性恢复为60%~70%，而使用STARS工艺的HDN活性恢复达92%~97%，两种方法再生的催化剂，反应过程的HDN活性损失分别约为10%和2%。

表5.19[503a]给出了使用REACT工艺评估废Ketjenfine(KF)催化剂活性的结果，在极端情况下，废KF757催化剂在高温下再生得到烧结催化剂。随后，使用REACT工艺进行活化，使HDS和HDN的活性大幅恢复，KF848的受控再生使

HDN 活性恢复 95%。同样，经过后续复活使得催化剂活性得到极大恢复，新鲜 KF843 催化剂的活性用作评估 KF848 催化剂活性的基准。

表 5.19　再生和再活化的活性恢复[503a]

催化剂		活性/%	
		HDS	HDN
KF757	新鲜催化剂	100	100
	再生催化剂	52	54
	再活化催化剂	88	93
KF843	新鲜催化剂		100
KF848	新鲜催化剂		160
	再生催化剂		95
	再活化催化剂		147

5.6.5　ReFRESH 工艺

该工艺是由 Haldor Topsoe 开发并商业化应用的，但是还不清楚关于该过程的细节。工艺如图 5.51 所示，表明第一步可能涉及氧化再生，然后是使用螯合剂再活化。在第一步中，活性恢复达到新鲜催化剂的 80%～85%，第二步活性进一步提高到 95%以上，表明炼油厂可以在至少两个周期内使用相同的催化剂。

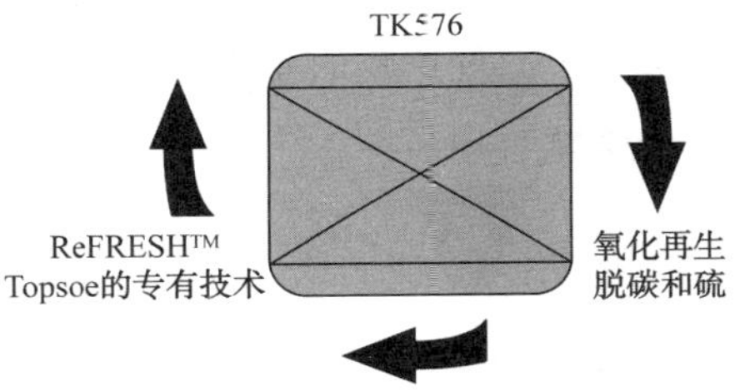

图 5.51　ReFRESH 再生过程的简化流程图

5.7　再生过程对比

显然，最好提供一些用于再生 HPR 催化剂的商业工艺进行比较。不幸的是，由于公开文献中可用的有关各工艺的细节有限，所以无法做到这一点。人们认为，操作成本的差异可能比再生过程的效率的差异更明显。有关消耗的信息，即气体、电、物料等以及污泥、灰尘、废水和废气等排放物的资料，都是评估再生效率所必需的，通常这些信息都是保密的。

对于炼油厂来说，再生公司的位置可能是决定性因素。因此，如果再生公司位于炼油厂附近，则炼油厂处理废催化剂的环境和安全问题较少。因此，一些再生公司在石油炼制能力大的地区，即有大量需要再生的废催化剂的地区，发展其业务或建造新的工厂。

第 6 章　催化剂复活

需要再次强调，催化剂复活的目标是同时去除杂质金属和积炭恢复催化剂活性。这与上一章讨论的再生不同，再生仅以去除积炭为目标。大部分催化剂复活的方法均基于对废催化剂进行选择性浸出去除杂质金属。同时，还需要保证该过程尽可能少浸出活性金属。非浸出方法也得到了一定的关注，但是目前仍然不是主流方法。

图 6.1 为科威特科学研究所[478]提出的一种废催化剂复活方法。值得说明的是，该研究所是唯一拥有废加氢催化剂复活各因素数据库的机构。可以看到，图 6.1 中部分操作和再生是一致的，即首先进行脱油，随后进行颗粒机械筛分，该方法考虑了三种主要的复活路线：

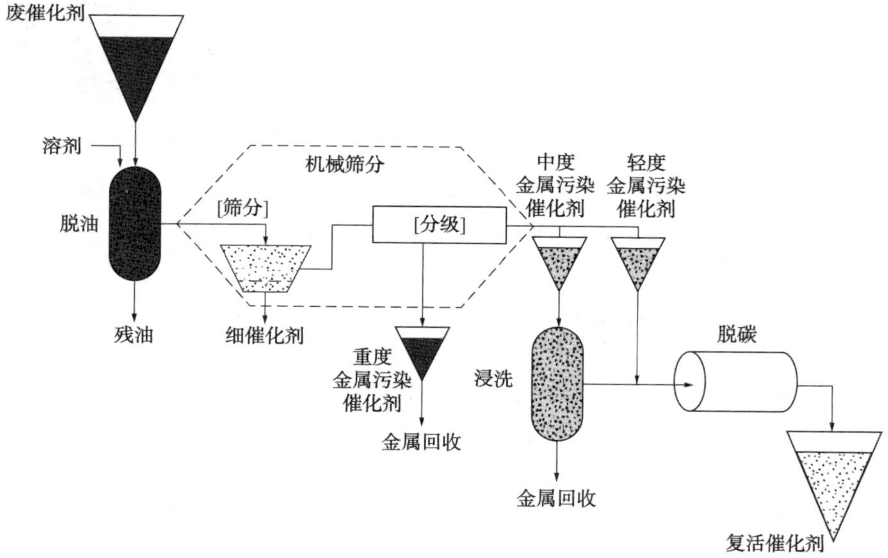

图 6.1　废催化剂处置利用方法[478]

路线Ⅰ：

该路线中，第一步用煤油清洗废 HPR 催化剂。随后无油催化剂通过机械筛分得到细催化剂(<0.5mm)，还包括轻度、中度、重度金属污染催化剂(也就是三种不同密度的催化剂)，中度及重度污染催化剂随后进行化学处理通过浸出去除金属，然后将浸出后的催化剂和轻度污染的催化剂混合，进行可控燃烧脱碳，从而得到复活催化剂。

路线Ⅱ：

经过脱油和分离后，按照路线Ⅰ方案催化剂分为三类，其中重度金属污染催化剂卖给金属回收企业，中度金属污染催化剂则进行浸出处理，浸出后催化剂和轻度金属污染催化剂脱碳后得到复活催化剂。

路线Ⅲ：

脱油以及筛分与路线Ⅰ和路线Ⅱ相同，重度金属污染催化剂和中度金属污染催化剂卖给金属回收企业，轻度金属污染催化剂经过氧化再生脱碳后回收使用。废催化剂复活时可以保持原颗粒尺寸和形状，相比于其他改变了形状的方法(例如粉末状)更具有优势。在后一种情况下，如果其形状发生改变，则需要对固体材料重新处理从而得到工艺要求的尺寸和形貌。之前指出，在常规加氢催化剂中，活性金属以Co(Ni)-Mo(W)-S活性相形式存在。然而在加氢过程中，难免存在其他形式[64, 66]。在加氢反应初期，载体上大部分金属均以活性相结构存在。随着反应时间增长，原料中的无机固体成分，例如HDM产生的V和Ni，沉积在催化剂表面，复活的目的就是从这些不希望出现的沉积物中使活性相重新复活。

由于部分金属沉积在孔道内，废加氢催化剂物理结构(比表面积、孔体积以及孔径分布)与新鲜催化剂存在显著区别，要尽可能去除沉积金属以恢复催化剂孔道结构，这是一项相当具有挑战性的工作。需要注意的是，许多方法利用不同的浸出试剂去除杂质金属，并取得了不同程度的成功。除了去除不需要的金属外，催化剂还需要通过氧化再生去除积炭，去除金属可以在脱碳之前也可以在脱碳之后。通常认为，不同试剂均对于脱碳后的废催化剂进行金属浸出比较适合。然而，在有积炭存在时，浸出杂质金属的选择性则会更高一些。因此，综合考虑复活的目的，通常对含有积炭的废加氢催化剂进行复活处理。一般在脱碳时，需要仔细控制温度以防烧结，这将影响后续使用时催化剂表面活性金属的可用性。一些研究指出，金属浸出还会影响复活催化剂的机械性能[436]。但也有相反的结论，很多研究证实复活时可以达到所预期的催化剂的力学性能[504-507]。

已有大量溶剂浸出废催化剂金属的应用案例，包括有机和无机溶剂，均经过评价测试。有机溶剂可以提供非腐蚀性环境，相比于无机溶剂对安全性要求更低。并且通过添加剂，可以进一步提高选择性浸出杂质金属的效率。

作为从事复活研究的世界领先研究机构，KISR对废加氢催化剂处置与循环利用做了大量工作[478]，研究了废加氢催化剂选择性去除主要杂质金属(例如V和Ni)的影响因素[504-507]。对于催化剂表面性质的关键指标，例如比表面积和孔体积，以及活性指标，如常压渣油的HDS和HDM性能，在金属浸出后均实现了较大改善，基于实验室的大量数据库已经用于商业复活装置的初期设计以及经济评估。

6.1 有机溶剂

金属浸出方法主要基于 Beuther 和 Flynn[508]的开创性工作，他们发现部分有机溶剂可以与加氢催化剂中的过渡金属形成络合物。较小的酸浓度，例如约 1%（质），即可以有效去除废催化剂中的金属。使用的酸包括草酸、乳酸、柠檬酸、羟基乙酸、邻苯二甲酸、丙二酸、琥珀酸和水杨酸，也包括乙酰丙酮、乙二胺、邻氨基苯酚和水杨醛。在这些试剂中，酸类对于金属浸出要比非酸类更好。

KISR 的研究者在有机溶剂浸出方面已经取得了显著进展，他们发现浸出效率存在如下顺序：草酸>丙二酸>乙酸。同时还研究了酸与各种氧化剂，如 H_2O_2、HNO_3、$Al(NO_3)_3$和 $Fe(NO_3)_3$等一起使用的情况[509-511]，氧化剂的作用根据酸的不同而各有差异，例如当向草酸(0.66mol/L)中加入 $Al(NO_3)_3$(1mol/L)时，对 V 和 Ni 的浸出有显著的促进作用，然而向丙二酸和乙酸中加入 $Al(NO_3)_3$效果并不显著[512]。

草酸(0.66mol/L)和 H_2O_2(0.66mol/L)混合物用于复活科威特常压渣油一段 HDS 的废催化剂时浸出效果最好[505, 512]，对应的新鲜催化剂和废催化剂的组成和表面参数见表 6.1[512]。浸出实验在上流式连续反应器中进行，温度为 298K，分别研究测试了脱碳催化剂和刚取出的废催化剂，实验结果见表 6.2[504]。对于未脱碳催化剂，V 的脱除选择性要更高一些，比表面积、孔体积的恢复趋势以及 V 浸出量见图 6.2[504]。结果表明，在去除 35%左右的 V 之前，部分参数，特别是比表面积，会显著改善。如图 6.3 [505]所示，HDS 活性的恢复和比表面积具有相同的趋势，意味着部分 V 沉积在载体表面无活性金属区，而不是沉积在孔道内，这一部分金属对于活性没有太多负面作用。在连续固定床反应器测试复活催化剂的 HDS 活性，实验条件为 623K、4.0MPa。活性评价时，使用大约含有 2%(质)硫的常压汽油作为反应物，V 的去除率约 30%(质)时，即使仍然有积炭存在，HDS 活性可以恢复至新鲜催化剂的 85%。根据 KISR 开展的大量测试，认为利用有机溶剂复活的催化剂已经接近商业应用水平[504, 505, 509-514]。因此，复活催化剂有可能级联使用于条件更温和的场合，或者至少用作保护剂。无论如何取舍，经济性都是决定因素。

表 6.1 新鲜催化剂和废催化剂的化学成分和物理参数[512]

项目	新鲜催化剂	废催化剂
比表面积/(m^2/g)	240	52
孔体积/(mL/g)	0.48	0.12
体密度/(kg/L)	0.73	1.18
Mo/%(质)	8.80	5.40
Co/%(质)	3.20	1.90

续表

项目	新鲜催化剂	废催化剂
Ni/%(质)	0	3.07
V/%(质)	0	14.90
Fe/%(质)	0	8.00
C/%(质)	0	15.60
S/%(质)	0	5.30

表 6.2 新鲜催化剂、废催化剂以及复活催化剂的比表面积、孔体积以及 HDS 活性[504]

催化剂	试剂	比表面积/(m^2/g)	孔体积/(mL/g)	HDS 活性/%	HDS 活性恢复率/%
新鲜催化剂		240	0.40	61	100
废催化剂		52	0.12	17	28
方法 A	草酸	63	0.15	22	34
方法 A	草酸+H_2O_2	141	0.27	52	85
方法 B	草酸+H_2O_2	181	0.43	59	97
方法 C	草酸+H_2O_2	197	0.46	36	59
方法 C	草酸	180	0.42	37	61

注：方法 A：浸出而未脱碳；方法 B：浸出后脱碳；方法 C：脱碳后浸出。

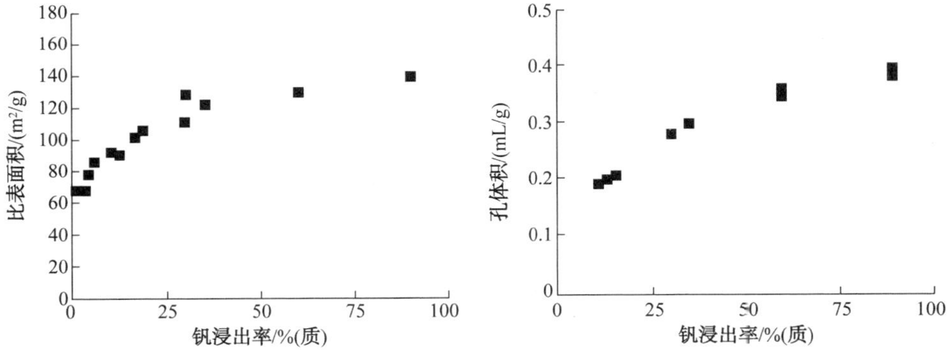

图 6.2 钒浸出率对于比表面积和孔体积的影响[504]

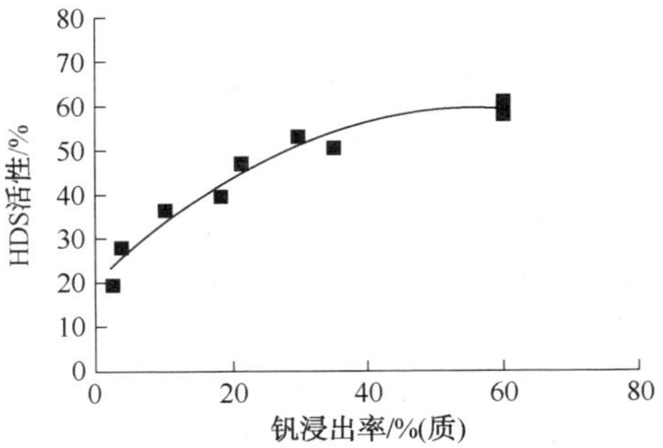

图 6.3 钒浸出率对于 HDS 活性的影响[505]

显然，通过改变酸浓度和温度，可以进一步优化草酸浸出法。如图 6.4 所示[509]，在 25℃时，将草酸浓度从 0.33mol/L 增加至 1.0mol/L 对于 V 的浸出几乎没有促进作用，0.33mol/L 浓度相当于 3%(质)溶液。而 Beuther 和 Flinn 的研究[508]认为 1%(质)浓度较为适合，较高的浸出浓度对于优化其他浸出参数提供了更多的灵活性。例如，在 0.66mol/L 浓度下，将温度从 25℃升至 50℃可使 V 的浸出率翻倍(见图 6.5)[509]。

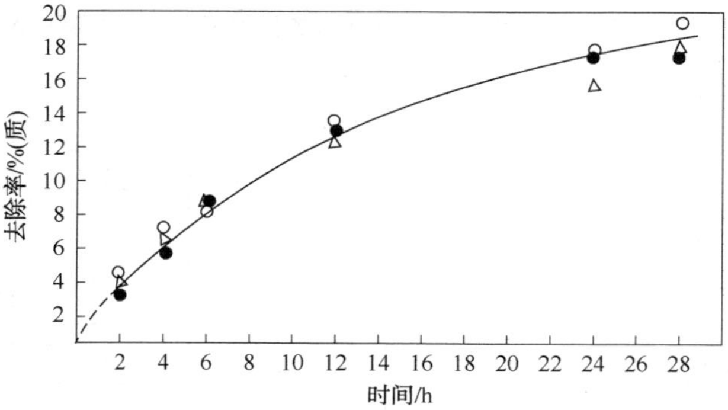

图 6.4　草酸浓度对于钒在 25℃时浸出的影响

△—0.33mol/L，○—0.66mol/L，●—1.0mol/L[509]

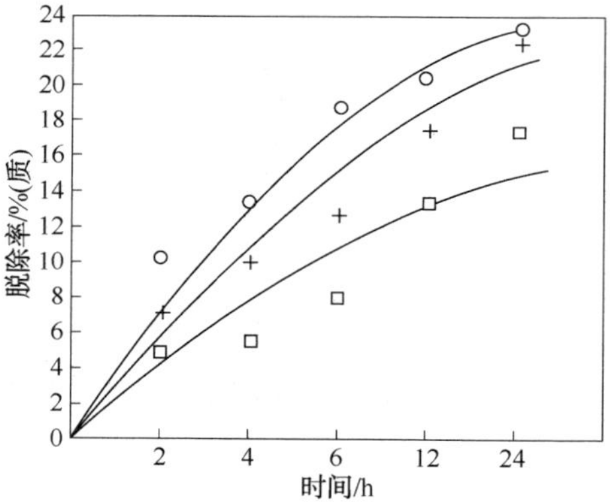

图 6.5　温度对于草酸(0.66mol/L)浸出钒的影响

□—25℃，+—50℃，○—75℃[509]

McVicker 等[515]发现添加不同浓度缓冲剂可以显著增强草酸对杂质金属的浸出选择性，缓冲剂存在时，即使草酸溶液与污染的催化剂长时间接触，甚至提高浸出温度，也只有少量活性金属浸出。

研究人员使用不同有机酸的组合也进行了评价，表 6.3 中的结果表明[504]，H_2O_2的存在可以提高浸出效率，这与表 6.2 中的结果一致，这可能是由于废催化剂中金属硫化物氧化成了对应的氧化物[513]，氧化物更容易与有机试剂形成水溶性络合物。此外，在 $Al(NO_3)_3$存在时，比表面积、孔体积以及酸性均有显著恢复[515]。Farrell 和 Ward [516]也观察到了类似的结构，当草酸和 HNO_3 以及 $Al(NO_3)_3$混合时，性能恢复也较为理想。相比于 H_2O_2，对于去除 Ni 而言，$Al(NO_3)_3$是一种更为高效的添加剂，而两种添加剂对于去除 V 效果相似[514]。然而，如图 6.6 所示，对于去除 V 和 Ni，最有效的体系为 $Fe(NO_3)_3$+草酸。然而，该配方会去除 Mo。$Fe(NO_3)_3$比 $Fe_2(SO_4)_3$浸出效果更好，主要是因为硝酸根离子的氧化性更高[517]。一般认为，HNO_3直接参与了浸出过程，金属硝酸盐配合草酸起氧化作用[515]。显然，可以通过如下反应释放酸：

$$2Fe(NO_3)_3+3(COOH)_2 = Fe_2[(COO)_2]_3+6HNO_3 \quad (6.i)$$

类似地，$Al(NO_3)_3$的反应也可以释放 HNO_3，这说明有必要控制浸出液的 pH 值防止释放过量的 HNO_3，否则不能保持所需杂质金属浸出选择性。

表 6.3 H_2O_2对于 Ni 浸出的效果[504]

Ni 浸出量/%(质)	含碳催化剂	脱碳催化剂
草酸	3.6	80.3
草酸+H_2O_2	47.0	76.5

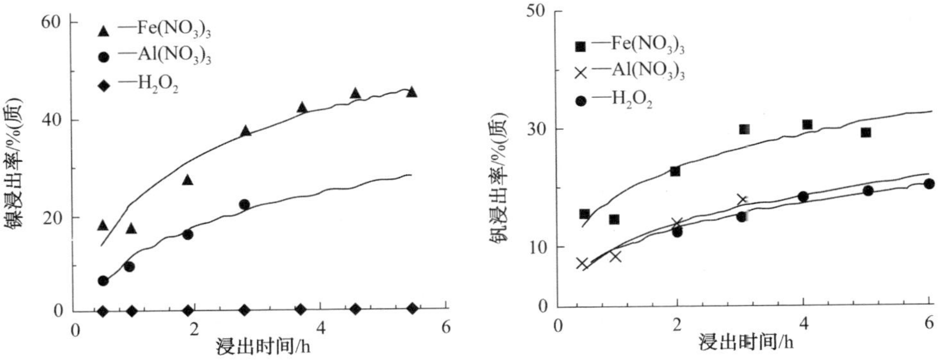

图 6.6 添加剂对于草酸浸出效率的影响[514]

在固定床和沸腾床进行了 $Fe(NO_3)_3$+草酸配方的中试测试[514]，沸腾床是专门为浸出而设计的，沸腾床中 V 的浸出量更为显著。此外，测试了三种 $Fe(NO_3)_3$+草酸浸出方法，即连续式、间歇式、批量式[504]。实验中，草酸(0.66mol/L)和 $Fe(NO_3)_3$(0.66mol/L)用泵连续加入固定床废催化剂中(见表 6.1)，通过储罐收集液体并不断循环。图 6.7 中的结果表明[506]，连续式比间断式或者批量式浸出性能更高，而且孔体积、比表面积和 V 去除均为最佳结果。在图 6.8 中[506]比较了使用三种不同方法复活催化剂的 HDS 性能，对于连续式，HDS 活性恢复了约 85%，脱碳之后活性还可以进一步恢复至超过 90%。与 Clark

等的报告[436]相反，与新鲜催化剂[506]相比，再生催化剂只损失了约 5%的抗压强度。

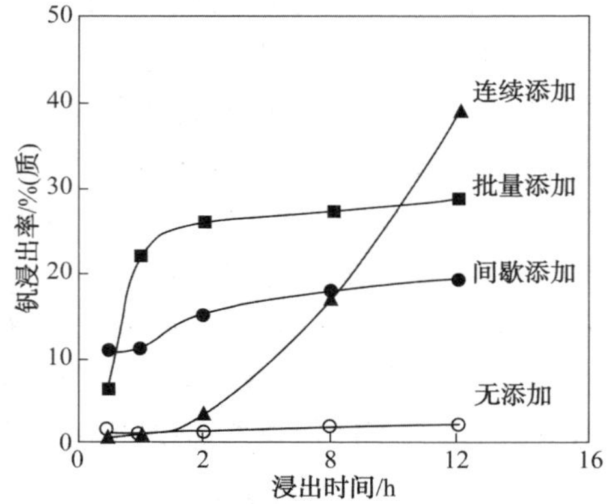

图 6.7　不同添加剂加入模式下钒浸出率和浸出时间关系[506]

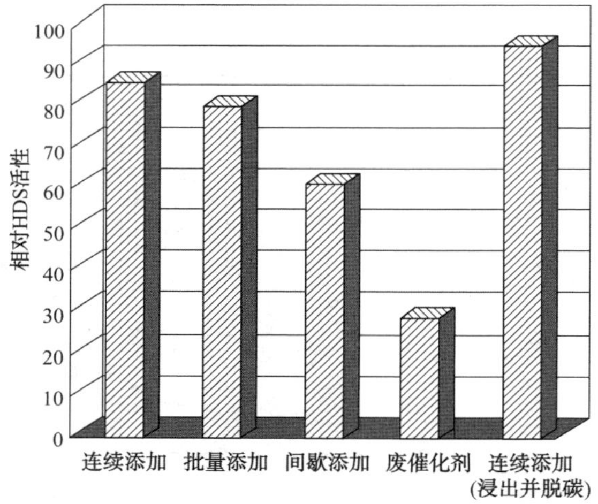

图 6.8　不同添加剂加入模式下 HDS 活性[506]

一些证据表明，还有其他含铁离子的体系，例如氧化还原对，如 Fe^{2-}/Fe^{3-}，将其添加到有机酸中可以提高浸出效率，尤其是 V 的选择性[518]。对于草酸来说尤其明显。例如在没有氧化还原对的 1%草酸中，Mo 和 V 的去除率分别为 34%和 48%；存在氧化还原对(10^{-2}mol/L)，Mo 和 V 的去除率分别为 5%和 34%。

废催化剂的再生与复活可能存在一定的关系，Eijsbouts 等的专利中给出了相关细节[456]。在这种情况下，在受控条件下进行氧化脱碳后，用溶解在溶剂中的有机溶剂(如乙二醇)浸渍废 HPR 催化剂。硫化后，螯合剂对再生催化剂的活性有明显的促进作用，这种方法将在再活化一节中讨论。

另一种方法是使用2%的草酸溶液，在不脱碳的情况下浸出废 $NiMo/Al_2O_3$ 催化剂[518a]。脱碳后，催化剂的比表面积和孔体积明显提高。在脉冲微催化反应器中，使用氢气在 250~450℃ 对催化剂进行了活化处理，复活-再活化催化剂对环己烯加氢反应得到环己烷和甲基环戊烷具有较高的活性。

6.1.1 有机试剂浸出复活机理

有机试剂在溶液中或与固体接触时，能够与污染物金属离子形成复合物和/或化合物，这是高效复活剂的基本要求。大量信息证实，二元羧酸(如草酸、柠檬酸、酒石酸等)可以很好地满足这一要求，而一元羧酸的效率较低，但比醛和酮的效率更高。图 6.9 给出了一些有机试剂的结构，羧酸解离为阴离子和氢离子后，可以与溶液中金属离子形成络合物。以草酸为例，如示意图 6.1所示。

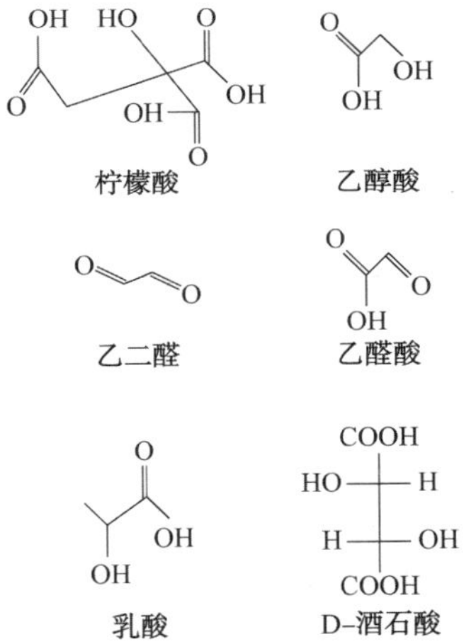

图 6.9　用于催化剂复活的有机试剂结构

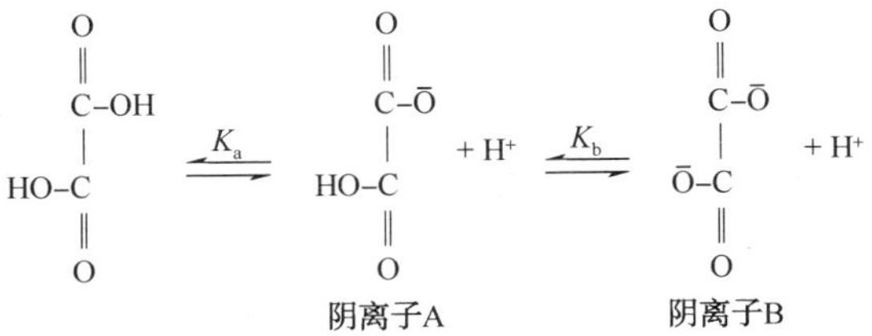

示意图 6.1

金属阳离子首先和阴离子 A 结合形成配合物。此时，假定金属离子部分溶解进入液相。根据K_a值(见表 6.4)，阴离子 A 浓度显著高于阴离子 B。对于 Ni^{2+}，络合物的形成过程如示意图 6.2 所示。

表 6.4　有机酸平衡常数

酸	K_a	K_b
乙酸	1.8×10^{-5}	
丁酸	1.5×10^{-5}	
羟基乙酸	1.5×10^{-4}	
乳酸	1.4×10^{-4}	
酒石酸	9.6×10^{-4}	2.9×10^{-5}
柠檬酸	8.7×10^{-4}	1.8×10^{-5}
丙二酸	1.4×10^{-3}	8.0×10^{-7}
草酸	6.5×10^{-2}	6.1×10^{-5}

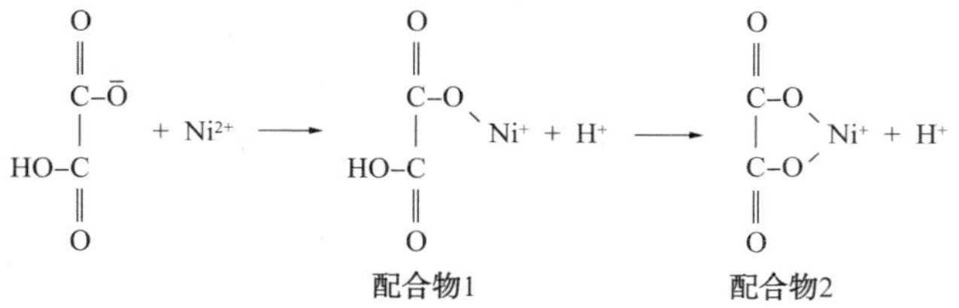

示意图 6.2

示意图 6.2 中配合物 1 为最终产物(配合物 2)的一个过渡结构，一般认为在该过渡结构中，未解离的羧基的 O—H 键显著减弱，导致官能团的酸性增强，也就是其 H^+ 更容易发生解离。因此，正如 K_b 值(表 6.4)所示，尽管容易通过配合物 1 生成配合物 2，但是完全电离的阴离子对配合物的形成贡献并不大。与一个阳离子结合形成配合物时需要两个阴离子 A(示意图 6.1)参与：

$$2(HOOCCOO^-)+Ni^+\longrightarrow Ni(^-OOCCOOH)_2 \qquad (6.ii)$$

示意图 6.2 中阴离子的消耗则会导致示意图 6.1 反应平衡向右移动。因此，会有更多酸发生电离。表 6.4 中给出了多种酸的解离常数，根据结果，溶液中能够提供参与形成配合物的阴离子 A 的浓度按照如下顺序递增：乙酸～丁酸<羟基乙酸～乳酸<酒石酸～柠檬酸<丙二酸≪草酸。

与图 6.10[519] 中 V 的去除趋势一致，Reda 的研究[518] 也证实了类似的趋势。然而，对于 Ni 的去除，观察到的趋势则各不相同[509-511]。例如，对于 Ni，丙二酸相比于草酸浸出效果更好。根据示意图 6.2，形成一个配合物需要两个羧基参与。因此，也有可能根据反应式(6.ii)，两个部分电离的羧酸形成一个络合物。

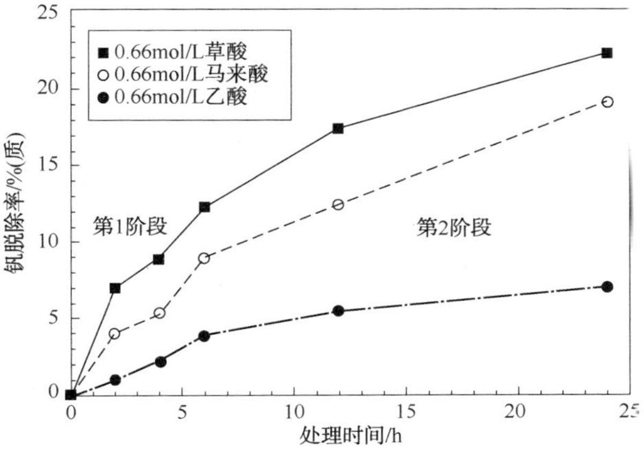

图 6.10　有机酸类型(0.66mol/L)对 50℃下除钒的影响[519]

一般可以观察到，金属氧化物在水中的溶解度显著高于对应的硫化物。在很大程度上，浸出剂中氧化剂的作用可以认为是将硫化物氧化形成对应的氧化物，以下以 H_2O_2 为例给出了这一反应：

$$MeS_x+H_2O_2 \longrightarrow MeS_{x-1}O+SO_2+H_2O \tag{6.iii}$$

$$H_2O_2+SO_2 \longrightarrow SO_3+H_2O \longrightarrow H_2SO_4 \tag{6.iv}$$

该氧化反应可以一直持续到 MeS_x 完全氧化为 MeO_x，需要注意反应式(6.iii)中有 SO_2 释放，如果有足够多的 H_2O_2，则 SO_2 可以氧化为 SO_3，随后通过反应式(6.iv)转变为 H_2SO_4。此时，在浸出中，还需要考虑原位生成的 H_2SO_4 的影响。然而，如果在流化床反应器中，则由于系统连续流动从而避免 H_2SO_4 累积。相反，如果是采用回流系统，则原位生成的 H_2SO_4 就十分重要了。Marafi 等[509]在草酸和 $Al(NO_3)_3$ 混合液的研究中也发现了原位生成 HNO_3 的问题。

溶液中，除了金属离子与阴离子反应外，金属还可能通过液-固反应发生溶解，这涉及未电离的酸直接和催化剂表面的金属氧化物发生反应，从而产生如示意图 6.2 所示的配合物 2。这一反应则会伴随有 H_2O 的生成。该溶解过程还会涉及两分子未电离的酸的参与。此处以草酸和 NiO 为例解释该过程(示意图 6.3)：

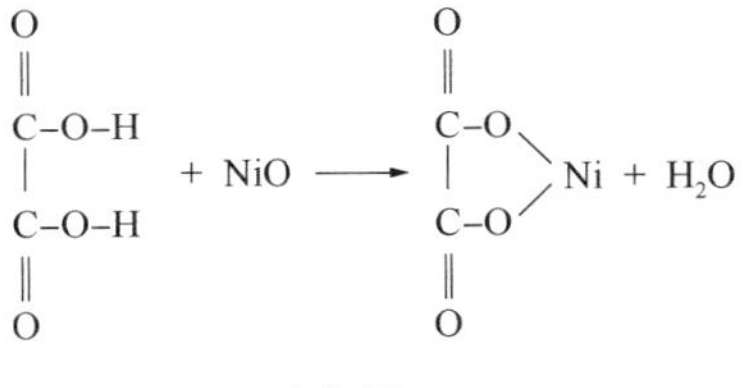

示意图 6.3

草酸相比于图 6.9 中的其他酸，与金属氧化物反应时空间位阻效应最小。此外，示意图 6.2 中配合物 1 转变为配合物 2 时需要发生分子内构象转变，而草酸相比于其他酸则更容易发生。因此，除了酸强度外，选择高效浸出剂时，有机酸的结构是一个重要的影响因素。当然，尽管没有详细给出，如示意图 6.3 所示的反应实际发生时不可能没有羧酸的电离过程。最有可能的是，示意图 6.3 中最终配合物的形成首先需要 NiO 辅助削弱 O—H 键，从而导致 H^+ 释放，而 Ni^{2+} 则部分与 OH 官能团中的 O 发生配位。最后，H^+ 与 NiO 中的 O 发生配位从而形成 H_2O，最终形成示意图 6.3 中的配合物。示意图 6.1、示意图 6.2 以及反应式(6. ii)均假定了溶液中存在溶解的金属离子，而示意图 6.3 则假定其以固态氧化物形式存在。后者则接近于脱碳催化剂或者硫化催化剂在氧化剂存在时的浸出条件。在没有氧化剂的情况下，积炭的催化剂浸出可能涉及一系列类似于 MeS_x 取代 MeO_x 的金属氧化形式的反应[512]。由于硫化物溶解度低，类似于示意图 6.3 中氧化态催化剂的次表面的溶解过程则更为重要，该反应可以描述如下：

$$4(COOH)_2 \rightleftharpoons 4H^+ + 4(HOOC\text{-}COO^-) + MeS_2 \longrightarrow Me(HOOC\text{-}COO^-)_4 + 2H_2S \qquad (6.\ v)$$

$$2(COOH)_2 \rightleftharpoons 4H^+ + 2(^-OOC\text{-}COO^-) + MeS_2 \longrightarrow Me(^-OOC\text{-}COO^-)_2 + 2H_2S \qquad (6.\ vi)$$

需要注意反应式(6. v)和反应式(6. vi)中释放 H_2S。也就是说，复活过程需要注意安全和环保达标。

金属络合物的稳定性也可能会影响浸出过程，通常认为反应朝着产物最稳定的方向进行。表 6.5 中[509]给出了几种金属和草酸形成配合物的稳定常数。根据表 6.5 中的数值，对于草酸而言，V 比 Ni 更容易去除，而 $Co(COO^-)_2$ 配合物的稳定性则很低。相比于 VO^{2+} 和 Ni^{2+} 配合物，$MoO_2(COO^-)_2$ 配合物的稳定性也很低。相比于 VO^{2+} 和 Ni^{2+}，$MoO_2(COO^-)_2$ 和 $Co(COO^-)_2$ 配合物的稳定常数较低，使得 $CoMo/Al_2O_3$ 废催化剂脱除杂质金属较为理想，同时又可以保留活性金属。然而，稳定常数的数据相当少，使得实际利用稳定常数作为预测浸出工具不太现实。大量数据已经证实，当废催化剂以氧化态存在时，相比于硫化态更容易浸出金属，这主要是因为前者易溶于水。在氧化剂[例如 H_2O_2、HNO_3、$Fe(NO_3)_3$ 等]存在时，水溶液浸出率高于有机溶剂这一现象也证明了这一点。对比积炭催化剂与对应的脱碳催化剂，后者浸出率更高，表明积炭对浸出过程的影响。此外，积炭会形成一层屏障，浸出剂分子需要扩散进入，而金属配合物或金属化合物则需要扩散离开。然而，根据表 6.3 中[504]的结果，如果存在氧化剂时，屏蔽效应则显著减弱。因此，只存在草酸时，脱碳催化剂中 Ni 的浸出率比积炭催化剂高 17 倍，而如果同时使用草酸+H_2O_2，则仅仅高 2 倍。因此，在这一例子中，这种差异不能完全归于积炭屏障作用。在比较积炭和脱碳催化剂浸出时，杂质金属的选择性是一个关键因素。可以看到，积炭催化剂的杂质金属选择性显著高于脱碳催化剂。图 6.11 中[505]杂质金属和活性金属在草酸+H_2O_2浸出前和浸出后的径向分布也表明了这一点。因此，浸出后，相比于 Co 和 Mo，V 和 Ni 的分布则发生了显著改变。

表 6.5　草酸配合物稳定常数[509]

金属离子	温度/℃	稳定常数/(mol/L)
Co^{2+}	25	2×10^{-3}
Ni^{2+}	20	6.3×10^{3}
MoO_2^{2+}	25	39.8
VO^{2+}	25	3.2×10^{6}

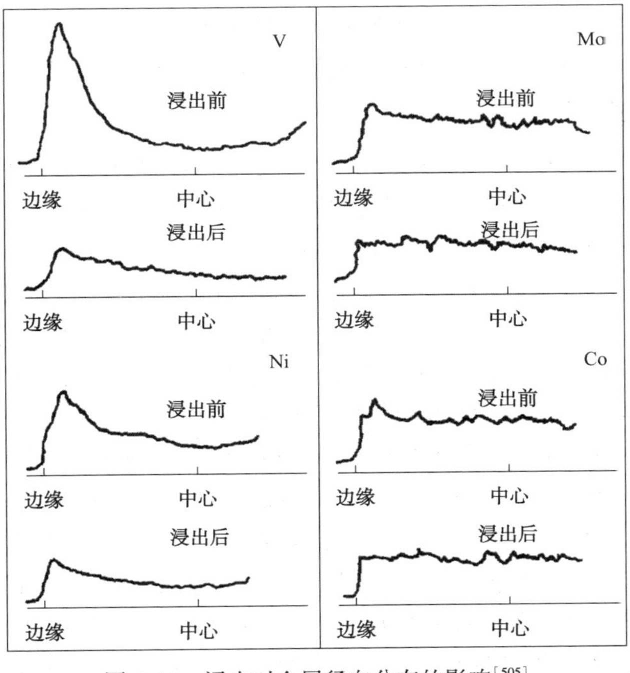

图 6.11　浸出对金属径向分布的影响[505]

对于积炭催化剂，催化剂表面一旦和草酸+H_2O_2接触就会发生氧化。同时，在脱碳催化剂中，大部分金属已经转变为氧化态。对于积炭催化剂，酸和 H_2O_2分子均需要从溶液中扩散穿过积炭层进入催化剂颗粒表面。在废催化剂中，V 相比于其他金属氧化、浸出程度更为显著。而在大量的文献资料中，认为 V 容易富集在废催化剂表面，如图 6.11[505]所示。在此条件下，可以保证较高的 V 浸出选择性。图 6.12[504]也进一步证实了这一点，相比于脱碳催化剂，积炭催化剂的 V 浸出选择性显然更高，即积炭催化剂具有80%的V浸出率，Mo浸出率为20%，而脱碳催化剂中Mo浸出率则达60%。

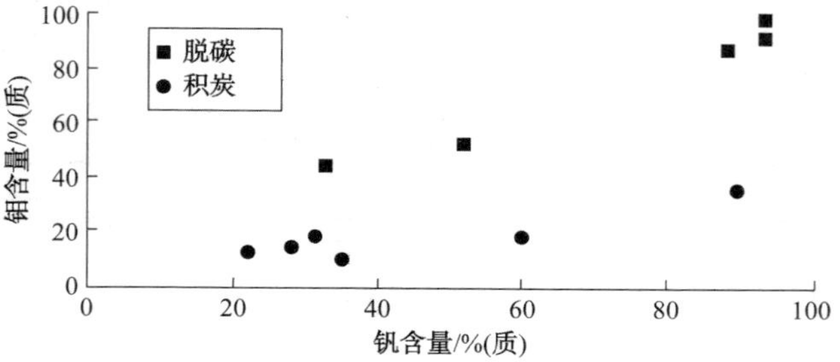

图6.12 积炭与脱碳催化剂利用草酸+过氧化氢作为浸出剂对钒和钼浸出率的比较[504]

一般认为，存在一个最佳的酸/H_2O_2使选择性最高，通过试验可以得到最佳值。此外，该最佳值还依赖于有机酸和氧化剂的种类。例如，如果使用丙二酸和$Al(NO_3)_3$混合，溶液V的去除选择性则远高于草酸和同样的氧化剂混合体系[512]。

6.1.2 复活动力学

Marafi等[509]建立了有机试剂复活废加氢催化剂的动力学数据库，而利用无机试剂复活的数据则十分贫乏，仅有Ramos-Cano等[519a]利用类似Marafi等的方法[509]开展的Ni/Al_2O_3催化剂浸出Ni的数据。

一般认为，对于有机酸而言，浸出过程包括溶液中金属的配位反应以及液-固反应。在后一反应中，金属在有机试剂辅助下从固体转移进入溶液，如示意图6.3、反应式(6.v)以及反应式(6.vi)所示。通常认为，溶液中金属的配位反应比液-固反应快得多。同时，溶液中的配位反应也比金属溶于水的过程要快得多。一般认为，液-固反应，即金属在有机试剂辅助下从固相向液相转移的过程是复活的速率决定步骤。在这种情况下，扩散现象将会起到重要的作用。浸出曲线(见图6.10)[519]的形状显示，浸出起始阶段速率较高，之后速率则逐渐下降，意味着扩散在整个过程中贡献逐渐增大，研究结果支持了这一观点。因此，浸出早期主要去除催化剂颗粒外表面金属属于化学控制，仅涉及少量扩散控制。

在化学控制区，随着温度上升，浸出速率也会提高[520]。对废$NiMo/Al_2O_3$催化剂使用草酸+H_2O_2溶液进行浸出动力学研究时，不同金属浸出活化能不同。Mo、Ni、V、Al活化能分别为31kJ/mol、36kJ/mol、30kJ/mol和57kJ/mol，证明不同金属随着温度升高浸出速率的上升水平不同。随着浸出时间变化，数值也会发生变化，尤其是当以扩散控制为主时更是如此。

Marafi等[509]借鉴Levenspiel[521]开发的不同浸出体系的动力学处理方法开展了复活过程动力学的研究，在多个模型中，变尺寸(或称为颗粒收缩式)模型以及收缩核(或者是恒定颗粒尺寸)模型与复活的浸出过程有关。两种不同情况，即恒定尺寸颗粒以及变尺寸颗粒的速率方程在下文中进行总结。

6.1.2.1 恒定颗粒尺寸

液相扩散控制：

$$\frac{t}{\tau}=X_B \tag{6.1}$$

其中，t 为浸出时间，X_B为转化率，τ 为单个固体颗粒完全反应的时间。

反应边界处的扩散控制：

$$\frac{t}{\tau}=1-3(1-X_B)^{\frac{2}{3}}+2(1-X_B) \tag{6.2}$$

表面反应控制：

$$\frac{t}{\tau}=1-(1-X_B)^{\frac{1}{3}} \tag{6.3}$$

6.1.2.2 变尺寸颗粒(颗粒收缩式)模型

化学反应控制：

$$\frac{t}{\tau}=1-(1-X_B)^{\frac{1}{3}} \tag{6.4}$$

液相扩散进入孔道控制：

$$\frac{t}{\tau}=1-(1-X_B)^{\frac{2}{3}} \tag{6.5}$$

将这些模型预测的数据与实验数据进行比较，可以确定浸出过程中涉及的速率控制过程。显然，液相中的扩散不可能是速率控制步骤。对纯金属硫化物浸出的数据(表 6.6)[509]，利用式(6.4)给出了最佳拟合(图 6.13)，意味着化学反应为速率控制步骤。考虑到用于浸出的金属硫化物孔隙率和比表面积也较小，这并不意外。

表 6.6 金属硫化物表面性质[509]

物质	比表面积/(m^2/g)	孔体积/(mL/g)
V_2S_3	7	0.11
MoS_2	4.3	<0.01
CoS	1.5	<0.01
NiS	1.2	<0.01

对于积炭催化剂，需要考虑积炭厚度的影响。因此，对于浸出过程，酸分子需要穿过积炭层接触催化剂表面。所以，催化剂表面积炭层的传质过程就是速率控制步骤。图 6.14 中[509]实验数据对于式(6.2)的近乎完美的拟合结果证明了这一点。然而，对于废催化剂孔道中的金属浸出则描述较为困难。根据图 6.10[519]，浸出过程包括两个阶段，从第 1 阶段变为第 2 阶段似乎发生在一定

的时间(例如3~5h)。这依赖于浸出剂的种类，它对于动力学和传质系数均有一定影响。因此，为了尽可能接近实际描述浸出现象，需要考虑使用有效扩散系数，浸出剂的有效扩散系数(D_e)可以由式(6.6)近似得到[522, 523]：

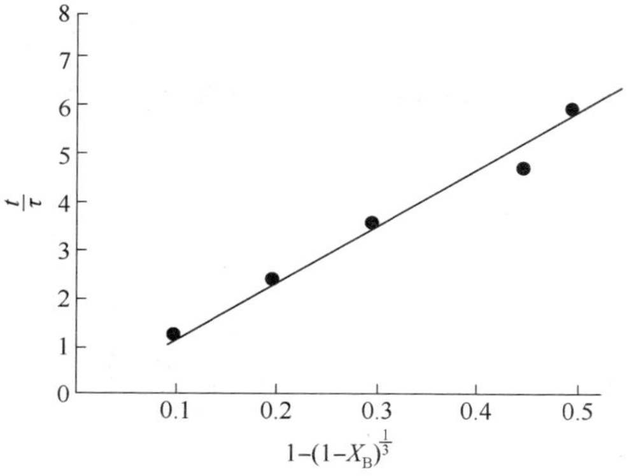

图6.13 在25℃时去除硫化钒的化学控制过程(0.66mol/L草酸)[509]

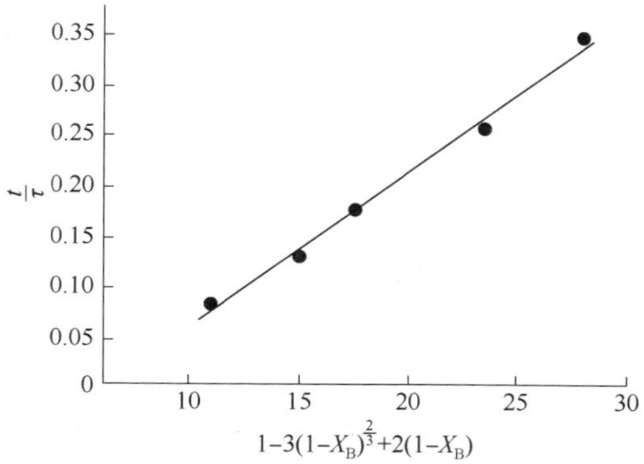

图6.14 废催化剂在25℃时钒去除的扩散控制过程(0.66mol/L草酸)[509]

$$D_e = \varepsilon^2 D \tag{6.6}$$

其中，D为扩散系数，ε为催化剂孔隙率。从表6.7中[519]可以看到，乙酸、丙二酸和草酸的有效扩散系数随着浸出催化剂的孔隙率变化而变化。正如预期，D_e的数值在第2阶段会比第1阶段更高，这些数值也证明了酸浸出率遵循以下顺序：

草酸>丙二酸>乙酸

表6.7 V浸出时的传质和动力学数据(0.66mol/L，323K)[519]

扩散系数 $D/(\mathrm{cm^2/g})\times10^5$		乙酸	丙二酸	草酸
		1.908	1.881	2.088
有效扩散系数 $D/(\mathrm{cm/s})\times10^7$	废催化剂	2.75	2.70	3.01
	浸出第一阶段后	23.4	23.0	25.6
	浸出第二阶段后	33.6	33.2	36.8
	新鲜催化剂	43.9	43.3	48.1
	浸出速率/[%(质)/s]×10^5	13.19	31.25	41.48
Thiele模量	浸出第一阶段后	1.73	4.17	4.96
	浸出第二阶段后	0.21	0.49	0.58

综合考虑浸出过程反应速率以及扩散，可以用Thiele模量进行检验，其定义为反应速率和扩散速率的比例：

$$\varphi^2 = \frac{R_{c2}K}{D_e} = \frac{R_{c2}}{D_e} \times \frac{\text{反应速率}}{(C_{Ao})^n} \tag{6.7}$$

其中，R_c 为催化剂颗粒半径，K 为反应速率常数，n 为反应级数，C_{A0} 为浸出剂初始浓度。表 6.7 中[519]的 Thiele 模量表明由于金属的去除，颗粒内传质增强。因此，随着浸出过程继续，颗粒孔道结构内传质逐渐加快，而化学反应则变为速率控制步骤。可以从第一阶段(见表 6.7)中较高的 Thiele 模量观察得到这一结论，之后的第二阶段中，Thiele 模量显著下降，表明此时浸出为化学控制过程。这一过程可以由图 6.15[519, 521]解释，即从图 6.15 中(a)状态逐渐向(b)状态演变，此时质量守恒由式(6.8)给出：

$$\frac{t}{\tau_D}=-2\frac{r^2}{R^2}(\ln R-\ln r)+\left(1-\frac{r^2}{R^2}\right) \tag{6.8}$$

其中，

$$\tau_D=\frac{R^2\rho_B}{4C_AD_e} \tag{6.9}$$

根据百分比转化率(χ)定义：

$$\chi=1-\frac{r^2}{R^2} \tag{6.10}$$

则质量守恒方程可以重新整理为：

$$\frac{t}{\tau_D}=2(1-\chi)\ln(1-\chi)^{\frac{1}{2}}+\chi \tag{6.11}$$

浸出过程中的化学控制动力学段假定服从一级动力学，在图 6.15 中可以描述为从(b)状态到(c)状态的过程，并随后变为(d)状态。根据 Levenspiel[521]的研究，圆柱形孔道内浸出化学动力学可以由式(6.12)给出：

$$\frac{t}{\tau_K}=1-\frac{r}{R} \tag{6.12}$$

其中，

$$\tau_K=\frac{R^2\rho_B}{KC_A} \tag{6.13}$$

从而得到：

$$\frac{t}{\tau_K}=1-(1-\chi)^{\frac{1}{2}} \tag{6.14}$$

而如果化学反应速率远远大于传质速率，也就是：

$$K\gg D_e \tag{6.15}$$

此时浸出过程则为扩散控制。反之，则属于化学动力学控制。在这一系列方程中，r 和 R 分别表示孔的径向坐标以及孔半径，τ_D 和 τ_K 分别表示扩散控制和化学动力学控制的特征时间，ρ_B 为密度，C_A 为浸出剂浓度。实验测得了 0.66mol/L 的草酸、丙二酸和乙酸浸出 V 实验的归一化转化率，并与该模型进行了比较，如

图 6.16 所示[519]。模型模拟结果用线条表示，实验结果用符号表示。

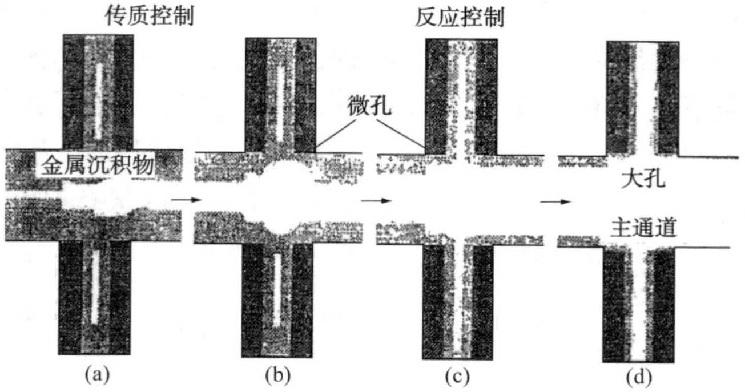

图 6.15 催化剂孔道内两种浸出阶段示意图[519]

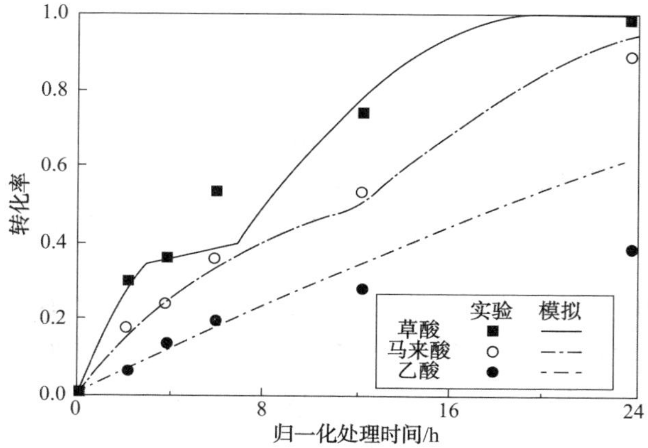

图 6.16 实验与模拟结果比较[519]

Ramos-Cano 等[519a]研究了硝酸浸出 Ni/Al_2O_3中的 Ni 的动力学，研究方法类似于 Marafi 等[509]关于有机试剂再生动力学的研究。研究评价了化学反应控制的收缩核模型、表面层扩散模型以及随机模型。评价主要针对如下浸出参数，包括反应时间(30~120min)、温度(25~65℃)、搅拌速度(500~1300min^{-1})以及废催化剂平均颗粒尺寸(63~300μm)。可以观察到，浸出时产物的扩散是速率控制步骤。由随机模型确定的活化能表明，催化剂粒径对浸出有显著影响，平均粒径为 300mm、150mm、106mm、75mm 和 63mm 时，催化剂活化能分别为 25kJ/mol、22kJ/mol、17kJ/mol、14kJ/mol 和 13kJ/mol。通常认为，尽管 Ramos-Cano 等[519a]使用的催化剂不是典型的废 HPR 催化剂，但该方法可以用于无机酸对废 HPR 催化剂的再生。

6.1.3 有机剂再生产生的排放物

任何工艺在商业化之前都必须遵守环境法规，当使用有机水溶液进行复活时，可以根据已经建立的方法控制排放。因此，没有必要为催化剂复活建立任何特殊的控制排放程序。在不同程度上，均会释放出气体、液体和固体。由于有机酸水溶液浸出过程无腐蚀性，因此实现时没太大安全问题。此外，绝大部分复活操作均可以在已有设施上进行。

6.1.3.1 气体排放

大部分气体是在脱碳过程产生的，脱碳过程也是复活工艺的一部分。排放物包括 SO_x、NO_x、CO、CO_2和颗粒物。氧化再生提到的方法也可以用于此处尾气处理，一般可能是采用除尘系统以及碱喷淋系统。人们对催化剂脱碳过程中释放的 HCN 和 NH_3存在一些担忧[19]。然而，氧化脱碳中，O_2浓度很低，而且温度也较低，再加上脱碳时有大量稀释空气引入，可以确保这几种有毒物质排放量接近或是低于检出限。

讨论复活机理时提到的反应式(6.iii)、反应式(6.v)和反应式(6.vi)意味着该过程可能产生 SO_2和 H_2S，前者的生成需要氧化剂的参与，意味着 SO_2还可能进一步氧化产生 SO_3，以及按照反应式(6.vi)生成 H_2SO_4。然而，几乎可以肯定，该过程最终的产物是金属硫酸盐。因此，SO_2排放应当不是主要考虑点。然而，对于无氧化剂条件下的积炭催化剂，需要防止产生 H_2S。由于 H_2S 的毒性，在设计工业项目时需要考虑其排放问题。

6.1.3.2 液体排放

根据废加氢催化剂脱碳前的脱油程度，脱碳时产生的可凝结挥发组分的含量也不同，挥发组分的性质接近于精制原料或是其加氢产品，挥发组分可以作为燃料原位去除。在使用前，复活催化剂需要干燥去除催化剂孔道内的水。尽管可能会产生一定气味，但通常是可以接受的。

复活过程中浸出液的排放需要引起注意。如果能够提纯，则催化剂中脱除的杂质金属(主要是 V 和 Ni)可作为市售产品，可以通过调整 pH 从有机酸配合物中释放出金属。之后，通过选择性沉淀或者是利用湿法冶金方法分离金属。然而，为了提高操作(例如蒸发)效率，浸出液中的金属浓度需要进一步浓缩。此外，水在排放或回用之前，需要采用活性炭或者碱等进行必要的处理，这样水才可以排放或回用。如果考虑排放，其中受限金属浓度不能超过环保标准所规定的限制。

6.1.3.3 固体排放

在各类操作过程中催化剂颗粒不可避免地破碎，脱碳后可能更为显著。在复活前有必要去除破碎的颗粒。这一部分内容在前文已经做了讨论。在复活过程中形成的细小颗粒最后进入浸出液。如果分离出浸出液，这些颗粒物必须采取确保环境可接受的方法储存或处理，除非找到其他安全的利用办法。

6.1.4 复活工艺设计

工艺设计时需要考虑的重要信息包括处理能力、处理条件以及由于腐蚀性和环保要求带来的特殊考虑，复活的所有阶段均需要仔细评估，包括废催化剂脱油、机械筛分、选择性浸出金属以及脱碳。此外，对于水系统、燃料系统和电力系统的要求也要考虑。此外，还必须安装处理气体和废水的设施，以防止有害物质释放到环境中。如果与炼厂整合，则复活系统中的部分设施可以和炼油厂合并。因此，在炼油厂或附近建设一个再生工厂，比单独建设可能更有吸引力。

6.1.4.1 脱油

脱油过程与再生过程类似，在前一章已经进行了讨论。这里需要指出的是，通常建议在炼化装置上脱油(例如炼油厂)，或者复活装置与炼油厂合并。废催化剂如果不进行预脱油步骤，则很难达到高效机械分离。

6.1.4.2 机械筛分

一般希望在复活之前去除不可再生或不能回用的细小颗粒，经过脱油的废催化剂筛分有两种方法，即细筛法和颗粒按密度分组法或簸选。随着细粉的有效去除，可以显著减少颗粒物的排放。显然，沸腾床相比于固定床，废催化剂细粉筛分更为重要。这是因为相比于固定床反应器，沸腾床中产生的细小颗粒物(1 mm或是更小)更多。同时，由于沸腾床中催化剂连续运动，因此催化剂颗粒也更容易发生破碎。在表 6.8 中[12]给出了沸腾床催化剂的性质，包括筛选出来的轻和重组分。轻颗粒大约占 30%(质)，根据之前提到的分类方法，轻度金属污染部分是可以直接再生的，而其他的颗粒物在脱碳前必须经过复活。表 6.8 中的颗粒尺寸分布值得关注，对于新鲜催化剂，颗粒尺寸一般在 3.0~6.0mm，而金属污染严重的颗粒中，几乎 70%破碎到 3.0mm 以下，意味着金属污染严重的颗粒在进行复活前，需要进行筛分。

表 6.8 沸腾床废催化剂性质[12]

参数	废催化剂	轻组分	重组分
钒/%(质)	10.6	4.4	13.8
镍/%(质)	4.0	3.5	5.2
碳/%(质)	16.2	15.8	16.3
比表面积/(m^2/g)	68	122	55
体密度/(kg/L)	1.09	0.97	1.21
横向抗压强度/(lb/mm)	1.8	2.1	1.2
孔体积/(mL/g)	0.17	0.21	0.11
粒度分布/%(质)			
<1.5mm	25.2	14.4	40.0
1.5~3.0mm	42.3	23.5	47.0
3.0~6.0mm	32.5	61.3	23.0
>6.0mm	0	0.8	0

在第 5 章引言部分提到了三种复活方案，每一种方案在废催化剂脱油后均需要

筛分。图 6.17[478] 显示了如何将脱油和筛分整合在一个流程中，并用于任意一种方案中。图 6.17 中，虚线表示气体走向，实线表示液体走向，而粗实线表示固体走向。在图 6.17 中，重力沉降单元，也被称为筛分器，记为 C1V03，其细节见图 5.41[478]。在该单元中，分离效果取决于颗粒物最终速度，依赖于溶剂和催化剂的物理性质以及运动特性。通过调整每一部分的液体流速，可以分离出不同密度的催化剂颗粒。干燥去除溶剂后，颗粒物传输到金属浸出单元。

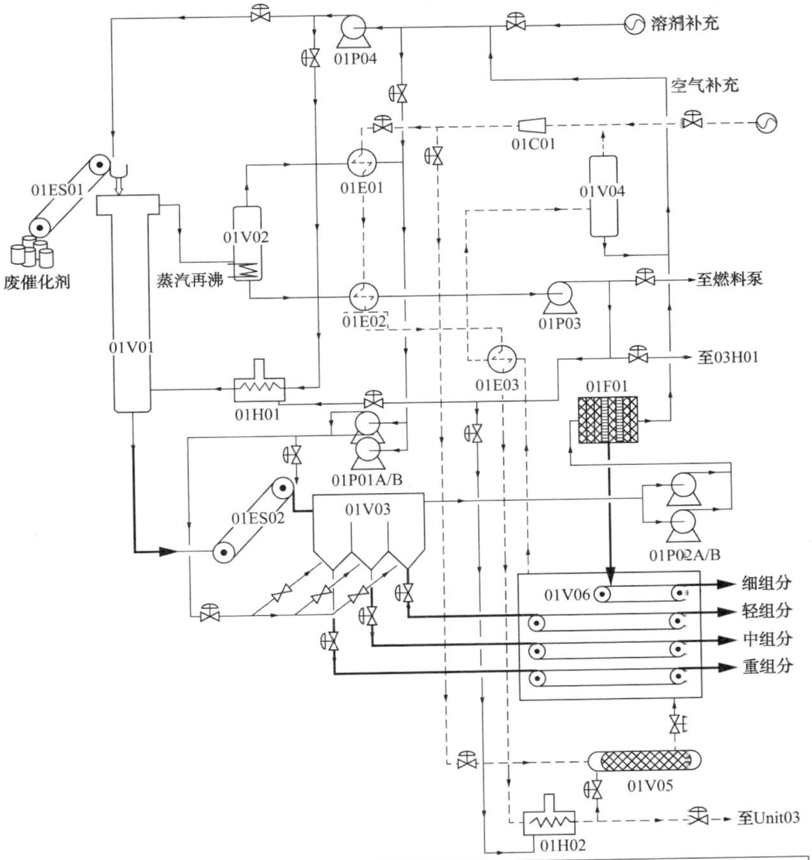

01C01	空气压缩机	01P02A/B	压滤输送泵
01E01	溶剂分馏热交换	01P03	重油燃料泵
01E02	油热交换	01P04	溶剂回收泵
01E03	干气热交换	01V01	脱油柱
01ES01	废催化剂输送	01V02	分馏柱
01ES02	脱油催化剂输送	01V03	重力沉降单元
01F01	催化剂精密过滤	01V04	溶剂分离
01H01	溶剂注入加热	01V05	干空气混合器
01H02	干空气加热	01V06	干燥器
01P01A/B	重力沉降单元输送泵		
03V01	脱碳	03H01	炉

图 6.17　脱油-机械筛分整体工艺流程图[478]

6.1.4.3 金属浸出工艺

在设计浸出单元时，无论是固定床还是沸腾床均需要仔细评估。图6.18[478]所示设计工艺包括两个半连续运行的沸腾床反应器。当一个反应器处于工作模式时，另一个处于备用状态。浸出时催化剂颗粒处于沸腾状态。浸出结束后，利用浸出液催化剂输送到浸出催化剂储存塔，直到所有催化剂均输送完成为止。然后在三个再生装置中的其中一个进行浸出液的再生，浸出后的催化剂经洗涤去除残余的痕量浸出液，洗涤废水送到水处理站。

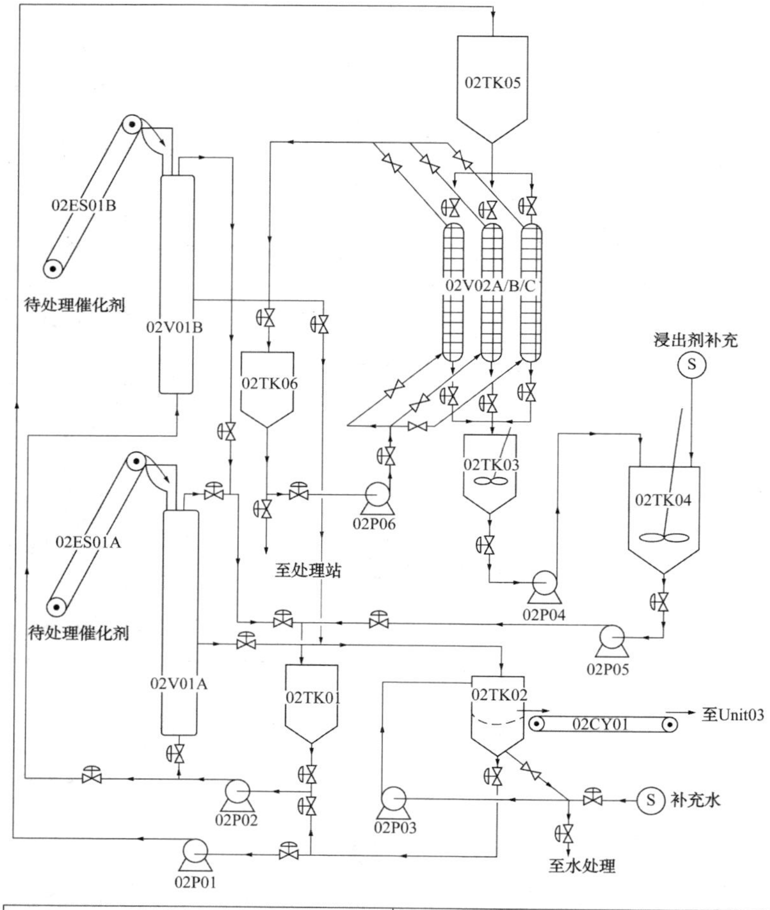

02CY01	浸出催化剂传输器	02TK01	浸出剂缓冲罐
02ES01A/B	待处理催化剂输运	02TK02	浸出催化剂储存罐
02P01	浸出剂输送泵	02TK03	再生浸出剂储罐
02P02	沸腾泵	02TK04	浸出剂原料罐
02P03	浸出催化剂洗涤泵	02TK05	已用浸出剂储罐
02P04	再生浸出剂泵	02TK06	再生洗涤罐
02P05	浸出剂给料泵	02V01A/B	钝化氢化反应器
02P06	再生器洗涤泵	02V02A/B/C	浸出剂再生器

图6.18 复活过程工艺流程图[478]

6.1.4.4　浸出后催化剂脱碳

在过去数十年里，氧化再生废催化剂已有大量工程案例，包括利用空气或稀释空气进行可控燃烧去除积炭。第5章介绍催化剂再生时已经给出了工业应用的具体细节。一般认为，浸出后催化剂的脱碳也适用于同样的工艺。

6.1.4.5　其他辅助设施

如果再生过程没有与炼油厂结合，还需要一些其他的操作单元。Marafi等[478]给出了复活装置附属设施的要求，包括燃料系统、水系统、电力以及蒸汽发生和分配系统、尾气处理设施、废液处理设施以及水处理设施，此外还需要化学分析实验室以及操作控制室。当然，如果复活装置在炼油厂内或附近，可以省去这些设施。由于会影响投资和经营成本，在设计复活设施时需要仔细评估辅助设施的建设。

6.1.4.6　设计基础

对于初步设计，Marafi等[478]假定装置年处理能力为6000t废催化剂，在表6.9中给出了详细的质量恒算。在路线Ⅰ中，3171t重和中等密度脱油催化剂经处理产生318t金属以及2853t浸出催化剂。而路线Ⅱ中，只处理了987t中等密度催化剂，产生了60t金属和927t催化剂。此时，浸出水溶液中含6%草酸以及8% $Fe(NO_3)_3$。最佳的浸出温度在313K。在路线Ⅲ中，仅有轻质部分不经浸出直接脱碳。

表6.9　废催化剂复活设施(6000t/a)物料恒算结果[478]

路线	产物			副产物		
	细颗粒物	脱油催化剂	复活催化剂	残油	浸出金属	可燃组分
Ⅰ	519	0	3264	810	318	1089
Ⅱ	519	2184	1820	810	60	607
Ⅲ	519	3171	1125	810	0	375

三种技术路线的经济估算表明，复活设施建在炼油厂或其附近比独立运行经济性更为理想。复活装置与炼油厂整合后，炼油厂无须找第三方处置废催化剂，从而避免了潜在的依赖性问题。三种技术路线中，路线Ⅱ经济性最好。

6.2　无机浸出剂

强酸溶液(例如HCl和H_2SO_4)单独及其与金属离子(例如$HCl+FeCl_3$)以及碱(NaOH、氨水等)的混合物已用于废催化剂的再生。这些溶液具有一定腐蚀性，即使使用湿法冶金工艺已有多年的经验，也需要谨慎处理以保证操作的安全性以及环保安全。

关于使用无机试剂进行废加氢催化剂复活的认识可以总结为一点，即如果希望提高杂质金属(V、Ni 和 Fe)的选择性，则需要仔细控制 pH 值[523]。在 pH 值较高的条件下，除 V 的同时 Mo/W 也发生溶解。在酸性溶液中，Ni 容易溶解，Mo/W 也容易去除，除非仔细控制 pH 值。同时，预计无机溶液对于复活后催化剂颗粒的力学性能影响比有机酸溶液更为明显。因此，通常认为由于浸出条件的复杂性，无机浸出剂具有局限性。然而，部分研究还是表现出了对于该工艺的关注。

6.2.1 酸试剂

利用无机酸去除废催化剂中金属氧化物和硫化物涉及如下反应：

$$H_2SO_4(2HCl)+MeO \xlongequal{} MeSO_4(MeCl_2)+H_2O \tag{6. vii}$$

$$H_2SO_4(2HCl)+MeS \xlongequal{} MeSO_4(MeCl_2)+H_2S \tag{6. viii}$$

这些反应意味着对硫化态催化剂，需要注意 H_2S 的排放问题。对于氧化态催化剂，在脱碳阶段已经将硫排出。Jocker[524] 的研究指出氧化态催化剂浸出时 H_2SO_4消耗量比 HCl 大，前者更有可能回收使用。

在强酸中，废催化剂上所有金属都有不同程度溶解，可以通过调控酸浓度以及添加剂调节溶解程度。然而，一般认为无机酸比有机酸溶液更难得到所希望的选择性。

利用无机试剂进行催化剂复活最简单的实例就是去除催化剂颗粒外表沉积的无机固体“表层”，该表层可能包括黏土、碱金属化合物和碱土金属化合物以及卟啉和 H_2S 反应产生的 V 和 Ni 的硫化物。Gray 等[283] 研究指出利用稀 HCl 很容易去除该层物质，而去除孔道内沉积的无机固体则需要更苛刻的条件，一般认为稀 HCl 几乎无法去除这些杂质金属。

根据 Sherwood 等[525-527] 的方法，首先用蒸汽处理积炭催化剂(550~680℃)，然后送入复活单元，然后进行第一次水洗。随后，将催化剂颗粒送入酸处理柱，在下部注入 5%~50%(质)H_2SO_4和 0~10%(质)铵离子。酸溶液从酸处理柱的顶部回收，与添加的新酸一起回收到柱的底部。酸处理通常在室温到 120℃ 进行。最后，催化剂颗粒送至洗涤装置，酸处理后的催化剂经过水洗去除其中的酸，之后经过浸出、洗涤的催化剂在空气或氮气稀释的空气中干燥。其他酸处理的例子还包括乙酸、HCl 以及 HNO_3。酸处理的溶液、温度、处理时间均需要经过优化以保证活性金属去除率不超过 4%(质)。由于洗涤和浸出操作用的极性溶剂以及酸液溶于油也溶于水，因此溶剂洗涤和酸洗催化剂需要进行两步水洗，复活使用的溶剂和酸液在蒸馏后可以回用。Duddy 等[528] 在复活过程中用了相同的酸，但是实验装置有所不同。其装置为一个垂直加压容器，其入口和出口分别进催化剂和洗涤液。在这种装置中，可以依次进行溶剂洗、水洗以及酸洗。复活后，催化剂从容器底部锥形口流出进一步处理。水溶性溶剂和酸处理液体通过蒸馏回用。经过溶剂和酸洗的催化剂干燥后脱碳，从而得到完全复活的催化剂。Tesker 和 Milligen [529] 给出了类似的复活工艺。在该工艺中，可以对废催化剂进行溶剂洗涤、真空干燥、酸处理和干燥，在锥形隔栅上，洗涤液自下而上流入，可进行回收。复活后，在下方锥形隔栅中收集催化剂进一步脱碳处理。

这里选取几个研究说明无机试剂用于选择性浸出废加氢催化剂的杂质金属[530-532]，例如减压渣油加氢的废 $CoMo/Al_2O_3$ 先进行氧化脱碳，之后用 Fe^{3+} + HCl 或 Fe^{3+} + H_2SO_4 溶液进行浸出[530]，废催化剂含有约 15%(质)积炭、14%(质) V 以及 3.5%(质)Ni。在去除杂质金属的同时，也会去除活性金属。然而，脱碳催化剂经预硫化后，可以显著提高杂质金属的去除选择性。在高温炉中进行渣油加氢评价复活催化剂的活性，测试了复活催化剂与新鲜催化剂反应速率常数比值。HDS、HDN、HDV 和 HDM 的比值分别为 0.7、0.7、3.9 和 2.5。尽管 HDS 和 HDN 活性仅恢复了 70%，但是复活催化剂 HDM 活性甚至好于新鲜催化剂，这意味着复活催化剂可能适合于级联使用，例如用于保护反应器中。然而，这还有待于长期实验证实。另一个案例中，废催化剂首先在 813K 中利用 4%(体) H_2S+He 进行预硫化，随后利用 Fe^{3+} + H_2SO_4 溶液浸出 20min，最后进行脱碳[531]，可以显著去除 V 和 Ni。在图 6.19 中[531]对比了废催化剂和复活催化剂，证明了这一点。需要注意到废催化剂中 V 和 Ni 明显较多，尽管去除了少量的 Mo 和 Co，但是复活催化剂的 HDM 活性并未受到影响。新鲜催化剂、废催化剂和复活催化剂的物理性质列于表 6.10 中[531]，HDM 活性提升可能是因为平均孔径增加。

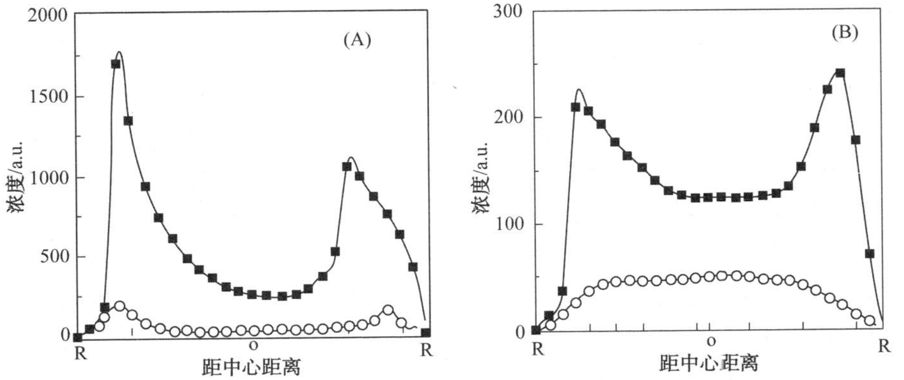

图 6.19 电子显微镜分析[506]

■—废催化剂，○—复活催化剂。(A)钒，(B)镍

表 6.10 三叶草形催化剂物理性质[531]

催化剂	密度/(kg/L)	孔体积/(mL/g)	平均孔径/Å	比表面积/(m^2/g)
新鲜催化剂	1.26	0.50	70	243
废催化剂	1.67	0.12	60	85
复活催化剂	1.46	0.40	110	178

通过优化H_2SO_4浓度，可以优化浸出废催化剂中的金属（V+Ni）[532]。例如，使用15% H_2SO_4时，V和Ni的去除率显著比Mo和Al高。在浸出前，对催化剂进行脱油，但是并未脱碳。在去除杂质金属后，利用氧化法脱碳。相对于V和Ni，脱碳会增加Mo的浸出，因此，如果在脱碳后进行浸出则无法高选择性地去除杂质金属。

6.2.2 碱试剂

如果使用碱进行浸出，要在浸出前对废催化剂进行脱碳。碱溶液浸出中可能发生的反应为：

$$2NaOH+MoO_3 = Na_2MoO_4+H_2O \tag{6. ix}$$

$$2NaOH+V_2O_3 = 2NaVO_2+H_2O \tag{6. x}$$

$$2NaOH+Al_2O_3 = 2NaAlO_2+H_2O \tag{6. xi}$$

对于催化剂复活过程，NaOH与V_2O_3的反应最为重要，通过仔细控制碱的浓度、pH值和温度等参数，可以使MoO_3和Al_2O_3的反应速率最大化。在最佳条件下，可以浸出少量Ni和/或Co。然而，浸出后残留在催化剂中的碱金属可能会对催化剂活性产生不利影响。因此，利用碱性溶液再生废HPR催化剂可能存在一定局限性。

将过氧化钒转变为水溶性碱金属钒酸盐可以作为碱溶液复活废催化剂的一种潜在的方法，尽管相比于Ni和Co，V浸出选择性较高，但是这种方法并未得到太多的关注。然而，该方法会同时去除Mo/W，在图6.11[505]和图6.19[531]中显示催化剂外表面的V/Mo高，意味着废催化剂颗粒表面富集V，可能缓解脱金属同时去除Mo的问题。Olazabal等[533-535]利用NaOH溶液浸出时，观察到Ni和Co的选择性很低，而Mo和W的选择性则相对较高。然而，在优选的条件下颗粒物表面V/Mo高意味着更多的V比Mo更容易浸出。对于该方法，溶液pH值和催化剂与浸出液的接触时间可能是关键参数。通常认为，碱法复活有待进一步研究。例如，利用NH_4OH代替不同碱金属碱溶液进行催化剂复活仍需进一步研究。

Gryglewicz和Rutkowski[536]利用碱溶液进行金属回收实验，尝试从渣油加氢催化剂中选择性浸出V，所用催化剂是一种大孔$Fe/SiO_2-Al_2O_3$，不含Mo也不含W。表6.11为利用5%浓度浸出液浸出1h后的结果，K_2CO_3溶液对V浸出选择性较高，结果表明碱溶液中Ni和Fe的浸出可以忽略。显然，如果Mo和W存在时，也会发生浸出。然而，催化剂表面V浓度高使得V浸出速率大于Mo。因此，一般认为可以通过优化浸出参数实现碱性条件下高的复活效率，控制参数包括浸出液浓度、温度和浸出液接触时间，证明利用NaOH溶液可以提高V的浸出选择性[537]。在废催化剂和溶液接触初期浸出效率就较高，例如在最初30 min时，超过80%的V被去除。如果加上电流，浸出效率还可以进一步提高。

表 6.11　废催化剂浸出金属选择性[a][536]　　%

试剂	V	Ni	Fe	Al
KOH	73	0	0	10
K_2CO_3	65	0	0	3
CH_3COOK	21	0	0	0
H_2O	6	5	0	0
CH_3COOH	6	5	0	0

a：浸出液浓度为 5%，浸出时间为 1 h。

6.2.3　环境和安全问题

用于废加氢催化剂复活的无机酸碱均有一定的腐蚀性和危险性，意味着相比于利用有机酸溶液进行复活，需要更严的预防和控制措施，以确保达到环境要求和安全要求。在排放浸出产生的气体时，必须利用化学方法捕集或中和。类似地，浸出金属后，需要利用化学方法处理浸出液，去除水中残余污染物，然后才能回用或排放。对于健康防护，操作员必须穿着特殊服装以及采用相应的安全防护措施。相比于使用有机酸溶液操作，该复活方法对于装置材质的选择有更高要求。

6.3　溶剂萃取

如果溶剂能大量溶解积炭和杂质金属，则萃取方法会显得具有吸引力。理想情况下，在反应结束时，可以将原料切换为溶剂实现溶剂萃取。如果溶剂萃取是在超临界条件下进行的，需要先去除废催化剂。尽管该方法工业化应用道路还很长，但是已有部分研究报道了溶剂浸出方法[538-541]。

Seapan 和 Guohui[538]讨论了利用溶剂浸出恢复催化剂活性方法的可能性，主要关注了 CO_2、SO_2和吡啶溶剂。在超临界条件下，相比于常温常压，溶剂显示出更低的黏度、表面张力以及更高的扩散系数。在超临界条件下，即使是高度芳香化的物质也可以从催化剂表面溶解去除。脱除积炭受温度、压力以及萃取时间的影响。然而，即使在最好的情况下，甲苯萃取后，也仅有 50%多的积炭从催化剂表面被去除。萃取后，孔体积由 0.17mL/g 增加至 0.22 mL/g，而比表面积由 106m^2/g 增加至 137m^2/g。在相同条件下，金属去除率的数据报道较少，只有一项研究表明利用超临界条件以及亚临界条件氨萃取 CoMo/Al_2O_3，仅去除不到 50%的 Co[539]。然而，如果考虑催化剂复活，不希望发生 Co 的去除。

用溶剂洗涤去除废催化剂附着的油后，通过 *N*-甲基-2-吡咯烷酮之类的有机溶剂进行处理，可以去除大量积炭，处理条件为 100～250℃，时间为 1～12h[540]。如果废催化剂中杂质金属含量低，处理后的催化剂可以回用，或者经溶剂处理的催化剂还可以再进行氧化再生，又或者溶剂处理的催化剂可以利用稀H_2SO_4或 HCl 进行酸浸去除杂质金属，最后进行脱碳。

一种沸腾床重油加氢的废 NiMo/Al_2O_3催化剂(1mm 挤出型)，首先通过二氯甲烷萃取，之后在 60℃ 中真空干燥去除表面沉积物[466]，也尝试利用汽油、四氢萘以及四氢萘-芘混合物萃取积炭。萃取是在 400℃、10 MPa H_2下进行，在 15mL 微反应器中萃取 1h。为了去除残余的溶剂，利用甲苯在索式抽提器中处理 24h，之后在 110℃ 中干燥 2h。根据图 6.20，四氢萘-芘混合物是最有效的萃取剂，四氢萘-芘混合物的萃取性高是因为芘容易形成高度活泼的氢给体，例如氢芘。利用阿萨巴斯卡沥青评估萃取后催化剂与新鲜催化剂的 HDS 活性，图 6.21[466] 中 HDS 活性恢复率与积炭去除量一致。因此，用高效萃取液，例如四氢萘-芘混合物萃取得到的废催化剂的活性最高，由于萃取是在 H_2加压下进行的，这种废催化剂处理方法在还原再生章节进行讨论。

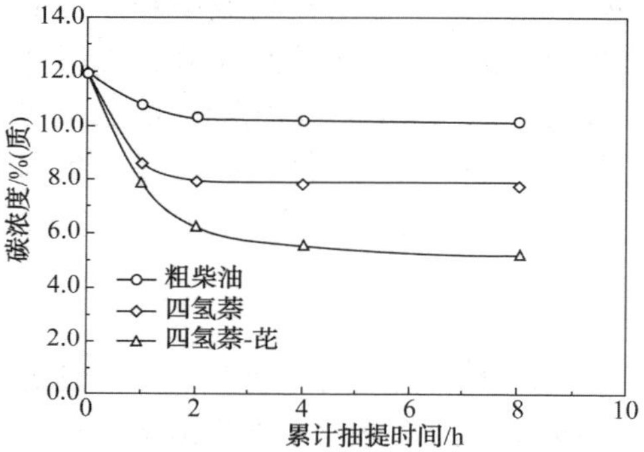

图 6.20 废催化剂含碳量与萃取时间关系[466]

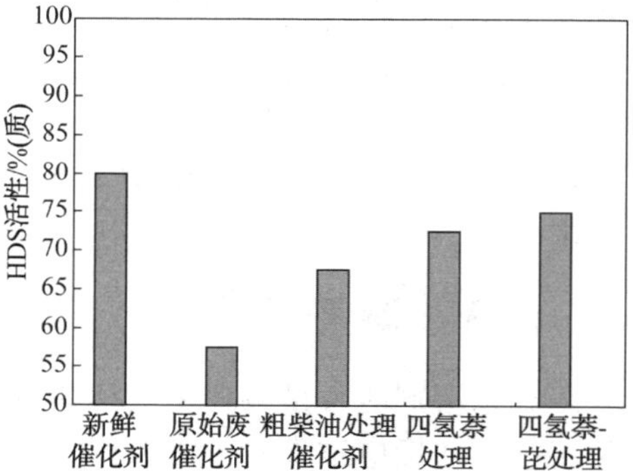

图 6.21 萃取溶剂对于 HDS 活性影响[466]

用吡啶和喹啉等强溶剂从废 CoMo/Al_2O_3催化剂中萃取积炭[541]，积炭从 27%(质)分别降低至 14%(质)和 12%(质)，分离出的浸出物含有 V、Ni 和 Fe，但是并不含 Co 和 Mo。该方法的缺点主要是需要特殊处理以去除吸附在催化剂表面的溶剂，除非后续还有脱碳流程。

6.4 水热脱碳

中国的研究者提出了一种比较新颖的非氧化去除废渣油加氢催化剂表面沉积物的方法[541a]，使用浆态床重油加氢球形 NiMo/Al_2O_3催化剂颗粒[28]，直径小于 0.5mm。关于在 HPR 操作中再生和回收废催化剂的资料很少。因此，必须解决从整个 HPR 产品蒸馏后的残渣中分离废催化剂的环境和安全问题。一般认为，可以使用研究者设计的一种水热处理器-水力旋流器组合装置进行废催化剂复活和再生前的非氧化预处理[541a]。在起始阶段，废催化剂经水热装置处理后，切向送入图 6.22[541a] 所示的水力旋流器，分离出的催化剂颗粒从装置底部离开，而有机物留在装置顶部，分离效率见图6.23。因此，水力旋流器与热液罐集成可以显著提高分离效率。该工艺的操作参数范围表明，可以通过优化工艺来进一步提高效率。

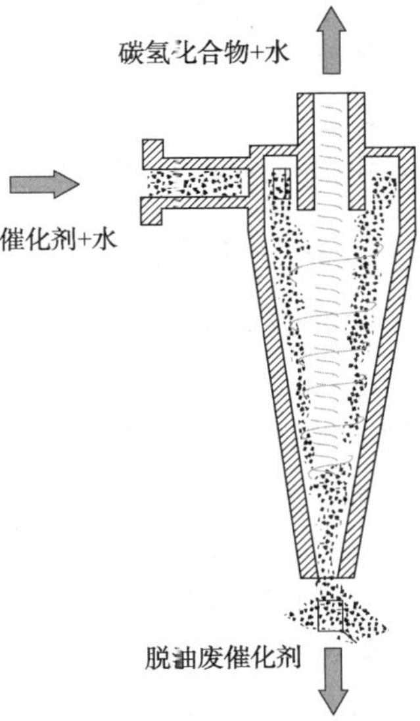

图6.22 用于废催化剂脱油的水力旋流器示意图[541a]

图6.23[541a]中评估的废催化剂包括通过催化剂老化制备的废催化剂，在95℃持续搅拌6 h，新鲜催化剂与渣油接触老化。真实的废催化剂是从重油加氢中试中取出的，这意味着在很大程度上，人为老化废催化剂上去除的沉积物质更具有代表性，而去除真实废催化剂上的积炭更为困难。然而，一般认为该方法可以进一步改进，用于水热处理更苛刻的工作环境。如果能够使用亚临界/超临界水，则可以去除大部分的积炭。

本文对新工艺做了简要介绍，但未对处理后催化剂的活性进行评价。然而，正如Li等[541a]研究所证实，在温和的条件下，可以显著去除废HPR催化剂上的沉积物，证明有必要对开发的工艺进行进一步评估。

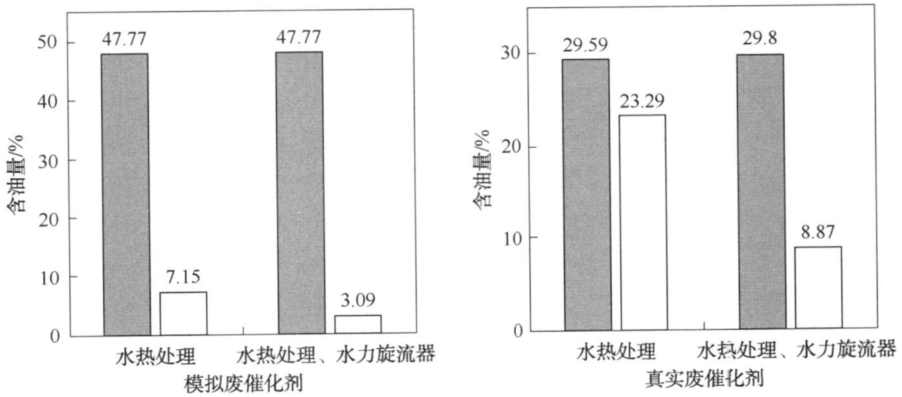

图6.23 水力旋流器脱油效率[541a]

6.5 生物复活

经常可以看到催化剂生物复活技术的相关讨论。在此，在保留活性金属的前提下，使用微生物辅助去除废加氢催化剂中的V和Ni是一种理想的复活方法。利用生物法浸出包括废催化剂在内的各种固体回收金属十分具有吸引力。这是另一章讨论的主题，这种金属回收方法的应用前景十分有限。通常认为，生物复活废加氢催化剂仍然处于初步研究阶段。因此，文献中也看不到相关的任何实验研究。增加这一节只是为了说明生物复活的想法，但是到目前为止只有很少研究关注于此。然而，这个研究领域具有良好的应用前景，尤其是开发保留活泼金属(Co 和 Mo)选择性去除催化剂杂质金属(例如 V)的微生物。

6.6 非浸出方法去除杂质金属

Hettinger 指出[542]有可能通过磁选方法去除废催化裂化催化剂中的杂质金属，例如 V、Ni 和 Fe，该技术同样也可能用于废加氢催化剂，尽管该领域尚无相关实验结果的文献报道。

众所周知，污染物金属主要积聚在催化剂颗粒的外表面(见图 6.11、图 6.19)，这表明磨损方法可能适用于废催化剂的再生。Trimm[543]引用该方法，假定研磨去除催化剂颗粒最外层，研磨后油料中的 V 和 Fe 含量应当会高。然而，如果要去除孔内的金属，则需要更深层的研磨。显然，该方法在废加氢催化剂中的应用十分有限，通常认为该方法更适用于废催化裂化催化剂的复活。

第 7 章　级联使用

尽管再生和复活的目标是尽可能使废催化剂在原工况下使用，然而级联使用提供了废催化剂使用的另一种可能，即将其用于更温和的操作条件。一般而言，HPR 工况的苛刻程度随着操作温度和 H_2 分压的增加而增加，往往伴随氢消耗的增加。在炼油厂中，常常需要考虑再生催化剂是用于更加严苛还是更加温和的操作条件。随着炼油规模的扩大，HPR 反应器的数量也会增加。因此，再生/复活催化剂的可选的重新应用场合也会增加。根据文献报道，有如下的级联使用方案[544-546]：

（1）在更温和条件下级联使用

苛刻工况使用过的催化剂（例如汽油加氢）再生后，用于温和工况（例如石脑油和直馏馏分油加氢）。

（2）在更高金属量条件下级联使用

再生后，催化剂用于处理更高杂质金属含量的原料。催化剂可以用于保护床中作为金属捕集剂，或者用于保护反应器中防止下游反应器金属中毒。

（3）在更高含硅量条件下级联使用

延迟焦化过程使用的防沫剂造成的催化剂硅污染可能比积炭失活更为严重。在这种情况下，相比于新鲜催化剂，级联利用更便宜的催化剂更有优势。

（4）反应器除沫后催化剂

在一些情况下，催化剂反应器（即固定床前）需要除沫器从而减轻床层前端的压降。这种场合可以使用再生/复活催化剂。

7.1　废催化剂直接级联使用

需要注意的是从催化装置取出的废催化剂失活程度是不同的，从混合物中分离出失活程度最轻的废催化剂可以直接回用在相同工况下，或者级联用于更温和工况。对于沸腾床催化剂，废催化剂可能含有部分新鲜催化剂和部分轻度失活催化剂，这部分催化剂在沸腾床反应器中与废催化剂混合在一起。如果从废催化剂中分离这部分催化剂并且回用，可以降低装置的运行费用。

早期的研究表明，脱油后的废催化剂按照密度分级可以分离出废催化剂中失活最轻的部分。Sherwood 等[547]报道了一种废催化剂空气分级工艺，引入空气自下而上流动，维持其速度使得床层高度至少提高了 25%。经过足够长的时间后，催化剂颗粒则会发生分层。失活程度最轻的部分可以从流化床顶部取出，直接回用。对于串联使用沸腾床，催化剂级联用于前一反应器；而对于固定床反应器，分级后的催化剂则可以放在同一反应器床层前段。在大的炼油厂中，重新使用分离出的失活程度最轻的催化剂有更多的选择。

7.2　再生催化剂级联使用

文献报道了多个催化剂级联使用的实际应用案例，在 Mitta 等[548]的研究中，使用 4 年多的石脑油 HDS 再生催化剂重新用于减压渣油缓和加氢裂化，对中间馏分油展示出较好的活性和选择性。催化剂的边际成本、低耗氢量以及高收率使方案在经济上具有吸引力。另一份研究中，渣油加氢废催化剂用于石脑油加氢[549]，在此例中，目的是选择性脱硫，同时避免烯烃的过度加氢，以最大限度地减少汽油产品的辛烷值损失。

Yeh 给出了一个级联使用的实际案例[475c]，涉及 70t 使用了 5 年没有经过再生的柴油加氢废催化剂。实验室再生实验表明，废催化剂的比表面积恢复了 85%～90%，并有很好的抗压强度，催化剂经再生后可用于石脑油和煤油的 HPR。

对于重质原料的升级采用固定床反应器（如 ARDS 和 Hyvahl 工艺）或沸腾床反应器（例如 LC-Fing 和 H-Oil 工艺）的多级工艺，从第一段反应器到最后一段反应器，严苛程度递减，意味着从第四段反应器取出的催化剂再生用于第三段反应器，级联使用要比反过来更有意义。实际上，根据 Suchanek[550]报道，下游反应器的催化剂经再生后可以成功用于第一段反应器。在相同反应器中，再生催化剂也可以与新鲜催化剂混合使用。在前两个 HDM 反应器中可以部分加入第三段和第四段再生催化剂，从而提供 HDS/HDN 活性。在这种情况下，再生催化剂可以放在固定床底部或尾部，通常最后一段反应器主要功能就是 HDS。众所周知，HDS 催化剂活性受从油中沉积的金属的显著影响，尤其是 V[238]，意味着前段反应器再生的催化剂不能用于后段反应器。但是有一个例外，即使是受到金属重度污染的催化剂再生后也显示了一定的温和条件下汽油 HDS 活性，可以提供给对活性要求低的场合使用[551]。然而，这一例子中的汽油为低硫油，因此这可能不能代表目前炼油厂的实际情形。Rockwell[552]给出了另一个多段反应器系统中级联使用催化剂的例子，从第三段反应器中取出的部分废催化剂级联至第二段反应器前端使用。

显然，尽管将再生催化剂用在前段反应器中工况更苛刻，但是这样操作更有意义。对于这一点，催化剂失活程度是决定因素。例如，对于 ARDS 或 Hyvahl 工艺中末段反应器中的催化剂主要是碳沉积失活，经过脱碳后，催化剂有相当的活性可用于前段反应器。混合床或层状床中的 HDM 催化剂，有较高的金属储存能力。废催化剂脱碳后具有 HDM 功能可以满足加氢以及加氢裂化要求，以实现沥青转化。报告指出，在多级系统中，可以将工况最苛刻的催化剂再生后用于次苛刻工况[553]。

有时在 HDM 和 HDS/HDN 反应器的上游放置固定床保护反应器，延长后者的运行时间。例如，Hyvahl 改进工艺中包括了两个扰动模式运行的保护反应器。由典型的保护反应床催化剂和废脱碳催化剂组成的复合床可能是废催化剂反向级联的另一种选择。保护床的主要功能是去除重质油中分散的固体，尽管在保护反应器中预期也可以发生部分 HDM。通常认为，重度失活且无法再生的催化剂脱碳后仍然可以用于保护床或者放在第一个固定床反应器前段从而避免结焦。

从文献中可以看到废加氢催化剂级联用于由低到高不同苛刻程度工况的实际案例。例如，Sakabe 和 Yagi[431]使用管式反应器评价废加氢催化剂常压渣油和减压渣油改质性能，观察到较高的渣油 HCR 活性。炼油厂实际也有在三段沸腾床串联的 LC-Fining 工艺中将低苛刻条件级联使用至高苛刻条件的例子。因此，将第三段反应器中失活最小的催化剂在更换之前转移到第二段反应器。这样可以减少第二段反应器新催化剂的消耗。Duddy 等[554]报道再生催化剂级联使用可能是最简单的例子，研究者使用固定床尾部再生催化剂并放置于同一反应床的前部，然后进行后续的循环利用。

也有将苛刻条件下运行的加氢催化剂再生后用于温和条件的案例。例如，在 Maity 等[555]的研究中，渣油加氢催化剂经过可控氧化再生后用于汽油 HDS。再生后催化剂的 HDS 活性几乎全部恢复，意味着积炭是催化剂失活的主要原因，而催化剂表面沉积的 V 是次要原因。另一项研究中，重油加氢催化剂再生后 Brønsted 酸位数量增加，从而增加了加氢裂化活性，甚至高于相应的新鲜催化剂[394]。

7.3 复活催化剂级联使用

根据现有炼油厂的经验，如果废催化剂中污染金属含量超过 5%，则无法通过氧化再生恢复所要求的活性[550, 551]。通过去除杂质金属以及脱碳使催化剂复活，可以成功恢复催化剂活性。由于金属沉积轻微失活的废催化剂经过氧化再生后的活性可以接近由于金属沉积重度失活后复活催化剂的活性，意味着复活催化剂级联操作和再生催化剂方法相似。例如，对于串联使用的沸腾床，复活催化剂可以级联用于上游反应器。

Sadeek 等[556]使用三种浸出溶剂(草酸、苯甲酸和硼酸)，在氧化剂[如H_2O_2和$Fe(NO_3)_3$]存在的情况下，对废 $NiMo/Al_2O_3$催化剂进行复活，使用含有 4%草酸+5% $Fe(NO_3)_3$的溶液去除金属最有效。将复活催化剂用于废润滑油的再精制，其催化活性与新催化剂相当。

第 8 章　用废催化剂制备新鲜催化剂

前面的章节中已经说明，在一定操作条件下，废 HPR 催化剂可以通过再生或复活后，实现循环利用。然而，由于条件变化，废催化剂的尺寸和形式发生了变化。从废催化剂中分离出来的金属可以返回给催化剂制造公司，用于制备催化剂。在这方面，也可以制备除 HPR 催化剂以外的其他产品。当然经过分离，含有金属的纯化合物有许多应用，例如，浸出废催化剂得到的含 Mo、V、Ni 的萃取物可以直接用于浸渍常规载体制备催化剂。同样的提取物可以引入重质原料中，如作为浆态床 HPR 催化剂。这种工艺可以彻底回收金属，得到纯氧化铝，回收的氧化铝可以重新用于制备催化剂载体，再生氧化铝的另一个潜在应用领域是生产耐火材料。粉碎的废 HDS 催化剂在浆态床反应器中用于重质原料加氢裂化也是有潜力的。但是，由于可用性有限，可能无法实现商业应用。尽管如此，对废 HPR 催化剂进行再处理以获得理想的颗粒尺寸和形状，或将其粉碎用于浆态床 HCR 似乎是最有吸引力的选择。在非石油方面的应用已经受到关注，尽管人们认为这一领域尚未得到充分探索。

8.1　在石油方面的应用

对废 HPR 催化剂进行再生和复活，尽可能恢复初始活性，循环利用到原来的操作单元中。如果无法做到这一点，再生和/或复活催化剂可以级联到要求较低的操作。否则，废催化剂在使用前仍需进行非常规处理。在这方面，除其他几种非常规方法外，HPR 催化剂的再加工也取得了重大进展。

8.1.1　再加工

在几种选择中，已经探索受金属污染不可再生的 HPR 催化剂的再加工形式[9,557-559]。在这种情况下，脱油或脱碳后的废催化剂粉碎至 20~90mm 的颗粒，根据 Santhyia 和 Ting 的观察[560]，破碎后有利于从载体中释放出金属，活性金属如 Ni、Mo 和 V 更容易与薄水铝石相互作用，然后将混合物制备成接近商业催化剂尺寸和形状。AR 的 HDM 和 HDS 结果证实，再加工是废 HPR 催化剂可行的再利用选择。显然，已经有人尝试将较小尺寸的再生催化剂再加工成不同的尺寸和形状[561]，例如空心圆柱体为级配应用提供了空间和活性的最佳组合，用于床层顶部的级配材料有四种直径，范围从 10mm 到 25mm。

8.1.1.1　过程和分析

对常压渣油脱硫废 HPR 催化剂进行再加工，HPR 过程包括四个串联的固定床反应器（图 3.16），用于再加工的两种催化剂分别来自第四反应器和第三反应器的催化剂A和催化剂B，而失活最严重的催化剂C来自H-Oil反应器，废催化剂的性质列于表8.1[557]，反应器属于科威特国家石油公司。废催化剂的预处理包括使用石脑油和甲苯在索氏装置中连续提取或脱碳。在卧式旋转炉中进行脱碳，在含氧5%的氮气中温度逐步升到370℃、450℃和500℃，随后用空气代替稀释的氧气，同时温度保持在500℃，在此过程中，大部分积炭被除去。在脱油和/或脱碳后将催化剂研磨为25~90mm的颗粒，与薄水铝石粒径相近。使用的薄水铝石是德国Sasol公司生产的产品，呈粉末状，粒径范围为：<25mm(3%)、25~45mm(9%)、45~90mm(80%)、>90mm(8%)。将薄水铝石与研磨后的废催化剂混合得到适合挤出的膏状物，废催化剂与薄水铝石混合物制备挤出物的操作过程如图8.1所示[9]。

表8.1 废催化剂的性质[557]

催化剂	组成/%(质)							比表面积/(m^2/g)	孔体积/(mL/g)
	Mo		Ni		V		C		
	1	2	1	2	1	2			
A	6.3	8.2	3.4	4.4	3.4	4.4	23.1	90	0.15
B	5.6	7.0	3.9	4.9	5.9	7.4	19.2	73	0.16
C	4.5	5.3	4.0	4.7	9.7	11.4	15.3	18	0.10

注：1. 通过分析确定。

2. 假设大部分碳在脱碳时被除去。

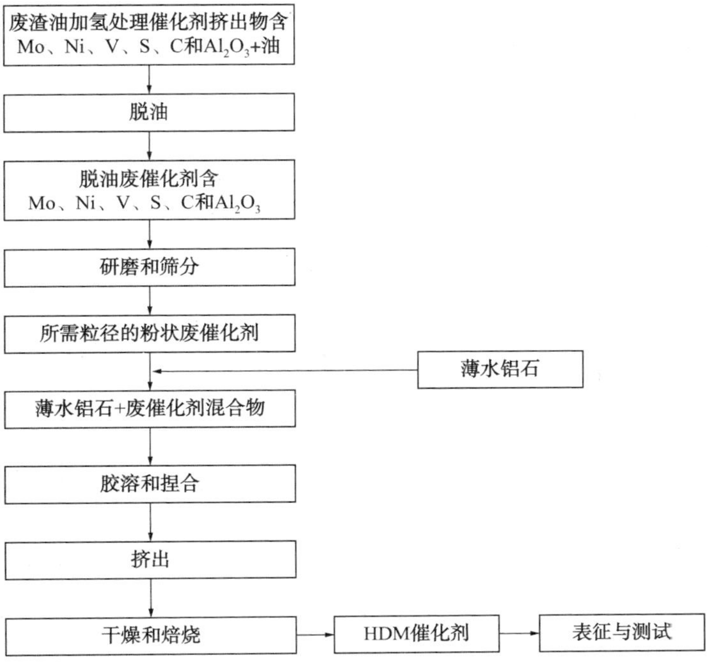

图8.1 废催化剂制备催化剂挤出物的操作过程

使用等离子体电感耦合原子发射光谱法(Varian Liberty Ⅱ ICP-AES)测定废催化剂A、B和C(表8.1)[557]以及实验室制备催化剂的Ni、Mo和V含量，使用压汞仪(Quantachrome Poremaster-60)测量孔体积和孔分布，使用美国康塔仪器(Quantochrome)测定BET比表面积。假定催化剂在脱碳时除去了绝大部分的积炭，通过分析估算脱碳后催化剂的金属含量见表8.1。

表8.2是通过表8.1[557]估算的V/Mo和Ni/Mo，对于用相同的废催化剂制备的催化剂，尽管加入薄水铝石中的废催化剂的量不同但其V/Mo比和Ni/Mo比保持不变，比例超过了新鲜$NiMo/Al_2O_3$催化剂的比例，例如新鲜$NiMo/Al_2O_3$催化剂的Ni/Mo接近0.45，硫化时形成的Ni-Mo-S活性相最优[64]，因此HPR反应中沉积的Ni使Ni/Mo超过最佳数值似乎是合情合理的。然而，可以预测，在大量V存在时，Ni-Mo-S活性相可能被修饰。

表8.2　催化剂中摩尔比[557]

催化剂	Ni/Mo	V/Mo
A	0.84	0.84
B	0.95	1.67
C	1.08	3.20

在实验室使用德国Werner and Phleiderer公司制造的Model LUK 2.5AS型捏合机制备催化剂挤出物，将300g废催化剂-薄水铝石混合物加入料仓中，加入185mL的2%稀硝酸作为胶溶剂，在混合和捏合结束时，将产物通过模头(1.5mm)挤出，挤出物在110℃干燥24h，然后进行分段焙烧，370℃焙烧1h、450℃焙烧2h、500℃焙烧2h，在干燥器内冷却。

使用JEOL扫描电子探针X射线分析仪分析挤出物中金属径向分布，废催化剂A和B制备的挤出物以及相应的废催化剂中V的分布情况如图8.2所示[9,559]，由数据可知，一方面两种废催化剂边缘V的浓度显著高于颗粒中心V的浓度，这是催化剂失活的主要原因；另一方面再加工催化剂中V的径向分布比较均匀。

废催化剂的含量对再加工催化剂孔径和孔体积分布的影响见表8.3[558]，结果显示薄水铝石与污染最严重的催化剂C的混合物的孔体积为0.10mL/g(表8.1)，尽管如此，在废催化剂掺杂高达40%时所制催化剂仍有足够的孔体积。对于表8.3中的大多数混合物，孔径为100~300Å的孔体积占总孔体积的80%以上，图8.3[9]显示了再加工催化剂的比表面积和孔体积随废催化剂C添加量的变化趋势，值得注意的是废催化剂的比表面积为$18m^2/g$(表8.1)，而薄水铝石的比表面积为$165m^2/g$。同样，再加工过程中掺杂高达40%废催化剂仍能够维持足够高的比表面积。

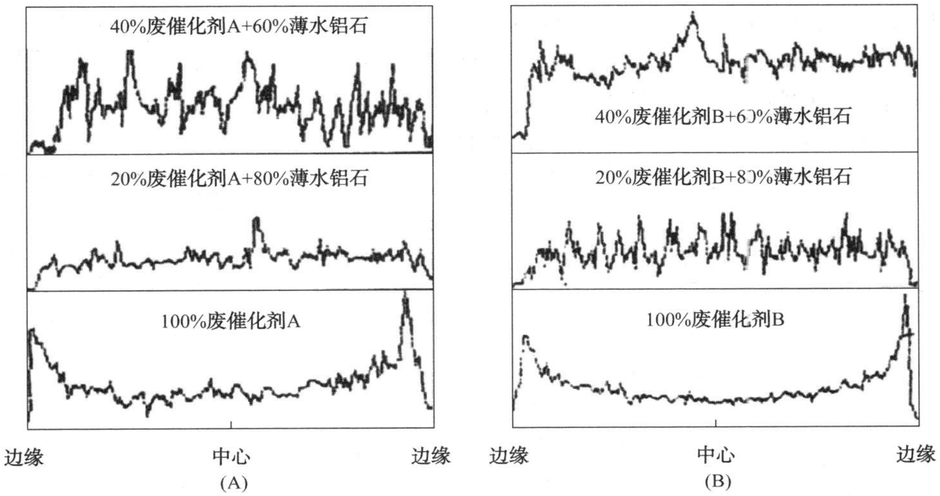

图 8.2 自制催化剂中钒的径向分布：(A)废催化剂 A 制备；(B)废催化剂 B 制备

表 8.3 废催化剂添加量对孔径和孔体积分布的影响[553]

废催化剂/%(质)	孔径/Å									总孔体积/(mL/g)
	<50	50~100		100~200		200~300		300~500		
	%	mL/g	%	mL/g	%	mL/g	%	mL/g	%	
0	0.1	0.006	0.9	0.519	77.4	0.087	13.0	0.026	3.9	0.671
15	1.3	0.032	5.6	0.418	73.0	0.071	12.4	0.019	3.2	0.563
25	2.1	0.034	6.5	0.262	49.8	0.168	31.9	0.020	3.9	0.525
40	1.0	0.038	7.5	0.100	20.1	0.280	56.2	0.043	8.6	0.500
60	0	0.030	8.3	0.105	28.8	0.189	51.9	0.023	6.1	0.363

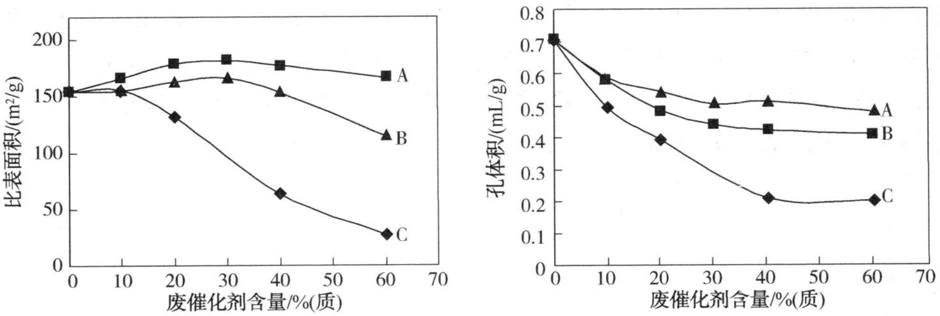

图 8.3 废催化剂含量对比表面积和孔体积的影响[9]

8.1.1.2 再加工催化剂的测试

使用科威特常压渣油为原料评价再加工催化剂的 HDS 和 HDM 性能，分析原料和产物中的 Ni、Mo 和 V 含量(在没有灰化的情况下)，使用 Oxford Model 3000 XRF 分析仪分析液体产品和进料中的硫含量，在固定床高压反应器中进行的活性测试，反应温度分别为370℃和390℃、压力约12MPa、氢气/原料为1000，测试时间持续100h。在测试之前，使用1%的二硫化碳和瓦斯油混合物对催化剂进行预硫化，科威特常压渣油的性质见表8.4[557]。

表8.4 原料的性质[557]

密度/(kg/L)		0.997
硫/%(质)		4.30
氮/(μg/g)		2740
氢/碳		1.58
康氏残炭/%(质)		12.20
沥青质/%(质)		3.78
金属/(μg/g)	钒	69
	镍	21
馏程/℃	初馏点	391
	40%	560
回收量/%		57.1

图8.4[557,558]显示了废催化剂A的添加量在反应温度为390℃时对HDS和HDV活性的影响，活性均随着废催化剂添加量的增加而增加，此外脱碳后催化剂的活性更高，其他催化剂也具有相似的趋势。然而，这种趋势并未准确反映出薄水铝石中活性金属添加量的影响。例如基于表8.1[557]，将积炭20%(质)的催化剂和脱碳催化剂添加到薄水铝石中，Mo的添加量分别为1.3%(质)和1.7%(质)，薄水铝石中分别添加不同量积炭催化剂和脱碳催化剂的HDS和HDV活性的差异如图8.4所示，当再加工催化剂的转化率与Mo含量相关联时差异会更小。图8.5和图8.6[557]证明了这一点，其中HDS和HDV转化率与催化剂中Mo含量相关，而不是与加入薄水铝石中废催化剂的量相关。事实上，与图8.4[557,558]相比，图8.5和图8.6表明在大多数情况下积炭催化剂和脱碳催化剂之间的差异要小得多，因此活性金属的量决定了再加工催化剂的活性。

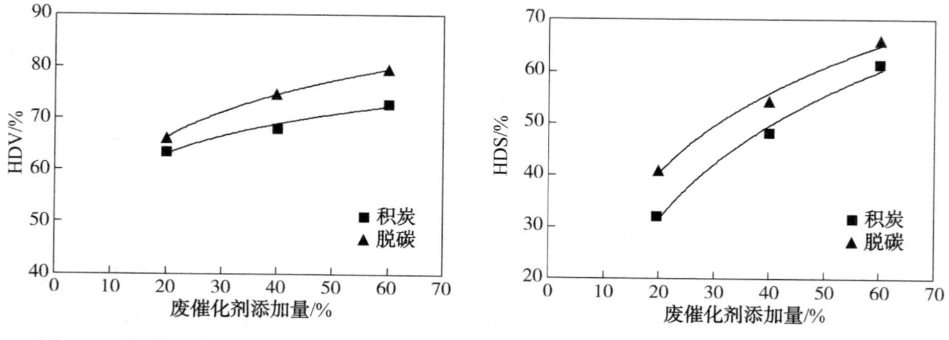

图8.4 添加到薄水铝石中废催化剂(催化剂A)的量对HDS和HDV活性的影响[557]

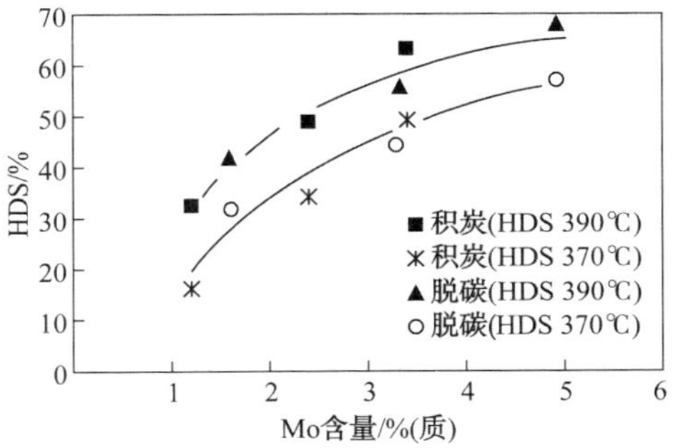

图 8.5　催化剂(催化剂 A)的 Mo 含量对 HDS 活性的影响[557]

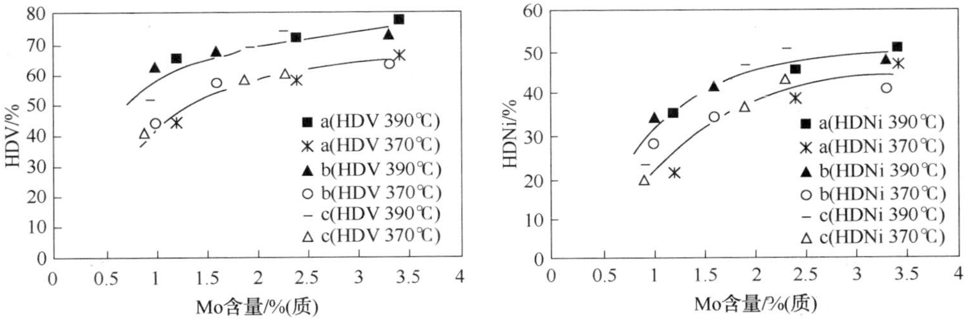

图 8.6　积炭废催化剂(a. 催化剂 A；b. 催化剂 B；c. 催化剂 C)
在 370℃和 390℃时再加工催化剂中 Mo 含量对 HDV 和 HDNi 活性的影响[557]

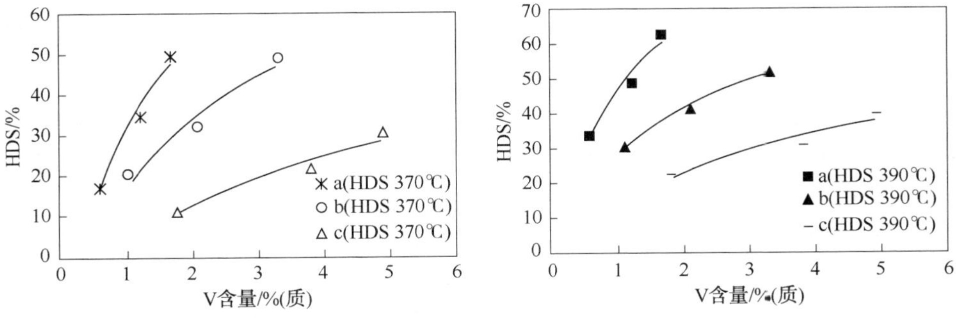

图 8.7　积炭废催化剂(a. 催化剂 A；b. 催化剂 B；c. 催化剂 C)
在 370℃和 390℃时再加工催化剂中 V 含量对 HDS 活性的影响[557]

如图 8.7 所示[557]，V 对 HDS 活性的影响与 Mo 不同，在图 8.4 的范围内考虑图 8.6 的结果是至关重要的。因此图 8.7 所示的 HDS 转化率的变化归因于 V、Ni 和 Mo 金属的综合效应，当然要区分这些效应并不容易。然而，表 8.2[557] 中的 Ni/Mo 和 V/Mo 表明，对于催化剂 A，与其他两种催化剂相比，杂质金属对 Ni-

Mo-S 活性相的干扰最不明显。然后，从催化剂 A 到催化剂 C，HDS 活性显著下降，表明在硫化期间，特别是催化剂 C，仅形成部分 Ni-Mo-S 活性相。对于这种催化剂，HDS 活性主要来自硫化钒，而 Ni-Mo-S 活性相的贡献很小，这与催化剂 C 的 V/Mo(表 8.2)一致，与钒的硫化物(例如 V_2S_3、V_3S_4、VS_2)的 HDS 的催化活性一致，尽管远低于 Loos 等[300]观察到的硫化钼的活性。因此可以得出以下结论：在废催化剂中存在钒浓度的上限[例如 5%(质)]，高于该浓度后再加工催化剂的 HDS 活性仅可以恢复部分。

图 8.6 中在 370℃和 390℃时比较了 Mo 含量对 HDV 和 HDNi 活性的影响，一般认为在两种温度下，考虑到累积误差，活性相当，尽管观察到在 Mo 含量较低时，结果有一定程度分散。这也表明 Mo 含量是 HDM 活性的决定因素，与其他研究一致[28]。因此，Mo 含量高于 3%(质)时 HDM 活性趋于平稳，在 Mo 含量大于 3%(质)时，Ni 的添加对 HDM 几乎没有影响，但对 HDS 和 HDN 活性有积极影响，这证实通过再加工废 HPR 催化剂制备的催化剂的活性表现出与新鲜商业 HDM 催化剂相同的趋势。

Asaoka 等[302]研究表明，钒的硫化物具有 HDM 和 HDAs 活性，例如当金属沉积物达到 15%(质)时，HDM 受到沉积金属显著影响[179,180]，甚至无负载 V_2S_3 在 HPR 反应中也表现出一定活性[182,183]。文献[28]表明，HDAs 对于 HDM 至关重要，因此对卟啉进行 HDM，必须将其从大型沥青实体中释放出来才能进行 HDM 反应。由于催化剂 C 的 V/Mo 高，其活性可能是由钒的硫化物控制而不是由 Ni-Mo-S 活性相控制，因此一些研究表明[181]，V 存在时活性相逐渐转变为 V-Mo-S 相，其活性远低于 Ni-Mo-S 活性相。

显然，尽管废催化剂 B 的失活程度更高，但用废催化剂 A 和 B 再加工制备催化剂的 HDS 和 HDM 活性相似，接近于商业 $NiMo/Al_2O_3$ 催化剂。实际上，由图 8.8[557]可知，用废催化剂 A 再加工制备的催化剂具有更高的 HDS 和 HDM 活性，用废催化剂 C 制备的催化剂中的钒含量高是造成 HDS 活性低的原因，然而 V 对 HDM 活性的负面影响不太明显。事实上，即使用重度失活的催化剂 C 制备的催化剂也可以在不太严苛的应用中表现出足够的活性。

应该注意的是，图 8.5 和图 8.6[557]中的趋势与文献[28]中关于制备 HPR 催化剂的研究结果一致，然而再加工催化剂使用的材料与商业催化剂制备使用的材料明显不同。例如，在前一种情况下，新鲜工业催化剂在运行期间经历了近 1 年的转变，直到活性下降而必须更换。从商业反应器中取出后，废催化剂可以进行氧化再生或脱碳-脱金属再生恢复活性，达到可以接受的水平。否则，必须确定处理废催化剂的其他选择，例如回收金属、填埋等。然而，即使对于严重失活的催化剂，也可以根据图 8.1[9]中所示方法处理废催化剂恢复活性。

Gardener 等[562]对再加工废 HPR 催化剂进行了另一种尝试，他们用含有 Co、

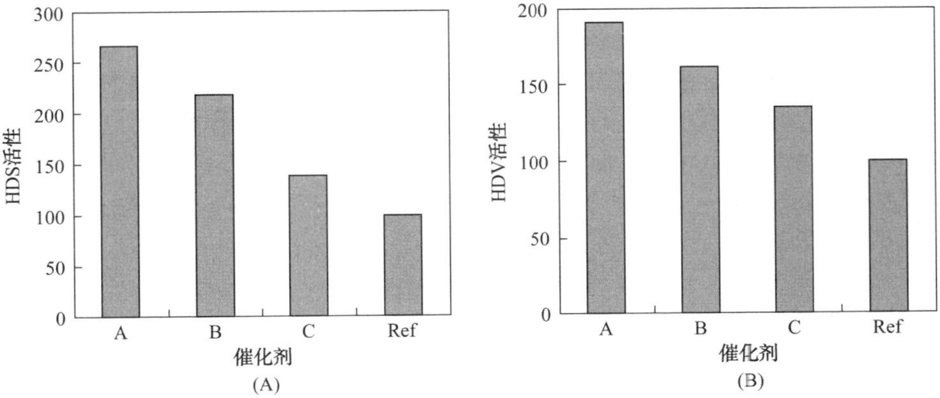

图 8.8 再加工催化剂和参比(商业)催化剂的活性对比：(A) HDS 活性，(B) HDV 活性[557]

Mo 和 Al_2O_3以及含碳的废催化剂制备活性催化剂，将废催化剂与含铝材料混合并挤出制备新催化剂，制备的催化剂含有 1.7%(质)的 Mo 和 0.6%(质)的 Co，孔径尺寸在 60~500Å 范围内比例最高，在 800℃高温焙烧对催化剂进行扩孔，该催化剂对于渣油 HDM 非常有效。在另一项相关研究中，deBoer 和 Mark[563]使用一种 MoO_3[20%(质)]、CoO[5%(质)]和 V_2O_5[0.2%(质)]、NiO[0.1%(质)]的脱碳废 CoMo/Al_2O_3HDS 催化剂制备大孔 HPR 催化剂，他们将废催化剂与氧化铝细粉(粒径<20μm)混合并挤出生产新的催化剂，制备的催化剂含有 13%(质)的 MoO_3和 3.2%(质)的 CoO，通过高温焙烧处理扩孔，在 750℃焙烧的催化剂样品具有较大的孔径，其平均孔径为 120Å，该催化剂的渣油 HPR 性能与商业催化剂大致相同。

8.1.1.3 水热处理对再加工催化剂的影响

将废 HPR 催化剂在 300℃进行水热处理 2h，可以显著提高再加工催化剂的活性[559]，水热处理前后废催化剂的孔体积和孔径分布如图 8.9 所示，由图 8.9 可以看出，水热处理后的孔体积从 0.24mL/g 增加到 0.48mL/g，比表面积从 $37m^2/g$ 增加到 $70m^2/g$，孔径为 100 ~ 1000Å 的孔体积从 0.16mL/g 增加到 0.38mL/g，而孔径为 100~500Å 的孔体积从 0.12mL/g 增加到 0.24mL/g。

使用水热处理后的废催化剂和薄水铝石制备再加工催化剂，其制备方法类似于前面描述的方式(图 8.1)，即将 20%(质)、40%(质)和 60%(质)的样品与薄水铝石混合挤出，再加工催化剂的比表面积和孔体积如图 8.9 所示[559]，数据表明水热处理具有促进作用，例如对于含有 40%(质)废催化剂的再加工催化剂，比表面积从 $70m^2/g$ 增加到 $144m^2/g$，孔体积从 0.27mL/g 增加到 0.39mL/g。在与上述相同的条件下测定的 HDS 和 HDM 活性如图 8.10[9,559,560]所示，证实对废催化剂进行水热处理可以进一步提高再加工催化剂的活性。

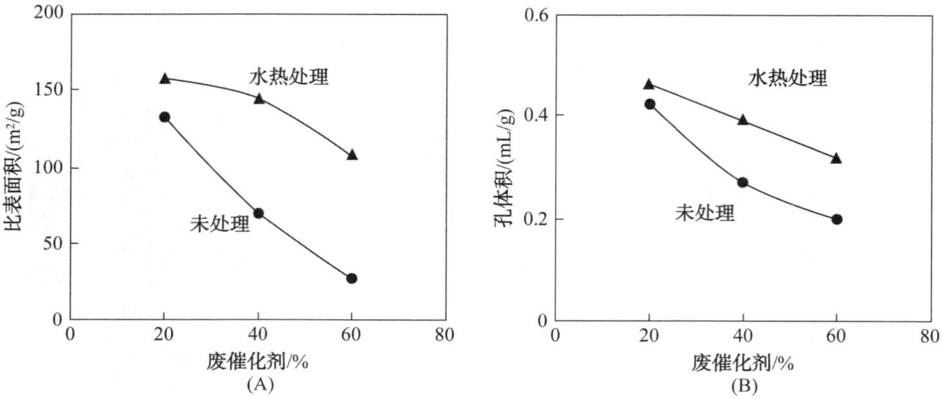

图 8.9　水热处理和废催化剂含量对再加工催化剂比表面积和孔体积的影响[559]

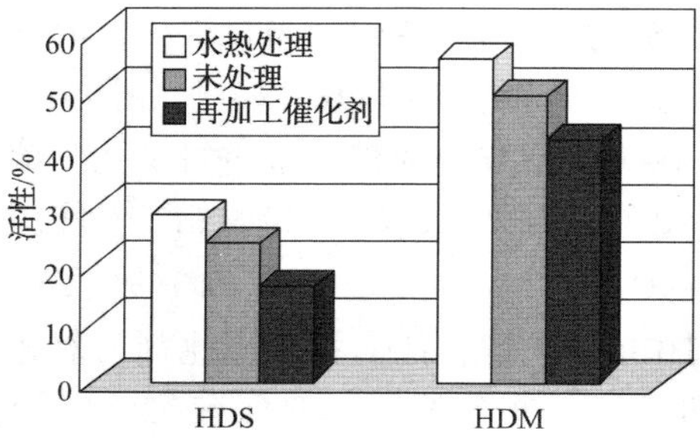

图 8.10　水热处理对再加工催化剂的 HDS 和 HDM 活性的影响[559]

据以下反应[564]，水热处理导致 $\gamma-Al_2O_3$转化为薄水铝石：

$$\underset{\gamma-Al_2O_3}{Al_2O_3}+H_2O \rightleftharpoons \underset{薄水铝石}{2AlO(OH)}$$

以这种方式形成的薄水铝石结晶良好，微晶尺寸大。在500℃下焙烧薄水铝石（图 8.1）得到孔隙较大的 $\gamma-Al_2O_3$，空隙来自颗粒之间的空间[565]，所以当使用大的氧化铝颗粒形成挤出物时，颗粒之间的空间——如孔径和孔体积会变大。综上所述，废催化剂中的$\gamma-Al_2O_3$ 的再水合以及向结晶良好的薄水铝石转化是造成孔径扩大的原因，因此再加工催化剂的活性也显著提高。

8.1.2　其他制备方法

Lee 等[566]发现，利用草酸或柠檬酸选择性浸出废渣油 HPR 催化剂可以制备活性重构催化剂。草酸浸出液中 Ni 和 Mo 的含量非常低，说明这些酸的选择性之间存在显著差异，见表 8.5[566]，草酸对 V 的选择性远大于对 Ni 和 Mo 的选择性。提取物含有 1.8%的 V 和少量的 Mo（167μg/g）以及 Ni（111μg/g），用于制备催化剂，使用高比表面积(340m^2/g)无定形二氧化硅为载体，制备的催化剂表现出优异的脱氢环化(将链烷烃转化为芳烃)活性，可将链烷烃转化为芳烃。使用这种催化剂，链烷烃石脑油的辛烷值从 55 提高到 87，收率为 81%。用柠檬酸萃取液制备的催化剂主要含 V、Ni 和 Fe，由于 Ni 的存在，催化剂具有较高裂化活性和脱氢活性，牺牲产品中的芳烃可以获得较高的 H_2、焦炭和轻烯烃收率。

Cronauer 和 Bjorklund[567]开发了一种制备新鲜含 Mo 催化剂的方法，通过从含有 Mo、Co、Ni 和 Al_2O_3以及其他微量元素(如硅、铁、钛)的废 HPR 催化剂中沉积 Mo 制备。首先将废催化剂脱碳并硫化，然后在 400~575℃温度范围内用无水氯化氢气体处理，将 Mo 以氯氧化钼的形式从废催化剂中除去，其他金属 Co、Ni、Fe 和 Ti 以及载体氧化铝或者二氧化硅在氯化过程中不受影响。气态氧化钼沉积在新鲜的氧化铝载体上，研究未报道制备的催化剂对 HPR 或其他反应的性能的影响。

将废 HPR 催化剂用辐射-热处理可获得适合制备催化剂的纯 MoO_3[568-571]。该方法基于废 HPR 催化剂中活性金属在 1.2MeV 快速电子束辐射下的表现不同，例如在废 $NiMo/Al_2O_3$催化剂中，选择性地破坏 Mo，而保留 Ni，Mo 转化为 MoO_3"升华"显著增强。对于废 $CoMo/Al_2O_3$催化剂也进行了相似的观察。对无 Mo 催化剂(如 Ni/Al_2O_3和 Co/Al_2O_3)，该方法尚未探索，有人认为这些材料可能适用于某些催化反应，但是必须具有成本优势才能吸引企业的注意。

表 8.5　酸萃取液中的金属含量[566]

金属	含量/(μg/g)	
	草酸	柠檬酸
Fe	20	2650
Mo	167	1530
Ni	111	15000
V	18000	21000

8.1.3　浆态床加氢裂化废催化剂

采用浆态床反应器工艺是为了弥补通过催化途径改质难处理原料和大量催化剂库存的成本。该工艺采用含有过渡金属(如 Fe、Ni、V 等)的低成本固体，而不是商业催化剂。这些固体要么是工业废弃物(例如，生产铝的赤泥、生产镍和铜的固体)，要么自然产生，因此它们的成本仅占商业 HPR 催化剂的一小部分。最著名的浆态床工艺是委内瑞拉 INTEVEP 开发的 HDH 工艺[572]和德国 VEBA 开发的 Veba Combi Cracking 工艺[573]，它们分别以示范规模(每天 150 桶)和商业规模运行。显然，这两种方法都适用于金属 Ni+V 含量超过 1000μg/g 的重质原料(例如 Boscan)的加氢裂化，当然还有其他浆态床加氢裂化工艺处在不同的开发阶段，这方面更新的信息在其他地方有公开报道[574]。

Beret 等[575]披露，废催化剂细粉可以用于重质原料改质，该过程包括两段，在第一段加入具有抑制积碳和脱金属活性作用的细粉，馏出物直接通过第二段的加氢裂化处理。

废 HPR 催化剂粉末在浆态床 VR 加氢裂化过程中表现出较高的活性[576]，这并不奇怪，因为粉末催化剂在重质原料的 HCR 过程中几乎避免了扩散问题。在浆态床 HCR 过程中，粉末催化剂中的活性金属(例如，Ni、Co、Mo 和 Fe)在原位迅速转化为相应的硫化物，使得催化剂颗粒表面上的加氢活性增强，因此活性氢在积炭前体转化为积炭之前将其转化为挥发性产物，即使严重失活的粉末催化剂(不脱碳)也可成功地应用于浆态床反应器。Matsumura 等[577]证实了这一点，使用含有 9.6%(质)V、6.0%(质)Ni 和 12.9%(质)积炭的废催化剂，尽管严重污染，但催化剂在 VR 的升级过程中表现出良好的活性。Sakabe 等[431]发表的结果支持这些现象[578,579]。早前曾指出，将废 HPR 催化剂再生后与重质原料混合可以作为催化剂。显然，这种利用废催化剂中金属的方法尚未得到探索。

8.1.4 燃料氧化脱硫的废催化剂

已有研究证实，在氧化再生过程中，废催化剂中的大部分 Mo 和 V 可以转化为 MoO_3和 V_2O_5[13-15]，这些氧化物氧化性较高，基于这些性质，废 HPR 催化剂作为燃料的氧化脱硫催化剂而备受关注，Cedeno-Caero 等[579a,579b]的研究证实，二苯并噻吩形式的最难脱除的含硫化合物可以有效地从模型燃料中去除。

第 9 章　废加氢处理催化剂在环保方面的应用

尽管损失了部分孔道，但是废 HPR 催化剂在各种气体(如燃烧尾气、高炉尾气、汽车尾气、炼油厂气等)以及工业和市政废水的净化过程中仍发挥着作用。例如，可以选择性催化还原去除排放到环境中的 NO_x 和 SO_x。具有实际意义的是，将 H_2S 转化为 H_2 和单质硫等产品，这个理念适用于一些石油和非石油行业。

HPR 催化剂载体(如 $\gamma-Al_2O_3$、SiO_2、$SiO_2-\gamma Al_2O_3$、沸石等)已单独应用于去除液体和气体中的污染物。废 HPR 催化剂中含有高亲和力的过渡金属(如 Ni、Co、Mo、W、Fe、V 等)，可以作为气体净化吸附剂，如碳质固体气化、煤干馏、重质石油原料的焦化、生物质的热解等，去除 H_2S、COS、硫醇和其他含硫化合物。此外，气体 H_2S 是炼油企业的副产品。在这种情况下，废 HPR 催化剂充当吸附剂而不是催化剂。因此，含硫物质与废催化剂中的金属氧化物反应转化为金属硫化物。从气体中去除 H_2S 是进一步利用这些气体(即燃料、蒸汽重整、齐聚、裂解制烯烃等)的基本要求。

从各种废水中去除污染物是利用废 HPR 催化剂的另一个领域。人们认为，废 HPR 催化剂在环保方面应用的潜力尚未得到充分发挥。

9.1　在气体处理方面的应用

通过选择性催化还原法去除废气中 SO_x 和 NO_x 是废 HPR 催化剂应用的最佳选择之一，其他有关催化方面的应用包括 H_2S 和 COS 的分解。还可以用废 HPR 催化剂制备 H_2S 气体净化吸附剂和其他类型吸附剂。

9.1.1　催化还原 NO_x 和 SO_x

在一些专利[578,580]中已经报道了利用重油改质过程中受金属污染的废催化剂制备还原 NO_x 的催化剂，研究中使用的废催化剂为氧化铝负载大量的 V、Mo、Ni 和 Co。此外，废催化剂中还存在积炭和硫。根据 Ku 等[578]开发的工艺，首先在 500℃下对废催化剂进行氧化脱碳，得到的催化剂含 11.3%V、3.4%Ni、2.7%Mo、31.7%Al、0.8%Co、0.5%Fe，不含硫和积炭，然后将催化剂粉碎至 200 目。将废催化剂粉末与水、酸或碱混合，形成黏度为 40～400cP、pH 值为 3～6 的浆液。将浆液沉积在陶瓷蜂窝上，然后煅烧，制备的催化剂能高效选择性地还原尾气中的氮氧化物。在另一个相关专利中，Choi 等[580]使用钨浸渍过的载体(例如 TiO_2、$\gamma-Al_2O_3$)代替陶瓷蜂窝沉积废金属的废催化剂(例如 V、Mo、Ni)，制备的催化剂在氮氧化物选择性还原和抗硫氧化物中毒方面具有很大的优势。研究人员使用 V 含量低和 Mo 含量高的废催化剂，进一步提升了这类催化剂选择性还原尾气中 NO_x的性能[581]。催化剂制备过程包括以下步骤：

① 对炼油厂 HDS 过程中的废催化剂进行热处理，然后用水洗涤，所述废催化剂氧化铝载体上含 4%(质)或更少的钒，4%(质)或更少的镍，5%(质)或更多的钼以及 1%(质)或更少的硫。

② 在二氧化钛载体上浸渍 3%~10%的钨。

③ 将预处理的废催化剂粉碎，将粉碎的废催化剂与钨浸渍的二氧化钛均匀混合，然后加入水和酸。

④ 将混合物脱水除去其中的过量水分和活性金属组分。

⑤ 将脱水后的混合物在 100~200℃下干燥 9h 或更长时间，然后研磨。

⑥ 将研磨的混合物涂覆到基质上制成催化剂，然后在恒定的温度和湿度下干燥，再进行煅烧。

制备的催化剂含 1%~3%(质)V、1%~3%(质)Ni、2%~8%(质)Mo 和 1%~7%(质)W，比表面积为 100~150m^2/g，孔隙大小为 120~180Å，催化剂可有效还原氮氧化物(还原率达到 90%或以上)。催化剂含有少量的钒氧化物，有利于二氧化硫氧化为三氧化硫，在氨作为还原剂时有利于在高温下选择性地还原废气中的氮氧化物和大量的含硫组分。

据报道[582]，脱碳后的废 $CoMo/Al_2O_3$催化剂在催化还原硫氧化物生成元素硫的过程中具有活性。然而，在这篇简短的资讯中没有提供过程的细节。不过，Zulfuganov 等[583]报道，为了实现硫氧化物有效转化为单质硫，需要在 500℃下对废 $CoMo/Al_2O_3$进行氧化再生。

9.1.2 H_2S 催化分解

脱碳后废 $CoMo/Al_2O_3$和 $NiMo/Al_2O_3$催化剂用于直接分解 H_2或 CH_4混合物中的 H_2S[584]。与 γ-Al_2O_3 相比，在废催化剂存在时，H_2S 分解成 H_2和单质硫的能力显著增强。催化剂的预硫化不影响 H_2S 的转化。在每次试验中，$CoMo/Al_2O_3$催化剂的活性均高于 $NiMo/Al_2O_3$催化剂，这类催化剂能催化辅助 H_2S 还原 CO_2。然而，废催化剂有利于形成 COS，而相应地使用新鲜催化剂的主要产物是 CO。

工业上利用 Claus 法从各种气体(例如天然气、炼油厂气、煤气等)中分离的 H_2S 转化为单质硫[27]。作为该过程的一部分，H_2S 在第一阶段经历亚化学计量燃烧以产生热量：

$$2H_2S+3O_2 \longrightarrow 2SO_2+2H_2O$$

随后，SO_2混合物中未转化的 H_2S 与 SO_2反应生成单质硫，反应过程如下：

$$2H_2S+SO_2 \longrightarrow 3S+2H_2O$$

合适的催化剂可以提高反应速率，Bose 和 Das[584a]研究证实，氧化态 $CoMo/Al_2O_3$催化活性良好。在此基础上，可以预测脱碳后废常规 HPR 催化剂对该反应具有较好的活性。由于气相反应发生在催化剂颗粒的表面，催化剂的孔隙率就不那么重要了。因此，即使金属污染严重失活的废 HPR 催化剂也可能具有活性，这一想法值得作为废催化剂利用的另一种潜在途径进行评价。

9.1.3 热气体净化吸附剂

传统上，采用 Claus 和 Scott 两种工艺组合进行气体净化，这两种工艺通常是商业操作的一部分，比如炼油厂及以煤和石油焦为原料的气化厂。商业气体净化吸附剂中含有 Fe、Zn、Ni、Cu 和 Ca 的氧化物[585]，通过与金属氧化物反应从气体中去除 H_2S 污染物，通用方程式如下所示，Me 表示金属：

$$MeO+H_2S \xlongequal{} MeS+H_2O$$

因此，在用作气体净化吸附剂之前，必须对废 HPR 催化剂进行脱碳。颗粒大小和形状表明，脱碳后废催化剂可直接用于固定床净化气体。硫饱和后，经氧化再生后循环利用。废气中的硫氧化物与石灰溶液接触生成高纯石膏，这种产品可以市售。

表 9.1[586]列出了脱碳催化剂中的金属氧化物与 H_2S 的探针反应。ΔG 值是较小的负值，说明去除 H_2S 的驱动力很大，证实废催化剂适用于气体净化，表 9.2 中所示的三种废脱碳催化剂实验证实了这一点[586]。吸附剂净化效率的穿透时间如图 9.1[586]所示，利用含硫化氢的模拟煤气化混合物，在固定床反应器中建立了这种关联。用这种方法测得的穿透时间列在表 9.3[586]中，同时列出了最著名的商业吸附剂(如铁酸锌)的穿透时间。比较结果表明，锌铁尖晶石的优越性显著，但是当比较归一化到相同数量的活性金属时，这种差异显著减小。此外，必须强调的是，锌铁尖晶石的成本比废催化剂的成本约高一个数量级。

表 9.1 金属氧化物与硫化氢反应的自由能[448]

反应	ΔG/(kJ/mol)	
	在 800K	在 900K
$MoO_3+2H_2S+H_2 \xlongequal{} MoS_2+3H_2O$	-21.4	-16.7
$CoO+H_2S \xlongequal{} 1/9Co_9S_8+1/18S_2+H_2O$	-14.3	-14.2
$NiO+H_2S \xlongequal{} 1/3Ni_3S_2+1/6S_2+H_2O$	-11.4	-12.0
$ZnO+H_2S \xlongequal{} ZnS+H_2O$	-17.7	-17.7
$Fe_3O_4+3H_2S \xlongequal{} FeS+FeS_2+FeO+3H_2O$	-21.6	-22.9
$FeO+H_2S \xlongequal{} FeS+H_2O$	-10.2	-10.3

表 9.2 废催化剂的组成[586] %(质)

金属	催化剂 A	催化剂 B	催化剂 C
Mo	10.0	7.7	9.7
Ni	<0.01	3.3	2.9
Co	2.9	<0.01	<0.01
Fe	<0.05	0.06	0.1
V	低于最小分辨值	4.0	低于最小分辨值

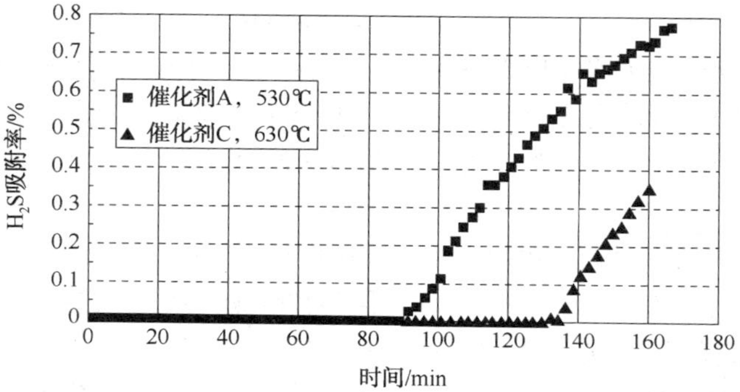

图 9.1 催化剂 A 和催化剂 C 的吸附穿透曲线[557]

表 9.3 废催化剂和锌铁尖晶石的穿透时间[586]

催化剂		穿透时间/min	
		A	A[a]
催化剂 A	530K	90	101
	630K	105	118
催化剂 B	530K	33	77
	630K	24	56
催化剂 C	630K	47	149
铁酸锌	530K	170	170
	630K	180	180

[a]：标准化为相同量的活性金属。

当使用废 HPR 催化剂处理气体时，应特别注意含 Ni 的固体。研究表明，在 CO 存在时，可以与废催化剂中的 Ni 反应形成挥发性有毒的 $Ni(CO)_4$[587]。最典型的含 CO 的气体是来自固体和半固体气化的气态产物，利用这种气体的一种途径是通过水煤气变换反应制备合成气(H_2+CO)。

9.1.4 其他气体处理及催化应用

为了开发性能更好的新型 HPR 催化剂，人们开始关注载体，载体的结构性能(孔径分布)接近分子筛。在很大程度上，可以通过脱碳来恢复废 HPR 催化剂性能。分子筛在处理各种气体，如去除 NH_3、HCl 和 H_2S 等污染物方面有许多应用。在这种情况下，气体净化是一个物理过程，需要固体有适当的孔隙率。同样，在生产超高纯度气体(如 H_2、He、N_2等)时，必须去除痕量的 H_2O、O_2和 CO。废 HPR 催化剂在这方面应用的潜力还没有实现，尽管它们具有合适的粒径并且需要的预处理很少。然而，一项研究表明，使用废 HPR 催化剂作为天然气的吸附剂具有潜力[587a]。

工业排放气体(如裂解气、气化和燃烧气)中含有微量金属，如汞、镉和铅[587b,587c]，这些金属对硫的亲和力很高，表明脱碳后经过硫化的废 HPR 催化剂可能对去除这些金属的效果较好，实验证明了这一点。

一方面，废催化剂中存在大量的钒，说明经过适当的预处理后，废催化剂可以适用于各种氧化反应。另一方面，催化剂中的 Ni 为加氢反应提供了可能，废 HPR 催化剂在各种气体处理和催化中的应用值得关注。

9.2 污水处理剂

据报道，日本的 Sanga 和 Nishimura 研究[588]开发了一种利用废 FCC 催化剂制备优质废水处理剂的工艺，该工艺涉及用碱处理废催化剂颗粒，处理后催化剂具有与新鲜沸石相似的阳离子交换性能。一项美国专利报告了使用含 V、Fe、Ni、Cu 和/或 C 的废裂化催化剂(沸石)对城市和工业废水进行处理[589]。在此过程中，废裂化催化剂与活性污泥结合，废水与污泥在生物氧化的条件下接触。污泥中(来自废催化剂)的无机氧化物提高了生物氧化速率。有研究[590,591]报道以废 FCC 催化剂为原料，通过水热合成制备活性 A 和 X 型沸石。所制备的沸石材料(4A 型)结晶度超过 90%，离子交换能力与水处理工业产品相近。

在水处理的类似应用中，为了抑制金属的浸出，废 HPR 催化剂不必经过脱碳。然而，与活性污泥联合使用可以最大限度地减少不必要的浸出，还有许多方法可以使废 HPR 催化剂的金属的可浸出性最小化。因此，作为废 HPR 催化剂的潜在出口，在水处理方面应用值得全面评估。

经过脱碳后，γ-Al_2O_3 或 γ-Al_2O_3-SiO_2 为载体的废 HPR 催化剂是除去废水中氟的有效吸附剂[591a]，氟铝络合物和游离氟离子参与吸附反应，吸附容量接近商业上应用的活性氧化铝的吸附容量。

通过氧化燃烧除去废 HPR 催化剂中的杂质，并用含有 Fe 的水溶液浸渍涂覆 Fe[591b]，采用铁包覆催化剂去除废水中的 As。废催化剂中加入 Fe 显著提高了吸附能力，酸性条件有利于吸附，pH 值越低吸附量越大。

第 10 章　废加氢催化剂的资源化利用

除了回收废加氢催化剂中的金属之外，还可以作为原材料来生产其他的催化剂和有用材料，在环保和经济方面具有重要意义[22]。表 10.1 列出了用废加氢催化剂生产的相关材料以及用途。特别地，利用废加氢催化剂生产建筑材料，例如水泥和混凝土等，尤其引人注目。其他由废加氢催化剂生产的重要材料还有熔融氧化铝、微晶玻璃和耐火材料等。

10.1　水泥材料

废 FCC 催化剂主要包括 SiO_2、Al_2O_3和少量的杂质，大量的研究集中于如何将废 FCC 催化剂应用于水泥和混凝土行业[22, 592-594]。在高温窑炉中焙烧时，SiO_2及 Al_2O_3可以和其他组分发生反应生产硅酸盐水泥，水泥中废 FCC 催化剂的添加量最高可达 6%，其余组分为 75%的石灰岩和 19%的黏土。废 FCC 催化剂的这一利用方式为废加氢催化剂的循环利用提供了一种思路，对废加氢催化剂进行一定的处理降低其中的有害物质浓度之后，也可适用于水泥和混凝土的生产。

表 10.1　利用废加氢催化剂生产的材料[22]

产品	工业应用
刚玉及其他种类氧化铝	磨料、耐火材料
钙长石微晶玻璃	电绝缘材料
合成骨料	水泥、混凝土材料，建筑行业
耐火水泥、耐火砖	高温炉耐火材料

还有大量的研究致力于将废 FCC 催化剂用作混凝土的黏合剂[22, 595, 596]，结果显示废 FCC 催化剂能够在一定程度上取代沙子和水泥。Su 等[592]的研究结果表明，在不降低混凝土品质的前提下废 FCC 催化剂最多能够替代 15%的水泥。事实上，废 FCC 催化剂代替水泥所生产的混凝土显示出比原有混凝土更高的抗压强度。在另一项研究中，Su 等[597]报道了在不降低水泥强度的前提下，废 FCC 催化剂能替代水泥浆中的沙子，最高替代量可达 10%。Pacewska 等[595]研究了废 FCC 催化剂与硅酸盐水泥之间的相互作用，证明了废 FCC 催化剂具有凝硬特性并且这种性质与废 FCC 催化剂的晶粒尺寸直接相关。混凝土中添加 FCC 废催化剂能够改善其孔结构，提升其密度和综合强度，并且能够降低混凝土的吸水量。此外，废 FCC 催化剂中的硅铝酸盐能够发生凝硬反应从而有利于降低水泥浆中

的 $Ca(OH)_2$ 含量[598, 599]。此外，与未添加废 FCC 催化剂的水泥相比，添加废 FCC 催化剂的水泥的表面积明显增加，并且平均孔径减小。

常规的加氢催化剂主要通过在 γ-Al_2O_3上负载金属活性制备得到，黏结性较差，因此需要进行处理使之具备适当的黏结性才能应用于水泥和混凝土行业。酸性载体加氢催化剂的使用量日渐增多，这是因为酸性位点有助于促进重质油的加氢裂化。酸性位点往往是无定形的硅铝氧化物和分子筛等，加氢催化剂在这一方面的性质接近于 FCC 催化剂，具有酸性功能的加氢催化剂常用于脱蜡生产中间馏分燃料或者是润滑油基础油，相似的催化剂还用于费-托油和蜡油改质。对于包含贵金属(Pt 和 Pd 等)组分的双功能加氢催化剂，在充分回收贵金属之后也可以将其用于水泥和混凝土工业。

10.2 研磨材料和合金

Zeiringer 等[600]使用废加氢催化剂(Co-Mo-Al_2O_3和 Ni-Mo-Al_2O_3等)制备研磨材料，以下是过程涉及的基本步骤：

① 在还原剂如焦炭或铝金属(粉末)的存在下熔化废催化剂；

② 以适当的速度冷却熔体，以获得所需晶粒大小的研磨材料；

③ 金属组分(Co-Mo 或 Co-Mo-Ni-V)在熔融过程中逐渐聚集形成合金，在熔融物固化之前或者固化之后将金属组分和研磨材料进行分离。

生产出的研磨材料为具有刚玉结构的氧化铝，具有很高的硬度，可以用作磨料。采用废加氢催化剂制备的磨料往往具有不同的晶粒尺寸且含有不同的添加剂，因此可以根据具体的应用条件使用这些磨料。废催化剂中的金属组分在熔化槽的底部形成合金，在凝固之前从熔融状态的氧化铝中进行分离或者是之后凝固成块体再进行分离。根据废催化剂的种类不同，合金的组成有 Mo-Co、W-Ni、Mo-Co-Ni-V 等，同时合金中还会有多种多样的杂质元素，例如 S、C、Si、Fe 和 Ti 等。从磨料中分离出来的合金可以直接应用于钢铁工业或者其他金属工业领域。如果合金中的杂质元素超标严重，则可以采用成熟的处理工艺来降低杂质含量之后再加以利用。

采用碳对废 Co-Mo-Al_2O_3 催化剂(含 3.5% Co、7.7% Mo、0.05% S 和 0.62% Si，其余为 Al_2O_3)进行焙烧还原处理(碳剂比为 1∶20)，得到的磨料和合金组分见表 10.2[600]。在另一种方法中，将废加氢催化剂(含 3.3% Co、6.7% Mo、11.3% V、3.5% Ni、0.03% S 和 0.54% Si，剩余为 Al_2O_3)和金属铝颗粒混合(铝剂比为 1∶6)，混合物在电弧炉中熔融然后冷却，得到的磨料和合金的组分见表 10.3[600]。在 Cichy[601]公布的专利中，采用两个炉子熔融废催化剂制备磨料。第一个炉子中含氧化铝的炉渣转移到第二个炉子中后达到合适的温度，形成合适的组分以及品质，从而形成磨料或耐火材料。

表 10.2 用废 Co-Mo-Al_2O_3催化剂制备出的磨料和合金的组分

磨料	比例/%(质)	合金	比例/%(质)
Fe_2O_3	0.10	Co	26.9
CoO	0.15	Mo	62.0
MoO_3	0.06	S	0.04
S	0.04	Fe	5.43
C	0.05	Si	2.15
SiO_2	0.58	C	3.15
MgO	0.05		
Al_2O_3	平衡物		

表 10.3 用废加氢催化剂制备的磨料和合金的组分

磨料	比例/%(质)	合金	比例/%(质)
Fe_2O_3	0.06	Co	12.0
CoO	0.07	Ni	12.9
NiO	0.05	Mo	25.0
MoO_3	0.06	V	41.5
V_2O_5	0.31	C	1.4
S	0.04	Al	1.6
C	0.04	Fe	2.8
Mg	0.05	Si	1.2
Si	0.04		
Al_2O_3	平衡物		

10.3 陶瓷材料

卡夫化工冶金公司(Gulf Chemical & Metallurgical Corp，GCMC)采用熔化工艺将废加氢催化剂中的氧化铝转变为熔融氧化铝，熔融过程同时也伴随着废加氢催化剂中有用金属和 Al_2O_3 的回收[602,603]。在熔融过程中，将废加氢催化剂与 Na_2CO_3混合在一起加热，提炼出废催化剂中的金属组分(Mo 和 V)，之后得到氧化铝，这时氧化铝中仍然含有少量难以浸出的金属组分。将氧化铝进一步与还原剂混合，在电弧炉中加热产生熔融态的氧化铝用于陶瓷材料和耐火材料的生产。氧化铝中难以浸出的金属组分在熔化过程中会形成包含 Ni、Co、Mo 和 V 的合金，熔融态氧化铝的组分见表 10.4。

Su 等[597]利用去除金属之后的氧化铝制备出了钙长石微晶玻璃，将残留在氧化铝中的少量金属元素（Co、Mo、V）有效地固定在微晶玻璃之中，这种微晶玻璃可以在电子工业中用作绝缘材料。

一篇俄罗斯论文[604]报道使用含铝工业废料（例如废催化剂）制备低自应力水泥。采用含有氧化铝的工业废弃物（废催化剂等）制备低应力的耐压水泥。Sokolov 等[605]的研究表明，Al_2O_3负载 NiO 的废催化剂适合于制备含铝的耐火水泥。

表 10.4　卡夫化工冶金公司的熔融氧化铝和合金产品中元素含量[603]

元素	熔融氧化铝/%（质）	合金/%（质）
Al	47~51	0.1~0.3
Ni	0.1~0.3	37~43
Co	<0.02	12~17
Mo	0.1~0.3	3~17
V	0.1~0.3	4~14
Si	0.1~0.5	1.11
Fe	0.5~1.2	6~13
Na	0.2~1.5	

挤出成型制备的 Ni-Mo-Al_2O_3加氢催化剂往往为条状，利用其制备陶瓷材料时需要先进行研磨过筛。文献[587]对研磨后的废催化剂用 0.63mm 的筛子筛分，以 7%~20%的比例将其与黏土或者粉碎的砖块混合。混合物干燥后再经过 1000℃以上的高温焙烧制得陶瓷材料。通过对材料总收缩率、抗压强度、吸水量和孔隙率等性质进行综合评价，废加氢催化剂的掺入量为 10%时得到的陶瓷材料性能最佳。在相同的实验条件下，使用废 FCC 催化剂与黏土制备陶瓷材料时，废 FCC 催化剂的含量在 20%时得到的陶瓷材料性能最佳。

Shardakov 和 Deryabin[605a]采用废加氢催化剂作为添加剂制备了搪瓷底漆，采用传统固相材料和废加氢催化剂制备的搪瓷材料表现出较好的浸润性和抗水性，也提出相应的相图和经验公式确定不同组分之间混合的最佳参数。

10.4　合成骨料

Al-Fulaij 等[606]研究了采用废加氢催化剂制备无渗透材料，例如合成骨料，这类材料具有很高的抗压强度。同时他们也考察了这类合成骨料在混凝土中的应用，首先将废加氢催化剂制成尺寸小于 180μm 的细粉，将细粉（4%）、黏土（20%）、灰泥（68%）、沙子（8%）以及水混合均匀并制成直径约为 20mm 的小球，在 110℃下干燥 12h，最后在 1150~1300℃进行焙烧。温度对合成骨料的可浸出性和抗压强度的影响分别如图 10.1 和图 10.2 所示，结果表明在 1175℃焙烧得到的合成骨料的金属浸出性最小（<1μg/g），抗压强度最大。由合成骨料制取的混凝土的抗压强度能达到 461kgf/cm²，由天然骨料制取的混凝土的抗压强度为 485kgf/cm²；以上结果表明，基于废加氢催化剂制得的合成骨料具有较好的稳定性和不可浸出性，适用于混凝土的生产和应用。

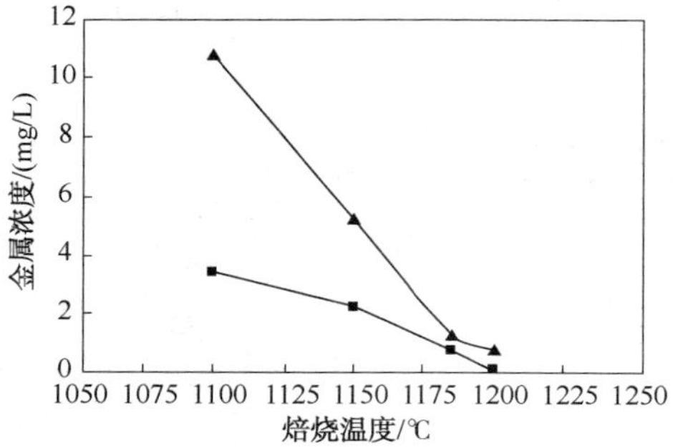

图 10.1 焙烧温度对浸出液中金属浓度的影响[607]

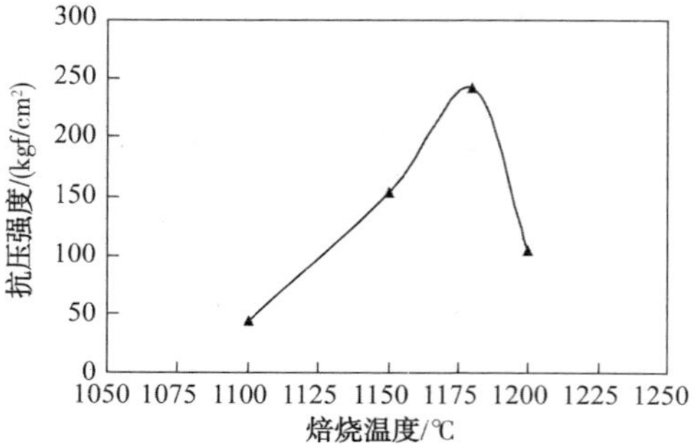

图 10.2 焙烧温度对合成骨料抗压强度的影响[607]

10.5 废催化剂制砖

Acchar 等[608]提出，可以使用废加氢催化剂生产黏土基材料，例如砖。在粉料中加入 20%的废加氢催化剂，然后采用挤出成型的方法做出砖的坯料，在空气中经过 700 ~1000℃焙烧生产砖。最终产品在烧成收缩率、吸水率和机械性能等方面表现较好，因此制砖也有可能是废加氢催化剂的一个重要利用途径。

第 11 章　废加氢催化剂中金属的回收与利用

前几章指出，废加氢催化剂中含有数量可观的氧化铝和金属，例如 Mo、Ni、Co 和 V 等[9,13,28,138]。这些金属都是从相应的矿石中提炼出来的，具有很高的价值，广泛应用于钢铁工业和特种合金的制造。废加氢催化剂可以作为这些金属的一个廉价来源，从而节约矿产资源。与此同时，废加氢催化剂的资源化利用也减小了处理废催化剂时对环境所造成的危害。因此，从经济和环保的角度考量，利用废加氢催化剂获取金属和其他有用材料的工艺过程越来越受到关注。有大量的文献从科学和技术的角度研究废加氢催化剂的资源化利用过程[609,609a]。

废加氢催化剂的回收利用方法有：氯化法、酸浸法、碱浸法、生物浸出法和碳酸盐盐熔法等，关于这些方法的细节有大量公开的文献和专利可以查阅。废加氢催化剂的回收与利用重点集中于 Mo、Ni、V 和 Co 等金属的提取，为此成立了许多新公司或部门进行相应的工业应用。表 11.1 列出了从废加氢催化剂中回收的化合物种类。Pinto 和 Soares[611]报道了从含 Mo 和 Al 的碱性浸出液中回收高纯度 $SrMoO_4$(96%)和 $PbMoO_4$(99%)的方法。下文将对文献中从废加氢催化剂中回收金属的相关研究进行综述，这些研究包含实验室的探索和工业应用。

表 11.1　可从废加氢催化剂中回收得到的化合物[610]

氢氧化铝	铝硅聚合物
钨酸钙	钼酸铵
氧化铬	钒酸铵
氧化钼	镍钴精矿
三硫化钼	钒酸钠
氢氧化钒湿饼	钼酸钠
五氧化二钒	铁钼合金
铁钒合金	

通常采用物理方法(浮选法、粒度分离法和研磨法等)对含 Co、Ni 和 Mo 的废加氢催化剂进行预处理，目的是富集需要回收的金属元素[612]。由于废加氢催化剂的表面存在积炭，因此浮选法效率不高，然而先对废催化剂进行脱碳处理再进行浮选的工艺尚未见报道。粒度分离法产生两种颗粒：一种富集 Mo，另一种富集 Co。废剂在 550℃焙烧后再进行研磨，金属组分将更容易被 NaOH 和 H_2SO_4

浸出。然而，由于金属组分往往是沿催化剂径向均匀分布的，研磨法的效率仍然不高。对于加氢脱金属的废催化剂，通常情况下金属(V+Ni)的浓度由内向外递增，研磨产生的高金属含量组分更有利于金属的回收。

11.1 浸出处理

从废加氢催化剂中回收金属的相关文献中，大部分都采用了化学浸出法，浸出溶剂包括无机溶剂和有机溶剂。与此同时，越来越多的研究也集中于采用微生物对废催化剂进行浸出处理。采用化学浸出和生物浸出相结合的方法同样也具有较大的潜力。对废加氢催化剂和含碱金属物质(Na、K 等)焙烧处理后会有利于金属在浸出液中的溶解。因此，结合了焙烧和浸出两种工艺的两步法更有可能会被应用。此外，氯化作用能够促进金属元素组分的挥发和溶解。整体而言，随着技术的不断进步，用于废催化剂回收金属的新方法正在不断地被开发出来。

当金属在溶液中时，可以采用选择性沉淀的方法分离金属。采用有机萃取剂分离溶液中的金属已经有数十年的研究，通过简单调整含有机萃取剂溶液的 pH 值就能够实现金属元素的高效分离，部分商用有机萃取剂的结构式如图 11.1 所示。

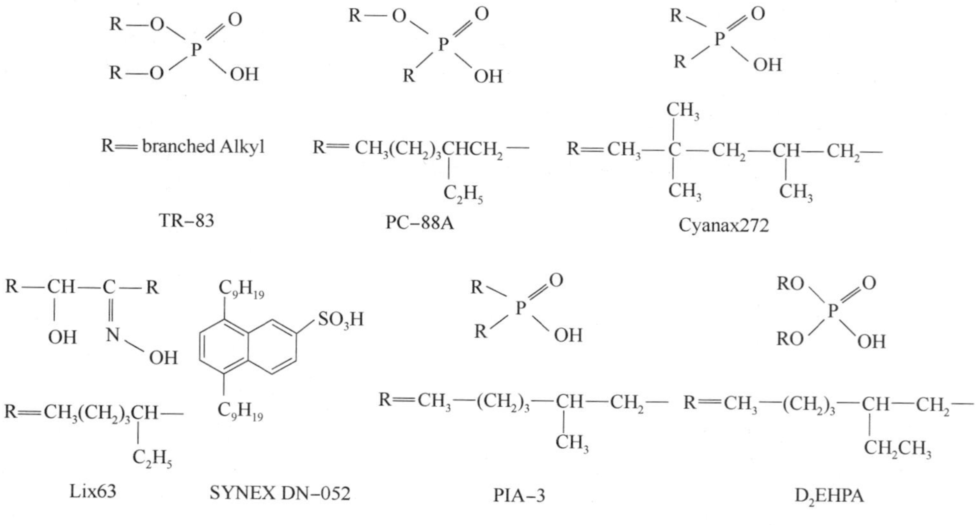

图 11.1　部分有机萃取溶剂

氨或铵盐溶液、无机酸(HCl、H_2SO_4 和 HNO_3)溶液和含碱金属溶液通常被用作浸出液，水溶性的有机酸也可以用来配制浸出液。与无机酸和铵盐溶液相比，有机酸更为安全。此外，有大量微生物用于生物浸出实验，实验往往聚焦于微生物对废催化剂中金属的浸出可行性和选择性。

11.1.1 氨溶液和铵盐溶液浸出处理

氨溶液和铵盐溶液能够从废加氢催化剂中提取 Mo、V、Co 和 Ni 等金属。在公开的专利中，Gutinikov[613]使用碳酸铵溶液浸出废催化剂中的金属，其中有90%的 Mo 和 V、60%~70%的 Ni 被成功回收。Millsap 和 Reisler[614]采用相似的工艺从 $NiMo/Al_2O_3$ 废催化剂中回收金属，首先对废催化剂进行焙烧，之后采用氨水和碳酸铵溶液浸出 Mo 和 Ni，Al_2O_3 不溶物留在滤渣中。去除滤液中多余的 NH_3 之后，将 Ni 以碳酸盐的形式沉淀出来，采用溶剂萃取 Mo，然后以钼酸钙的形式沉淀出来。

雪佛龙公司公开的许多专利中采用铵盐溶液来提取废加氢催化剂中的金属[615-618]。例如，Hubred[616]对经过脱碳处理之后的废加氢催化剂采用碳酸铵或硫酸铵溶液进行浸出处理，回收了85%的 Mo，75%~85%的 V，75%~80%的 Ni 和45%的 Co。浸出过程中铵盐溶液的 pH 值控制在9.5~11，温度控制在85~95℃。脱碳温度和浸出时间对 Ni 和 Co 的浸出有显著影响。浸出时间对 Co 的回收影响显著，最佳处理时间为5~10min，随着继续增加时间对 Co 的回收产生负面影响。在相同的浸出时间下，氧化铝的溶出很小，可以忽略（<0.1%）。浸出液中不同的金属组分采用不同溶剂萃取，例如 Mo 和 V 可以在 pH 值为10.4的条件下用季铵将其从 Ni 和 Co 中分离出来，之后可以用 LIX 64N 和 LIX 51 提取出溶液中剩余的 Ni 和 Co[616]。

在另一项研究中，Marcantonio[617]采用一种含有氨、铵盐和过氧化氢的溶液来提取废加氢催化剂中的金属组分（V、Mo、Ni 和 Co），所用的铵盐为 $(NH_4)_2CO_3$ 和 $(NH_4)_2SO_4$。溶液的 pH 值和溶质的浓度显著影响到金属的浸出程度，在氨和铵盐的水溶液中添加 H_2O_2 显著影响 V 和 Co 的提取，但是 H_2O_2 的添加对 Mo 和 Ni 的提取影响不大。在溶液 pH 值为10.4，溶液的氨浓度、铵盐浓度和 H_2O_2 浓度分别为2mol/L、0.5mol/L 和0.14mol/L 时，可以回收废催化剂中93%的 Mo、88%的 V、80%的 Ni 和78%的 Co。

雪佛龙公司的另一项专利中描述了选择性地提取 MoS_2 废剂中 Mo 的方法，这种废催化剂的污染物有 Ni 和 V[618,619]。首先对废催化剂进行氧化处理，将金属硫化物转化为金属氧化物，之后采用肼作为还原剂来降低 V 的价态并用氨水浸出。浸出之前的还原处理能够有效促进 Mo 和其他金属（V、Ni）的分离，回收的 Mo 经过硫化处理之后可以变为活性 MoS_2 再次利用。

对于含有 Mo、V 和 Ni 的硫化物的废加氢催化剂，Marcantonio[620]公开了一种加压氨浸出工艺。在 O_2 存在的条件下，NH_3 与废催化剂中的硫化物生成钼酸铵、偏钒酸铵和硫酸镍铵，反应方程式如下：

$$MoS_2+4.5O_2+6NH_3+3H_2O = (NH_4)_2MoO_4+2(NH_4)_2SO_4$$

$$V_2S_3+7O_2+8NH_3+4H_2O = 2NH_4VO_3+3(NH_4)_2SO_4$$

$$NiS+2O_2+6NH_3 \longequal Ni(NH_3)_6SO_4$$

生成的钼酸铵和硫酸镍铵在溶液中，偏钒酸铵沉淀出来，通过过滤分离，之后焙烧转化为 V_2O_5。含有 Mo 和 Ni 的溶液进一步采用溶剂萃取法进行分离，整个工艺最终可市售的产品有：V_2O_5、$(NH_4)_2MoO_4$ 和 $NiSO_4$。

Villarreal 等[621]对含有 V_2O_5(27.3%)、MoO_3(1.92%)、NiO(3.2%)和 Al_2O_3(39.6%)的加氢脱金属废催化剂在室温条件下用氨溶液(15~17mol/L)浸出处理，回收了 98% 的 V，产物为 NH_4VO_3。在相应的处理条件下 Mo 和 Ni 不会被浸出[622]。Yoo 等[623]使用硫酸铵溶液从加氢脱硫废催化剂中回收 Ni，在 368K、$(NH_4)_2SO_4$ 浓度为 2.6mol/L 时回收了 94%的 Ni，其他金属的回收情况在其研究中没有报道。

11.1.2 无机酸浸出处理

HCl、H_2SO_4 和 HNO_3 广泛用于从废加氢催化剂中浸出金属，处理过程可以采用一种酸或者多种酸和氧化剂的混合物，图 11.2 为酸处理的一般过程。一般认为，处理过程中的过程参数显著影响金属的回收效果，这些过程包括化学处理之前的脱油、干燥、研磨、筛分和脱碳[624]。例如，脱油过程中所用到的溶剂影响到金属的回收。

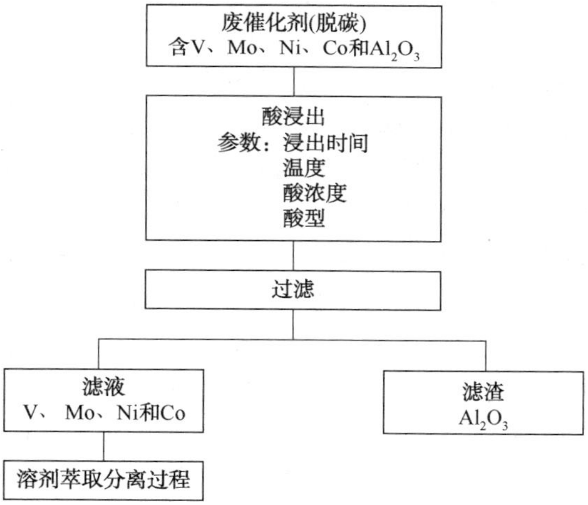

图 11.2 酸浸出金属的流程示意图

11.1.2.1 酸浸出处理

Aliev 等[625]对比了不同无机酸(HCl、H_2SO_4 和 HNO_3)对 $NiMo/Al_2O_3$ 废催化剂浸出效率的影响。在浸出实验之前，废催化剂在 500℃焙烧脱碳，之后研磨成 10~30μm 的颗粒。在过量三倍的酸溶液、80℃条件下对颗粒物处理 8h。实验结果表明(表 11.2)，酸可以浸出 Ni，对 Mo 和 Al 的浸出效率很低。金属浸出效率随着酸浓度的增大而增大。当使用浓酸时，浓盐酸的效果是最好的。对于未经脱碳处理的废催化剂，HNO_3 是最好的，因为 HNO_3 具有较强的氧化性。

表 11.2　酸浓度对于废加氢催化剂金属浸出的影响[625]　　%

金属	HNO_3			H_2SO_4			HCl		
	12	43	浓酸	32	66	浓酸	18	40	浓酸
Ni	15	35	67	42	54	83	23	41	95
Mo	19	12	15	20	20	25	20	26	28
Al	8	18	35	7	15	27	10	13	38

在 Valverde 等[626]的研究中，采用 9mol/L 的 H_2SO_4 对废催化剂进行浸出处理，温度为 90℃，转速为 200r/min，时间为 70～90min，超过 95% 的 Co、Ni 和 Mo 被浸出。假设所有金属转化为硫酸盐，酸和催化剂的比例为2.1∶1。废催化剂的氧化预处理对浸出效率有明显的影响，在避免金属烧结的前提下氧化预处理能大幅提高金属的浸出效率。反之，如果氧化预处理时造成金属烧结长大或者是金属与载体发生了反应，则会降低后续的浸出效率。在浸出处理并滤去残渣之后，可以采用溶剂萃取、选择性沉淀和离子交换相结合的方法分离金属。图 11.3 展示了煤油中叔胺(Alamine 304)浓度对萃取 Mo 的影响。除了叔胺浓度之外，pH 值也能显著影响浸出效果。图 11.4 展示了 pH 值对于浸出效果的影响，在 pH 值为 2 的条件下 Mo 的浸出效率达到了 100%。采用$(NH_4)_2C_2O_4$ 回收剩余滤液中的 Co 和 Ni，向滤液中加入 0.3mol/L 的$(NH_4)_2C_2O_4$ 溶液，直到滤液变成无色为止。过滤出 Co 和 Ni 的草酸盐并采用 0.1mol/L 的$(NH_4)_2C_2O_4$ 溶液进行清洗，然后进行干燥。

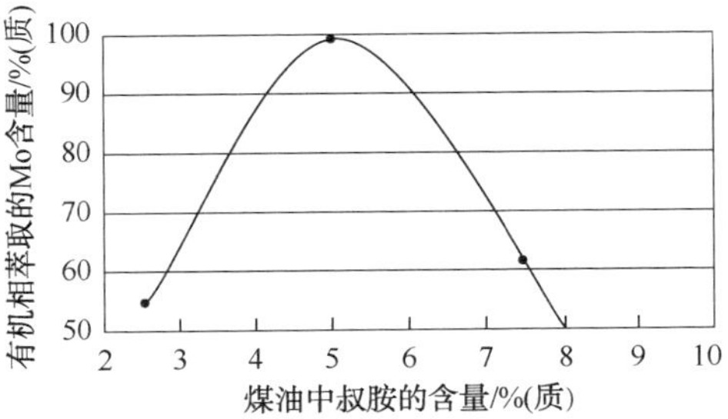

图 11.3　叔胺(Alamine 304)浓度对于萃取 Mo 的影响(pH 值 1.5，25℃)[626]

Hyatt[627]公开的专利中，在 100～200℃ 的高压釜(7.5～15atm)中，在 H_2S 存在下用 H_2SO_4 处理 $CoMo/Al_2O_3$ 催化剂。H_2S 促使 Mo 和 Co 沉淀为硫化物，而 Al_2O_3 则转化为可溶性的 $Al_2(SO_4)_3$。将硫化物从 $Al_2(SO_4)_3$ 溶液中分离出来，之

后在高压釜中加压氧化，使 MoS_2 转化为固态的钼酸，CoS 则转化为 $CoSO_4$。通过过滤从液体中分离钼酸，用离子交换法回收钴，图 11.5 展示了整个回收流程[627]，此工艺可以回收 Mo、Co 和 $Al_2(SO_4)_3$，该项研究中没有提及 V 的回收。

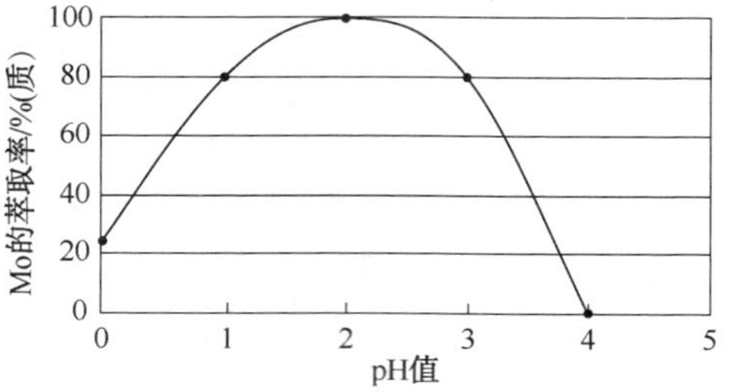

图 11.4　pH 值对于浸出 Mo 的影响[5%(体)叔胺，25℃][626]

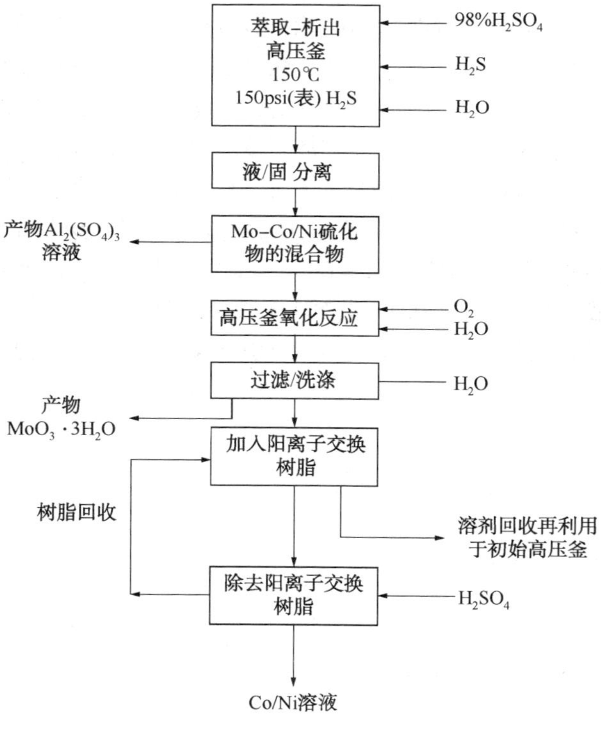

图 11.5　H_2SO_4 和 H_2S 处理加氢脱硫废催化剂的相关步骤[627]

Yoyabe 等[628]开发了一种改进型的 H_2SO_4 浸出工艺，能够回收废加氢催化剂中所有的金属(Mo、V、Ni、Co)和 Al_2O_3，处理过程包含如下步骤：

① 在 400~1000℃条件下进行焙烧；

② 采用硫酸对焙烧后的废催化剂进行溶解，溶解过程采用金属铝作为促溶剂；

③ 先去除溶液中的铁离子，之后将溶液中大部分的铝以硫酸铝铵的形式回收；

④ 从溶液中分离和回收铝后，采用溶剂萃取的方法以钼酸盐的形式回收 Mo；

⑤ 用溶剂萃取法从提取钼后的残渣溶液中提取钒酸盐；

⑥ 从回收钒后的萃取渣中回收镍和钴的氢氧化物。

采用 H_2SO_4 回收废加氢催化剂中的金属和 Al_2O_3 的详细过程见 Inoue 等的相关研究[629,630]。首先对废催化剂进行脱碳处理，之后采用 H_2SO_4(63%)进行处理并蒸发至干燥状态。固体中包含金属(Co、Mo、V、Ni 和 Al)的硫酸盐，再将固体溶于水中。不同的金属可以在调控 pH 值条件下采用溶剂萃取的方法进行回收[631]。Nguyen 和 Lee[632]也研究了用 H_2SO_4 浸出金属并从浸出溶液中回收 Mo 和 V 的过程。关于浸出之后的萃取过程，有一系列萃取剂可以使用，如图 11.1 所示，这些萃取剂有 TR-83、PC-88A、Cyanax 272、Lix63、SYNEX DN-052 等，关于研究中萃取的细节在稍后的章节中有详细的描述。

采用丙酮或丙酮-二硫化碳先对废催化剂进行洗涤之后再用 H_2SO_4(1M)进行浸出处理会影响金属元素(Ni、V 和 Mo)的回收[634]。采用丙酮-二硫化碳洗涤之后可以回收超过 90%的金属，但是如果只用丙酮对废催化剂进行处理，Mo 的回收率就低于 Ni 和 V 的回收率。

霍尔化学开发了一种以 HCl 溶液为浸出液回收加氢废催化剂的方法[634]。首先在 HCl 溶液中将废催化剂完全溶解，向溶液中通入 H_2S，Mo 以硫化物的形式首先沉淀出来。之后采用溶剂将 V 萃取出来并最终转化为 V_2O_5。接下来用溶剂将 Ni 萃取出来，之后加入硫酸转化为硫酸盐。最后对 Co 采用和 Ni 类似的方法进行回收。

Siemens 等[635]使用 H_2SO_4 获得了较高的 Mo、Ni 和 Al 的回收率，分别为 93%、98%和 96%。Rastas 等[637]采用 $H_2SO_4+Al_2(SO_4)_3$ 和 $H_2SO_4+(NH_4)_2SO_4$ 的混合物回收了 92%的 Mo 和 97%的 Co。Rabah 等[637]使用浓硫酸和浓硝酸的(H_2SO_4 : HNO_3=3 : 1)混合物浸出加氢脱硫剂中的 Mo 和 Co，并将金属进一步以氢氧化物的形式分离出来，焙烧之后得到相应的氧化物。采用 H_2 对 Mo 和 Co 的氧化物分别在 1100℃和 900℃条件下进行还原处理得到高纯度的金属，金属的最高回收率可达 96%。

Lai 等[638]采用两种强酸的混合溶液回收废加氢催化剂，其中一种混合液的组分为：50mL 70% HNO_3+50mL 96% H_2SO_4；另一种混合液的组分为 50mL 70% HNO_3+25mL 96% H_2SO_4+25mL 37% HCl。对 $NiMo/Al_2O_3 \cdot SiO_2$ 废催化剂在 70℃

条件下进行浸出处理，将残留物从浸出液中过滤出来，之后将残留物用 0.5mol/L 的 HNO_3 溶液处理，对残留物进行第二轮和第三轮的浸出处理。采用电化学移动床装置回收金属，实验装置如图 11.6 所示[638]。在进行电化学实验之前，用 10mol/L NaOH 调整滤液的 pH 值到 2~4，电化学法金属的回收率和电压随时间的变化如图 11.7 所示。

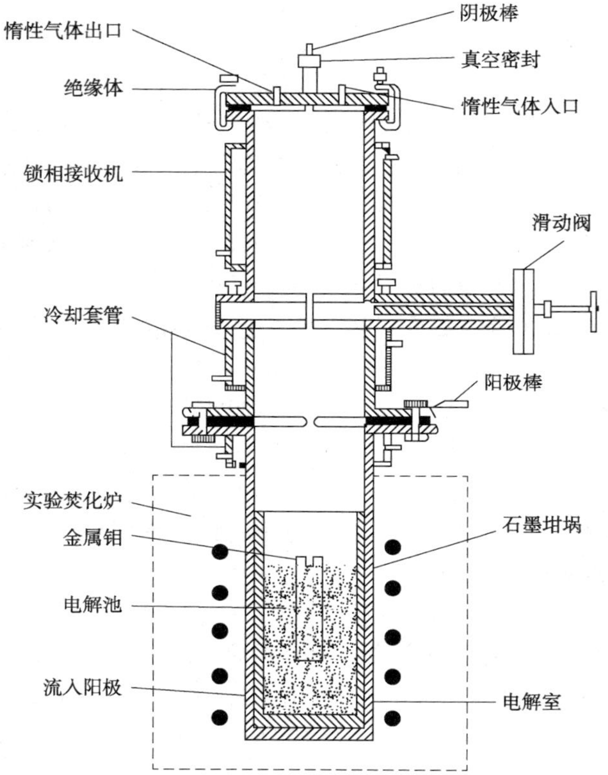

图 11.6　用于金属回收的电化学反应装置[638]

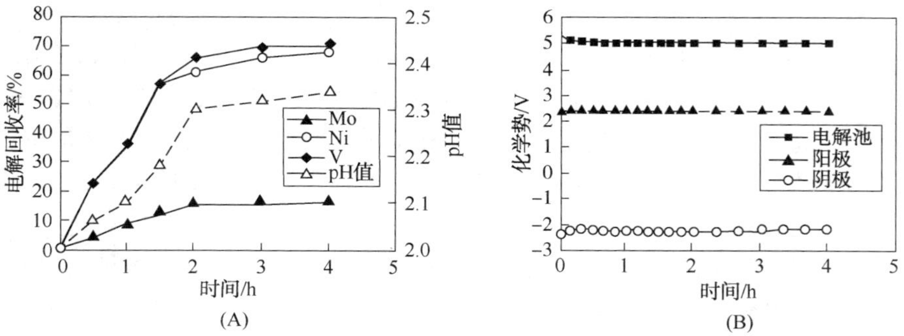

图 11.7　Mo、Ni 和 V 的回收率(A)，电压(B)随时间的变化[638]

Raisoni 和 Dixit[639]采用 SO_2 的水溶液进行废加氢脱硫催化剂的回收，浸出之前先对废催化剂进行焙烧。如图 11.8 所示，金属的溶解过程受溶液 pH 值的强烈影响。在室温条件下、pH 值为 1 的溶液中 Co 和 Mo 立刻溶出，并且这两种金属在 8~10min 内的溶出率达到 100%。实验中所用的废催化剂包含 6.12%的 Co_3O_4、10.8%的 MoO_3、65.2%的 Al_2O_3、17.7%的 SiO_2、0.10%的 S 和 0.35%的 C，溶出过程相关的反应方程式如下：

$$3Co^{2+}+4SO_2+3H_2O \longrightarrow 2CoSO_4+CoS_2O_3+6H^+$$

$$2Mo^{4+}+6SO_2+2H_2O \longrightarrow Mo(SO_4)_2+Mo(S_2O_3)_2+4H^+$$

Al_2O_3 的溶解状况以及分离状况在该项研究中没有报道。

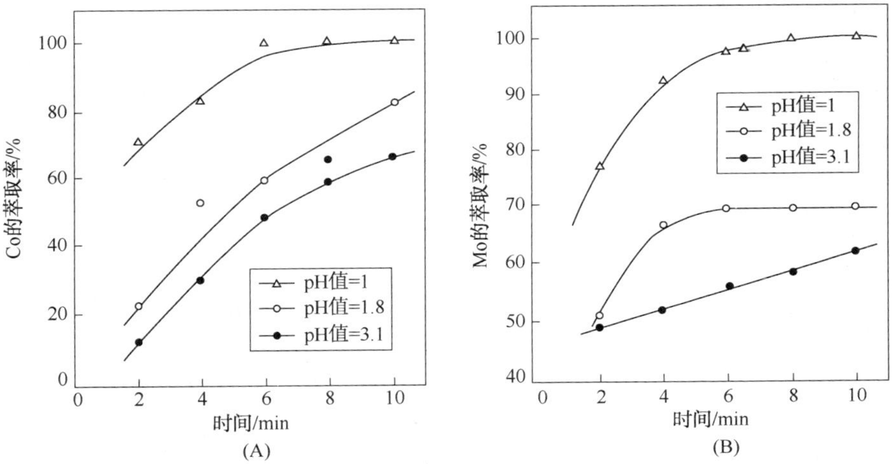

图 11.8　pH 值对金属浸出的影响：(A) Co，(B) Mo[639]

11.1.2.2　酸和氧化剂共浸处理

Rocchetti 等[640]研究了 Fe^{3+}辅助酸液浸出废加氢催化剂的相关过程，废催化剂中的金属与溶液中的 Fe^{3+}以及 H^+ 发生化学反应并释放到溶液中，如下面反应式所示：

$$MeS+2Fe^{3+} \longrightarrow Me^{2+}+S+2Fe^{2+}$$

$$MeS+2H^+ \longrightarrow Me^{2+}+H^2S$$

研究者对比了 HCl 和 H_2SO_4，发现 H_2SO_4 的浸出效果更好。同时金属的浸出率还受到酸浓度和 Fe^{3+}浓度的影响。几乎所有的 Ni 和 V 都能够被浸出，Al 和 Mo 的浸出率分别接近 50%和 20%。

在 Barik 等[641]的研究中，废加氢催化剂中的 Co、Mo 和 Al 在 H_2SO_4 中的溶出率很低。但是，当向溶液中加入氧化剂后金属的浸出效率明显提高，不同氧化剂对金属溶解的促进程度遵循以下顺序：

$$H_2O_2>HNO_3>NaClO_3>FeCl_3>NaOCl$$

废催化剂颗粒的大小也对金属的浸出率有明显影响。该项研究中，Mo、Co和Al的最佳浸出率分别为100%、96%和11%。相应的实验条件如下：0.5mol/L的H_2SO_4，相比于化学计量5倍的H_2O_2，废催化剂颗粒尺寸51~70μm，反应温度为50℃，反应时间为2h。

Ruiz等[642]对未脱碳的$CoMo/Al_2O_3$废催化剂进行了一步式浸出处理，实验条件如下：pH值=1.3，化学计量因子为2.4，H_2O_2浓度为3.75mol/L。Mo和Co的回收率可达到90%和83%，然而，60℃时只有8%的Al被浸出。维持pH值在一个稳定值对于保证Al的低溶出率很重要。显然，由硫氧化所产生的H_2SO_4在浸出过程中发挥重要作用。

11.1.3 有机酸浸出

Beuther和Flinn[508]首先研究了有机酸浸出废加氢催化剂中的金属，他们比较了以下有机酸对金属(V、Mo、Ni和Co)的浸出率：草酸、乳酸、柠檬酸、乙醇酸、邻苯二甲酸、丙二酸、琥珀酸、水杨酸和酒石酸。实验中各种有机酸的浓度均为1%，结果表明草酸对金属的浸出性能最佳，可以浸出47%的V、59%的Mo、60%的Co和56%的Ni，该研究中没有进一步对酸的浓度和其他条件进行研究。

Marafi等[509,517,519]使用草酸、柠檬酸和酒石酸选择性地浸出加氢脱金属废催化剂中的金属污染物，例如V和Ni。虽然这些相关研究的目的是对废催化剂进行脱金属再生，但是它们与回收金属相关，因此也总结在这里。加氢脱金属催化剂的主要污染物是V，V堵塞催化剂孔道使催化剂失活。对经过脱碳处理的废催化剂和没有脱碳的废催化剂都进行浸出实验，其中未经脱碳处理的催化剂上浸出选择性更高。处理含积炭废催化剂时，加入$Fe(NO_3)_3$、$Al(NO_3)_3$和H_2O_2等氧化剂对于提升有机酸的浸出率很有必要[504,506,517]。大部分的V从催化剂孔道中移除，催化剂的比表面积增大并且孔结构优化，一定程度上恢复了催化剂的活性[505]。整个过程可以同时实现金属的回收和催化剂的再生。

在另一个相关研究中，Marafi和Furimsky等[643]比较了四种有机酸、水和乙醛从废HDM催化剂中提取金属的效率，目标是用有机溶剂最大限度地浸出金属(Mo、Ni、V和Fe)。浸出前，在350~450℃、4%O_2/N_2的气氛中燃烧脱碳。经过脱碳处理的废催化剂包含4.4%的Mo、11.6%的V、5.9%的Ni和2.5%的Fe，剩余为Al_2O_3。浸出实验在50℃超声振荡的条件下进行，6种试剂对于金属的浸出能力遵循如下顺序：酒石酸=柠檬酸>乙醛酸~乳酸>乙醇酸>水>乙二醛。在5%的酒石酸或柠檬酸溶液中，经过4h的浸出处理后几乎有95%的Mo和V、超过85%的Ni被浸出。通过优化浸出温度、剂液比和接触时间等条件，可以进一步提高浸出率。

使用柠檬酸和硫酸超声辅助从废HPR催化剂中提取Mo、V和Ni[644]，与机械搅拌相比，超声处理更为有效。一般而言，柠檬酸比硫酸更为有效，采用超声辅助在60℃时 Mo、V 和 Ni 浸出率达 95%以上。

Mulak 等[645]采用草酸和氧化剂(H_2O_2)浸出 HDS 废催化剂中的 Mo、Ni、V 和 Al，研究集中于优化参数使金属的浸出率更高，探究了草酸和 H_2O_2 的浓度以及搅拌速度对金属浸出速度的影响。结果表明，H_2O_2 的加入量从 0 到 3.0mol/L 时金属的浸出率不断提高，当 H_2O_2 的浓度进一步增加时浸出率基本维持不变。在 0.25～0.7mol/L 的范围内增加草酸的浓度，所有金属的浸出率先升高后下降，当草酸浓度为 0.5mol/L 时浸出率达到最大值，相关结果如图 11.9 所示。采用优化后的浓度条件(0.5mol/L $H_2C_2O_4$、3.0mol/L H_2O_2)，在 50℃对废催化剂进行 4h 的浸出实验，有 90%的 Mo、94%的 V、65%的 Ni 和 33%的 Al 被浸出。

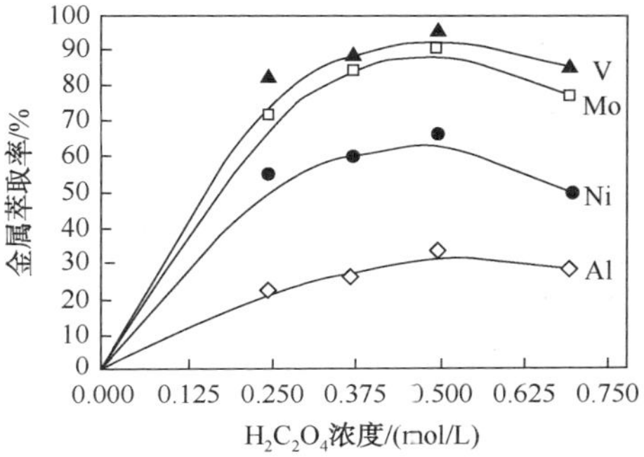

图 11.9　$H_2C_2O_4$ 的浓度对于金属浸出率的影响(3.0mol/L 的 H_2O_2，4h 浸出处理)[645]

对络合剂如乙二胺四乙酸(EDTA)和次氮基三乙酸(NTA)与硫酸在微波辅助下浸出 NiMo 催化剂过程进行了比较，研究聚焦于选择性浸出 Ni[646]，0.1 EDTA 相比于 NTA 更为有效。尽管 EDTA 对 Ni 的最高浸出率(>90%)是在 0.8mol/L H_2SO_4 存在的条件下得到的，但是 EDTA 展示出了对金属 Ni 最佳的浸出选择性。采用 EDTA 从含 Al 和 Mo 的废催化剂中回收 Ni 的工艺条件也受到关注[647]。对浸出液中的 EDTA 进行回收并将其用于下一个回收循环的过程也有相关的研究[648]。此外，可以采用可降解的生物螯合剂替代 EDTA 回收废催化剂中的 Ni，例如[S, S]-EDDS[649]。在优化条件下，Ni 的浸出率能够达到 84%。Ni-EDDS 的逆螯合反应可以在 pH 值为 5 时轻易实现，从而实现对 Ni 的回收。

表 11.3 总结了采用酸溶液或者酸与其他物质的混合溶液回收废加氢催化剂中金属的相关研究。在大多数的研究中，Mo 的回收是研究者最感兴趣的工作。对于 Mo 的回收人们更为关注的是能否使其回收率达到 90%以上，对于采用何种溶剂则不大关注，这是因为 Mo 具有较高的价值。类似地，V 和 Co 的回收也需要注意。

表 11.3　酸浸法回收加氢废催化剂中的金属

废催化剂中的金属相关组分	浸出液溶剂	金属回收率/%(质)					参考文献
		Mo	V	Ni	Co	Al	
Mo、V、Ni、Co、Al_2O_3	H_2SO_4	99.7	92.5				[629, 630]

续表

废催化剂中的金属相关组分	浸出液溶剂	金属回收率/%(质)					参考文献
		Mo	V	Ni	Co	Al	
Mo、Ni、Al_2O_3	H_2SO_4	93		98		96	[635]
Co、Mo	SO_2	100			100		[639]
Co、Mo	$H_2SO_4+HNO_3$(3∶1)	96			96		[639]
Co、Mo	$H_2SO_4+Al_2(SO_4)_3$ 或 $(NH_4)_2SO_4$	92			97		[636]
Mo、Co、Ni	$H_2SO_4+H_2S$						[627]
Mo、V、Co、Ni	H_2SO_4	>90			>90		[524]
Mo、V、Ni、Al	草酸+H_2O_2	90	94	65		33	[645]
Mo、V、Ni	酒石酸	93	94	83			[643]
Mo、V、Ni	柠檬酸	94	94	85			[643]
Mo、V、Co、Ni、Al	H_2SO_4						[628]

11.1.4 碱浸出处理

文献也报道了采用碱金属溶液对废加氢催化剂进行浸出处理，例如对未焙烧处理的加氢废剂，Rokukawa[650]采用 Na_2CO_3 和 H_2O_2 的混合溶液选择性地浸出其中的 Mo 和 V。超过 99%的 Mo 和大约 85%的 V 被回收，Ni、Co 和 Al_2O_3 的回收率则很低。Park 等[651,652]采用了该方法从废加氢催化剂获取了高纯度的 MoO_3。结果表明，Mo 的回收在很大程度上取决于溶液中 Na_2CO_3 和 H_2O_2 的浓度，这两种物质的浓度决定了溶液的 pH 值和对杂质(Al、Ni、P/Si 和 V)的去除能力。浸出过程是放热过程，Mo 的浸出率随着剂液比的提高而下降。对于大量废催化剂的浸出处理，优化的工艺条件如下：浆液的固含量为 20%，Na_2CO_3 的浓度为 85g/L，H_2O_2 的体积百分数为 10%，反应时间为 1h，Mo 的回收率能够达到 84%。浸出液中 Mo、Ni、Al、P 和 S 含量分别为 22.0g/L、0.015g/L、0.82g/L、1.1g/L 和 0.094g/L。V 和 Co 的含量最低，分别只有 8mg/L 和≤1mg/L。采用碳吸附剂在 pH 值为 0.75 时对浸出液进行吸附，之后使用 15%的 NH_4OH 溶液处理，形成的钼酸铵会脱附出来，最后经过焙烧可以得到纯度达 99.4%的 MoO_3，具体过程如图 11.10 所示。

Villareal 等[621]比较了两种浓度的 NaOH 溶液对废加氢催化剂的浸出效果，两种溶液的 NaOH 浓度分别为 10%和 40%。前者能够浸出 92%的 Mo 和 89%的 V，后者能够浸出 79%的 Mo 和 72%的 V。对于这两种溶液，Ni 和 Al 的浸出量都很小。

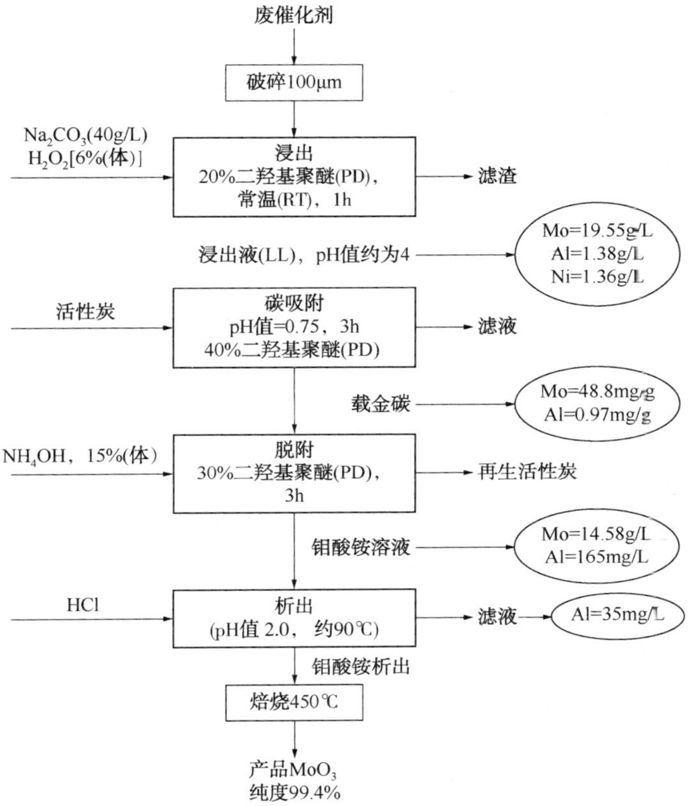

图 11.10　采用 Na_2CO_3+H_2O_2 溶液处理废加氢催化剂回收 MoO_3 的工艺流程及物料平衡[652]

Pinto 和 Soares[653]比较了超声波和微波辅助法对于 NaOH 溶液浸出效果的影响，结果表明微波辅助浸出更为有效。在微波辅助的条件下，经过脱碳的废加氢催化剂中 Mo 的回收率有 90%，超声辅助则只能回收废催化剂中 66%的 Mo。浸出实验的条件为：NaOH 浓度为 10g/L，反应温度和时间分别为 80℃和 120min。

Huang 等[654]也采用了 NaOH 溶液对废加氢催化剂进行浸出处理，将废催化剂和 NaOH 溶液放入反应釜(NaOH 投入量为化学反应计量比的 1.2 倍)，结果表明在加热加压(160℃，120min)的条件下可以溶出 Mo，Al 的溶出率只有 0.2%。分离出 Mo 之后，加压 160℃的 NaOH 溶液中将 Al_2O_3 完全溶解。在 Ruiz 等[655]的研究中，最优的浸出条件是采用两倍于化学反应计量的 NaOH 在 60℃反应 4h。

11.1.5　两步浸出法

Jong 等[656]采用了两步浸出法回收废催化剂中的金属。第一步使用 NaOH 溶

液对 $NiMo/Al_2O_3$ 进行浸出，Mo 和部分 Al 可以进入浸出液，Al 和 Ni 存在于固相中，之后在滤液中加入 $CaCl_2$ 沉淀出 Mo。第二步使用 H_2SO_4 浸出第一步中剩余残渣中的 Ni，之后采用 NH_4OH 和 $(NH_4)_2SO_4$ 溶液沉淀 Al 和其他杂质，在 pH 值为 10 时，采用溶剂萃取法回收镍。第一步可以浸出 81%~91%的 Mo，第二步可以浸出 92%~98%的 Ni。在之后的回收过程中，超过 84%的 Mo 和 99%的 Ni 能够被成功回收。

两步浸出法在其他文献中也有报道，一般第一步浸出往往采用碱溶液，第二步浸出采用酸溶液或氨溶液，第二步浸出也可以采用其他方式。Angelids 等[523]分别使用 NaOH 溶液和 H_2SO_4 溶液进行两步浸出处理，回收 HDS 废催化剂中的 Mo、Co 和 Ni。回收过程主要基于 MoO_3、CoO 和 NiO 在酸性或碱性介质中溶解度的不同。在 450℃焙烧 2h 脱除 $CoMo/Al_2O_3$ 和 $NiMo/Al_2O_3$ 催化剂表面的积炭和硫。焙烧之后 $CoMo/Al_2O_3$ 废催化剂含有 10.3%的 Mo、3.5%的 Ni 和 39.7%的 Al，焙烧之后 $NiMo/Al_2O_3$ 废催化剂中含有 10%的 Mo、2.4%的 Ni 和 31.7%的 Al。考察了两个阶段中溶剂浓度、浸出时间和温度的影响，浸出时间显著影响 Mo、Co 和 Ni 的浸出效果。在 100℃浸出 2h 的实验中，第一步中最多有 97%的 Mo 能够浸出，第二步最多有 90%~93%的 Co 和 Ni 被浸出。第一步碱溶液浸出过程中，Co 和 Ni 的溶解量可以忽略($<0.1\%$)，第二步酸浸出过程中 Mo 的浸出量可以忽略($<0.3\%$)。然而，有较大量的 Al 在第一步和第二步中浸出，分别为 12%~14%和 55%~65%。Sun 等[657]在第一步采用浓氨溶液，第二步采用 10%的 H_2SO_4 溶液浸出 $CoMo/Al_2O_3$ 废催化剂中的 Mo 和 Co，第一步回收了 83%的 Mo，第二步回收了 77%的 Co 和 4%的 Mo。在他们的另一项研究中，分别采用氨溶液和硫酸溶液用两步浸出法回收废催化剂中的 $NiMo/Al_2O_3$，分别回收了 83%的 Mo 和 44%的 Ni[658]。

Veal 等[659]采用两步浸出法回收经过脱油处理但是未经脱碳的加氢脱硫废催化剂，废催化剂含 Mo、V 和 Ni 的硫化物。第一步采用 NaOH 溶液浸出废催化剂中的 Mo 和 V，第二步采用氨溶液或 $(NH_4)_2CO_3$ 溶液浸出废催化剂中的 Ni。第一步中 NaOH 溶液浸渍分为两个阶段：第一阶段 pH 值为 10~13，温度为 60℃，常压下进行，50%~70%的 V 和 Mo 的硫化物转化为可溶性的硫代硫酸盐或硫酸盐，Ni 和 Co 与溶液不发生反应，过滤分离出固相；第二阶段浸出过程采用 NaOH 溶液在升温和加压的条件下进行，尤其要提高氧分压，固相中有 97%的 Mo、92%的 V 以及 98%的 S 被浸出。浸出之后进行固液分离，V 和 Mo 的可溶性物质可以进一步地通过溶剂萃取法进行分离。固体中残余的 Ni 采用氨溶液或 $(NH_4)_2CO_3$ 溶液在 pH 值为 10.5~12、温度为 40~80℃的条件下浸出。浸出液中含有 Ni 的配合物，加热去除溶液中的氨，当 pH 值降低到 10 时，碱式碳酸镍沉淀析出，最后得到高纯的碳酸镍。

11.1.6 生物浸出法

生物浸出法是一种基于微生物将固体化合物转化为可提取物质的一种回收处理方法[660]，微生物可以分泌出有机酸或无机酸参与金属溶解过程，生物浸出法在工业上用于从低品位矿物资源中回收各种金属[661]。此外，Santhiya 和 Ting[560]在发表的文章中列出了一些通过生物浸出法处理的固体废弃物，如粉煤灰、污水污泥、废电池和电子废料，以及催化裂化催化剂和加氢催化剂等。最常见的能够溶解金属的微生物有氧化亚铁硫杆菌和氧化硫硫杆菌等细菌，以及曲霉属和青霉属等真菌[662]。

Furimsky 对早期关于生物浸出法用于废加氢催化剂中金属回收的研究进行了综述[28]。将生物浸出法应用于废催化剂的研究始于 20 世纪 90 年代早期。例如，Blaustein 等[663,664]使用氧化铁硫杆菌和氧化铁钩端螺旋菌从煤液化催化剂中浸出 Mo，实验在高压釜中进行，温度约 30℃，搅拌转速为 170～200r/min，实验时间为 6 周。随着废催化剂的粒径减小，Mo 的浸出量增加。在美国能源部支持的另一系列研究中，采用生物浸出法对另一种煤液化催化剂($NiMo/Al_2O_3$)进行了处理，采用的微生物有氧化铁硫杆菌 T、硫化叶菌和嗜热细菌。Joffe 和 Sperll 等[665]的研究观察到，氧化铁硫杆菌 T 溶解 Ni 是有效的，但 Mo 的存在对浸出有不利影响。因此，必须延长浸出过程以达到理想的浸出水平。同样，使用氧化铁硫杆菌 T、反硝化菌和硫化叶菌从废加氢催化剂中浸出 Ni 时需要特别注意，因为 Mo 和 W 的存在对浸出过程产生负面作用。鉴于 Mo 和 W 对于生物浸出的抑制作用，只有对这两种金属具有耐受性的微生物可以使用。然而，使用异养反硝化细菌可以同时实现对 Ni 和 Mo 的有效浸出。在类似的研究中，Sanback、Joffe[666]和 Sanback[667]培养并使用嗜热脂肪芽孢杆菌和金属嗜热菌等嗜热培养物对废催化剂进行生物浸出处理。Briand 等[668]使用氧化硫硫杆菌从废催化剂中提取 V。

Santhiya 和 Ting[560]以及 Aung 和 Ting[662]描述了从废 $NiMoP/Al_2O_3$ 催化剂和废 FCC 催化剂中提取金属的一步和两步生物浸出过程。在一步法处理 FCC 废催化剂的过程中，将真菌和废催化剂加入培养基(蔗糖)中，置于培养箱中培养，pH 值为 5.5，温度为 30℃，搅拌速度为 120r/min，定时取样过滤并分析组分确定浸出效率。两步法处理过程是在第二步生物浸出处理前先培养真菌，之后再对废催化剂进行生物浸出。对于废 FCC 催化剂，两步浸出的效率始终高于一步浸出的效率。此外，与黑曲霉真菌生长期间分泌的有机酸如草酸、柠檬酸和葡萄糖酸的浸出相比，生物浸出更有效。Aung 和 Ting[662]以及 Strasser 等[669]描述了 Santhiya和 Ting[560]黑曲霉的培养方法[669]。对于 $NiMo/Al_2O_3$ 废催化剂的生物浸出过程，一步法和两步法的浸出效率差异很小。对于废催化剂而言，Al、Ni 和 Mo 的浸出效率相似，如图 11.11 所示[670]。然而，对于尺寸较小的颗粒(例如，

100～150μm 和<37μm 的颗粒），Ni 和 Mo 的浸出效率则高于 Al 的浸出效率。平均直径为 2.97μm 的废催化剂颗粒金属浸出效率最低，这是由于在浸出过程中生长的真菌数量较少且有机酸的分泌量较小。基于使用<37μm 颗粒持续 70d 的生物浸出实验结果，可以获得以下的金属浸出效率顺序：

Mo≫Al>Ni

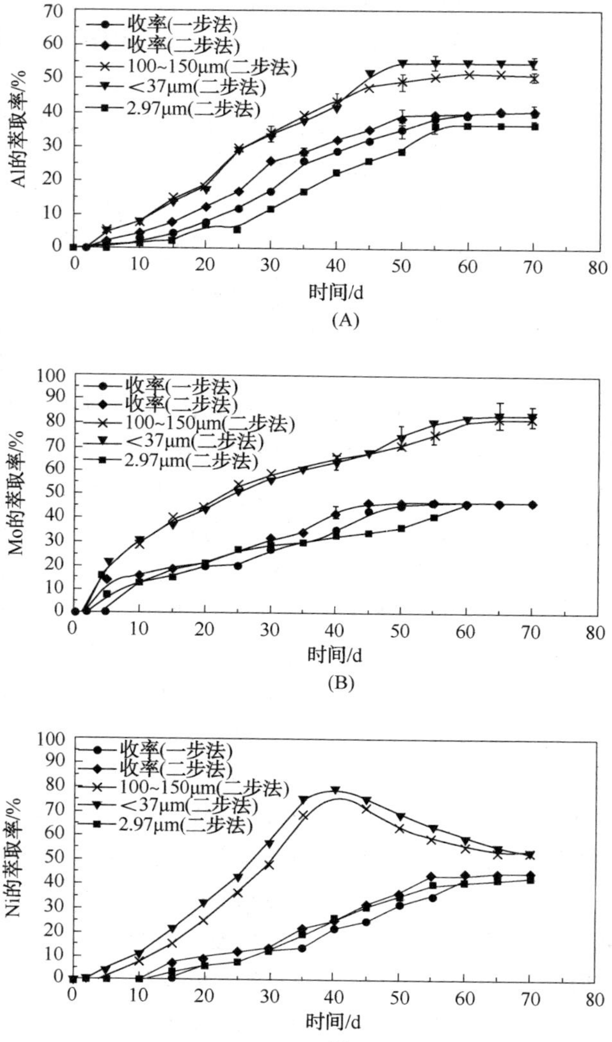

图 11.11　使用黑曲霉真菌从 1%不同粒径的废催化剂中生物浸出(A)Al，(B)Mo 和(C)Ni 的时间曲线[670]

图 11.12 中的浓度曲线与黑曲霉真菌生长过程中分泌的柠檬酸盐、草酸盐和葡萄糖酸盐离子浓度变化一致[670]。因此，分泌速率可能是浸出效率的决定因素。与废 FCC 催化剂相比，生物浸出和单独采用黑曲霉真菌分泌产生的有机酸浸出效率的差异不大。

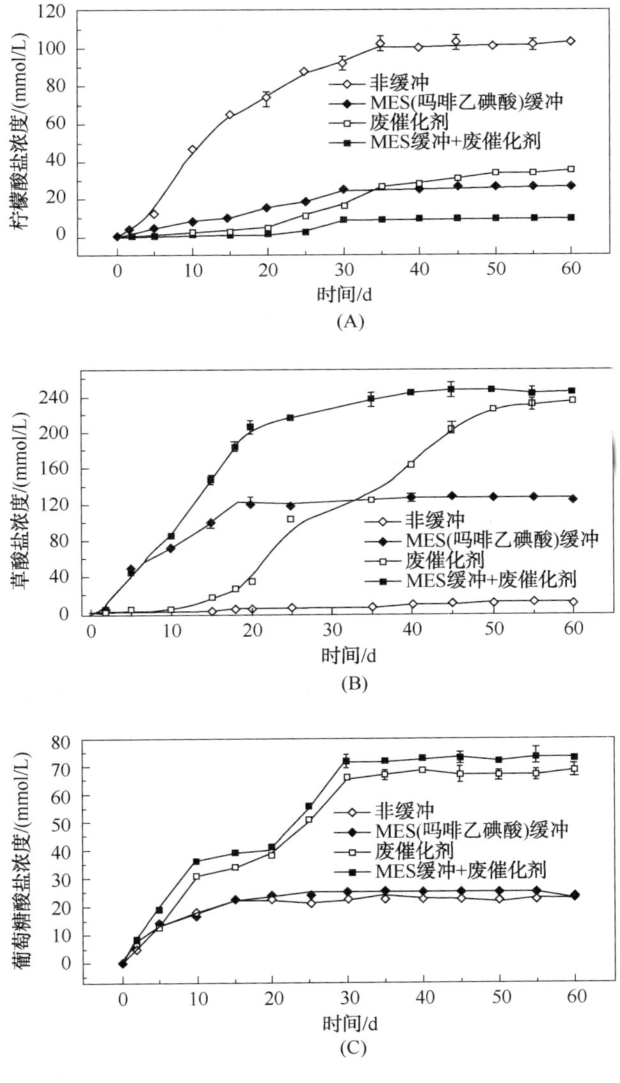

图 11.12　黑曲霉真菌在非缓冲和缓冲蔗糖培养基中生长期间所分泌的(A)柠檬酸盐，(B)草酸盐和(C)葡萄糖酸盐的浓度变化曲线(培养中不存在或存在 1%粒径<37μm 的废催化剂)[670]

在 Santhiya 和 Ting 等[670]发表的另一项研究中，使用改良的黑曲霉真菌进行废加氢催化剂的生物浸出实验。单一金属的适应性实验表明，真菌可以分别耐受1000mg/L、1200mg/L 和 2000mg/L 的 Ni、Mo 和 Al。对于这些金属混合物，耐受度分别降低至 100mg/L、200mg/L 和 600mg/L 的 Ni、Mo 和 Al。与适应的菌株相反，在催化剂存在的条件下，未适应的菌株无法生长。对于适应的菌株，Ni、Mo 和 Al 在 30d 内的浸出效率分别接近 79%、82%和 65%。

有学者研究在黄铁矿存在下使用混合嗜酸培养物从废加氢催化剂中回收金属[671,672]，培养物最初在 9K 培养基中生长[不含 9g/L Fe(Ⅱ)]，用黄铁矿(FeS_2)代替 $FeSO_4$，然后用于生物浸出实验。在细菌作用下，溶液中产生了 Fe^{3+}、H^+和 SO_4^{2-} 离子，有助于从废催化剂中浸出金属(Ni、Mo 和 V)。该项研究在各种外界条件下开展了实验，例如反应时间、废催化剂和黄铁矿的量以及温度。在用 30g/L 废催化剂和 50g/L 黄铁矿进行 7d 的浸出实验之后，Ni、V 和 Mo 浸出效率分别为 85%、92%和 26%。随着废催化剂添加量的增加，金属溶解程度降低，这可能是溶液中 Fe^{3+}离子的消耗增多所致。在所有测试条件下，Mo 能与浸出残留物作用生成 MoO_3 沉淀从而回收 Mo，这一点可以通过光谱技术(X 射线能谱分析和 X 射线散射分析)验证。用类似的方式，Beolchini 等[673]评估了嗜酸化学自养 Fe/S 氧化细菌对废加氢催化剂中金属的浸出效率的影响。细菌生长过程产生了亚铁离子，亚铁离子进一步氧化为铁离子，细菌生长过程中硫还能被氧化形成 H_2SO_4，产生的铁离子和 H_2SO_4 参与金属的浸出过程，从而产生增溶效果。对于这些细菌，V、Ni 和 Mo 等金属的浸出效率分别达到 90%、83%和 40%。在没有亚铁离子存在的情况下，V 和 Ni 的回收率只能接近 50%。

在 Mishra 等[671,672]开展的两步浸出研究过程中，在硫存在的条件下嗜酸细菌在第一步产生 H_2SO_4。在第二步，酸性介质可以从废催化剂中浸出 Ni、Mo 和 V。在 50g/L 的废催化剂和 20g/L 的硫共同存在的环境中，7d 后 Ni、Mo 和 V 的浸出率分别接近 88%、46%和 95%。在一步法中，细菌在废催化剂存在的条件下生长，Ni、Mo 和 V 的最大浸出效率分别接近 88%、58%和 32%。

Amiri 等[674-678]使用多种微生物进一步推进了从废加氢催化剂中回收金属的生物浸出方法。例如，金属耐受性真菌简青霉表现出对单一金属离子的耐受性，对 Ni、Mo、Fe 和 W 的耐受度分别可达 1500mg/L、8000mg/L、3000mg/L 和8000mg/L，而在多种金属共同存在的条件下，对 Ni、Mo、Fe 和 W 的耐受性分别降至 300mg/L、200mg/L、150mg/L 和 2500mg/L[674,675]。生物浸出法的最大回收率接近 100%的 W、100%的 Fe、92.7%的 Mo、66.43%的 Ni 和 25%的 Al。在随后的研究中，经过优化，收率接近于 Gompertz 模型的预测[676]，模型预测最大回收率接近 98%的 Mo、46%的 Ni 和 14%的 Al。

Shahrabi-Farahani 等[677]设计了浆料鼓泡塔生物反应器，采用嗜酸氧化硫硫杆菌回收金属。第一步，在摇瓶中进行微生物对废催化剂的适应性培养。后续的浸出过程优化集中在废催化剂的粒度、浆料密度和通气速率。在浆料密度为0.9%（质量体积比）、粒径为60μm、通气速率为209mL/min的条件下实现了最佳浸出过程。当使用嗜热嗜酸古菌进行浸出实验时，确定影响浸出效率的四个参数条件如下：pH值为1.6、浆料密度为0.6%（质量体积比），接种量为4%（体积比），硫元素浓度为4g/L[678]。在以上条件下，Al、Mo和Ni的回收率分别接近35%、83%和69%。

在另一项研究中，在生物浸出过程中氧化硫硫杆菌对于未脱碳的废加氢催化剂的金属（Al、Mo、Ni和V）表现出很高活性[679]，可以通过改变初始pH值、硫浓度和浆料密度优化浸出过程。在这些参数中，pH值是最重要的。在1.0%浆料密度、1.5%硫含量和pH值为1.5的条件下得到了最佳金属浸出效率，能够浸出约93%的Ni、44%的Al、34%的Mo和94%的V。在间歇式搅拌釜反应器（1L体积）中，在温度为35℃、浆料密度为10%（质量体积比）的条件下，使用混合嗜温铁和硫氧化嗜酸性微生物浸出废加氢催化剂中的金属，研究了废催化剂粒度对浸出效果的影响[680]。使用45~106μm、106~212μm和>212μm的三种粒度的废催化剂进行了研究。无论粒径如何，废催化剂中Ni的浸出效率都接近98%。然而，废催化剂的粒度对其他金属（例如Mo、V、Fe和Al）的浸出具有显著影响。

Srichandan等[681,682]评估了使用与碱性浸出相结合的氧化硫硫杆菌的两步生物浸出法。在最佳条件下，Ni、V和Mo的回收率分别接近79%、90%和88%。与其他几种两步法相比，例如两步生物浸出、两步非生物浸出、碱浸和酸浸以及两步碱浸，这种两步法是最有效的，使用脱碳后的催化剂在间歇釜中对这些方法进行评价。在这些方法中，评估生物-生物浸出和生物-碱浸出两种方法的目的是提高浸出效率。前一种方法使用氧化硫硫杆菌或嗜酸氧化亚铁硫杆菌。氧化硫硫杆菌对于废催化剂中金属回收率如下：Ni为100%、Al为55%、Mo为81%和V为100%。嗜酸氧化亚铁硫杆菌的回收率如下：Ni为94%、Al为55%、Mo为77%和V为99%。生物-碱浸法对回收Mo非常有效，能够实现96%的回收。

采用经过适应性培养的黑曲霉真菌比较一步法、两步法和旧培养基生物浸出法的效率，从最多含有5%（质量体积比）废催化剂的介质中回收Ni、Mo、Fe和W[683,684]。一步法和两步法的所有浆液中产生的葡萄糖酸是主要的生物浸出剂，柠檬酸是旧培养基生物浸出法中的主要浸出剂。金属的最大提取量能够达到废催化剂质量的3%。随后的动力学研究确定出最佳的浸出参数[684]，如粒径（150~212μm）、蔗糖浓度（93.8g/L）、浆料密度［3%（质量体积比）］和pH值为7。在最佳条件下，Mo的回收率几乎可以达到100%，Ni的回收率可以达到约46%。

Pradham 等[685]描述了从废加氢催化剂中回收 Ni、V 和 Mo 的另一种两步浸出工艺。第一步采用生物浸出工艺，优化如浆料密度、初始 Fe(Ⅱ)浓度、初始 pH 值、粒径和温度等的工艺参数可以达到最优的浸出效率。在优化条件下，Ni、V 和 Mo 的最大回收率可分别接近 97%、92%和 53%。第二步将第一步的残留物使用不同浓度的$(NH_4)_2CO_3$、Na_2CO_3 和 H_2SO_4 溶液进行浸出。通过两个步骤的结合，几乎回收了废催化剂中所有的 Mo。

Kim 等[686]评估了 pH 值和 Fe(Ⅱ)浓度对适应和未适应细菌培养物对废催化剂金属浸出效率的影响。对于适应和未适应的细菌培养物而言，Ni 和 V 的最初浸出效率分别接近 95%和 85%。所有金属元素的浸出效率随着 pH 值从 1.5 增加到 2.0 而增加，逐渐达到最大值，然后在 pH 值为 3.0 时开始下降，浸出效率可以通过改变 Fe(Ⅱ)的浓度进一步优化。

布氏酸菌等嗜热古菌用于脱碳之后含有 Al、Fe、Ni 和 Mo 的废催化剂的生物浸出过程[687]。在浆液密度为 1%(质量体积比)的实验条件下考察了脱碳对于金属浸出率的影响。几乎实现了废催化剂中 Fe、Ni 和 Mo 的全部回收，使用由两步法中细菌分泌产生的等物质量浓度的硫酸进行非生物浸出效率不高。

比较了生物浸出和非生物浸出对废加氢催化剂($NiMoP/Al_2O_3$)金属回收的效果[688]。前者使用自养细菌，如嗜酸氧化亚铁硫杆菌和嗜酸氧化硫硫杆菌，还使用了异养真菌进行实验，如黑曲霉真菌和简青霉。对于非生物浸出，采用如柠檬酸、草酸和葡萄糖酸等有机酸以及 H_2SO_4 和 $FeCl_3$ 进行浸出实验，酸的浓度与生物浸出过程产生的酸浓度相似。废催化剂的比表面积比新鲜催化剂低，但是使用嗜酸氧化硫硫杆菌和嗜酸氧化亚铁硫杆菌对废催化剂进行处理之后，废催化剂的比表面积比新鲜催化剂分别高出 17%和 33%。采用嗜酸氧化硫硫杆菌进行生物浸出的效果最好，能够提取出 29.3%的 Al、64.5%的 Mo 和 99.8%的 Ni。

通过厌氧还原作用可以将硫酸盐中的硫转化为 H_2S，在 pH 值为 2 的条件下 H_2S 可以从含有 Mo、Ni、Co 和 V 的溶液中选择性地沉淀 Mo 生成 MoS_2[689]。根据相关的实验条件，Mo 回收率可以从 36%到 72%不等。回收 Mo 后，用 NaOH 溶液在 pH 值为 6 的条件下沉淀 V，V 的回收率为 64%~70%。在 pH 值为 3.5 的条件下，Ni 和 Co 的回收率分别接近 23%和 16%。

根据 Asghari 和 Mousavi 等[690]的研究，通过优化参数，可以进一步提高废加氢催化剂生物浸出金属的效率。然而，在这种情况下，实验中的变量相当多(例如，营养培养基、氧气和二氧化碳的量、pH 值、温度、接种物、微生物的耐金属性、催化剂的化学结构和粒度、固液比、生物浸出时间、基质尺寸和摇动速度等)。因此，进一步的研究需要开发出具有更高浸出效率的微生物。

11.2 碱化合物焙烧

通过用含碱金属的化合物焙烧废催化剂，可以显著提高一些金属(例如 Mo、W 和 V)在水中的溶解度。焙烧后大部分的 Ni 和 Co 仍保留在水提取后的固体残余物中。在以往的研究工作中，含钠和钾的化合物(例如氢氧化物和碳酸盐)都已用作焙烧剂。

11.2.1 钠盐焙烧法

许多研究采用钠盐(例如 Na_2CO_3、NaCl、NaOH)焙烧废催化剂，然后进行金属的浸出和分离。Sebenik 和 Ference[691] 详细给出了 Na_2CO_3 焙烧法回收废催化剂中金属的过程。首先将废催化剂研磨至约 100 目并在回转窑或流化床焙烧炉中焙烧去除碳和硫，焙烧温度为 600℃，气氛为空气。然后将焙烧后的物料与 Na_2CO_3 混合，将混合物于空气中在 750℃ 下焙烧，使 Mo 和 V 的氧化物分别转化为 Na_2MoO_4 和 $NaVO_3$。将碳酸钠焙烧后的产物在连续搅拌罐中用水浸取 Mo 和 V，温度控制在 100℃。不溶的 Co-Ni-Al_2O_3 残留物易于从含有 Na_2MoO_4 和 $NaVO_3$ 的溶液中过滤分离。在含有 Na_2MoO_4 和 $NaVO_3$ 的溶液中加入 NH_4Cl，在 80℃ 下生成 NH_4VO_3 沉淀，将 NH_4VO_3 过滤和干燥，最后在 500℃ 煅烧得到 V_2O_5。在室温条件下采用 $CaCl_2$ 或石灰处理去除 V 之后的滤液，生成 $CaMoO_4$ 沉淀回收 Mo，Mo 和 V 的回收率为 90%~95%。将 Co-Ni-Al_2O_3 残留物放入带搅拌的高压釜中，在约 250℃ 和 500psi 的反应条件下用 NaOH 对其进行消解，过滤得到铝酸钠溶液，再用 CO_2 处理溶液得到钠铝石沉淀 $NaAl(OH)_2CO_3$，用作拜耳氧化铝的原料。对废渣中存在的不溶性 NiO 和 CoO 进一步处理，回收 Ni 和 Co。

Wang 等[692] 研究了从废 CoMo/Al_2O_3 催化剂中回收 Mo、Co 和氧化铝，采用烧碱焙烧，然后采用氨和酸进行浸出处理。首先对废催化剂进行脱碳处理，随后用 NaOH 对废催化剂进行焙烧。再使用浓氨水对焙烧后的物料进行浸出，得到主要含有 Mo 的溶液以及含有 Al_2O_3 和 Co 的固体。然后，使用硝酸和浓氨水处理该溶液，得到高纯度的钼酸铵。将固相残余物用硫酸溶解，硫酸铝和硫酸铵液生成铵明矾结晶。采用过量的氨将 Co 转化为复合离子，然后加入锌粉利用置换反应，回收高纯度的金属钴粉。Mo、Al 和 Co 的回收率分别高于 90%、85% 和 90%。

Chen 等[693] 使用 NaOH 焙烧法从含有 V、Mo、Ni、Co 和 Al_2O_3 的废加氢催化剂中回收金属，回收流程如图 11.13 所示。废催化剂用 NaOH(Na_2O 和 Al_2O_3 的物质的量比为 1∶2)在 750℃ 焙烧 30min，将焙烧产物用水浸出。V 和 Mo 存在于铝酸钠的溶液中，Ni 和 Co 存在于固相残留物。向溶液中加入 $Ba(OH)_2$ 和 $BaAl_2O_4$，分别生成沉淀回收 V 和 Mo。之后对铝酸钠溶液陈化并碳化分解产生 $Al(OH)_3$，然后在 1200℃ 煅烧制备 α-Al_2O_3。最后使用 30% 的 H_2SO_4 溶液从残余物中浸出回收 Ni 和 Co 金属。V、Mo、Ni 和 Co 的回收率分别为 95.8%、98.9%、98.2%和 98.5%，氧化铝回收率为 90.6%，氧化铝的纯度为 99.9%。

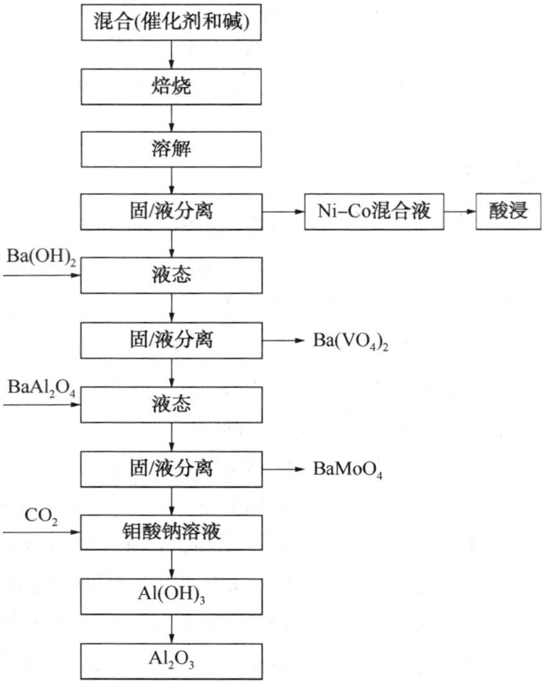

图 11.13　废催化剂中金属的回收流程[693]

Karr 等[694]进行了一系列实验优化 $NaCO_3$ 焙烧工艺，从废加氢催化剂中能够最大限度地回收 Mo。研究使用的废催化剂中含有 21%的 MoO_3、1.52%的 Co_3O_4、0.85%的 NiO、60.4%的 Al_2O_3 和 4.67%的 SiO_2。温度、Na_2CO_3 用量和焙烧时间对 Mo 回收率的影响如图 11.14 所示。

在选定的实验条件下[即废催化剂与 12%(质)的 Na_2CO_3 在 600℃下焙烧 30min，然后对焙烧后的物料进行水浸处理]，92%的 Mo 将以钼酸钠的形式回收。用 HCl 将钼酸钠溶液的 pH 值调节至 2，然后在氨存在的条件下利用活性炭的吸附作用对含 Mo 物质进行纯化，并将溶液在 90℃条件下加热产生多钼酸铵，在 450℃下煅烧生产高纯度(99.9%)的 MoO_3，过程如图 11.15 所示[694]。

在 Karr 等[695]的另一项相关研究中，用 NaCl 对废加氢催化剂进行焙烧处理也能回收 Mo。废催化剂的组分如下：21.8%的 MoO_3、4.97%的 NiO、1.54%的 Co_3O_4、60.4%的 Al_2O_3 和 5.06%的 SiO_2，流程如图 11.16 所示[695]。在最佳状态条件下(焙烧温度为 900℃，时间为 60min，进料中含 20%的 NaCl)，废催化剂中 Mo 回收率高达 90%，该项研究未尝试对其他金属进行回收。

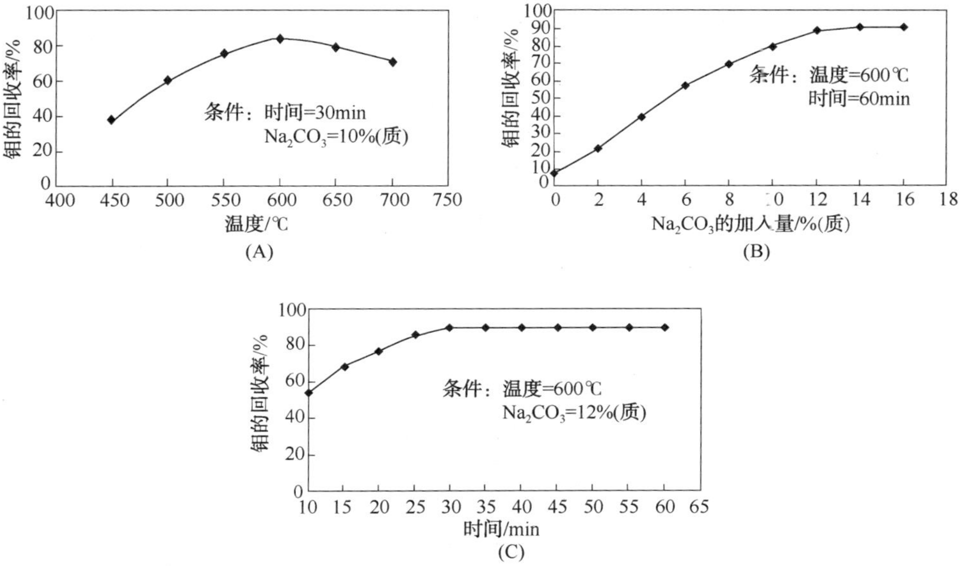

图 11.14 (A)温度对 Mo 的回收率影响，(B)Na_2CO_3 的添加量对 Mo 的回收率的影响，(C)焙烧时间对 Mo 的回收率的影响[694]

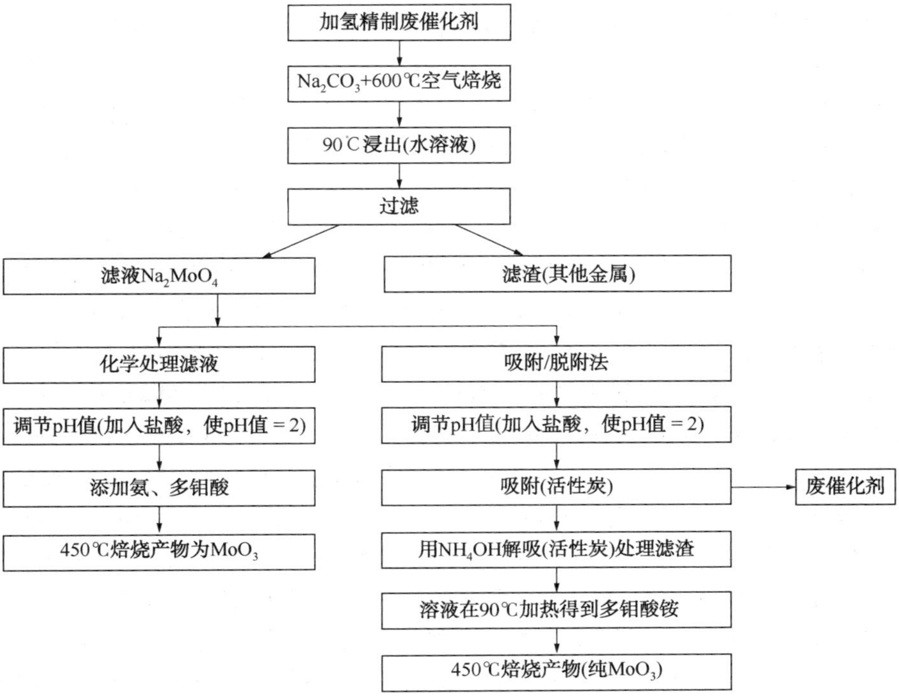

图 11.15 从加氢精制废催化剂中制取高纯 MoO_3 的流程图[694]

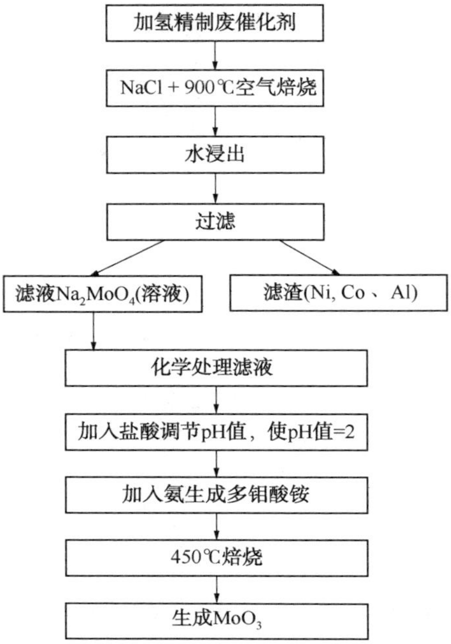

图 11.16　盐熔法回收废催化剂中 Mo 的流程图[695]

Chen 等[696]研究了盐熔法从废催化剂(主要化学成分：2.05%的 Mo、0.42%的 V、62%的 Al_2O_3 和 10.3%的 SiO_2)中回收 Mo 和 V。首先用 Na_2CO_3 对废催化剂进行焙烧处理，Na_2CO_3 与废催化剂的质量比为 0.15，在 750℃焙烧 45min。然后对焙烧产物在 80~90℃进行 15min 的水浸处理，控制液固比为 2。在上述焙烧和水浸过程中，可以提取超过 91%的 Mo 和 90%的 V。在对浸出液进行净化处理之后采用萃取剂提取溶液中的 Mo 和 V，并加入 10%(质)氨水作为剥离剂。萃取剂由 20%(体)的三烷基胺和 10%(体)的仲辛醇溶解于磺化煤油制成。向溶液中加入 30g/L 的 NH_4NO_3 溶液将 pH 值调节至 7~8.5，超过 99%的 V 以偏钒酸铵结晶析出。再将 pH 值调节为 1.5~2.5(用 HNO_3 调节)，超过 98%的 Mo 结晶为多钼酸铵析出。多钼酸铵和偏钒酸铵在 500~550℃分别培烧得到 MoO_3 和 V_2O_5，其纯度分别为 99.08%和 98.06%。Mo 和 V 的总回收率分别为 88.2%和 87.1%。

Llanos 等[603,697,698]报道了一种废加氢催化剂的综合回收利用方法，该方法回收包括氧化铝在内的废催化剂中的所有组分，不产生任何固体废弃物。在这个过程中(图 11.17)中，将废催化剂与碱性物质如碳酸钠混合，在 1400~1800℉(650~900℃)下焙烧，将 Mo、V 和部分硫转化为相应的可溶性钠盐[603]。将焙烧后的物料用水浸出，得到 Mo、V 以及固态残留物，固态残留物中包含一部分金属、氧化铝、Ni、Co、二氧化硅和一些以钠铝硅酸盐。用铵盐处理溶液分离后得到偏钒酸铵，可以进一步将其转化成五氧化二钒。将剩余的溶液进一步酸化沉淀出钼酸，钼酸进一步转化为三氧化二钼。将剩余的浸出残留物用碳进行还原处理，可以生成高品质的 Ni 和 Co 合金、熔融氧化铝，合金和氧化铝产品中基本上不含钠。钠在整个过程中以氢氧化钠的形式得到回收并再循环到焙烧和浸出过程。

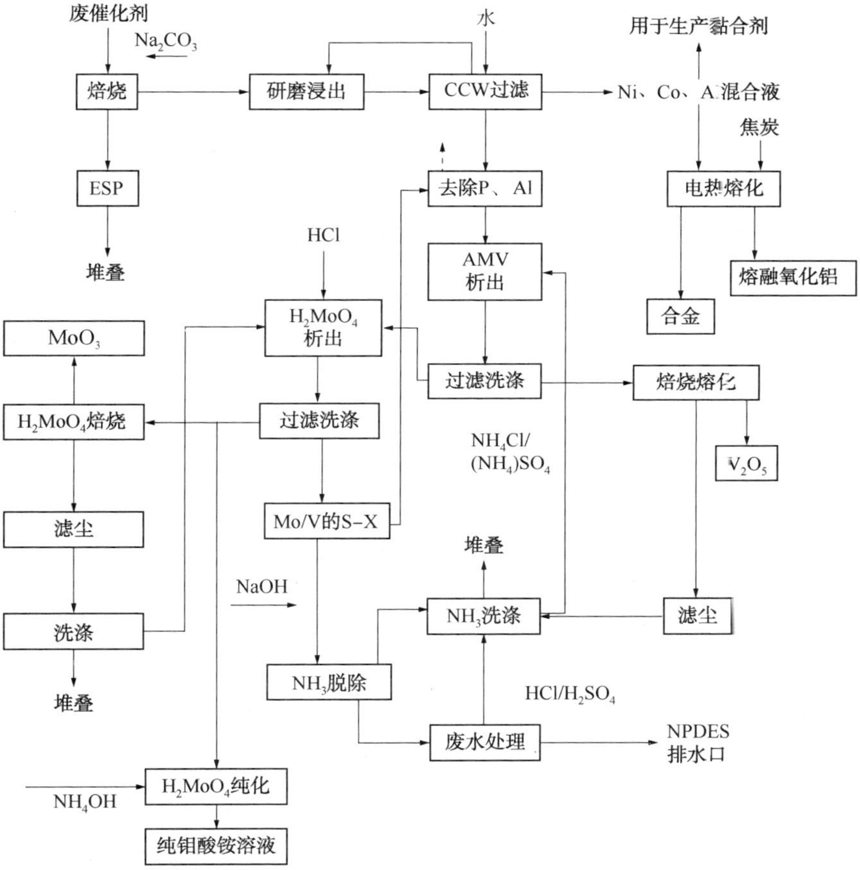

图 11.17　卡夫化工冶金公司的废催化剂中金属回收流程[603]

在回收完废催化剂中的所有金属后，使用 NaOH 对残留物进行消解和水热处理可以生成薄水铝石，从而达到回收氧化铝的目的[699]。在 500℃下对薄水铝石进行焙烧可以制备 $\gamma-Al_2O_3$，制备的 $\gamma-Al_2O_3$ 具有如下特点：比表面积>200m^2/g，孔体积>0.7mL/g，平均孔径在 100~120Å。在另一项研究中，残留物与 NaOH 反应形成铝酸钠，可以实现超过 99%的氧化铝回收率[700]。铝酸钠可以进一步转化为拜耳石[$Al(OH)_3$]沉淀，再经过水热处理之后可转化为薄水铝石，薄水铝石在 500℃下焙烧转化为 $\gamma-Al_2O_3$。所制备的 $\gamma-Al_2O_3$ 具有大的比表面积(213m^2/g)，其孔结构呈双峰孔径分布，孔体积约为 0.31mL/g。

11.2.2 钾盐焙烧法

Busnardo 等[701]用 $KHSO_4$ 焙烧和水浸处理相结合的方法回收 $CoMo/Al_2O_3$ 和 $NiMo/Al_2O_3$ 废催化剂中的 Mo、Ni、Co 和 Al。在此过程中，Mo、Ni、Co 和 Al 在高温处理(500℃)条件下与 $KHSO_4$ 反应可生成水溶性的盐，反应方程式如下：

$$NiO+2KHSO_4 = NiSO_4+K_2SO_4+H_2O$$

$$CoO+2KHSO_4 = CoSO_4+K_2SO_4+H_2O$$

$$Al_2O_3+6KHSO_4 = Al_2(SO_4)_3+3K_2SO_4+3H_2O$$

$$MoO_3+2KHSO_4 = MoO_2SO_4+K_2SO_4+H_2O$$

金属生成可溶性盐之后，通过常规的沉淀法或溶剂萃取法回收金属。废催化剂中超过 96%的 Mo 结晶生成钼酸铵[$(NH_4)_6Mo_7O_{24}\cdot 4H_2O$]。整个过程中其他金属(Al、Ni 和 Co)的回收率都在 90%以上，图 11.18 示出了废催化剂与 $KHSO_4$ 焙烧并水浸处理之后回收 Al、Ni(或 Co)和 Mo 的相关流程[701]，Ni、Co、Mo 和 Al 的回收率列于表 11.4 中[701]。据称，该过程所产生的最终废物毒性较低，可以送到工业垃圾场进行处理或进一步加工成矿化剂使用。

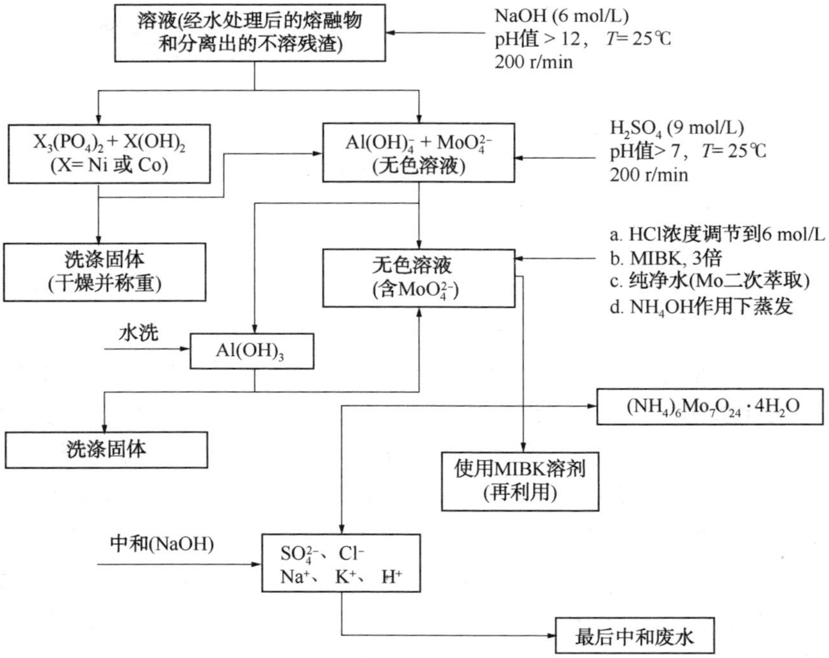

图 11.18 $KHSO_4$ 焙烧和水浸之后回收金属 Al、Ni(或 Co)和 Mo 的流程[701]

表 11.4 $KHSO_4$ 在 350℃和 500℃焙烧废催化剂后金属的回收率[701]

催化剂	产品	金属回收率%(质)			温度/℃
		Ni 或 Co	Mo	Al	
CoMo	$Co_3(PO_4)_2$+$Co(OH)_2$（蓝色沉淀）	87.6±0.2	未检测	未检测	350
		90.9±0.5	未检测	未检测	500
NiMo	$Ni_3(PO_4)_2$+$Ni(OH)_2$（绿色沉淀）	91.6±0.4	<0.05	未检测	350
		94.2±0.8	未检测	未检测	500
CoMo	$Al(OH)_3$（白色固体）	0.05±0.01	未检测	94.5±1.1	350
		未检测	未检测	95.6±0.7	500
NiMo		0.05±0.01	未检测	90.2±0.9	350
		未检测	未检测	92.8±0.7	500
CoMo	$(NH_4)_7Mo_6O_{24}\cdot 4H_2O$（白色固体）	未检测	96.2±0.5	未检测	350
		未检测	99.2±0.2	0.05	500
CoMo		未检测	95.9±0.6	<0.05	350
		未检测	97.4±0.5	未检测	500

11.3 浸出法和盐熔法的比较

图 11.19 示出了科威特科学研究院（KISR）开发的从废加氢催化剂中回收金属的综合路径[624]。就研究的范围和细节而言，这是近年来发表的最详细的研究之一。在进行金属回收实验之前，先对废催化剂进行脱油、脱碳处理，并将其粉碎研磨成细粉（尺寸<500μm）。在室温条件下用石脑油对废催化剂进行脱油处理，然后用甲苯进行索氏提取。将脱油之后的废催化剂在 5%的O_2/N_2气氛中焙烧（300～600℃）8h 进行脱碳。

对于碱性浸出过程（图 11.19 中的选择 1），研究中使用三种不同的试剂进行实验，$(NH_4)_2S_2O_8$、NH_4OH 和$(NH_4)_2CO_3$[624]。研究者还研究了加入 H_2O_2 或肼溶液对浸出的影响[23]。图 11.20 示出了溶液（1mol/L）在 50℃时不同金属的浸出效率[642]。$(NH_4)_2S_2O_8$的浸出效率明显不同于另外两种溶剂的浸出效率，这是由其强氧化性所导致的，强氧化性有利于金属的溶解。对于 NH_4OH 和$(NH_4)_2CO_3$ 溶液而言，可以看出大量的 Mo 和 V 被浸出，而 Ni 和 Al 的浸出量则很小。根据图 11.21 中的结果可以发现，在高压反应釜中（30bar N_2）用 30%的 NaOH 溶液进行碱性浸出，需要至少 170℃的温度才能达到含氨试剂浸出水平[624]。

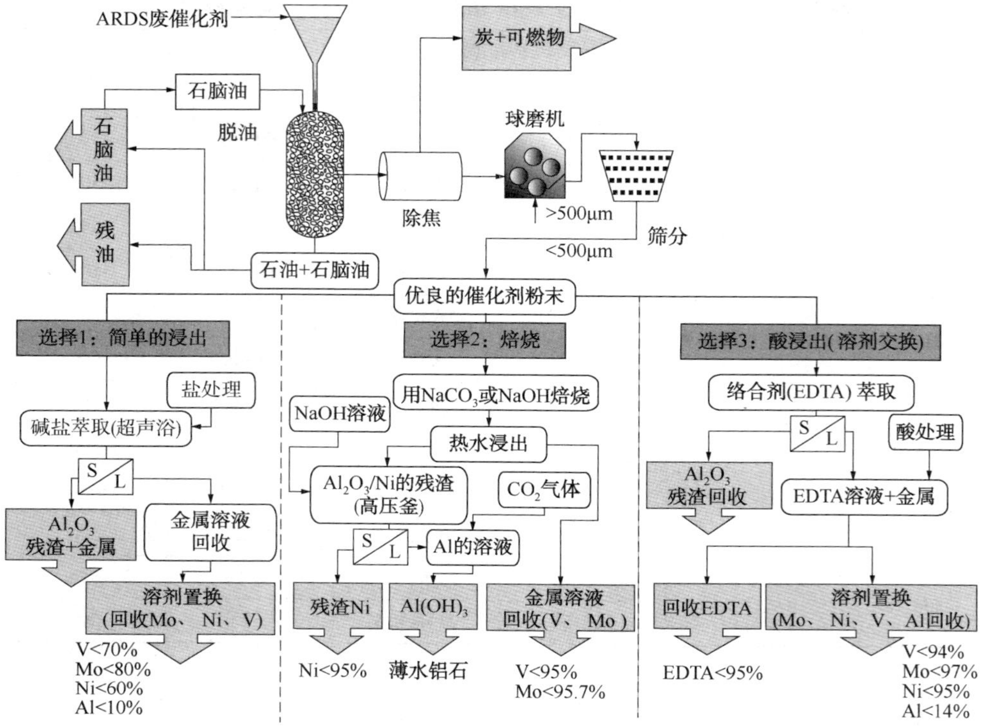

图 11.19　废加氢催化剂的回收方法[624]

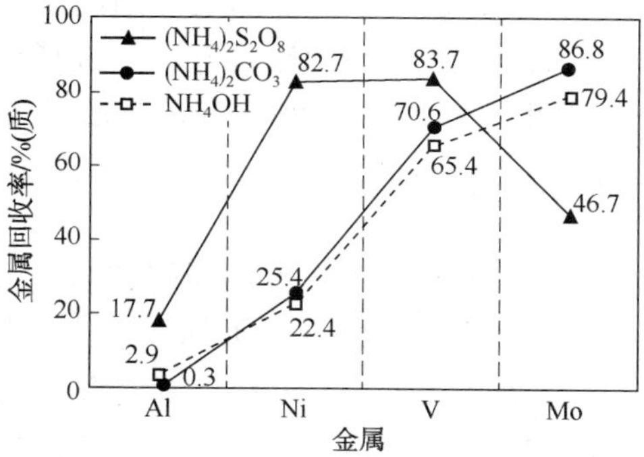

图 11.20　溶液(1mol/L)在 50℃时的浸出效率[624]

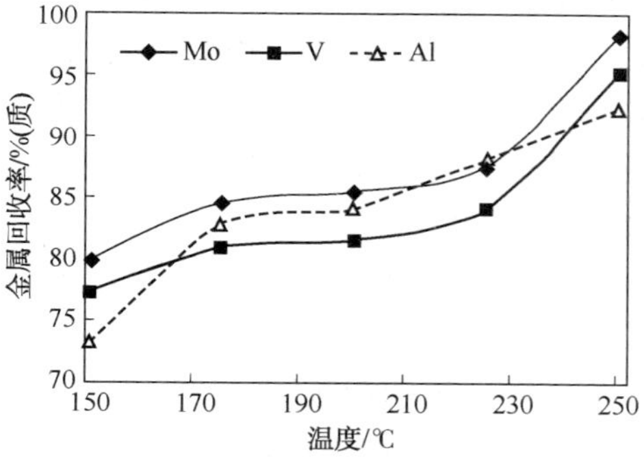

图 11.21　高压反应釜中温度对 NaOH 溶液浸出效率的影响[624]

在酸性浸出过程中，对比了有机酸(柠檬酸、草酸、EDTA)和无机酸(H_2SO_4 和 HNO_3)之间的差异，测试的结果如图 11.22 所示[624]。对于金属 Mo 和 V，草酸和 EDTA 的浸出率接近 97%，而柠檬酸的浸出率为 92%。几种酸对于 Mo 和 V 的浸出效率结果如下：

草酸 = EDTA > 柠檬酸 > 硫酸 >

硝酸 ≫ 醋酸

几种酸对于 Ni 的浸出效率则表现出不同的规律，结果如下：

EDTA > 柠檬酸 = 硫酸 > 硝酸 >

醋酸 > 草酸

对于 Ni 的浸出效率，所有的酸对于 Al 的浸出效率都比较低。例如，草酸、H_2SO_4 和 HNO_3 对于 Al 的浸出效率仅达到 37%、29% 和 25%。

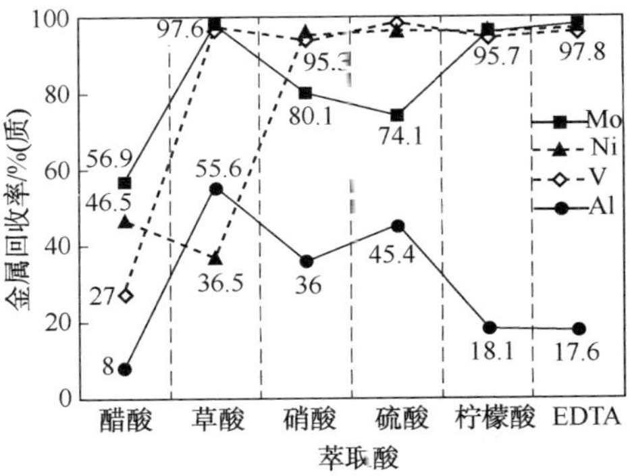

图 11.22　萃取剂类别对金属回收率的影响(萃取剂浓度为 10%，反应温度为 50℃，时间为 6h)[624]

对于盐熔法回收金属的过程，研究中对脱碳之后的废催化剂使用 Na_2CO_3 或 NaOH 进行焙烧实验，实验条件为空气中于 550℃ 或 700℃ 持续焙烧 1h。焙烧之后的废催化剂在连续搅拌的沸水中溶解金属。图 11.23 示出了金属回收的趋势[624]。在 550℃ 下用 Na_2CO_3 焙烧废催化剂，Mo 和 V 的回收率小于 80%。在 700℃ 下焙烧之后再进行浸出实验，Mo 和 V 的回收率能增加到 95% 以上。与此同时，Ni 和 Al_2O_3 保留在不溶性固体残留物中。当采用 NaOH 对脱碳之后的废催化剂进行焙烧处理之后，Mo 和 V 的回收率可以接近 97%，但是 Al_2O_3 也会在浸出过程中溶于液相之中。因此，采用 Na_2CO_3 对废催化剂进行焙烧处理相比于 NaOH 更有利于获得高纯度 Mo 和 V 的化合物。

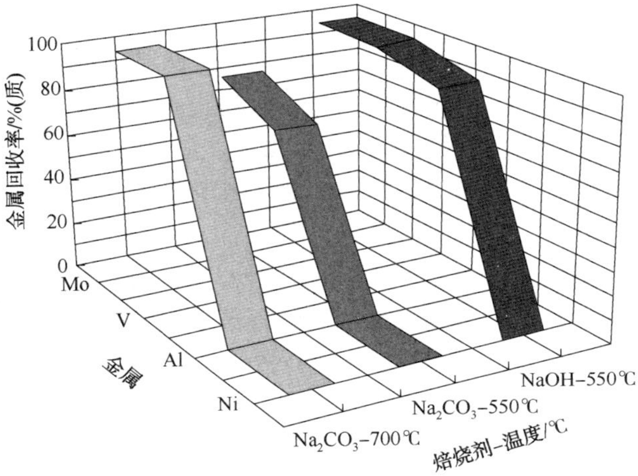

图 11.23　钠盐种类以及焙烧温度对盐熔法金属回收率的影响[624]

图 11.20~图 11.23 中的实验数据为选择何种方式对废加氢催化剂进行处理提供了借鉴。例如，如果需要从废催化剂中高选择性地分离出 Mo 和 V 而留下 Ni、Co 和 Al_2O_3，那么最好采用 Na_2CO_3 对废催化剂进行焙烧处理。在所使用的酸中，柠檬酸和 EDTA 等络合剂能较好地从 Al_2O_3 中分离出所有其他的金属。

11.4 氯化法回收金属

用氯化法从废催化剂中回收金属在许多专利和论文中已广泛报道。Gravey 等[702]开发了氯化法金属回收工艺过程，包括采用碳热氯化法将金属转化为可挥发和不可挥发的氯化物，然后选择性地分离回收氯化物。首先采用溶剂萃取废催化剂中残存的油，再对含有金属硫化物、Al_2O_3 和焦炭的废催化剂在 500~600℃ 用氯气处理。V、Mo 和 Al 在上述条件下转化为可挥发的氯化物。挥发性的氯化物通过无水 NaCl 颗粒可以分离出 $AlCl_3$，通过结晶 KCl 颗粒能分离出 $MoCl_5$。最后，在 60℃ 冷凝处理可以从残余气体从中回收 VCl_4。该过程特别适用于回收废加氢催化剂中存在的 Mo、V 和 Al，三种金属的回收率均超过 90%。在氯化过程中也会形成 $NiCl_2$ 和 $CoCl_2$，但是这两种氯化物在上述处理过程中通常不挥发，因此保留在固体残渣中。Ni 和 Co 的回收可以通过形成氢氧化物和碳酸盐沉淀的方式进行回收，但是回收率会受到影响。

Yoshida 等[703]指出可以不用对废加氢催化剂进行脱碳和脱硫处理直接回收废催化剂中的 V 和 Ni 等金属。在低于 600℃ 的条件下采用氯化剂（Cl_2、HCl、CCl_4、S_2Cl_2）对废催化剂进行氯化处理可将金属（V 和 Ni）的硫化物转化为氯化物，形成可挥发性的 VCl_4 和非挥发性的 $NiCl_2$。通过冷凝法回收气流中的 VCl_4，$NiCl_2$ 则可以通过溶剂对固相残留物进行萃取回收。Welsh 等[704]使用 Cl_2、HCl 和水蒸气的气态混合物在 200~400℃ 对废催化剂中的金属进行氯化反应。Mo 和 V 会形成可挥发的氯氧化物，Al 会形成可挥发的氯化物，金属氯氧化物和氯化物气体在 20~70℃ 的条件下用 HCl 水溶液吸收，废催化剂中的 Ni 和 Co 转化为水溶性的氯化物从而可加以回收。

Jong 等[656]为美国矿业局（US Bureau of Mines）详细地研究了无水氯化技术在废加氢催化剂金属回收中的应用。氯化实验在间歇流化床反应器中进行（直径为 1.25in、长度为 48in），反应器由耐热玻璃制成。反应器依次连接到冷凝器上，每一级冷凝器下部都有液体接收器，经过冷凝的气体最后由排气口排出，如图 11.24 所示。排气口连接到含有 H_2SO_4 溶液的鼓泡器中以防止外界空气回流到反应器中。采用 $NiMo/Al_2O_3$、NiW/Al_2O_3 和 $CoMo/Al_2O_3$ 三种废催化剂开展实验，这三种废催化剂都不含 V。在开始氯化反应之前，先将催化剂于 N_2 气流之中在 400℃ 下加热 30min 除去催化剂中的水。由于金属氧化物的氯化需要碳或 CO 等还原剂，因此对于积炭含量>6.7%的废催化剂仅用 Cl_2+N_2 或 Cl_2+N_2+空气的气氛进行氯化。其他废催化剂则在还原剂存在的气氛条件（Cl_2+N_2+CO 或 $Cl_2+N_2+CO+CO_2$）下进行氯化。氯化过程在 450℃ 进行 30min，可以将挥发性的 MoO_2Cl_2 或 WO_2Cl_2 与挥发性较低的 $NiCl_2$ 或 $CoCl_2$ 进行分离。再将 MoO_2Cl_2 或 WO_2Cl_2 进行水解处理，最终回收 MoO_3 或 WO_3 产品，水解过程能够回收 65%～84%的 Mo 和 90%的 W。对于挥发之后的固体物质采用水浸处理得到滤液，用 NH_4OH-NH_4Cl 溶液对溶液中的 Al 和其他金属进行沉淀。采用溶剂萃取法回收 Ni 和 Co。在 pH 值约为 5 的条件下向滤液中加入 Na_2S，可以沉淀出 Ni 或 Co。氯化步骤提取出了 73%～99%的 Ni、61%～99%的 Co、73%～95%的 Mo 和 82%～98%的 W。在最后的回收步骤中，溶剂萃取法能够从溶液中回收超过 98%的 Ni 或 Co。Ni、Co、Mo 和 W 在整个过程中的最大总回收率分别可达 98%、97%、80%和 88%。

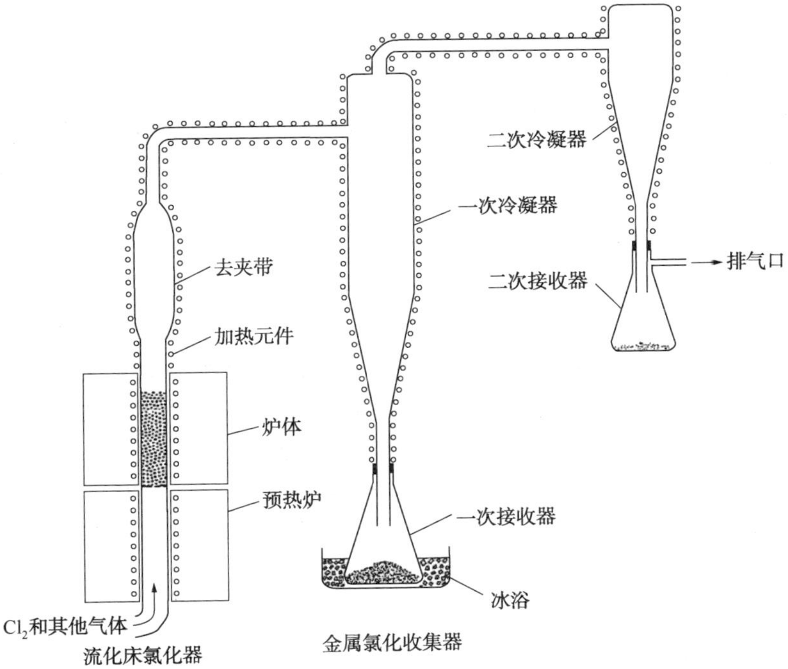

图 11.24　废催化剂的氯化处理工艺[656]

Gaballah 等[705,706]进一步研究了如何使用氯化法选择性地从废加氢催化剂中回收金属（V、Mo、Co 和 Ni），而不包括 Al。研究中使用经过脱碳和未经脱碳的废催化剂，并比较两种废催化剂的金属回收率。将未脱碳的废催化剂在 500℃ 下氯化反应 30min，所用气体为 Cl_2/N_2 或 Cl_2/O_2，混合物中每种气体的比例为 1，结果表明能够提取废催化剂中超过 98%的 Mo 和 80%的 V。Co 和 Ni 的氯化物的挥发可忽略不计。此外，氧化铝的氯化程度在3%～9%。对于脱碳之后不含焦炭和硫的废催化剂样品，采用 Cl_2/CO 比例为1的气体混合物在相同的条件下对其进行氯化处理，Mo 和 V 的提取率分别为97%和82%，Al 的提取率≤3%。挥发出去的 Co 和 Ni 氯化物的量小于5%。Mo 和 V 的氯化物分别从后续的气相冷凝物中回收，同时可用酸溶液水浸提取出氯化残余物中的 Co 和 Ni 的氯化物。废催化剂回收过程的最终残留物基本上由氧化铝组成，对环境无害。上述方法在保证有价值金属回收率的同时还展示出相当好的选择性。

Ojeda 等[707]研究了不同氯化过程对于废 $CoMo/Al_2O_3$ 催化剂中金属回收的影响，研究中使用了以下三个过程：

① 采用 Cl_2-CO 混合气体在低温下氯化提取 Mo，随后升高温度氯化回收 Co。

② 在高温下采用 Cl_2-CO 混合气体氯化提取三种金属，随后通过控制溶液 pH 值沉淀分离 Co。

③ 用 CCl_4 蒸气和空气氯化提取废催化剂中的 Mo，随后通过控制 pH 值沉淀出含 Fe 和 Al 的杂质得到含 Mo 的溶液。

在上述三种情况下，几乎100%的 Mo 得到回收，而 Co 的提取率在第1种方法中为90%，在第2种方法中为95%。在所有的方法中，水合氧化铝都是作为副产物得以回收。

Ojeda 等[708-710]还研究了在碳存在的情况下 MoO_3 的氯化过程，目的是确定氯化反应发生的条件并提出反应机理。他们系统地研究了碳含量、混合时间、流速、温度、氯气摩尔分数和反应时间等变量对于 MoO_3 氯化反应的影响。结果表明碳热氯化反应开始于543K，受温度和反应时间的影响显著，受氯气摩尔分数和流速的影响较小。直接氯化反应开始于803K。通过对反应产物进行鉴定，确定出碳热氯化反应为全局反应，其反应方程式如下：

$$2MoO_3(固)+2Cl_2(气)+C(固)=\!=\!=2MoO_2Cl_2(气)+CO_2(气)$$

研究者基于对实验数据的分析和热力学结果，并参考了其他研究者的相关结果，提出了含碳 MoO_3 氯化过程的三个基本阶段：

① 氯化剂的形成。

② 三氧化钼的氯化。

③ 碳的氧化。

11.5 碳热还原法回收金属

Karr 等[711]将石灰辅助碳热还原法用于废催化剂中金属的回收，他们使用化学反应计量比的碳和不同物质的量比的 $CaCO_3$。将造粒后的混合物于碳沸腾炉中在1000～1200℃的温度范围内减压还原。冷却后，通过淘洗的方法将还原之后的金属与炉渣(CaS)进行分离。之后将金属粉末再次压实并烧结，用于随后的熔盐电解的纯化步骤。对于熔盐电解过程，可以通过优化诸如温度和阴极电流密度等参数的方法来增强电沉积的效率。用于电解精炼的电解槽如图 11.25 所示[711]。

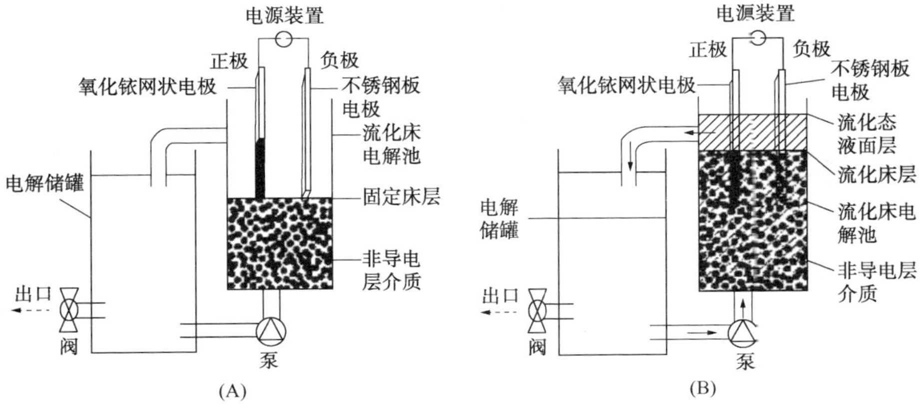

图 11.25　电化学法处理废催化剂的实验系统：(A)固定床，(B)流化床[711]

Canham 和 Aurich[712]开发了用于回收含 Fe 废加氢催化剂中金属的碳热还原法。经过反应之后生成了还原金属和流体铁熔渣，铁熔渣在环境中稳定，可以倾倒或填埋处理，也可用作建筑材料。此外，含有钴、镍、钼等的铁合金可以用于特种钢的制造。

11.6　电解法回收金属

Batelle 工艺是首次尝试使用电解法从废加氢催化剂中回收金属的方法[713,714]。将含有金属硫化物(Mo、V 和 Ni 的硫化物)、焦炭和硫的废催化剂加入含有强氧化性离子如 Ce^{4+}的溶液中。在电化学电池的阳极侧加入上述溶液，其中的 Ce^{3+}会被氧化成 Ce^{4+}，Ce^{4+}又可以将焦炭氧化成 CO_2 和 H_2O，可以将金属组分转变为可溶氧化物。然而，在这项工作中并没有关于如何通过电解法分离溶液中金属的研究。

Lai 等[715]采用酸浸和电解结合的方法从废加氢脱硫催化剂中回收有价值的金属。电解槽配备玻璃介质、氧化铱网阳极和不锈钢板阴极。实验结果表明，由浓度比为 2∶1∶1 的浓 $HNO_3/H_2SO_4/HCl$ 组成的酸溶液浸出金属性能优于其他的酸溶液($HNO_3/H_2SO_4=1∶1$)。对于三种酸的混合物，在 70℃下，最佳固/液比和浸出时间分别为 40g/L 和 1h。在以上条件下，金属 Mo、Ni 和 V 的浸出率可分别达到 90%、99%和 99%。当该酸浸出液在 2A 恒定电流(电流密度约为 35.7mA/cm²)条件下电解 2h 时，Mo、Ni 和 V 的电解回收率分别为 15%、61%和 66%。将电解时间从 2h 延长至 4h 并未增加金属的回收率。以上金属回收的整个过程，Mo、Ni 和 V 的总回收率（浸出产率×电解回收率）分别约为 14%、60% 和 65%。

11.7 热等离子体法回收金属

Wong 等[716]开发了一种通过热等离子体从废加氢催化剂中回收和还原金属（Co 和 Mo）的方法。废催化剂首先在等离子体条件与大于 1500K 温度条件下烧结，Co-Mo 氧化物被还原为 Co-Mo 金属，可以通过光谱技术得到证实。残留在废催化剂表面上的焦炭被分解并转化为 CO、CO_2 和 H_2，产生的 CO 和 H_2 充当还原剂。

11.8 实验室研究综述

显然，从废加氢催化剂中回收金属的所有方法中，回收金属之前进行预处理（除油、脱碳和破碎）是必要的。金属回收率只是用于比较不同浸出方法的参数之一。表 11.5 中的数据表明，不同的浸出方法有着相似的金属回收率，或者这些方法的金属回收率存在数值范围上的重叠。因此，必须考虑其他参数才能对回收过程进行整体比较，例如原料成本、工艺过程的步骤数、污染物排放量、所需的安防措施、材料要求等信息。只有对相关的工艺过程和参数进行全面的对比和考量才能确定出最合适的金属回收方法。

表 11.5 不同浸出和焙烧方法的金属回收率

废剂中的金属	浸出剂	金属回收率/%					参考文献
		Mo	V	Ni	Co	Al	
V、Mo、N、Co、Al	Na_2CO_3+H_2O_2	99	85				[650]
Mo、Ni、Al、C、S	Na_2CO_3+H_2O_2	85		65			[663]
V、Ni、Mo、Al	NaOH（10%），pH 值为 8.8	92	89	20		35	[621]
V、Ni、Mo、Al	NaOH（10%），pH 值为 8.4	99	93	10		20	[734]
V、Ni、Mo	NaOH（常压两步法浸出）	97	92				[659]
V、Ni、Mo、Al	氨水（17mol/L）		99				[621]
Ni、Mo、Al	NaOH（第一步）和 H_2SO_4（第二步）	84		98			[656]
Ni、Co、Mo、Al	NaOH（第一步）和 H_2SO_4（第二步）	97		92	92	65~75	[523]
V、Mo、Co、Ni、Al	Na_2CO_3 焙烧+水浸	90~95	90~95				[691]
Co、Mo、Al	NaOH 焙烧（第一步）H_2SO_4 浸出（第二步）	90			90	85	[692]

续表

废剂中的金属	浸出剂	金属回收率/%					参考文献
		Mo	V	Ni	Co	Al	
V、Mo、Ni、Co、Al	NaOH 焙烧(第一步) H_2SO_4 浸出(第二步)	99	96	98	99	91	[707]
Mo、Ni、Al_2O_3	NaCl 焙烧+水浸	90					[694]
Mo、Ni、Co、Al	$KHSO_4$ 焙烧+水浸	96		90	90	90	[701]
V、Mo、Ni、Co	水溶液 ($NH_3+NH_4CO_3+H_2O_2$)	93	88	80	78		[620]
Mo、V、Ni	柠檬酸	94	94	85			[643]
V、Mo、Ni、Al	草酸+H_2O_2	90	94	65		33	[645]

在所有的浸出方法中，氨溶液或含铵化合物的溶液可以容易地制备出并用于浸出过程，已经有完备的方法回收滤液中的金属。对于含有强酸的浸出溶液，则必须提高装置和材料的可靠性和安全水平。在这种情况下，必须采用特殊程序对副产液体进行中和。然而，当使用有机酸水溶液对废催化剂进行处理时则几乎不存在上述问题。

Villareal 等[621]直接对比了氨溶液和 NaOH 溶液(10%)对 NiMo/Al_2O_3 废催化剂的浸出效果。氨溶液适用于 V 的选择性浸出，同时留下大部分 Mo。结果与其他研究中的结论不同，在另外的一些研究中 V 和 Mo 都被浸出[617,620]。然而，应该注意 Villareal 等使用的催化剂上沉积了大量的 V，V 和 Mo 的原子比约为 12[621]。此外，与其他研究者使用较高浸出温度不同，实验中的浸出过程基本上是在室温条件下进行的。在浸出完成之后，将浸出液加热并冷却以重结晶分离出 NH_4VO_3，最后加热至 450℃生成纯 V_2O_5。与氨溶液的实验结果不同，用 10%的 NaOH 溶液能同时浸出 V 和 Mo。

Jong 等[656]对 NaOH-H_2SO_4 两步浸出过程和氯化过程进行了比较，在两步法中使用溶剂萃取来回收 Ni。经测算，浸出过程的总运行成本约为氯化过程的两倍。用于浸出过程的原料(例如，NaOH、H_2SO_4、$CaCl_2$、NH_4OH 等)成本占据了浸出过程的大部分成本。在上述比较中，暂未对相关的环境问题进行详细的讨论。

在 FCC 催化剂相关的研究中，研究者对生物浸出与有机酸化学浸出进行了对比，所用的有机酸为曲霉属真菌生长期间分泌的有机酸[662]。通常情况下，生物浸出法金属浸出率比化学浸出法高 3%~20%。然而，生物浸出法并不具有竞争力。相比于其他的浸出方法，生物浸出法需要更长的时间以提取金属，这是其主要的缺点。此外，相关的环境问题可能在评估或比较金属回收的商业过程中起决定性作用。例如，焙烧和氯化过程产生的气体排放物需要进行进一步的处理，避免污染环境。当采用浸出法作为回收金属的第一步而不是焙烧法和氯化法时，则不产生废气。因此，与其他两种方法相比，这可能是浸出法的重要优点。从滤液中分离出金属之后还需要对液体进行净化处理才能将其排放。值得注意的是，废催化剂脱碳过程所产生的气体排放物（SO_x、NO_x、NH_3 等），也必须经过净化处理之后才能排放。废气的治理环节对所有的金属回收方法都是必要的。就当前的研究状况来看，应用于金属回收的商业过程在环境方面的评价和考量是稀缺的。因此，只能提供对这个问题的推测性探讨。

目前已有相当新颖的技术从废催化剂中回收金属，包括能将金属氧化物还原成金属的碳热还原法[711]和电解法[714,715]，耗能较高的方法如热等离子体法也受到关注[715]。然而，几乎没有信息表明这些方法已商业化应用。

11.9 浸出液中金属的分离

在前面的章节中，经常直接引用文献说明从浸出溶液中分离出纯金属或金属化合物，而没有提供细节信息。这方面的相关内容可以在涉及湿法冶金的大量文献中找到，也即湿法冶金技术可以应用于废加氢催化剂中金属的回收过程。针对废催化剂浸出液的具体情况，溶液中通常存在多种金属，需要额外的处理方式来分离出纯的金属化合物。为满足上述要求，现在已经有大量的金属高选择性的有机萃取剂商业应用。此外还有其他方法可以对溶液中的金属进行分离，例如通过调整 pH 值产生沉淀、膜分离法和选择性吸附法等。

11.9.1 选择性沉淀法

Cibati 等[689]使用 $NiSO_4$、$VOSO_4$、MoO_3 和 Al_2SO_4 纯化合物制备含有 Al、Mo、Ni 和 V 的溶液，目的是模拟废加氢催化剂浸出液中的金属回收过程。根据金属离子在碱溶液中的沉淀次序不同有两种方法通过调节 pH 值分离金属：

① 首先分离 Mo 和 Ni，最后分离 Al。

② 首先分离出 Al，再分离其他金属。

通过加入 H_2SO_4 或 NaOH 调节溶液的 pH 值，采用上述两种方法进行实验，结果表明方法②更为有效。在 pH 值为 4.0 的条件下对铝离子进行沉淀，Al 的回收率达到 65%。在 pH 值为 0.5 的条件下用 Na_2S 沉淀钼离子，钼的回收率为 87%，在 pH 值为 3.5 的条件下用 Na_2S 沉淀镍离子，Ni 的回收率为 52%。在 pH 值为 6.0 的时候产生 V 的氢氧化物，V 的回收率为 65%。

研究者还尝试了其他的分离方法，例如通过使用厌氧还原乳酸盐产生的 H_2S 在 pH 值为 2 的条件下从含有 Mo、Ni、Co 和 V 的溶液中选择性地沉淀 Mo 生成 MoS_2[689]。根据实验条件，Mo 的回收率在 36%～72%。在除去 Mo 之后，使用

NaOH 将溶液的 pH 值调为 6 沉淀出 V，V 的回收率为 64%~70%。在 pH 值为 3.5 的条件下，Ni 和 Co 的回收率分别仅接近 23%和 16%。

11.9.2　萃取法

用于从各种溶液中萃取金属的一些商业萃取剂的结构如图 11.1 所示，通过优化萃取过程具体条件，可以进一步提高萃取的选择性。

作为金属回收的最后步骤，可以使用合适的沉淀剂在受控条件(例如 pH 值)下通过沉淀从溶液中获得纯金属化合物。在某些情况下，在提取废加氢催化剂浸出液中的金属时，需要对湿法冶金工业中商业化使用方法进行微小改动。下文选择一些废加氢催化剂中金属回收的实例来进行更为详细的讨论。

HCl 和 H_2SO_4 都用于从废加氢催化剂中浸出金属。因此，用于分离金属的萃取剂必须能够在强酸性环境中稳定存在。Banda 等[717]研究了 HCl 浓度、浸出时间、废催化剂粒度和温度对废加氢催化剂中 Mo 和 Co 的浸出的影响。之后使用了磷酸三丁酯(TBP)来选择性地萃取溶液中的 Mo。在除去 Mo 后，使用三辛胺(Alamine 308)对 Co 进行回收。Nguyen 和 Lee[632]使用强阴离子树脂如 AG1-x8 从 H_2SO_4 溶液中回收 Mo 和 V。可以通过分别将 pH 值调节至 0.5 和 1.6 来实现。随后，可以使用 NaOH 溶液从 Mo 和 V 树脂中解析出 Mo 和 V。在 Sahu 等[718]的研究中，采用稀 H_2SO_4 溶液对经过脱碳的废加氢催化剂进行浸出处理，大部分的 Mo、Ni 和 V 以及一小部分的 Al 被溶解到溶液中。使用 alamine 80 有机萃取剂从浸出溶液中选择性分离 Mo 和 V，留下 Ni 和 Al，之后用铵盐选择性地沉淀出 Mo 和 V 的氧化物。

Inoui 等[629,630]对用于从加氢催化剂浸出液中萃取金属的有机试剂的开发和测试作出了重要贡献。在应用萃取方法提取金属之前，将沉积有 V 和 Ni 的废 CoMo/Al_2O_3催化剂在 700℃下焙烧，然后将焙烧之后的废催化剂在 63%的 H_2SO_4 溶液中浸出处理并蒸干得到固体。将固体在水中溶解并进行过滤，将滤液稀释至 pH 值为 1.2。分离所得的金属化合物的纯度、溶液的 pH 值可能是最关键的参数，通过图 11.26 中的结果可以证明[629]。在萃取之前，溶液中分别含有 2.7g/L、0.75g/L、0.03g/L、13.5g/L、1.0g/L 和 0.17g/L 的 Mo、V、Fe、Al、Co 和 Ni。当使用 Cyanex 272 作萃取剂[20%(体)]、EXXSOL D80 为稀释剂时，在 pH 值接近 0 时可以实现 Mo 与溶液中的其他金属的分离[图 11.26(B)]。随后，在 pH 值为 8.0~8.4 时可以用氨水溶液较好地从提取物中进一步分离出 Mo。Mo 分离后，通过添加 $Ca(OH)_2$ 粉末将洗涤溶液的 pH 值增加至 1.5。在该 pH 值下，用 Cyanex 272 分离 V，随后用氨水溶液从提取物中进一步分离 V。但是，如果溶液中存在 Fe，则会干扰 V 的分离。在分离出 Mo 和 V 后，使用 LIX 63(5，8-二乙基-7-羟基十二烷-6-肟)和 SYNEX DN-052 的混合物作为溶剂，EXXSOL D80 作为稀释剂可以从 Al 中高效地分离出 Ni 和 Co[图 11.26(A)]。

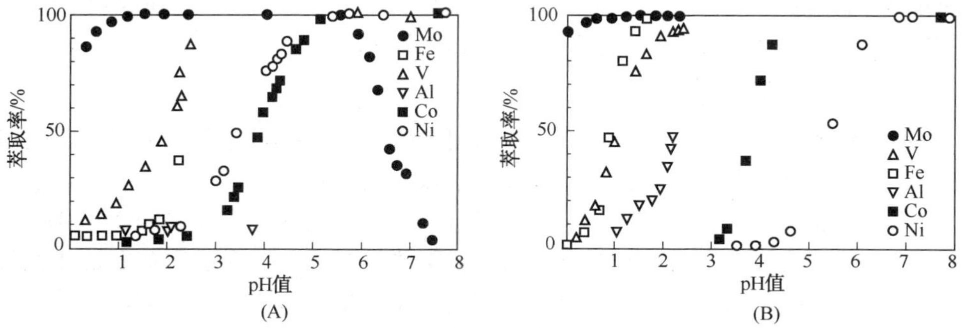

图 11.26　pH 值对金属萃取率的影响：(A)萃取剂为 20%(体) LIX 63，稀释剂为 EXXSOL D80；(B)萃取剂为 20%(体) Cyanex 272，稀释剂为 EXXSOL D80[629]

Nguyen 和 Lee[719] 制备了含有 Mo、W 和 V 的溶液研究几种萃取剂的选择性。在 pH 值为 8.0 的条件下，LIX 63 选择性地萃取 V。之后使用稀 NaOH 溶液可以从含 V 的 LIX 63 中完全分离出 V。三癸基甲基氯化铵(Aliquat 336)可以在 pH 值为 7.7 的条件下高效地分离溶液中剩余的 W 和 Mo。向 Aliquat 336 中添加 TBP 有助于将 W 从含 W 和 Mo 两种金属的萃取剂中分离。

Zhang 和 Inoue[631] 在类似的条件下评价了商业萃取剂如 TR-83、PC-88A 和 PIA-8 的性能。在这些试剂中，PIA-8 表现出与 Cyanex 272 相似的性能。因此，Mo 可以在 pH 值接近于 0 的条件下从多种金属离子(Mo、V、Fe 和少量 Al)共同存在的溶液中完全萃取。使用 H_2SO_4 从溶剂相中洗涤出萃取的金属，之后使用 5%~7%的氨溶液回收 Mo。使用 $Ca(OH)_2$ 将 pH 值调节至约 1.5，可以从含有 Fe 和 Al 的洗涤溶液中进一步回收 V。随后，可以用 6% 的氨溶液来回收 V。图 11.27显示，当使用含 20%(体)TR-83 的 EXXSOL D80 和含 20%(体)PC-88A 的 EXXSOL D80 用于金属的萃取时，Mo 的分离受到 Fe 的干扰[629]。

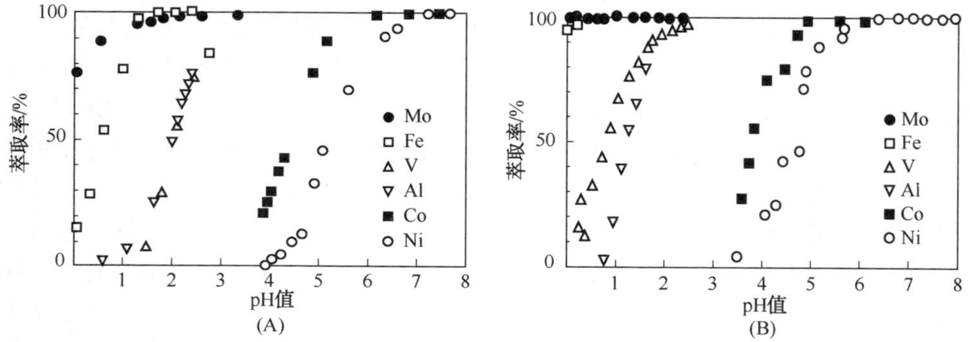

图 11.27　pH 值对金属萃取率的影响：(A)萃取剂为 TR-83，稀释剂为 EXXSOL D80；(B)萃取剂为 PC-88A，稀释剂为 EXXSOL D80[629]

图 11.26 和图 11.27 中的结果表明，Ni 和 Co 与 Al 的分离是可能的，但可能需要较大幅度地调节 pH 值[629]。在 EXXSOL D80 中加入 LIX 63 溶剂或加入 LIX 63 与 SYNEX DN-052 的混合物可以解决该问题[720]。在这种情况下，分离出 Mo 后，通过稍微调节 pH 值可以容易地将 Ni 和 Co 与 Al 进行分离。然后可以用 Ritcey[721]描述的方法容易地实现 Ni 与 Co 的分离。对于此，长链烷基胺表现出良好的性能。作为原溶液中剩余的最后一种金属，Al 可以通过沉淀分离为纯$Al(OH)_3$。

采用 HCl 浸出、溶剂萃取并经沉淀，可以从废加氢催化剂中制备出高纯度(99.99%)的 $CaMoO_4$ 和 CoC_2O_4 固体[722]。废催化剂经过浸出之后，使用 TBP 溶剂可以首先将 Mo 从浸出液中萃取分离。然后，用 TEHA 萃取 Co。萃取的金属可以通过用稀 HCl 溶液从有机相中分离出来。在 pH 值为 5 和 90℃ 的条件下加入 $CaCl_2$ 获得 $CaMoO_4$，在 pH 值为 5 和 60℃ 的条件下将草酸加入 Co 溶液中获得 CoC_2O_4。在 pH 值为 1 的条件下用 Diphonix 离子交换去除痕量的 Mo 和 Fe 后，使用胺溶剂萃取分离 Co，再使用 HCl 溶液分离有机相中的 Co 可以制备出高纯度的 $CoCl_2$(99.97%)[723]。

METREX 工艺是使用有机溶剂从滤液中提取金属的另一个实例。金属的分离顺序与 Inoue 等[629,630]和 zhang 等[631]观察到的顺序相同。Olazabal 等[533,534]优化了使用有机试剂从溶液中分离金属的条件，包括试剂的类型、pH 值、溶剂与稀释剂的比例等。此外，Sato 等[724]也对多种萃取剂进行了研究。

作为在水溶液中从 V 中分离 Mo 的潜在试剂，磷酸衍生物已受到关注。例如，Hirai 等[725,726]使用双(2-乙基己基)单硫代磷酸和双(2-乙基己基)磷酸来分离 Mo，后一种试剂对于从硫酸溶液中分离金属是有效的[727]，而磷酸三正丁酯适合对盐酸溶液中的金属进行萃取分离[728,729]。

在含有 Mo 和 V 的滤液中，后者可以用 pH 值为 8.6 的$(NH_4)_2SO_4$ 来沉淀分离[727]。可以用三正辛胺从含 SO_3^{2-} 的溶液中萃取 Mo，从而实现与溶液中剩余的 V 分离，之后用氨水从有机相中分离出 Mo，最后对分离液进行酸化沉淀出 Mo。基于离子交换树脂的方法也适用于在相同的溶液中从 V 中分离出 Mo[730]。在几种树脂中，用双-(22-羟乙基)氨基交联的聚苯乙烯树脂对于从 V 中分离 Mo 是最有效的。

Pinto 等[731]研究了 SuperLig 167 树脂对于分子的识别状况，从而从废加氢催化剂的 H_2SO_4 浸出液中回收 Ni、Mo 和 Al。在分离柱中，Ni 和 Mo 的保留率分别达到 97%和 100%。通过先后使用 NaOH 溶液和 HNO_3 溶液对柱子进行洗涤可以实现 Ni 与 Mo 的有效分离。

11.9.3 其他的分离方法

膜分离法是另一种可能用于从废加氢催化剂中回收金属的潜在方法，通过在膜上引入亚氨基二乙酸酯基团可以增强对活性金属的分离[732]，溶剂从溶液中吸附的金属可以用 HCl 溶液洗脱。到目前为止，该方法仅用于从废催化剂中回收贵金属。膜分离作为从废加氢催化剂中回收金属的潜在方法值得关注。

来自多金属废加氢催化剂的浸出液可能含有 Mo、W、Co、Ni 和 P，从复杂溶液中选择性地分离金属可能是一项艰巨的任务。Srivastava 等[733]提出了一种新的方法可以选择性地回收 W、Co 和 V，同时 Mo 和 Ni 保留在溶液中。该方法采用水合氢氧化铁来吸附大部分的 W、Co 和 V。溶液中剩余 Ni 和 Mo，通过将后者沉淀为八钼酸铵将可以将 Ni 与 Mo 分离。

11.10 工业应用的工艺路线

世界上有不少公司专门从事废催化剂的回收和再加工，以下是涉及的相关公司：Gulf Chemical&Metallurgical Corporation（GCMC，美国）、CRI-MET（美国）、Taiyo Koko Company（日本）、EURECAT（法国）、Spent Catalyst Recycling（德国）、Taiyo Mining and Industrial Co.（日本）、Aura Metallurgic（德国）、Sadaci（比利时）、Full Yield Industry（中国台湾）、Metallurgy Vanadium（美国）、Metal-Tech（以色列）、Nippon Catalyst Cycle Co.（日本）、Moxba-Metrex（荷兰）和泉州京泰实业有限公司（中国）。本节对这些公司使用的工艺技术以及从废加氢催化剂中回收得到的产品进行了综述。然而需要注意的是，出于专利保护的原因，在公开的文献资料中仅能得到有限的信息，因此无法对各种工艺路线进行全面的技术或经济评估与比较。

11.10.1 GCMC 的工艺路线

GCMC 的金属回收工厂采用 Na_2CO_3 焙烧和电熔炼的综合工艺从废加氢催化剂中回收所有金属和氧化铝[607,608]。GCMC 的金属回收过程如图 11.17 所示[603]。在多膛炉中对废催化剂和碳酸钠的混合物进行焙烧，一方面去除残留的碳氢化合物和部分硫，一方面将 Mo、V 和硫转化为水溶性盐。对焙烧之后的废催化剂进行研磨，用水浸溶解 Mo 和 V 化合物，然后经过过滤从含 Mo 和 V 的溶液中分离出含有氧化铝、Co 和 Ni 的固体。

对获得的含 Mo 和 V 的浸出溶液进行处理除去其中的磷、铝和砷，然后将纯化后的溶液与硫酸铵和氯化物进行混合沉淀出 NH_4VO_3（AMV）。将 AMV 在 400~600℃的条件下煅烧分解成氨和五氧化二钒。将粒状 V_2O_5 在旋转轮上熔融并淬火，生产含 99%V_2O_5的薄片。使用稀盐酸和硫酸对分解产生的氨气进行回收可再循环利用以沉淀偏钒酸铵。

回收 V 之后的滤液中主要含有 Mo，采用还原剂进行处理，经过加热和酸化过程沉淀出钼酸。经过过滤和洗涤后，煅烧钼酸产生纯度超过 98%的 MoO_3。还可以用氨和硝酸对钼酸进行处理将其转化为高纯度的钼酸铵溶液。钼酸铵溶液可以出售给催化剂制造商。钼酸过滤之后，采用溶剂萃取法对溶液中剩余含有的

Mo 和 V 进行萃取和回收。对于水浸处理过滤之后产生的残渣，将滤饼在 GCMC 的电弧炉中熔炼，得到可用于耐火材料和磨料的高级熔融氧化铝，以及含有 37%~43%Ni 和 12%~17%Co 的合金，合金可以销售给镍钴精炼厂。

11.10.2 CRI-MET 的工艺路线

CRI-MET 的工厂采用两步 NaOH 浸出工艺从废 HPR 催化剂中回收金属[734,735]。在该方法中，将废催化剂与含有 $NaAlO_2$ 和 NaOH 的溶液混合在一起研磨。将得到的浆料加入高压釜中，在高温高压以及氧化性条件下对浆料进行浸出处理，将硫转化为硫酸盐，氧化掉废催化剂中的有机物，并溶解 Mo 和 V。之后过滤使固液分离。用 H_2S 对滤液进行处理沉淀出 MoS_3，使 Mo 与 V 分离。然后将 MoS_3 转化为低品质的 MoO_3，然后焙烧纯化生成纯 MoO_3。回收 Mo 之后用 Na_2CO_3 对 V 进行回收，生成 V 的氢氧化物沉淀。将该氢氧化物水洗，干燥并焙烧，形成氧化钒。

第一次浸出之后的固相残留物中含有 Al_2O_3、Co 和 Ni，将固体在高温高压条件下进行第二次浸出处理，强碱性的 NaOH 溶液足以溶解氧化铝。之后进行过滤使得固液分离，固体中主要包含 Ni 和 Co 的物质，洗涤和干燥之后送到另一个工厂进行焙烧。经过焙烧之后送到 Ni-Co 精炼装置上进行精炼[735,736]。第二次浸出处理的滤液中主要包含 $NaAlO_2$，进一步对 $NaAlO_2$ 进行处理之后得到三水合氧化铝，可以将其作为商品出售给相关厂商。

11.10.3 EURECAT 的工艺路线

最初，EURECAT 在其金属回收工艺中使用了湿法冶金和火法冶金相结合的方法[297,737,738]。将废 HPR 催化剂在氧化环境中加热除去焦炭、部分硫和其他烃类杂质。然后将脱碳之后的催化剂用 NaOH 溶液进行浸出处理。在处理过程中，废催化剂中存在的 Mo、V、P 和部分 Al 转化为可溶性钠盐。Ni、Co、Fe 和大部分氧化铝未被浸出并在过滤后保留在残留的固体中。浸出效率由 pH 值、浓度、液固比、停留时间等参数所决定。浸出装置由 12 个罐体串联组成，可对废催化剂进行连续化逆流浸出处理。

滤液含有 Na 的钼酸盐或钨酸盐、钒酸盐，还含有一些钠盐杂质，诸如砷酸盐和磷酸盐。在分离 Mo、W 和 V 之前，将滤液纯化并通过沉淀除去砷酸盐和少量铝酸盐。采用离子交换法来分离 Mo 和 V，最终产物是硫酸氧钒和钼酸铵。通过火法冶金处理含有 2%~4%的 Ni 和 Co 的固体残留物，回收 Ni 和 Co。相应的高温冶金工艺由 EURECAT 的合作伙伴进行，该合作伙伴是一家专门从事镍冶金的大型矿业公司[7]。该过程包括在电弧炉中熔化固体，从 Al_2O_3 和其他固体残渣中分离出 Ni 和 Co，回收出的 Ni 和 Co 外观无光泽。然后用溶剂萃取的方法对 Ni 和 Co 进行分离，之后再用电解法进行处理。含氧化铝的炉渣是惰性的，可以安全地处理或者用作道路和建筑材料。综合整个工艺流程来看，从废催化剂中提取的有价值金属是 Ni 和 Co 金属、氧化钼、钼酸铵(或钨酸盐)和硫酸钒。Mo、V 和 W 的回收率超过 90%，Co 和 Ni 的回收率高达 97%。EURECAT 现在放弃了上述过程，转而使用了完整的火法冶金路线[7]。高温冶金路线从催化剂干燥开始，之后将废催化剂在 1200~1500℃的温度下在炉中熔化。重金属转变为合金沉入底部，并与含有氧化铝或二氧化硅载体的炉渣分离。据称，高温冶金路线具有完整的回收流程并具有以下优点：回收的金属可以用于制造特殊合金，惰性的炉渣可以用于制造绝缘材料，例如岩棉。

11.10.4 Taiyo Koko Company 的工艺路线

Taiyo Koko Company 金属回收工厂采用 Na_2CO_3 焙烧工艺从废加氢脱硫催化剂中回收 Mo 和 V[739]，简化示意图如图 11.28 所示。将废催化剂与 Na_2CO_3 进行混合之后并在窑中于 850℃下在氧化气氛中焙烧 2~5h，将 Mo 和 V 转化为其钠盐。将焙烧之后的废催化剂在球磨机中湿磨，用水洗涤并过滤。用 $MgCl_2$ 和 NH_4Cl 处理含有钼酸钠和钒酸钠的浸出溶液，除去溶液中的铝和磷。将纯化的溶液与 NH_4Cl 混合沉淀出 NH_4VO_3。将 AMV 焙烧除去氨，将所得的 V_2O_5熔化并形成片状。生产出的 V 产品含有超过 98%的 V_2O_5，含有少量的杂质 Fe 和 Mo。回收 V 之后将含有 Mo 的溶液用 HCl 酸化，沉淀出钼酸，焙烧生成 MoO_3。

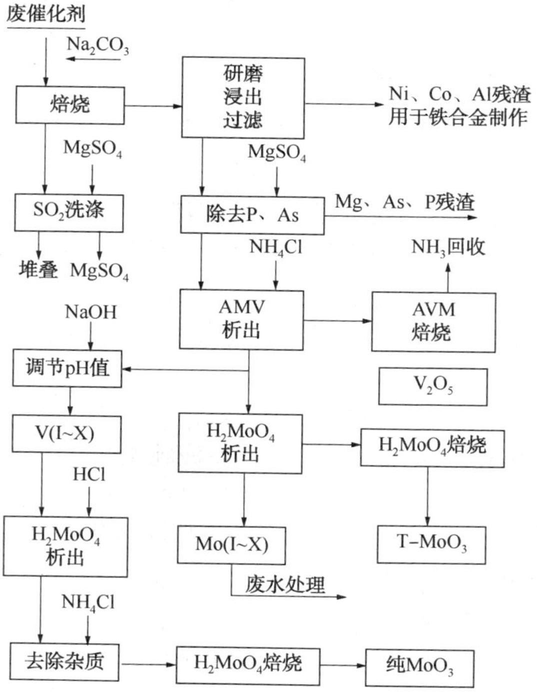

图 11.28 Taiyo Koko Company 的工艺过程[675]

11.10.5 Full Yield Industry 的工艺路线

Full Yield Industry 对废加氢催化剂进行再加工，生产钼盐和氧化物、钒盐和氧化物、钴盐、镍盐和钒铁合金。使用的工艺包含 Na_2CO_3 的焙烧处理和浸出，之后通过沉淀、溶剂萃取或离子交换分离金属[606]。

11.10.6 Moxba-Metrex 的工艺路线

Moxba-Metrex 是一家荷兰公司，专门从事废催化剂和含金属废物的加工和回收。通过硫酸浸出回收废加氢催化剂中的所有主要金属[524,740]。在浸出之前，将废催化剂在炉中进行脱碳处理。然后将金属氧化物溶解在酸中，残余物为氧化铝，通过滗析、洗涤和过滤分离含有金属的液体。通过分步溶剂萃取将金属从液体中分离出来，首先是 Mo，然后是 V、Co 和 Ni。MoO_3 出售给钢铁公司，而钼酸铵和钒酸盐作为中间化学品出售。Co 和 Ni 硫酸盐用于生产 Ni 和 Co 粉末，残余物氧化铝用于生产耐火材料，Mo 和 Co 的回收率超过 90%。

11.10.7 泉州京泰实业有限公司的工艺路线

中国泉州京泰实业有限公司开发了一种金属回收的简单方法，使用 H_2O_2 对废催化剂进行浸出处理[741]。首先在低温条件下对废催化剂进行焙烧，再进行研磨。然后用 10%~20% 的过氧化氢溶液浸出处理回收金属，例如 Mo、V、Ni 或 Co，过程中金属的选择性大于 95%。未溶解的残渣主要含有 Al_2O_3 和 SiO_2，经过脱水处理之后用来生产砖。对于浸出液，加入稀硫酸调节 pH 值至 0.5~2.5，使 Mo 和 V 沉淀，Mo 和 V 的回收率大于 99%。剩下的溶液中含 Ni 或 Co，加入 NaOH 调节 pH 值至 8.5~9.5，将溶液中的 Ni 和 Co 生成沉淀回收。然后将剩余的液体送至离子交换装置处理，进一步回收和净化溶液中残余的金属。最终经过简单的废水处理之后将废水排出，过程满足所有环保要求。泉州京泰实业有限公司的整个工艺过程简单有效且成本低，对环境的影响最小，实现了从商用废催化剂中完全回收资源的目标。

11.10.8 Metallurg Vanadium 的工艺路线

美国 Metallurg Vanadium 公司使用专有的火法冶金工艺将废加氢催化剂中存在的金属(V、Ni、Mo、Co 和 W)转化为合金，如钒铁合金(FeNiMo)及其他铁合金，出售给钢铁公司[742]。

11.10.9 德国公司的工艺路线

德国有三家金属回收公司，即 GfE Metalle and Materialien GMBH、AURA Metallurgie GMBH 和 Spent Catalyst Recycling(SCR)GMBH。GfE 的金属回收工厂同时采用高温冶金和湿法冶金工艺[743]。采用湿法冶金工艺生产钼化合物、钴镍溶液和氧化铝。高温冶金工艺用于生产浓缩钒的合金，进而从中提取高纯度的钒化合物。在 SCR 的工厂中，加工废金属催化剂和含有 Ni、Co、Mo、V 和 W 的金属废物回收其中的金属，然而没有相关的工艺过程可供参考[744]。德国 Helba 的金属回收装置自 2001 年开始运营，每年可处理 10000t 废加氢脱硫催化剂（NiMo/Al_2O_3 和 CoMo/Al_2O_3），生产氧化钼水合物、钼酸铵、钴-镍硫酸盐、石膏和氧化铝等[745]。

11.10.10 Nippon Catalyst Cycle Co. 的工艺路线

Nippon Catalyst Cycle Co. Ltd 是日本 Sumitomo Metal Mining Co. 的子公司，从废加氢脱硫催化剂中回收高纯度的 Mo 和 V 盐[746]，大致工艺过程如图 11.29 所示，综合使用了焙烧、浸出和溶剂萃取技术，然而无法获得完整的流程和详细的信息。产品包括 Fe-V、V_2O_5片、Fe-Mo、MoO_3 粉末和金属 V，回收的金属用于住友集团内催化剂、钢、金属盐或金属的生产。

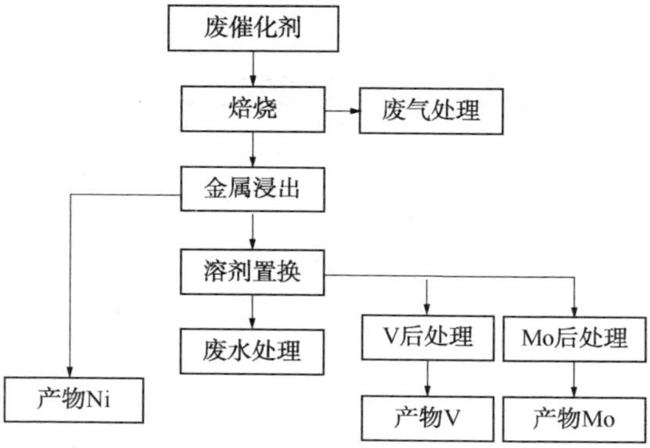

图 11.29 Nippon Catalyst Cycle Co. 的金属回收工艺流程[746]

第 12 章　废非常规加氢处理催化剂

本章是非常规 HPR 催化剂的展望，这些催化剂含有贵金属并使用表面酸性差异很大的新型载体，目前已经逐渐进入市场。用于制备非常规 HPR 催化剂的贵金属包括铂(Pt)、钯(Pd)、钌(Ru)和铑(Rh)，通常称其为铂族金属(PGM)。铼(Re)虽然不属于铂族金属，但也用于非常规 HPR 催化剂，有关这些催化剂的开发和评价资料已相当翔实。然而，人们对相应废催化剂的性能(如可再生性、毒性、可燃性、可浸出性等)却知之甚少，需要进一步研究以填补空白。

致密油、费-托合成油、生物质及煤液化衍生物(CDL)等非常规原料的加氢处理可能都需要新催化剂，它们在结构和组成上与传统催化剂有所不同。在这种情况下，人们开始关注在 HCR、HIS、HDO 和开环反应中表现出良好活性的催化剂。上述应用中，用表面酸性不同的载体负载贵金属催化剂的开发较为广泛[55]。这些催化剂主要包括酸性载体或非酸性载体负载的贵金属双功能催化剂。其中，以碳为载体的贵金属催化剂在生物质的 HPR 中得到了高度评价。在这种情况下，催化剂在水存在时的稳定性至关重要，可以使用疏水载体，如碳。

12.1　双功能催化剂

双功能催化剂用于正构烷烃加氢异构化制烯烃和大分子液态烃加氢裂化(如蜡、树脂和沥青质)[55]。为了实现双功能性，催化剂必须容易脱氢/加氢(HYD)，提供反应所需的质子[747-755]。如果与具有适当表面酸性的载体结合，传统的催化活性相以及金属碳化物、氮化物和磷化物可以表现出双重功能。通常贵金属是首选的金属相，使用的载体比传统的 $\gamma-Al_2O_3$ 酸性更高，尽管可以通过卤化作用增加$\gamma-Al_2O_3$的酸性[754]。除各种类型的沸石外，无定形硅铝(ASA)、活性黏土、硅铝磷酸盐(SAPOs)、分子筛、硫化氧化锆和钨酸盐氧化锆都是具有高 HIS 和 HCR 活性的潜在载体[55]。此外，选择的酸性载体必须确保没有支链的正构烷烃和正构烯烃能够进入中等大小的孔。同时，支链烷烃在孔隙中的扩散速率应较低。

在实际应用中，正构烷烃、环烷烃和芳香烃的转化是影响柴油和润滑油基础油性能参数的首要因素。正构烷烃是柴油的理想组分，因为它们的十六烷值在所有烃类中是最高的。同样，正构烷烃的黏度指数最高，它们是润滑油的合适组分。可惜的是，由于正构烷烃的冷流特性不好，即浊点、倾点和凝点高，因此必须从燃料和润滑油中将其脱除。将正构烷烃转化为异构烷烃，柴油的十六烷值和润滑油基础油的黏度指数都将受到影响，但其仍远远高于芳香烃和环烷烃的相关参数。同时，异构烷烃的熔点明显降低，例如，C_{20}正构烷烃和含有一个5-甲基取代基的C_{20}异构烷烃的熔点分别为+35℃和-15℃。图12.1显示，在双功能催化剂催化正构烷烃加氢异构为对应异构烷烃时，凝点也有相同的下降趋势[55]。

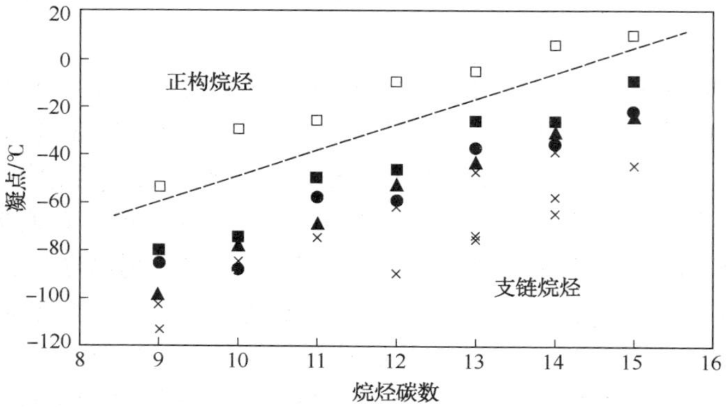

图12.1　直链C_9~C_{15}烷烃和2-甲基、3-甲基、4-甲基、二甲基支链C_9~C_{15}烷烃的凝点

传统的脱蜡方法是在去除正构烷烃之前，先用糠醛、酚类等溶剂进行萃取脱芳烃。在浓缩状态下，通过蒸馏将芳烃从溶剂中分离出来。萃取芳烃后通常伴随着脱除长链烷烃，对于改善润滑油基础油的黏度特性至关重要。将原料与溶剂(如丙酮-苯、二氯乙烯-苯、三氯乙烯等)混合并冷却，直至大部分链烷烃结晶。随后，通过转鼓过滤器分离固体链烷烃，蒸馏回收溶剂，然后循环使用。

VGO和DAO是生产润滑油基础油的主要原料。在这方面，高活性的加氢异构化催化剂发挥着重要作用，通过将正构烷烃转化为异构烷烃，最大限度地实现VGO和DAO生产润滑油基础油。除加氢异构外，考虑到VGO和DAO可生产柴油和汽油，加氢裂化也十分重要。这些反应对整体转化的相对贡献取决于催化剂结构、温度和原料来源。例如，VGO和DAO生产柴油和汽油时，加氢裂化是主要反应。当石脑油馏分用于生产汽油时，使用具有高加氢异构活性的催化剂是有利的。事实上，在某些情况下，运输燃料(汽油、航空燃料和柴油)与润滑油的联产可能是炼油厂生产方案的一部分[756]，具有良好加氢裂化活性和足够加氢异构化活性的催化剂将更适合。

对于双功能催化剂的加氢处理反应，加氢裂化尾料可能是迄今为止使用的最重的原料[756a]。在Pd/ASA-Al_2O_3、Pd/Y-ASA-Al_2O_3、Pd/Beta-ASA-Al_2O_3、Pd/ZSM-23-ASA-Al_2O_3这几类催化剂中，加氢异构化活性/加氢裂化活性遵循如下顺序：Pd/Y-ASA-Al_2O_3<Pd/ASA-Al_2O_3<Pd/Beta-ASA-Al_2O_3<Pd/ZSM-23-ASA-Al_2O_3。其中，Pd/ASA-Al_2O_3催化剂中间馏分的选择性最高，而Pd/ZSM-23-ASA-Al_2O_3催化剂加氢异构化活性最好。

为了满足燃料中芳香族含量和润滑油基础油黏度指标的要求，可能需另外加氢精制，润滑油生产的最后环节有时还要进行去浊。因此，尽管脱蜡是最重要的，但是当我们所期望的产品是润滑油基础油和燃料时，脱蜡并不是唯一的催化过程。

直到20世纪80年代中期，催化脱蜡才成为石油炼制的一部分[757]。催化脱蜡与常规HPR的条件略有不同(如，260~430℃，2~5MPa氢压，250~450m^3氢气/m^3油)。通常，催化脱蜡在使用双功能催化剂(如贵金属的沸石负载)的滴流床反应器中或由多个反应器和/或不同催化剂层/段组成的固定床中进行(图3.14)[28]。在某些场合，催化脱蜡之前可能需要对原料进行加氢预处理，脱除硫、氮、树脂还有微量金属和沥青质。使用常规催化剂，目的是保护后续反应中使用的非常规催化剂，特别是后者含有贵金属(Pt、Pd等)和酸性载体(沸石、ASA、SAPO等)时。因为这类催化剂对碱性含氮化合物和H_2S非常敏感。对生产润滑油而言，初步脱蜡的产品可能需要另外加氢处理和/或去浊，以确保基础油的性能符合商业产品的规格。由于加氢反应活性高，含贵金属的非常规催化剂特别适合于最后的精制步骤。因此，除了传统的加氢处理催化剂，其他类型的催化剂也将成为综合脱蜡过程的一部分[55,758]。

12.1.1 双功能催化剂的性质

Allain等[755]的研究阐明了双功能催化剂上催化位点的作用。该工作中，评价了直链烷烃在几种酸性载体上负载Pt的HCR-HIS活性。根据结果，推测反应机理，如图12.2所示[755]，图中C和O分别表示烷烃和烯烃。图12.2中，步骤①和步骤⑤的脱氢/加氢发生在铂金属上，酸性载体为步骤②提供质子，步骤③中碳正离子的转变是限制步骤。在HCR-HIS过程中，直链烃类的反应活性随着烃类碳数的增加而增加[55]。此时，双功能催化剂的酸度(由酸性载体提供)必须适当，以保持HCR在最优水平并确保HIS活性最高。

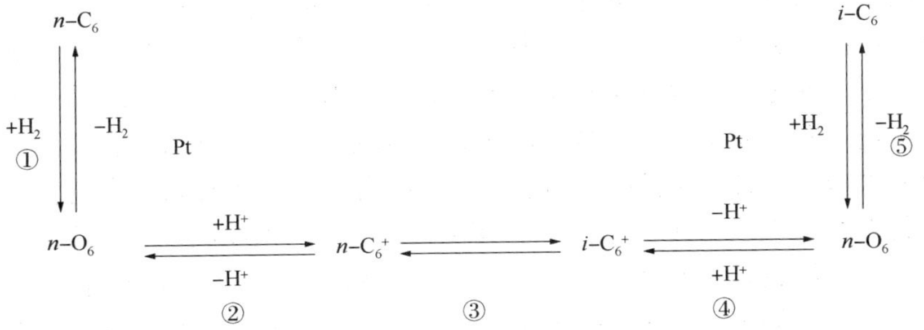

图12.2 正己烷加氢异构化机理[755]

因此，基于上述机理，用于HIS和HCR反应的催化剂必须具有理想的酸度[55,759]。对于HCR，要调节酸度以防止副产气体和形成积炭。同时，HIS所需的酸强度取决于链的长度。短链烷烃(如丁烷和戊烷)的 HIS 需要很强的酸性，如氧化-阴离子促进的氧化锆。对于长链，支链化所需的酸性强度较低。如果需要双功能催化剂同时表现出良好的 HIS 和 HCR 活性和选择性，需对酸性位点进行优化。例如，以中强酸、弱酸为主的催化剂对 HIS 表现出较高的活性，但对 HCR 的活性可能相当低[759]，其他加氢处理反应也会在不同程度上与 HIS、HCR 反应同时发生，说明在设计 HIS-HCR 催化剂时，必须考虑原料的来源和预期产品的性能。

已经开发出一系列正构烷烃和正构烯烃异构化、加氢异构化的催化剂并进行了评价[55]，这些催化剂主要由活性金属(如 Pt 和 Pd)与不同的沸石构成。早期，ASA 和活性黏土也曾受到过关注。当前 SAPO 分子筛和硫化锆基催化剂也引起了人们的兴趣。此外，在一些研究中也使用负载活性金属的各种载体(SiO_2、Al_2O_3 及碳载体)。活性评价一般涉及模型化合物和真实原料，在相同条件下评价不同类型催化剂对于对比它们的催化性能尤为重要[760,761]。氢压一般在大气压到 6MPa 间变化，温度在 100~400℃ 调整。一些催化剂的评价是在异构化条件下用氮气作载气进行的。在分子筛中，中等孔径的 ZSM-5 分子筛展示出较高的选择性。Bendoraitis 等[762]发现 ZSM-5 分子筛和 Pt/丝光沸石具有择形功能，后者比 ZSM-5 分子筛的孔更大。两种催化剂生产的润滑油基础油倾点相似，而ZSM-5分子筛的黏度指数高于 Pt/丝光沸石催化剂的[762]。Chen 和 Garwood 等[763]对ZSM-5 分子筛进行改性，用于中间馏分油的脱蜡。采用 Zn/CH_4Cl 溶液对分子筛进行离子交换，Zn 的质量分数达 0.9%，该催化剂的活性达到 Ni/硅藻土催化剂的活性水平[764]。鉴于过程的相似性，中间馏分油脱蜡过程的结果也可能与 VGO 和 DAO 的脱蜡有关。

基于含镧系和铂族金属的催化剂在正构烷烃异构化制异构烷烃的全沸程范围内具有优越的性能和稳定性，Gillespie 等[765-768]申请了一系列非分子筛催化剂的专利。该催化剂由负载钨的氧化锆、镧系元素和/或钇作为第一组分、铂族作为第二组分组成。优选地，第一组分为镱、钬、钇、铈、铕或它们的混合物，而第二组分是铂。催化剂中含有无机黏合剂，如氧化铝。Gillespie[765]的另一个固体酸加氢异构化专利的催化剂由硫酸化的 ZrO_2、第ⅢA 族组分和 Pt 组成，对正构烷烃转化为异构烷烃具有非常高的活性，大幅度提升了产品的低温流动性。催化剂包括负载钨的氧化锆载体、至少一种镧系元素(优选镱或钬)和铂组成，对正构烷烃转化为异构烷烃具有非常高的活性[766]，HfO_2、TiO_2 和 SnO_2 也是较为合适的载体。另一种催化剂由硫酸化的 ZrO_2 负载镧或钇和负载 Pt 的 Al_2O_3 组成，同样具有较好的加氢异构化活性，使用氧化铝作为黏合剂[768]。

值得注意的是，几个研究小组在开发新型 HIS 催化剂方面开展了积极的研究。这些研究是伴随着费-托合成制备合成燃料成为热点应运而生的。Klerk 和

Furimsky 对这些研究作了详细的描述[55]。本手册简略地叙述了传统 HPR 催化剂和新型催化剂结构之间的基本区别。

12.1.2 双功能催化剂的失活

一般认为，如果使用期间无异常发生，用于脱蜡和生产柴油、HYD、加氢精制及去浊的非常规 HPR 催化剂的寿命不应少于两年。在大多数情况下，由于进行了预处理，原料中基本无金属杂质且大部分的硫和氮已脱除。但是，在含有贵金属的 HIS-HCR 催化剂中，需要将氮和硫脱除到百万分之几。否则，积炭和含 N、S 化合物的中毒是催化剂失活的主要原因。在一定程度上，长期暴露的催化活性相也可能发生重结晶，这可能是催化剂永久失活的原因。

尽管体系相当清洁，但在 HIS-IS 过程中催化剂失活是不可避免的。在不含硫和氮的费-托合成原料的 HIS 过程中，转化率和选择性也随着时间的推移而下降，证明了这一点[55]。此时，原料中的含氧物质是活性下降的主要原因。在不含氧的情况下，积炭是失活的主要因素，但不能排除活性相的重结晶影响催化剂活性。预计在单一 HIS 操作期间形成的积炭与馏分油 HPR 中观察到的废催化剂上的积炭显著不同。例如，Cowley[769]报道了在酸性非分子筛催化剂上戊烯 HIS 过程中形成的焦炭是非芳香性的，不含缺氢多环芳烃，即硬焦炭，但它有烷烃、烯烃或聚烯烃结构，且 H/C 超过 1.0。不过，积炭的结构取决于催化剂的类型和操作条件。因此，在烃类化合物 HIS 过程中也有可能形成芳香性焦炭，尽管程度要小得多。

由于双功能催化剂的性质，酸性位点中毒必然会对金属位点的活性产生不利影响（图 12.2）。Busto 等[770,771]正十六烷 HIS-HCR（Pt/WO_3-ZrO_2，225℃，2MPa，$H_2/n\text{-}C_{16}=10$）的结果支持了这一点。所以，在正十六烷中加入 1%的苯对总转化率有不利影响，而 HIS 的选择性却增加，这是由于催化剂酸性位上的积炭造成的。在同一研究中，还探索了进料中硫（如 CS_2）对转化的影响。当硫含量约为 100μg/g 时，活性几乎丧失了 80%。在此情况下，活性的丧失归因于金属位点的硫中毒。

He 等[771a]研究了萘在固定连续床反应器上进行 HYD 反应［正十三烷中萘含量为 10%（质），473~573K，4MPa］时硫对 Pt/MZ-5 和 Pt/Al_2O_3 催化剂活性的影响，表 12.1 列出了存在 300μg/g 和 3000μg/g 的硫时的产品分布。结果表明，Pt/MZ-5 催化剂比 Pt/Al_2O_3 催化剂更耐硫，这是 Pt/MZ-5 催化剂的酸性和介孔结构共同作用的缘故。硫对转化率和产物分布的影响取决于温度，图 12.3 是 Pt/Al_2O_3和 Pt/MZ-5 催化剂在硫含量为 300μg/g 时的结果，图 12.4 是 Pt/MZ-5 催化剂在硫含量为 3000μg/g 时的结果。人们认为，有硫化合物存在下，硫对 HYD 的不利影响将更加明显，因为它们（如苯并噻吩、噻吩等）比二苯并噻吩的稳定性差。

表 12.1　573K 时硫(二苯并噻吩)对 Pt/Al_2O_3 和 Pt/MZ-5 催化剂上萘加氢产物的影响[771a]

催化剂	硫/(μg/g)	转化率/%	产物/%		
			萘	四氢萘	十氢萘
Pt/MZ-5	0	98.9	1.1	0.7	98.2
	300	98.8	1.2	1.4	97.4
	3000	95.9	4.1	6.5	89.4
Pt/Al_2O_3	0	97.3	2.7	13.7	83.6
	300	94.2	5.8	11.0	83.2
	3000	94.9	5.1	43.5	51.4

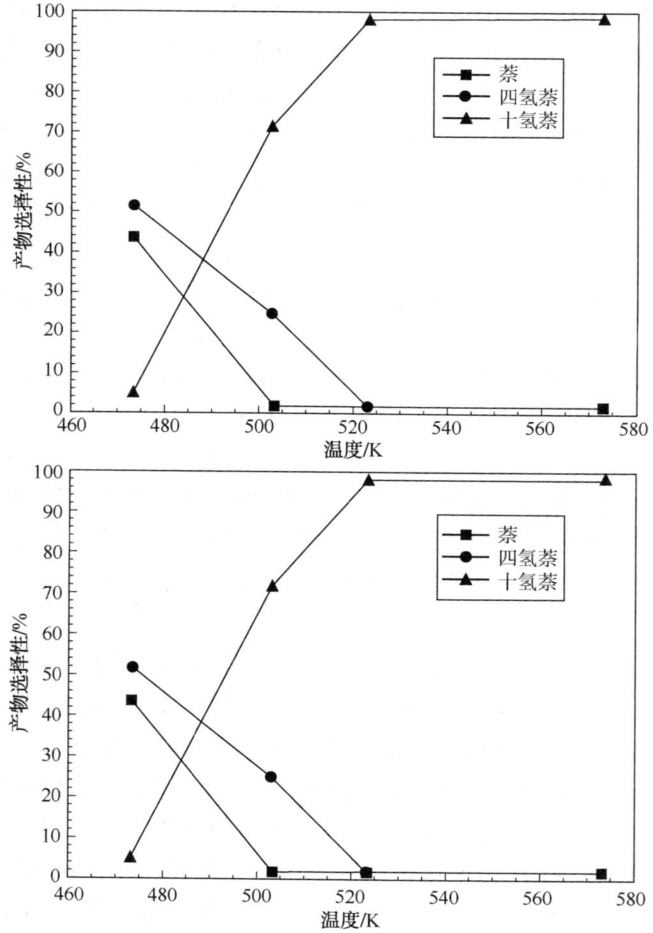

图 12.3　硫含量 300μg/g 时 Pt/Al_2O_3 和 Pt/MZ-5 催化剂上萘加氢产物的选择性[771a]

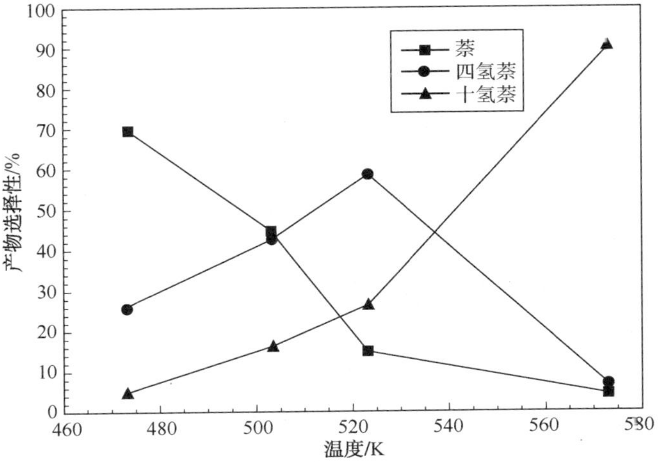

图 12.4　硫含量为 3000μg/g 时 Pt/MZ-5 催化剂上温度对萘加氢选择性的影响[771a]

在固定床连续反应器中评价了硫对 H-丝光沸石(HMOR)负载 Ni、Pt 和 Ni(0.5)-Pt 催化剂加氢活性的影响，原料是含 5.2%(质)萘的癸烷和硫含量为 500μg/g(噻吩)的溶液，反应条件是 493K、5.5MPa H_2[770]。Pt/HMOR 催化剂能维持稳定运转 12h，性能最好。Ni/HMOR 催化剂失活最明显，引入噻吩后，所有催化剂均失活。在再生过程中，Pt/HMOR 和 Ni(0.5)-Pt/HMOR 催化剂的活性几乎完全恢复，而 Ni/HMOR 催化剂的活性只有部分恢复。

Campelo 等[772]研究了在 648K 下，H_2 压力(从常压到 0.5MPa)对 Pt/SAPO-5 和 Pt/SAPO-11 催化正辛烷 HIS 的影响。Pt/SAPO-5 催化剂随时间的延长失活较为明显。然而，随着 H_2 压力的逐渐升高(从 0.3MPa 至 0.5MPa)，催化剂的活性呈上升趋势，尽管在随后的时间内活性继续下降。增加 H_2 压力导致催化剂上积炭量减少，进而催化剂活性上升。对于 SAPO-11，相同的 H_2 压力变化导致活性的显著增加。此外，在整个运行过程中(大约 16h)没有观察到催化剂失活。因此，认为在 HIS 条件下形成的积炭较“软”，可以通过提高 H_2 压力和温度可逆地去除。由于还原脱除积炭存在潜在好处，因此值得进一步研究。

由于涉及两个活性位点(图 12.2)[755]，一个位点失活会对另一个位点产生不利影响，即使后者没有失活。H_2 压力对于保护双功能催化剂的 deHYD/HYD 金属位点方面起着关键作用。因此，可以找到一个最优的 H_2 压力以保证积炭量最小。采用双贵金属催化剂可以缓解进料中氮和硫对双功能催化剂活性和稳定性的不利影响。Castano 等[773-775]的研究得到了证实，通过轻质循环油(LCO)的 HPR 过程比较了五种不同酸性载体负载的单金属 Pt 和 Pd 以及双金属 Pt-Pd 催化剂的性能[350℃，54MPa，重量时空速度(WHSV)为 $4h^{-1}$，连续运行]。双金属 Pt-Pd

催化剂表现出较高的活性和稳定性。积炭平衡时，维持适当的活性。可以通过提高温度除去一部分积炭。同样，双金属 Pt-Pd(3：1)/WO_3-ZrO_2 催化剂比单金属 Pt/WO_3-ZrO_2 催化剂更稳定、耐硫性能更好[770]。

Galaliasso Tailleur 等[622,776,777]将双功能三金属催化剂(如 TiO_2 · Al_2O_3 负载的 WNiPd)用于 LCO 的 HPR，金属位和酸性位均失活了，但是失活速度不同。后者失活对产品质量的影响更大，积炭是失活的主要原因。CS_2 中不溶性焦炭的芳香性比可溶性焦炭高，但可溶性焦炭含量更大。

12.1.3 废双功能催化剂的积炭结构

积炭通常是废双功能催化剂表面的主要污染物。积炭量在很大程度上取决于原料预处理的水平。在不太苛刻的条件下对于双功能催化剂，积炭的芳香性要比废传统 HPR 催化剂小得多。然而，与传统载体(如 γ-Al_2O_3 和 SiO_2)相比，双功能催化剂载体的酸性较高，即使在相对温和的条件下，也有利于生成积炭(如芳构化、脱氢环化和聚合)。此外，预计活性金属附近的积炭与载体裸露表面的积炭结构不同，后者更难溶[55]。Ru/C 和 CoMo/C 催化剂的积炭结构差异不大，证实积炭形成过程中起主要作用的是热效应，载体的作用很小[778]。

有关不同载体废 PGM 催化剂的程序升温氧化(TPO)信息有限，尽管这将填补理解废双功能催化剂积炭结构和反应性的空白。Zhu 等[779]在 400℃、常压下对 3-甲基苯酚的 HDO 进行了研究，比较了 Hβ、Pt/SiO_2 和 Pt/Hβ 三种催化剂，催化剂失活几乎完全归因于积炭的形成。正如预期，Hβ 催化剂上的积炭量最大，而在酸性较低的 Pt/SiO_2 催化剂上的积炭量最小，证实酸性在前一种催化剂上形成焦炭过程中的作用。此外，二氧化碳生成峰向高温区转移表明，Hβ 和 Pt/Hβ 催化剂上的积炭更加难溶。在 Pt/SiO_2 和 Pt/Hβ 催化剂上，CO_2 是唯一产物，而在 Hβ 催化剂上则生成 CO_2 和 CO，证实了 Pt 在焦炭燃烧过程中的催化作用。

温度是影响积炭量和积炭结构的参数之一。双功能 10%(质)Ni/HZSM-5 催化剂用于脂肪酸甲酯的 HPR 反应(280℃和 330℃，0.8MPa H_2)[780]。80h 后，由于积炭导致催化剂失活，转化率由 85%降至 30%，330℃下催化剂上的积炭比在 280℃下芳香性更高。TPO 过程中，280℃形成的积炭在 250~450℃产生最大的二氧化碳峰，而大部分芳香型积炭在 450~750℃区域才能去除。后一温区释放的二氧化碳来自载体裸露处形成的芳香性更高的积炭，而“软”积炭是在活性金属附近形成的[781]。因此，氢在酸性载体上溢流，减缓了积炭的出现。

Castano 等[773-775]将不同载体(如氧化铝、ASA、Hβ 沸石和两种 HY 沸石)负载的 Pt、Pd 和双金属 Pt-Pd 催化剂用于 LCO 的 HPR 反应(350℃，5MPa)，并对废催化剂上的积炭结构进行了深入的探究，重点是导致催化剂失活的积炭形成过程中金属位点、结构性质和表面酸性的作用。积炭的结构受载体性质的影响，尤其是酸性和孔隙率。在 SiO_2/Al_2O_3 为 5 的 HY 分子筛上负载的双金属 Pt-Pd 催化剂抗失活能力最强。在这种情况下，积炭具有多芳香族结构，主要受载体类型影响[773,774]。在废催化剂的 TPO 过程中，观察到 CO_2 峰值为 450℃、500℃和 550℃的三种积炭。除缩聚程度外，催化剂上积炭的位置(如外表面、微孔或金属位点)也是一个潜在因素。

12.2 其他的贵金属催化剂

由于非石油原料(如致密油、费-托合成油和植物生物质)的多样性，人们对 HPR 催化剂的配方进行了广泛的研究[782,783]。其他非传统原料(如 CDL 和木质纤维素生物质)需要催化剂的 HDO 和 HYD 反应活性更高。贵金属催化剂已成功地应用于这些领域[44]。由于含有高价值金属，所以对废催化剂中的金属进行再生利用和回收已经得到了高度重视[55]。

对于 γ-Al_2O_3 负载的催化剂，积炭对 Pt 和 Rh 催化剂的失活影响比 NiMo/Al_2O_3 催化剂要小得多[784]。使用来自微藻的生物质原料，它们的差异可能是 Pt 和 Rh 催化剂具有较高的 HYD 活性。然而，对于双功能催化剂，由于采用酸性载体，失活的差异可能更低。

在温和的条件下，用间甲酚 HDO 反应评价 Pt/Al_2O_3 催化剂的活性和稳定性(氢压约 0.1MPa，350℃)[785]。随反应时间增加，由于积炭，催化剂失活十分显著。不过，提高 H_2/甲酚可以减缓积炭的生成。催化剂中 Pt 含量对积炭量也有影响。在 Pt 含量为 0.2%左右时，催化剂上的积炭量达到最大值。

Pd/C 在固定床硬脂酸和三硬脂酸甘油酯的 HDO 反应(5% H_2+Ar，300℃)过程中，床层的前端和末端催化剂的失活最为明显，原料为硬脂酸乙酯时，(通过比表面积和孔隙率的损失表示)床层末端的催化剂失活更为显著[786]，证实催化剂失活与原料有关。

利用 H_2O 中的氢对各种原料(如蒸馏残渣、重质原料、生物质原料等)进行提质升级的想法一直备受关注[787-790]。在亚临界和超临界条件下，H_2O 的氢向反应物分子转移[646]。在这种条件下，活性催化剂的存在可以显著增强氢的转移。在已测试的催化剂中，负载在 γ-Al_2O_3 和 SiO_2 以及各种碳上的贵金属是主要成分，对酸性载体的关注很少[163]。由于碳的疏水性，一般认为它是首选载体。

12.3 非常规催化剂的再生

大多数关于废双功能催化剂和其他非常规催化剂再生的信息都涉及氧化燃烧去除积炭，很少有人尝试在还原条件下去除积炭。

12.3.1 氧化再生

首先，非常规催化剂上的积炭量可能接近 5%(质)，而某些 HPR 催化剂上的积炭量可能超过 20%。氧化再生先去除活性金属附近更具反应性的积炭，然后再去除酸性载体裸露表面的难溶积炭。结果表明，这种有反应性的积炭比废HPR催化剂上观察到的“软”积炭更软[55]。由于积炭是催化剂失活的主要原因，采用氧化再生方法脱碳时，所有工艺的非常规催化剂的可再生性都应该相当高。由于进料中不存在污染金属，催化剂再生只需要氧化燃烧脱碳，与传统HPR催化剂再生一章中所讨论的程序类似。由于积炭的反应性较强，必须特别注意控制温度。否则，可能无法避免温度波动损坏催化剂。然而，用于藻类原料和角鲨烯油HPR的PtRe/SiO_2 · Al_2O_3催化剂经氧化再生和还原后几乎完全恢复了活性[791]。根据Jacobsen[792-794]的说法，用于含贵金属废催化剂氧化再生的焙烧炉具有不同温区并能准确控制温度。为了再生废HPR催化剂，焙烧炉尾气出口有污染物治理设备，即洗涤器、袋式除尘器和焚烧炉，以确保符合环境法规。废非常规催化剂中存在贵金属(如Pt和Pd)，再生条件可能与重整催化剂的再生条件相似[795,796]。使用5年后更换催化剂前可以进行100多次(有些情况下甚至接近230次)再生-利用循环[797]。与VGO和DAO的预HPR相比，重整催化剂可以多次再生循环利用，主要是因为重整原料非常干净(如预加氢处理石脑油)。非常规脱蜡催化剂的再生循环利用次数要比重整催化剂少，但比典型的HPR催化剂的再生循环利用次数要多。用于生产中间馏分和润滑油加氢精制和去浊的Pt/Pd催化剂的可再生性预计要比典型的脱蜡催化剂大得多。事实上，这些催化剂使用时间可能接近重整催化剂。因此，加氢精制和去浊的温度通常比脱蜡的温度低约100℃。对于芳香化合物的HYD，有利于保持较高的加氢脱芳速率。

值得注意的是，在废重整催化剂的再生过程中，废催化剂从反应器中卸出，转移到再生器中，在再生器中燃烧积炭，催化剂重新活化。据报道，部分催化剂，即所谓的非流动催化剂，残留在反应器壁上和底部[15]，催化剂上的积炭不断增加到接近50%，这部分催化剂的唯一选择是回收金属。然而，Blashka等[479]认为，通过密度分级，可以从重度失活的催化剂中回收中毒较轻的，分离后，中毒较轻的可以重新活化并返回系统。

Zhang等[798-799]比较了蒸汽气化脱碳对废双功能催化剂和催化裂化催化剂的再生效果，在相同的温度下，废双功能催化剂上积炭的反应性高得多，气化产物主要为CO和H_2。事实上，气体的组成接近于合成气。

12.3.2 还原再生

我们注意到，与NiMo/Al_2O_3催化剂相比[13]，γ-Al_2O_3负载的Pt、Re和Ir催化剂可以在较低的温度下进行还原再生[464]。对于后一种催化剂，脱碳生成CH_4的最大值出现在850K左右。考虑到普遍观察到贵金属催化剂的HYD活性较高，在炼油生产中贵金属(如铂和钯)常用于制备润滑油基础油汽油催化脱蜡催化剂这并不意外。与传统的HPR催化剂相比，具有更大的还原再生潜力。在H_2处理之前，利用超临界CO_2萃取废催化剂，可以进一步促进催化剂活性恢复[465]。尽管脱蜡催化剂具有一定潜力，但其还原再生技术尚未引起人们的广泛关注。Campelo 等[772]试图通过提高 H_2 压力和温度在原位恢复催化剂活性至理想水平，这是基于非常规催化剂在脱蜡和燃料生产过程中积炭是一个可逆过程。鉴于可以延长催化剂寿命的潜力，这种催化剂活化方法值得特别注意。作为催化脱蜡工艺的一部分，通常使用含贵金属的催化剂在温和体系中进行加氢精制和去浊，表明此类积炭比脱蜡催化剂上的积炭更具反应性，这种废催化剂更适合于还原再生和/或再活化。

用于间甲酚 HDO 的废 Pt/Al_2O_3 催化剂可以通过空气或氢气再生[785]，氧化脱碳后，用 N_2 冲洗反应器，然后引入 H_2 活化。氢气再生在 400℃、450℃ 和 500℃下进行，还原方法的有效性很大程度上取决于温度。因此，在 500℃以下活性恢复很少。然而，通过 450℃氧化再生能几乎完全恢复活性。在此条件下，再生催化剂的活性接近新鲜催化剂。同样，生物质(麻风树油)HPR 的 $PtPd/Al_2O_3$ 和 $NiMoP/Al_2O_3$ 催化剂在再生过程中也实现了活性的全部恢复[798]。

在 Dabek 等[465]的报道中，废 Pd/AC 催化剂的活性通过两个再生步骤得到很好恢复。用 CO_2 超临界流体萃取催化剂，去除大部分积炭，然后用 H_2 还原。显然，这种方法可以用于多种废催化剂，且不需考虑其以前的应用。用于生物原料改质的废 Pd/C 催化剂的两步还原再生包括在 350℃ 的 N_2 中加热 3h，然后在 250℃ 的 H_2 中还原 5h[800]。

12.3.3 其他再生方法

关于双功能催化剂再生的新方法已经进行了广泛研究，Lee 和 Jou 等[801]采用微波辐射加热高碳含量的废铂催化剂，利用此方法，很容易脱除积炭。

Keogh 等[802]通过添加硫(SO_2)和氧化燃烧的方法再生正十六烷 HCR-HIS 使用的 $Pt/SO_4^{2-}-ZrO_2$ 催化剂(150℃，WHSV=1.0，0.7MPa，$H_2/n-C_{16}=3$)，用前一种方法再生的催化剂初始活性很高，但不持久。与此相反，氧化再生的催化剂活性超过了新鲜催化剂，在几个利用-再生循环中保持了较高的活性。

12.4 金属回收

通常，从废非常规催化剂中回收的贵金属包括 Pt、Pd、Ru、Rh 和 Re。根据美国地质调查局(US Geological Survey)的数据[802a]，2014 年全球共回收 Pt、Pd 和 Rh 约 15.5×10^4kg，其中美国从汽车催化转换器中回收贵金属约 5×10^4kg。

对开展金属回收的公司进行认真筛选十分必要[803,804]。首先，记录必须表明该公司一直遵守《综合环境反应、赔偿和责任法案》(《CERCLA 法案》，即《超级基金法案》)所规定的所有适用的环境法律法规。该法案强调了石油炼制-金属联合回收责任以及未来避免严重经济和法律后果的责任。因此，选择信誉良好的金属回收公司是至关重要的。一个好的公司应该使用最先进的技术和设备(例如，助燃器、袋式除尘器、湿式除尘器、污水中和设备等)。此外，该公司在业内享有良好的声誉并有长期的记录。

可以结合火法冶金和湿法冶金从含金属的材料中回收贵金属[804a]。为实现回收目的，需要各种各样的设备和工艺，如旋转炉和马弗炉、窑炉、焙烧炉、粉碎机、造粒机、筛分机、搅拌机、溶解罐、沉淀罐、电解池等。回收/提炼过程始于复杂、精密的取样，然后进行分析，确定废催化剂中存在的金属及其数量。信誉良好的公司通常会对样品材料进行三次分析，依据精确测量金属含量制定清单，由于贵金属的价值高，在回收的各个阶段测量它们的含量非常重要[26,805]。在包装运输含贵金属的废催化剂之前，必须进行准确的化学分析测定贵金属的含量，Rosso 的报道证实了这一点[806,807]。例如，对于 Pt，±0.5%的误差代表一笔很重要的价值。通过预焙烧去除污染物(如积炭、硫、水分等)，可以显著提高分析的准确性[651-653]。现场焙烧和场外焙烧都可以，对金属回收公司的最终结算而言，似乎前者更有利于炼油厂。Sabin Metal 公司采用称为“干取样”的焙烧过程[807a]，通过回转窑间接焙烧去除大部分污染物。因此，废催化剂的量从几吨减少到几克。如果在炼油厂附近进行回收，金属回收公司的运输成本将大大降低。

废非常规 HPR 催化剂中贵金属回收方法的开发可以借鉴从汽车催化剂及类似固体中回收金属的相关经验和信息。Furimsky[15] 和 Yoo[480] 对此进行了详细总结，从各种类型的废催化剂中回收贵金属已有许多商业应用的工艺。这些方法经过细微改进后，可以应用于废非常规催化剂。值得注意的是，Jha 等[808] 对从各种渠道(包括废催化剂)回收 Pt 的研究进行了综述，包括在氧化剂(HNO_3 和 H_2O_2)、氰化钠和碘溶液存在下使用酸性和碱性溶液浸出，不使用王水。其中一种方法是将 γ-Al_2O_3 载体溶解，贵金属以固体形式留下，可用 NaOH 或 H_2SO_4 来溶解[793,807,809]。经过脱碳的催化剂在 200℃、10bar 压力下用氢氧化钠溶解[809]。在此过程中，载体转化为可溶性铝酸钠，通过过滤与铂分离，然后用 HCl 和 Cl_2 溶解 Pt，可以得到纯度高于 99.9%的 Pt。以类似的方式，可以从废催化剂中分离出 Ir[809]。

此外，用 HCl 和氧化剂在不溶解载体的情况下溶解金属，如 HNO_3、H_2O_2、$NaClO_3$、NaOCl 等[810,811]，过程以批处理模式或连续模式运行。在 Mastny 等[812] 的研究中，经过脱碳的含 Pt 和 Re 的催化剂用 5mol/L HCl/HNO_3 或氨处理，温度对金属的溶解有明显的影响。例如，使用 HCl 在 90℃下，Pt 和 Re 分别在 2h 和 4h 后几乎完全溶解。使用王水时，溶解速率更高。使用稀氨水在 60℃下，1h 和 2h 后 Re 分别溶解 80%~85%和 85%~91%，而 Pt 几乎全部留在催化剂中。

1-烷基-3-甲基咪唑氯化物/1-烷基-3-甲基咪唑六氟磷酸盐等混合亲水/疏

水离子液体在从废催化剂中浸出 Pt 后的 HCl 介质中萃取 Pt 的效率较高[813]。与单独的离子液体相比，混合液体的提取效率更高。同时，注意到在存在贱金属时，铂的萃取选择性较好。可用水合肼还原汽提法将有机相中的铂以粉末形式回收。

研究发现碱性氰化物溶液适合从废催化剂中回收贵金属(如钯)[814]，贵金属一旦进入溶液，可通过沉淀[815,816]、溶剂萃取[817]和膜分离[818]将其提纯分离出来。

另一种金属回收工艺是利用含氯剂如 $AlCl_3$、CCl_4、$CO+Cl_2$ 的混合物和光气进行气相挥发回收贵金属[810]。在此方法中，选择性地将铂和钯氯化成挥发性产物，然后再冷凝。显然，方法的主要局限是有毒物质和产品的处理。

日本的火法冶金工艺专利是将含 Pt 的废催化剂与金属铜和氧化铜的混合物以及助熔剂和还原剂混合冶炼[819]。熔体由两层组成，一层含有铂和铜金属，另一层为渣，它们可以很容易地分开。富铂混合物在空气中加热，金属铜部分氧化为氧化铜。结果又形成了两层，一层为氧化物，另一层为明显富集 Pt 的金属铜。这两层可以很容易地分离，以便进一步处理。

对于负载在碳上的贵金属催化剂，碳载体和积炭完全氧化可能是回收贵金属的一个可选路线[805,819]。基于此目的，应该选用两步法。第一步通过控制氧化去除积炭。然后长时间氧化载体碳，其活性远低于积炭。去除所有的积炭和碳载体后，剩下的材料非常均匀，同时，体积也大大减小。

含硫和氮的配体可以与溶液中的铂和钯离子螯合，Sharma 和 Rajesh[819a]使用含硫配体生物聚合物(如 2-巯基苯并噻唑)与胺功能化 Amberlite XAD-1180 树脂耦合吸附 Pd，从废 Pd/碳催化剂中回收 Pd。废催化剂首先在 10% HCl 和 5% H_2O_2 的混合物中在 90℃下磁力搅拌 3h 完成消化，然后经过滤和调整 pH 值，滤液用吸附剂处理，Pd 几乎能被完全吸附。

如 Motaghed 等[820]所述，产生氰化物的产氰细菌，如巨轮芽孢杆菌，是溶解炼油厂废催化剂中 Pt 和 Re 的合适试剂。在最佳条件下(矿浆浓度为 12.8g/L，甘氨酸浓度为 4%)，Pt 和 Re 的最高回收率分别达到 16%和 98%。

第13章　废加氢处理催化剂的环境和安全问题

从技术与科学文献中获得的关于环境和安全方面的信息主要集中于废常规加氢处理(HPR)催化剂的处理上。尽管废非常规加氢催化剂的某些特性(例如易燃性)比废常规HPR催化剂更值得关注，但关于废非常规催化剂的信息却很少。然而，可以根据表征常规催化剂的方法，与非常规催化剂的性质相关，得出关于非常规催化剂的一些结论和思考。

在美国石油协会(API)的支持下，1992年对美国炼油厂的废物进行了调研，将炼厂废物分为六类，即废水、含油污泥、废弃化学品、受污染土壤、其他废物和废催化剂[821]。几乎所有调研工作的参与者都表示炼油厂产生的废物在稳步下降。作为有害固体废物，废HPR催化剂的处理受美国环境保护署(EPA)、《巴塞尔公约》和OECD规则相关条款的约束。因此，废催化剂不能出口到第三世界国家。此外，生产商有义务确保废催化剂得到适当处置或安全回收。由于废HPR催化剂已被归为危险废物，因此以环境可接受的方式安全处理和处置它们是石油炼制者始终关注的重大问题。

当催化剂在反应器中完成其使命后，需要从反应器中卸出，此时对废HPR催化剂的处理就开始了。在从反应器中卸出催化剂以及随后在炼油厂进行处理时，炼油厂要按照操作手册中的程序进行。如果将废催化剂转移到处理、储存和处置设施，必须采取特殊预防措施。所有这些行动和/或活动均受环境及安全法规的约束。目的是尽量减少废催化剂对环境空气和地下水质量的不利影响。在以下章节中，将根据撰写本手册时的法规讨论废催化剂处理和转移的所有过程。

贯彻执行环境法规炼油厂必须花费相当一部分费用。因此，一些炼油厂除了关闭而别无选择。由于环境法规仍在不断发展，炼油厂可能会持续面临这种压力。环境意识较差的炼油厂或国家可能会获得竞争优势。因此，需要全球性的方法来处理炼油工业中的环境和安全问题，以防止不公平竞争。

13.1　法规事务

为了保护人类健康和环境，必须在现有环境和资源法规的框架内，对工业处置任何固体废物的过程进行监控。Nielsen[822]对控制地下水质量的所有相关法律进行了总结，而Wang等[823]对相应的环境空气质量的相关法律进行了总结。美国环境保护署颁布了最主要的环境法规，以下为主要的监管方案：

①《资源保护和恢复法案》(RCRA)，包括危险和固体废物修正案。

②《综合环境反应、补偿和责任法案》(CERCLA)，即《超级基金法案》，包括修正案。

③《有毒物质控制法案》(TSCA)。

④《安全饮用水法案》(SDWA)及其修正案。

⑤《清洁空气法案》(CAA)，据此建立国家环境空气质量标准(NAAQS)。

⑥《露天采矿控制和开垦法案》。

固体和危险废物处理的所有过程，从产生和运输开始，以及由处理、储存和处置设施(TSDF)的操作者进行的所有活动，都要遵守《RCRA 法案》。《RCRA 法案》中的“C”界定了什么是危险废物，什么不是。它还规定了符合法规要求的废催化剂处理及转移所需的设施。例如，其中一项要求就包括安装和运行地下水监测系统，以连续监测 TSDF 性能。只给那些符合《RCRA 法案》的 TSDF 经营者发放许可证。在 TSDF 关闭后，必须要监测地下水。

CERCLA，也就是众所周知的《超级基金法案》，是为了处理可能对公众构成威胁的废弃场所建立的。《超级基金法案》的目标之一是为清除现有最严重的危险废物场所制定战略和确定优先事项。在这种情况下，可能的话，责任方必须承担清理费用。如果不能确定责任方，可以使用危险废物信托基金(The Hazardous Waste Trust Fund)。据信，在世界各地仍存在被废催化剂污染的场所。然而，如果只涉及废催化剂，它们的规模预计不会很大。

TSCA 的出台旨在禁止或规范对人类健康或环境构成威胁的化学产品的生产、加工、分销和处置。TSCA 授权环境保护署要求企业发布上市前测试和/或生产前通知，详细说明程序、产品数量、产品性质、销售方法等。部分新 HPR 催化剂(如含氟化物)可能需要根据该法案进行管理。

《清洁水法案》(CWA)的目标是保护地表水，地表水的质量影响地下水，反之亦然。这需要水质管理计划，目的是控制陆地上有害废物的处置，保护地表水和地下水。SDWA 专门处理饮用水，它确保从公共供水系统供应的饮用水的安全。几项规定具体提到了地下水质量。SDWA 第 1412 节要求颁布饮用水质量标准。为了满足要求，EPA 制定了国家一级饮用水标准(the National Primary Drinking Water Standards，NPDWS)和国家二级饮用水标准(the National Secondary Drinking Water Standards，NSDWS)。前者规定了污染物的最高水平，在法律上属于强制执行的标准。NSDWS 为非强制执行的标准，用于管理饮用水中引起口感或视觉效果的污染物。在 NPDWS 中列出了近 90 种污染物[822]。表 13.1 给出了在某种形式上与废 HPR 催化剂有关的因素。此外，Ag、Al、Fe、Mn、Zn 和硫酸盐列于 NSDWS 污染物中。

表 13.1 国家一级饮用水标准选定的污染物[822]

污染物	污染物最高水平/(μg/g)
锑	0.006
砷	0.010
钡	2
镉	0.005
铬	0.1
铜	1.3
铅	0.015
硒	0.05
氟化物	4.0
硝酸盐(如氮)	10.0
亚硝酸盐(如氮)	1.0
苯	0.005
多环芳烃	0.0002
甲苯	1.0
二甲苯(总量)	10

显然，诸如 RCRA、CERCLA、TSCA 和 SDWA 法规及其修正案为合规性监管提供了广泛的手段。在大多数情况下，重点是地下水的质量，需要在可能发生地下水污染的地点附近取样。有必要对样本进行详细分析，以确保现场正常运行。管理法规所赋予的权力可以用来采取强制纠正措施，甚至停止正在进行的(可能造成污染的)活动。

除了 RCRA 描述的与环境相关法律之外，CAA 的建立是为了解决空气污染问题。除了 NAAQS 以外，CAA 的主要项目还包括新排放源绩效源执行标准(New Source Performance Standards)和有害空气污染物的国家排放标准(National Emission Standards for Hazardous Air Pollutants)。它们规定了标准污染物(如颗粒物、SO_2、CO、NO、O_3、Pb 等)和指定的污染物(如总还原硫和硫酸酸雾)。因为 O_3 是一种标准污染物，所以 NAAQS 也对作为 O_3 前体的 VOC 做了规定。因此，当 NO 和 VOC 暴露在阳光下时，会形成 O_3 和气溶胶，这种混合物称为光化学烟雾。当人类暴露于 O_3 和气溶胶环境中时，呼吸系统会受到影响。

Vallero[824]给出了受管制的标准污染物的一级和二级 NAAQS 的详细信息，包括计算标准所需的综合时间。一级 NAAQS 标准是根据环境保护署规定的空气质量的水平，要求有足够的安全边界以保护公众健康。二级 NAAQS 标准是保护公众利益免受任何已知或预期的不利影响所必需的水平。

13.1.1 废加氢处理催化剂的分类

EPA 在 2002 年 5 月发布的公告中重申了先前的立场，即根据 RCRA 规定，从两种用途的 HPR 反应器中卸出的废 HPR 催化剂必须归为危险废物[825-827]。根据 EPA 的规定，HPR 的双功能包括加氢处理和加氢精制。前者包括从石油中去除杂质，如硫、氮、金属和其他杂质，从这些装置中卸出的废催化剂指定为危险废物 K-171。根据 EPA 术语，加氢精制的工艺条件比加氢处理更苛刻。前者包括较重的原料的改质，即渣油燃料油和减压柴油。从这些装置中卸出的催化剂指定为危险废物 K-172。有意思的是，EPA 并没有将来自加氢裂化(HCR)装置的废催化剂列入清单，并且在 EPA 发布公告时，这种催化剂并没有被归为危险废物。然而，根据 EPA，HCR 的主要目标是在加氢处理和加发生氢精制的同时最低限度地将大分子转化为挥发性产品。然而，为了澄清这一问题，EPA 声明，符合 K-171 和 K-172 清单描述的废催化剂是从膨胀床和/或沸腾床反应器中卸出的催化剂，例如 H-Oil 和 LC-Fining(译者注：为两种重渣油沸腾床加氢工艺，前者使用外置高压循环泵，后者使用内置循环泵，内置于反应器底部)反应器。根据炼油术语，这些反应器被归为典型的 HCR 反应器，尽管在这些系统中，杂质的脱除与 HCR 同时发生。此外，加氢精制通常被认为是达到商品燃料规格前的最后一步反应。因此，它可以在与加氢处理相比不太苛刻的条件下进行。这意味着监管机构和炼油厂使用的术语可能存在某些不一致的地方。为了调和术语上的差异，可以得出结论：从所有商业运行的 HPR 装置中卸出的所有催化剂都必须归类为危险废物。

根据 RCRA，EPA 对固体废物的一些定义可能会有不同的解释。例如，以美国石油协会(API)为代表的炼油行业一直将固体废物视为被处置的、抛弃的或扔掉的材料，而不是可被回收利用的材料[828]。因此，再循环的材料(例如，可再生的废催化剂)不应归为固体废物，这与送去处置的不可再用的废催化剂正好相反。将废 HPR 催化剂排除在危险清单之外是必要的，以便为回收利用提供一种成本效益好的管理选择，这也可以鼓励回收利用而不是处置。

出于运输目的，废物被分为三个不同类别的清单，即绿色、琥珀色和红色清单[829]。绿色清单包括非危险废物，这些废物只适用于正常的商业交易。琥珀色清单涵盖具有危险特性或含有危险成分的废物；运输时，这种废物需要通知所有有关当局和相关方；此外，被列为琥珀色清单的废物的转移需要一份跟踪文件。红色清单中的危险废物需要与琥珀色清单中废物相同的通知；然而，对于这种废物，在运输之前，需要得到所有有关当局的书面同意。

13.1.2 废催化剂的运输

在经合组织(OECD)国家，公司的首席执行官依法负责所有环境问题，包括运输和废物处置[830]。据信，通过连带责任法，公司的董事和其他低级官员也可能在这些行为中发挥一定作用。

废 HPR 催化剂的运输受《危险货物运输法》管制。此外，《巴塞尔公约》禁止危险废物在发达国家与发展中国家之间的国际运输[831]。在美国，这种运输受 EPA 条例的管制，该条例要求废物接收国证明其愿意接受危险废物。在欧盟(EU)，包括废催化剂在内的危险废物的运输受两种不同法规的控制，即《国际危险货物道路运输规则》(ADR)和《国际海运危险货物规则》[831,832]。后者涵盖将废催化剂运往海外，而 ADR 适用于欧盟境内的公路运输。

关于美国危险废物的出口和进口，EPA 已提出修改建议，以加强对人类健康和环境的保护[832a]，目的是使目前与出口和进口有关的装运要求与经合组织成员国的现行要求更加一致。这包括以电子方式提交所有进出口相关文件，以及在出口前根据 RCRA 出口要求确认同意出口。

诸如废催化剂等 RCRA 规定的危险废物的跨境运输必须遵循出口告知程序，包括对材料的描述、运输方式、运输公司、再生厂家/回收厂家、出口和进口港口以及其他细节的告知。成为美国出口商时，该告知通过 EPA 和国际事务部发送给接收国的主管当局。只有在接收国政府批准后，炼油厂才能继续装运废催化剂。这也要求确保接收国的废催化剂再生者或回收者获得许可，并拥有环境当局要求的必要的证书。不同的国家可能有自己的法规。然而，据信这些法规在很大程度上符合国际法律和法案。例如，在加拿大，废 HPR 催化剂的跨境运输受《危险货物进出口条例》[832]的控制。不出所料，这些法规与因类似目的制定的国际准则相一致。法规规定了废催化剂进口、出口或过境该国或该省之前必须满足的条件。所有有关各方都必须提前——即在拟议装运前 1 年——通知有关当局。对于来自某个国家的废物，废物产生者/出口者必须填写通知，而进口商(如回收者或处置者)则必须向主管部门提供通知。当在国内运输时，通知也应由承运人完成。通常，材料安全数据表(MSDS)必须伴随装运的废物。

由于危险特性，在运输废 HPR 催化剂时，必须采取所有安全预防措施。采用的包装方法必须防止废 HPR 催化剂接触空气和水，并防止有害气体和液体成分的泄漏[832]。最好由获得环保部门特殊认证的公司进行包装。易燃性和渗出性特征决定了废 HPR 催化剂不能以超级大袋或散装的形式运输。金属容器是最合适的包装，只要它们经过了抗冲击和密封性试验。联合国法规对此类测试进行了规范，并要求给容器以适当的标识[297,737]。与催化剂运输的桶相比，催化剂箱更受青睐[833]。一个箱可以容纳多达 2000kg 的催化剂，可以代替 10 个常规的 200L 的桶。

通过在容器中废催化剂上方形成有机密封，可以最大限度地减少运输过程中自热的产生和有毒物质的释放[834]，封口由糊化淀粉组成。新鲜催化剂和再生催化剂的运输受到的关注较少，但仍应给它们以正确的标识，并应避免与水的任何接触。

运输方式包括厢式拖车、自卸卡车、轨道车和海运集装箱。通常，运输方式由炼油厂和合作伙伴商定，合作伙伴可以是催化剂再生者或回收者。这取决于炼油厂的装载能力；在某些情况下，搬运和装载设备可能由合作伙伴提供。合作伙伴应仔细监控从起点到最终目的地的运输的全过程。由于其危险性，参与废 HPR 催化剂运输的公司必须获得监管机构的认证(例如，在美国由 EPA 认证)。在某些情况下，废催化剂的运输可能是炼油厂和具有催化剂管理(TCM)认证的公司之间签署的协议的一部分。该协议可涵盖废催化剂处理的所有阶段。

13.1.3 废催化剂的回收和处理

前几节中提到的与废催化剂处理相关的各种问题与 Lavers[835]概括的管理法规一致，即：

① 没有足够的设施，不得向第三世界国家出口任何废物。

② 不可将废物带到没有适当设备回收废物的设施。

③ 不可回收必须销毁的废物，不得运送到比绝对必要的地点更远的地方(邻近原则)。

④ 产生需要销毁的废物的国家或州/省负责销毁这些废物。

⑤ 用于回收的危险废物可以运送到世界上任何地方的授权设施，但必须在高度受控的系统中进行。

就废 HPR 催化剂而言，销毁可能涉及回收废催化剂中大部分有用金属以便再利用的过程，回收金属或者用于制备催化剂，或者用于其他工业用途。回收可能涉及将废催化剂运送到有能力再生/复活废催化剂的公司。只有当所有其他利用方案变得不具吸引力后，才会考虑废 HPR 催化剂的处置。

已多次重申，由于废 HPR 催化剂被指定为有害有毒废物，因此在处理和利用废催化剂的所有阶段都必须应用特殊程序。作为废 HPR 催化剂的产生者，炼油厂在安全处理废催化剂方面的能力和经验通常有限。获得监管机构认证的公司拥有这种 TCM 专业知识。在某些情况下，炼油厂除了使用这些公司的服务之外别无选择，它们包括那些根据 RCRA 运营的获得 TSDFs 认证的公司。可取的方式是，这一过程最好与炼油厂密切合作进行，炼油厂必须随时准备在必要时及时作出反应。例如，对管理法规的变化作出反应，这些服务的成本在不断增加。因此，只有在仔细考虑了所有可用选项后，才能对废催化剂的命运作出最终决定。

在控制废催化剂的储存和处置方面已经付出了巨大努力[524]。尽管作出了这些努力，仍然可能有不负责任地倾倒废催化剂的情况。API 在 1982 年实施的一项调查证实了这一点。调查的结论为，所有废的不可再生催化剂中，只有 70%被送至金属回收商或在商业填埋场进行处理[836-838]；其余的废催化剂可能被弃置在未经授权的场所。不能确定所有这些场所随后都得到了清洁化处理并符合环境要求。希望已经过去的足够的时间能使人们认识到，在今天未经授权倾倒任何废催化剂是违背逻辑的。

只有在有把握证明填埋设施及废催化剂都符合无害标准的情况下，才能在填埋场处置废催化剂。因此，除非得到适当管理，否则填埋不会清除或销毁任何可能造成长期健康和环境危害的有害物质。根据 RCRA，不仅经批准的垃圾场拥有者负有责任，而且被填埋的有害废物的所有者也负有责任。这种环境责任和/或义务在垃圾场的整个寿命期以及在关闭后的时间持续存在，直到证明该垃圾场不再对环境构成任何威胁。

从历史上看，在 1982 年，商业垃圾填埋场是根据 RCRA 临时许可证运营的。然而，1984 年颁布的 RCRA 修正案要求所有的临时状态设施满足地下水和保险要求。为了继续运作，最起码需要在 1988 年之前安装双层衬垫和沥出液收集系统。在这方面，一些炼油厂的应对措施是用地上储罐取代所有地面蓄水池[839]。关闭后，移除废催化剂和受污染的土壤，以未受污染的材料填充蓄水池。鉴于潜在的未来责任，这种成本较高的方法是必要的，特别是要获得 RCRA 重新授权时，要求大多数地面蓄水池要么改造要么关闭。最初，按照连带责任观点的要求，如果一个不安全的填埋场在处置后 20 年内出现问题(如地下水污染)，将要求公司支付整个清理费用[840]。然而，随后这一观点被修改，代之以承担无限责任。根据美国环境保护署颁布的 CERCLA 的规定，炼油行业可能要被迫清理过去处理废催化剂的地方。

RCRA 要求安装和运行地下水监测系统，用于评价 TSDFs 的性能，除非此类设施的拥有者能够证明不存在和/或存在危险物向地下水迁移的可能性很低[822,823]，包括建立地下水取样和分析方案以及地下水质量评价方案。法规要求至少有一口上升梯度井和三口下降梯度井来获取地下水样本。RCRA 提供了维护水井和采水样的程序的细节[822]。在设施运行期间、关闭期间以及关闭后(如有必要)，需要进行监测。如果危险固体在设施关闭后没有从设施中彻底清除，需要在关闭后监测，通常持续 30 年。这可能适用于已经关闭但仍含有固体废物的垃圾填埋场和地表蓄水池。

鉴于上述复杂情况，明智的做法是在建造填埋设施之前对场地进行彻底评估。一家公司在建造新的金属回收装置之前进行了类似的评估[841]。在这种情况下，公司委托第三方进行环境审核，其中也包括之前的现场操作。审核包括对地下水和土壤污染的潜在影响的评估，以及对许可证状态和文件的审查，以评估场地的潜在风险。作为审核的一部分，在以前场地下约10m处发现了一个浅的、封闭的、浸出性矿床。这个区域被黏土和淤泥所封闭。从中提取的水样显示，所有金属都处于背景水平或附近河流的水平。根据审核结果，新装置建造在一个非常致密的黏土和淤泥地层之上，浸出性非常低。

13.1.4 炼油厂现场废催化剂的处理

当催化剂的活性下降不能通过调节操作参数(如温度)来弥补时，必须停止操作。在某些情况下，必须采取这种措施，因为固定床前部的固体堆积或温度偏移引起的催化剂颗粒磨损和结块会导致压降增大。这些问题可以通过催化剂床层“撇头”并用新鲜催化剂替换“撇头”催化剂缓解。在更复杂的情况下，整个催化剂床可能需要卸载、过筛和重装。如果没有其他措施可以恢复运行，则必须从反应器中卸出催化剂，然后重新装填新鲜或再生的催化剂。此时从反应器中卸出的催化剂称为废催化剂。应该注意的是，可能在固定床反应器而不是移动床反应器的操作过程中会遇到这种情况。事实上，避免压降问题是后者(移动床反应器)得以发展的主要原因。

为了确保安全性和环境的可接受性，希望在卸载之前将废催化剂脱油并干燥，当氢气存在时用轻馏分代替进料。催化剂上残留物的溶解导致的洗涤液变色的消失标志着洗涤阶段的完成。用于表征催化剂的加速溶剂萃取法与催化剂脱油直接相关[842,843]。根据该方法，以烃为溶剂在高压(例如，约10MPa)下进行废催化剂脱油。在此条件下，在5min内完成脱油，而传统索氏萃取需要6~12h，这表明脱油效率可以通过操作条件来优化。脱油后，在氢气中进行废催化剂的干燥。干燥的最后阶段用惰性气体替换H_2并冷却至室温。经过脱油、干燥及在惰性气氛下的冷却，可以保证催化剂卸载过程的安全。

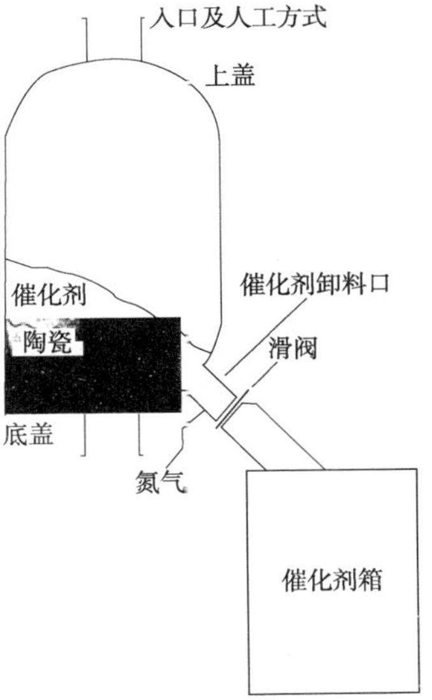

图13.1 固定床反应器废催化剂卸料系统示意图[844]

一些固定床反应器配有如图13.1所示的催化剂卸料口[844]。为了卸出废催化剂，在N_2吹扫下打开卸料口。然后，通入N_2吹扫催化剂箱。容器中装添干冰(CO_2)排出剩余的空气。最后卸出的废催化剂可能需要人员进入反应器。在这种情况下，工作人员必须携带必要的安全设备，防止受到伤害。

显然，没有一种催化剂卸出程序可以广泛使用。一般来说，炼油厂采用自己的程序。可能需要一个所有炼油厂普遍认可的标准程序。在这方面，注意到已经有几个描述催化剂卸载技术的专利[844,845]。在各种情况下，关注的重点是降低废催化剂的自燃特性。否则，废催化剂的自燃可能导致释放有毒物质，如 SO_x、NO_x、HCN、NH_3 等[390]。

已经尝试开发一种预处理方法，将废催化剂卸载及其后续各阶段的危险性降至最低。在这方面，日本鹿岛工程公司开发的工艺使卸载催化剂可以在空气中进行[846]。该工艺通过应用专有的化学混合物在反应器关停期间钝化废催化剂降低自燃特性。该混合物在废催化剂表面上沉积形成薄膜，大大减缓了氧气的渗透。图 13.2[846]给出了一个通用的关停程序。开始，进料速率降低约三分之二，同时开始冷却反应器；然后，引入载体油置换原料和产物，一旦硫化油进入总循环，注入化学抑制剂，必要时继续循环。在大约 140℃时，用 N_2 取代载体油，干燥废催化剂并进一步冷却。类似的方法包括用碳数至少为 12 的含氧烃混合物处理废催化剂[847]。

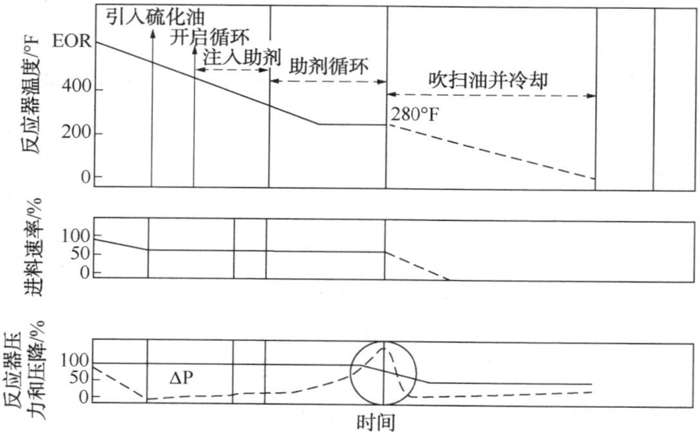

图 13.2　催化剂钝化和反应器关停程序[846]

尽管基于炼油厂多年的实践经验，已经有了必要的系统，但催化剂卸载后，必须对废催化剂的去向做出决定。这可能包括与合作伙伴(即认证公司)签订协议，完成危险废催化剂的再生、金属回收及储存。对于炼油厂来说，如果协议中合作伙伴参与催化剂卸载、包装和运输过程，情况就可以简化。决策过程在其他地方已有介绍[829]。除此以外，废催化剂在炼油厂的整个过程，炼油厂有责任采取所有必要的预防措施，以确保安全和环境验收。

Lassner 等[848]总结了从炼油厂装运催化剂之前应采取的措施，包括一系列测试，以确定待装运的废催化剂是否具有危险性(例如，毒性、腐蚀性、可浸出性及易燃性)。一般认为，需要做更多的分析工作证明废催化剂是无害的，而不是证明其是有害的[849]。分析还应指出存在的杂质可能会在催化剂处理过程中产生不利影响。应为每种废催化剂准备 MSDS 说明书，MSDS 应列出废催化剂包装和运输时的必要预防措施和应急程序。在炼油厂，可能会出现废催化剂去向尚未确定的情况，此时需要对废催化剂进行临时储存。此外，一些炼油厂可能会在现场储存废催化剂，等待更好的处理技术使废催化剂变得更有价值。在这种情况下，如果不在附近进行诸如焊接、切割等活动，使用聚丙烯超级袋包装并小心储存可能就足够了。在某些情况下，炼油厂可以使用特别设计的填埋场，填埋场由独立的加盖带内衬的单元组成，这些单元不仅相互隔离，而且与环境隔离[832]。另一个值得注意的选择是将装满废催化剂的金属桶放置在非运营的矿井中。但是，这些仍然只是暂时的解决办法。将废催化剂倾倒在炼油厂附近或炼油厂，尽管是暂时的，但可能是最糟糕的选择。尽管如此，有信息表明，危险废物在现场有 90 天的期限[849]。除此之外，在最后期限过后，炼油厂还可以通过冗长的管理程序，将废催化剂保留在现场。

13.1.5 “从摇篮到坟墓”的废催化剂管理方法

有几家经验丰富且经过认证的公司在采购新鲜催化剂时为废催化剂提供回收解决方案。它们为催化剂管理提供了“从摇篮到坟墓”的方法，包括装填、卸载、运输、再生、回收和废催化剂的处理。例如，CRI International Inc. 与 Criterion Catalyst Co.、Catalyst Recovery Group、Catalyst Technology Inc. 和 CRI-MET 公司，共同向炼油厂提供所有与催化剂相关的服务[457,850]。一个类似的联盟包括 Albemarle、Eurecat、ACI Industries，Inc.（比利时）和 London Chemicals & Resources Ltd（英国），它们也提供类似的 TCM 服务。催化剂管理集总系统对炼油厂的主要好处如下：

① 炼油厂催化剂更换期间减少了装置停工时间。

② 在处理废催化剂和监管事务方面经验丰富的团队，在催化剂进入利用循环之后，有助于做出再生/处置决定方案。

③ 避免了将废催化剂运送至回收设施相关的运输问题。

④ 减轻与废催化剂处理和处置相关的安全和环境问题。

Eijsbouts 等[381,456]介绍了 Albermarle Catalysts 提供的 TCM 方案。它包括合作公司，如 UOP（HPR）公司、Eurecat（预硫化和再生）公司，以及 Petroval（运输）公司。如有必要，具有补充服务和专业知识的公司可以加入该联盟。这也包括具有法规事务经验的人员。图 13.3[381,456,457]详细列出了 TCM 联盟提供的服务。很明显，从新鲜催化剂进入炼油厂开始，TCM 联盟可以在催化剂使用的所有阶段提供咨询并提供服务。他们参与最终决策，即当催化剂不能进一步回用及再生时，回收金属或处理仍然是唯一的选择。

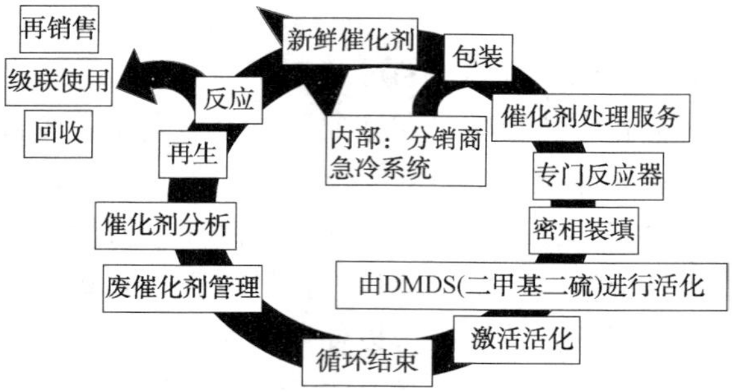

图 13.3　催化剂集总管理系统[381]

13.2　废加氢处理催化剂的危险特性

根据 EPA 的规定，危险废物是指如果处理不当，会对人类健康和环境造成重大或潜在危害的废物。有两个基本标准用于识别危险固体，即：

① 它们的特性可以用物理和化学性质来定义，这些特性导致废物具有危险性。

② 定义危险特性的性质必须可以通过测试标准进行测定和量化，而且一定是危险废物产生者(如炼油厂)可以检测到的物质。

表 13.2[832]中给出了与废催化剂相关并在用户指南中列出的潜在危险成分。该清单包括所有被 EPA 视为有害的金属(例如，铅、镉、汞、铬、硒、钡、银和铜)。表 13.2 中的成分可分为两组：新鲜催化剂的成分、废催化剂和再生催化剂中的成分。其他的可能分类是将废催化剂成分分为无机物和有机物或者可燃物和不可燃物。据信，作为 HPR 催化剂中主要活性金属的钼和钨也应添加到表 13.2 中，预计大多数重金属可能在不久的将来会受到管制。开发活性和稳定性更好的催化剂可能会导致其他组分被列入表 13.2 中。

表 13.2　固体中潜在危险成分[832]

Be 的化合物、V、6 价 Cr、Co、Ni、Cu、Zn、As、Se、Te、Ag、Cd、Sn、Sb、Ba、Hg、Pb、Ta
无机酸
无机硫化物
无机氟化物，不包括 CaF_2
无机氰化物
苯酚
乙醚
芳香化合物，多环和杂环
有机氮化合物，尤其是芳香及直链有机胺
有机硫化合物
具有爆炸性的物质
有机卤化合物

表 13.2[832]涵盖了表 13.1[822]所列 NPDWS 中包含的所有金属。表格中列出的苯、甲苯、多环芳烃等有机化合物，可能与废催化剂脱油和干燥不充分有关。这种情况不能完全排除。Vallero[824]给出了表 13.2 中各组受管制有机化合物的完整列表。当废催化剂长时间暴露在空气和水中时——如在垃圾填埋场中——要注意无机酸(如硫酸)。

对于 HPR 催化剂，在使用过程中进入催化剂的主要无机成分有 V 和 Ni。根据原料的来源不同，其他污染金属如砷、铁、钛、钙、钠以及黏土等也可能进入催化剂。沉积在废 HPR 催化剂中的有机物和无机物的详细成分见上一章催化剂失活部分。应该注意的是，作为废催化剂一部分的金属(例如，钒、镍、钴、钼、钨、铁等)不在表 13.1[822]所列 NPDWS 成分中。尽管如此，必须采取一切必要的预防措施，以防止这些金属释放到地下水中。

采用各种助剂修饰 γ-Al_2O_3 载体，可以改进 HPR 催化剂的性能。在这方面，使用氟化物和磷酸盐化合物对催化剂进行改性，可以显著提高催化剂的活性和稳定性。处理废 HPR 催化剂的所有阶段都必须考虑氟化物和磷酸盐的影响。迄今为止，尽管它们具有危险性，很少有人注意到含氟和含磷化合物的释放。如果可以证实这些化合物会从废催化剂中释放出来，则最好将它们列入有毒排放物清单。

废 HPR 催化剂的危险特性列于表 13.3[16,832]中。《RCRA 法规》40CFR 261 子目录 C 将典型的危险废物定义为未通过可燃性(40CFR 261.21)、腐蚀性(40CFR 261.22)、反应性(氰化物和硫化物，40CFR 261.23)和毒性淋溶提取法[Toxicity Characteristics Leaching Procedure，TCLP，美国法定评价重金属污染的方法(译者注)，40CFR 261.24][825]测试的物质。因为它们具有自热行为和化学有毒成分，1998 年 8 月，EPA 将废加氢处理催化剂(K-171)和废加氢精制催化剂(K-172)加入危险废物清单[16]。1999 年，来自 EPR 的双功能废 HCR 催化剂被补充至危险废物清单中[16-18]。表 13.3 中[832]列出的危险特性清楚表明，废催化剂的危险性总是与仅暴露在空气中或同时暴露在空气和水中时可能释放的有毒物质有关。爆炸性、易燃性和易自燃性等特性要求采取一切预防措施，以尽量减少废催化剂与空气的接触，尤其是在废催化剂未充分脱油和干燥的情况下。有毒物种可能释放到大气或地下水中，一旦接触就会对人类造成伤害。处理废催化剂所有过程(如卸剂、储存、运输、处置等)的特殊法规和监管事务已经生效，这些在上面已经讨论过了。

McKenna 和 Pickering[851]讨论了确定危险特性的分析方法。例如，可以简单地通过测量土壤的 pH 值来确定腐蚀性；对于氰化物反应性的测试，将样品置于密封系统并酸化至 pH 值为 2，净化、分析生成的气体；对于硫化物反应性测试，将样品置于封闭系统中酸化，净化、分析生成的气体；测定氰化物和硫化物反应性的目的是确定废催化剂释放 HCN 和 H_2S 的潜在性能。

表 13.3 危险特性[832]

1. 爆炸性
2. 可燃性
3. 易自燃性
4. 腐蚀性
5. 毒性
6. 与空气和水接触时释放有毒气体的性质
7. 无论采用何种方法处置，处置后产生另一种物质的性能

可以使用 Penskye-Martens 方法测定废催化剂的可燃性，该方法已在炼油工业中广泛用于测定燃料的可燃性。根据这种方法，当样品暴露于大气中时，通过明火加热样品，样品上方的蒸气点燃时的最低温度称为样品的闪点。当样品闪点低时，表明废催化剂脱油和干燥不充分。因此，这种废催化剂着火的可能性较高。

13.2.1 暴露在空气中

废催化剂单独暴露于空气和/或水中，部分物质会发生反应释放大量有毒物质和产生热量，包括废催化剂中的有机物(焦炭)和无机物在内，尽管(反应)方式不同。应该注意的是，在大多数情况下，这些反应的速率很慢。因此，它们的影响可能只有在长时间暴露后才会明显。Ramirez 等[852]研究了空气、湿度和温度对从废 HPR 催化剂中浸出金属的综合影响。目的是模拟造成土地和地下水污染的金属的潜在释放性。在这些试验中，置于金属容器的废催化剂在湿空气流中加热至 40~50℃，并保持 1000h。在这种条件下，Ni 几乎被完全脱除，而 V 和 Mo 仅脱除了约 25%。与使用氧化/脱碳处理废催化剂相比，使用上述方法处理废催化剂可以获得更高的金属浸出率。这是由于硫氧化导致形成 H_2SO_4，H_2SO_4 在金属浸出过程中起关键作用。

13.2.1.1 空气与积炭的反应

暴露在空气中时，废催化剂的可燃性和可点燃性是首先要关注的问题。如上所述，如果在其表面积聚了足够的可燃气体蒸气，废 HPR 催化剂可能会点燃。可燃气体可能包括 H_2 和积炭中夹带的挥发性烃类。如前所述，通过对废催化剂进行预处理，例如脱油和干燥，以及先用 H_2 干燥，然后在惰性气体中干燥，可以将可燃性降至最低。前面已经讨论了在炼油厂采取的可能措施，目的是最大限度地降低废催化剂的危险性。

图 13.4[388]给出了经不同方式预处理的废 HPR 催化剂 A 和 B 的程序升温氧化(TPO)结果。这些催化剂在 N_2 气中、350℃处理后的性质见表 13.4，应该注意

这些催化剂在加热失重时的巨大差异。曲线 1 描述了催化剂 A 在 N_2 气氛中程序升温热解行为，而曲线 3 给出了同一催化剂在 2% O_2 气中的 TPO 结果。从曲线 3 可以明显看出，在大约 50℃时，挥发性可燃物已经产生了足够的蒸气。因此，图 13.4 中质量突然减少，表示催化剂颗粒开始燃烧。催化剂 A 在 N_2 气氛中于 200℃ 预处理直至质量稳定后的 TPO 结果见曲线 2。对于这种催化剂，应该注意化学吸附 O_2 的显著增加。此外，经过预处理后，废催化剂的燃点从 50℃提高至 250℃。用四氢呋喃(THF)萃取催化剂 A 后，燃点进一步升高，然后在 N_2 气氛中进行预处理(图 13.4 中的曲线 4)。催化剂 B 上沉积的积炭要少得多(见表 13.4)[388]，该催化剂的 TPO(曲线 5)显示在催化剂燃烧过程中有无机硫参与。对于这种催化剂，(随着温度的升高)在经过一个暂时的突然失重减缓之后，有一个急剧的断崖式失重。据推测，第一个区域的质量损失主要是无机硫燃烧，第二个区域是积炭燃烧。由于催化剂 A 上的积炭层厚，未观察到两个燃烧区。需要注意，尽管在氧化中仅使用 2%(体)的 O_2，图 13.4 中仍然有燃烧发生。然而，对于经过预处理的催化剂，引起燃烧的主要因素是反应表面含氧基团的浓度，而不是气相中 O_2 的浓度。因此，挥发性可燃物必须有足够的蒸气压，才能使气相中的氧气参与燃烧反应。曲线 3 表明，未经预处理的催化剂，燃烧可能由气相中的 O_2 引起。

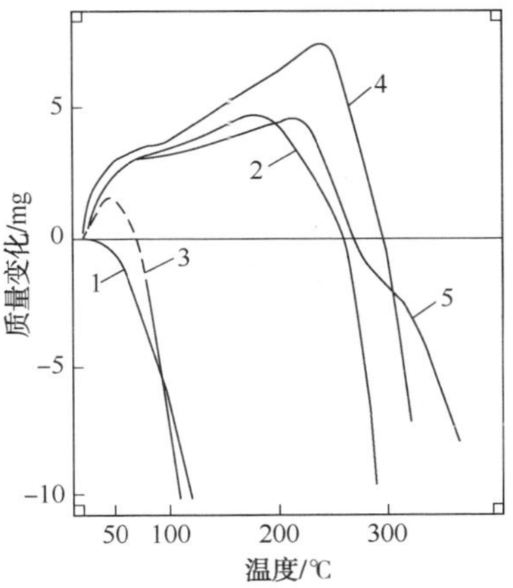

图 13.4　预处理对废催化剂燃点的影响[388]

表 13.4　在 N_2 气中经 350℃处理的废催化剂的性质[388]

分析结果	催化剂 A	催化剂 B
加热减量/%(质)	15	
碳/%(质)	18.50	7.64
氢/%(质)	1.31	0.46
氮/%(质)	0.38	0.14
硫/%(质)	5.62	6.09
H/C 比	0.75	0.72
N/C 比	0.018	0.016

图 13.4[388]中观察到的变化可以尝试用图 5.2[389]所示的积炭的化学吸附氧机

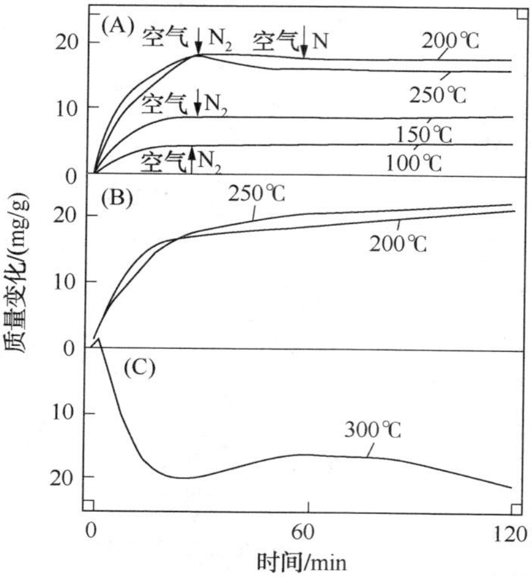

图 13.5　废催化剂颗粒的等温氧化[389]

理来解释。第一步描述了沥青质向积炭分子的转化。暴露于含 O_2 气体时，显然是形成了以碳为中心的过氧自由基和过氧化氢。作为杂环的硫和氮分别被氧化为亚砜和氮氧化物。一旦达到临界温度，催化剂颗粒就会燃烧。这伴随着含氧表面物种（过氧自由基和过氧化氢）分解形成的燃烧产物的释放。在图 13.4 中，质量突然减少表明确实存在燃烧。图 13.5[389] 中的结果是在空气中得到的，而不是像图 13.4[388] 中那样在 2%（体）的氧气气氛中得到的。与图 13.4 相反，这些实验是在指定等温条件下进行的。在实验之前，用 THF 萃取废 $NiMo/Al_2O_3$ 催化剂，之后在 200℃下抽吸。接近稳定状态后，以 N_2 代替空气［见图 13.5（A）］。200℃和 250℃时质量轻微下降表明表面的含氧复合物开始分解。在连续氧化过程中没有观察到质量损失［见图 13.5（B）］，这是因为在这些条件下，原来分解的复合物被生成的复合物抵消。在 300℃时快速失重表明催化剂颗粒燃烧，积炭中大多数挥发性组分或金属硫化物起助燃作用。图 13.5（C）中氧化后期质量轻微增加支持这一观点。

暴露在空气中的废催化剂，从图 13.4[388] 和图 13.5[389] 的结果可以得出一些重要的结论：首先，它是一个 O_2 连续化学吸附过程，这种化学吸附随温度的升高而加快，这一点值得关注。当含氧复合物的浓度足够高时，催化剂颗粒可能发生燃烧，特别是当附近有热源时。在储存废催化剂的地点附近，有一些活动如焊接、切割等可能也会增加着火的可能性。再次强调，即使是临时储存废催化剂，也必须考虑这些情况。

13.2.1.2　空气与催化剂的反应

前面已经讨论过新鲜的、硫化的及废 HPR 催化剂的组成。当暴露于干燥的空气中时，即使在环境温度下废催化剂也会发生氧化。显然，在储存期间，这个过程非常缓慢。然而，考虑到无限责任，即使是缓慢氧化也应该注意，因为它可能释放有害成分。因此，在空气中暴露超过 50 年后，人们已经注意到固体废物（例如煤废渣）中无机硫的氧化。正因为如此，人们发现附近地下水中有金属渗出并且 pH 值下降。人们相信，对这些事件进行简要讨论可能是必要的。在暴露于空气的过程中，以硫化物存在的金属逐渐转化为金属氧化物。这个过程可能非常缓慢，在完成完全氧化之前，可能包括氧原子逐渐取代硫原子形成硫氧化物中间体。对于 MoS_2，可以用以下一组反应来描述：

$$MoS_2+O_2 = MeSO+SO$$

$$MoSO+O_2 = MoO_2+SO$$

$$2SO+O_2 = 2SO_2$$

$$MoO_2+0.5O_2 = MoO_3$$

所有这些反应的总和给出了 MoS_2 到 MoO_3 的总转化反应，即：

$$MoS_2+3.5O_2 = MoO_3+2SO_2$$

然而，二硫化钼在储存(如填埋)过程中完全氧化的可能性相当低。例如不能排除 MoS_2 转化为 $Mo(SO_4)_2$ 的反应：

$$MoS_2+4O_2 = Mo(SO_4)_2$$

尽管 O_2 通过积炭的扩散缓慢和/或被积炭层消耗不利于反应的进行，暗示着在废催化剂暴露于空气时，该反应可能在动力学上受到限制。废 HPR 催化剂中其他金属硫化物可能经历类似的转化过程，即通过金属氧硫化物中间体逐渐转化为相应的金属氧化物。例如，Ni_3S_2 的氧化可能以如下方式进行：

$$Ni_3S_2+O_2 = Ni_3SO+SO$$

$$Ni_3SO+1.5O_2 = 3NiO+SO$$

$$2SO+O_2 = 2SO_2$$

$$Ni_3S_2+3.5O_2 = 3NiO+2SO_2$$

Ni_3S_2 转化为 $NiSO_4$ 的总反应为如下反应：

$$Ni_3S_2+4.5O_2 = 2NiSO_4+NiO$$

由于稳定性有限，预计 SO 与金属硫化物或氧硫化物竞争氢气，转化为更稳定的二氧化硫，如果有足够的氧气，可以继续进行氧化为 SO_3。

废催化剂暴露于含有 H_2O 的空气中，预计可能会发生其他的反应。例如，发生如下反应：

$$SO_2+H_2O = H_2SO_3$$

$$H_2SO_3+0.5O_2 = H_2SO_4$$

上述反应是整个氧化机理的一部分，形成的 H_2SO_4 可能是将废 HPR 催化剂归为危险废物的原因之一。此外，H_2SO_4 的存在可能会对废催化剂产生巨大影响，因为硫酸与未转化的金属硫化物反应，具有释放 H_2S 的潜在风险，例如：

$$MoS_2+H_2SO_4 = Mo(SO_4)_2+H_2S$$

在类似的反应中，H_2S 也会从其他过渡金属硫化物中释放出来，这些硫化物是废 HPR 催化剂的一部分。潜在释放 H_2S 是废 HPR 催化剂的危险特性之一。一项研究表明，在处置前使用 H_2O_2 对废料进行预氧化，可显著降低硫化物中硫的含量[853]，可以最大限度地减少 H_2S 向环境中的释放。然而，H_2SO_4 会增加渗出性和腐蚀性(因为 pH 值降低)。H_2SO_4 辅助释放有毒物质(如 HCN)的可能性也值得关注。

Afonso 等[854]的研究为上述基本原理提供了一些支持，这些研究者将装有废 $NiMo/Al_2O_3$ 催化剂的金属盒放入地下(30~50cm 深)、在环境中暴露 40~70 天之后，去掉盒子测定废催化剂的金属和有机物的组成变化。14 个月后，Al(Ⅲ)和磷酸盐物种不溶，而硫几乎定量地转化为硫酸盐。Ni 和 Mo 向液相中的迁移也增加了。由于金属容器的腐蚀，液相中的铁含量增加。同时，积炭在二氯甲烷中的溶解度急剧降低，而积炭在甲醇中的溶解度增加。在甲醇中溶解度的增加归因于形成含氧基团如酸、醚、酯及酚。在 6 个月之后，发现金属盒上出现孔，推测是由废催化剂释放的 H_2SO_4 腐蚀引起的。因此，观察到地下水被镍、铁、钼和硫酸盐污染。

常规 HPR 催化剂的活性相包含 Co(Ni)-Mo(W)-S 物种[64]，该相可能仍不同程度地存在于废催化剂中。如前所述，在这个物相中，促进剂如 Ni 和 Co 修饰 MoS_2 和/或 WS_2 微晶。因此，与活性相中的硫化物组分相比，O_2 将更容易接近促进剂。用一般反应来描述，例如：

$$Ni(Co)-Mo(W)-S_x+O_2 = NiO(CoO)+Mo(W)-S_x$$

残留的 $Mo(W)-S_x$ 物种的氧化按照前面讨论的反应进行。

氟化物和磷酸盐的存在可能会限制废 HPR 催化剂的利用[855]。废催化剂中含氟及含磷物种的潜在释放性很少受到关注。由于它们对载体有修饰作用，据称氟和磷都与 Al_2O_3 相关联。在没有任何实验数据的情况下，只能提出一种推测性的反应。这样，对氟而言，如果废催化剂暴露在空气和水中时积累了足够高浓度的 H_2SO_4，预计会有 HF 放出。类似地，含有 Al_2O_3 和磷的物质可以转化为 $AlPO_4$——与硫酸铝相比稳定性更好的盐。

人们已经注意到石油中砷浓度的变化[856]。在 HPR 过程中，一部分砷可能沉积在催化剂表面，很可能以硫化物的形式存在，而另一部分砷可能以 AsH_3 的形式释放出来。与其他金属硫化物的氧化反应相类似，可以提出一组关于砷硫化物的氧化反应。应该注意的是，由于含砷物质的毒性，在储存废催化剂的过程中，砷的硫化物转化为相应的氧化物时砷的溶解度显著增加。因此，除非按照规定处理催化剂，否则砷向地下水的渗出是不可避免的。

13.2.2 浸出性

ASTD-3987 和 TCLP 等方法通常用于评估倾倒在填埋场中的废物的浸出性。TCLP 使用缓冲液(pH 值为 2.88 的弱乙酸)和去离子水作为萃取液，替代 EPA 方法 3051A 采用的在 3∶1 的浓硝酸和盐酸混合物中、在微波辅助下消解烘干的经过研磨的样品。使用 EPA 方法 6020A——电感耦合等离子体质谱法[856a]分析消解物和未消解物上清液的提取物。

表 13.5[857]中的结果用于举例说明废 HPR 催化剂的危险性。痕量元素(表

13.5 中的最后一栏）和挥发性有机物的监管水平由美国 EPA 发布、定期更新并在联邦公报[16]公开。应当注意的是，这些金属中的某些金属在饮用水中的允许水平（见表 13.1）比监管水平低 100 倍或更低[822]。因此，一旦这些金属从危险固体中渗出，这些金属的稀释系数为 100 或更高。为了分析，使用没有脱碳的催化剂。催化剂的浸出性由 TCLP 决定。该方法需要在缓冲溶液中振荡催化剂颗粒 18h。随后，过滤固体颗粒和悬浮微粒，获得用于分析的沥滤液。该测试模拟了金属与水接触过程中释放到地下水的可能性。多环芳烃（PAHs）的潜在释放也值得关注。在这种情况下，使用测定痕量元素的相同沥滤液。EPA 的联邦公报[16-18]中也详细介绍了 PAHs 的分析方法。

表 13.5　废催化剂按沥滤程序所得沥滤液物的毒性分析及 EPA 监管水平[857]

金属	催化剂 1	催化剂 2	催化剂 3	EPA 监管水平
As	53	<0.1	<0.1	5
Ba	<0.1	<0.1	nd	100
Cd	nd	<0.1	0.1	1
Co	1	2	293	
Cr	<0.1	<0.1	nd	5
Fe	3	83	15	
Pb	0.3	0.3	0.4	5
Hg	nd	nd	nd	0.2
Mo	249	9	310	
Ni	657	455	4	
Ag	nd	nd	nd	5
Se	<0.1	<0.1	nd	1
V	<0.1	205	<0.1	
Zn	0.2	<0.1	0.3	

nd：未确定

在表 13.6[857]中，催化剂 1 是挤出型 $NiMo/Al_2O_3$ 催化剂，用于重质原料初馏分的 HPR；在固定床反应器中，栗子形 $NiMo/Al_2O_3$ 催化剂 2 用于常压渣油改质；挤出型 $CoMo/Al_2O_3$ 催化剂 3 用于商业 HDS；$NiMo/Al_2O_3$ 催化剂 4 是用于固定床重质原料改质，催化剂重约 4kg，呈块状。据说在运行结束时，失活的催化剂均会达到结垢程度，基本上固定床全部结块。因此，必须使用凿子和锤子取样，样品不能在索氏提取器中用热的 THF 提取。

表 13.6 废加氢处理催化剂的分析结果[857] %(质)

分析结果	催化剂			
	1	2	3	4
碳	7.4	15.0	7.7	56.3
氢	1.2	3.3	0.8	1.1
氮	0.40	0.14	0.14	0.30
硫	7.13	12.9	6.2	4.60
铁	0.08	7.0	0.05	0.49
钒	0	8.6	34μg/g	2.7
镍	2.7	3.9	64μg/g	1.2
H/C	1.9	1.5	1.2	0.2

根据表 13.5[857]，催化剂 1 被归为危险固体，因为对于这种催化剂而言，浸出液中的砷浓度大约是监管水平允许值的 10 倍。砷最可能的来源是持续 2 年以上连续操作过程中的馏分油原料。对于其他废催化剂，痕量金属的含量低于规定的限度。然而，沥出物中高浓度的活性金属(如钼、镍和钴)告诉我们，尽管这些催化剂不包括在表 13.1[822]的 NPDWS 中，但也应作为危险固体进行处理。同样，没有理由相信这种情况在未来不会改变。

关于渗出性，废催化剂中砷的存在需要特别注意。砷天然地存在于许多原油中，通常集中在轻馏分中。在 HPR 过程中，砷沉积在催化剂表面，氧化再生后仍留在催化剂上。图 13.6[245]表明在不断地使用再生循环后，再生催化剂中砷的积累会影响催化剂的活性。显然，HDS 受到的影响比 HDN 更大。此外，对催化剂失活的影响取决于催化剂的结构。图 13.6 中的各种相互关系曲线是根据大量再生催化剂样品的评价结果建立起来的。再生催化剂具有良好的物理性能，其他污染物的含量也很低。需要特别注意的是，固体保护床材料用于从原料中脱除砷。在商业上，这些材料被称为 KG MAC 保护催化剂，由 Albemarle 公司开发和销售[454]。这种固体材料装填在固定床的前部用于保护下面的催化剂，它们能够脱除有机硅及其他污染物。据称，使用后，这些固体材料应使用专门的程序予以处理。或许，应该避免填埋含砷的废催化剂。

如果重金属释放进入水体中，由于其高毒性和致癌性必须将其去除，吸附脱除重金属方面的研发已经取得进展。Srivastava 等[858]发表的综述中可以明显看出这一点，该综述聚焦于微生物和植物吸附剂的潜在来源，如细菌、藻类、真菌、内生菌、水生植物和各种农业废物。

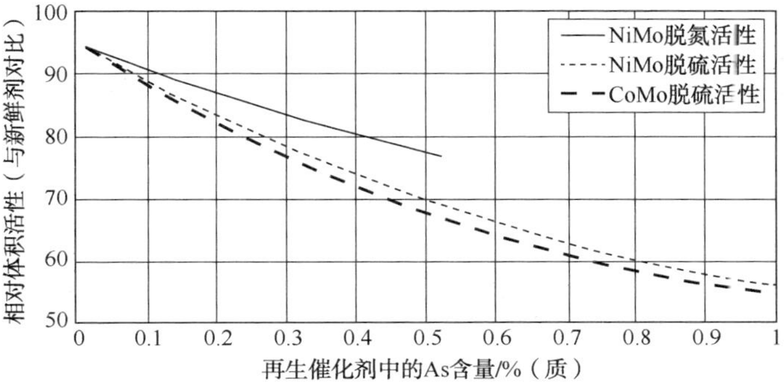

图 13.6　再生催化剂中砷含量对相对体积活性的影响[245]

13.3　处置废催化剂的预处理

只有确实证明填埋场符合无害标准，才能在填埋场处置废催化剂。在美国，废炼油催化剂的处置和处理由 RCRA 管理，该法不仅要求经批准的垃圾场所有人负责，而且要求被掩埋废物的所有人也要负责，而且这种环境责任在垃圾场的整个生命周期内一直存在。送往填埋场的废催化剂应进行适当的稳定性处理，以减少可能污染环境的有害物质的渗出。诸如 ASTD-3987 和 TCLP 等方法通常用于评估倾倒在填埋场的废物的浸出性。

文献中的几个例子说明在对废催化剂进行填埋处理之前，如何提高废催化剂的环境可接受性。在各种情况下，目标都是尽量降低废催化剂的浸出性，近年来科学文献中出现越来越多的相关文章，反映出对这些问题的关注。考虑到与填埋相关的潜在责任，每吨废催化剂的填埋费用超过了 200 美元，这并不令人惊讶。在这方面，已经结合不同程度的成功案例，对有毒物质进行固化、玻璃化及密封处理的方法做出了评估。

已经注意到，热处理可以显著降低有害固体的浸出性。在热处理过程中，废催化剂被熔化。例如，Phoenix Environmental[859] 专利中的工艺包括在 O_2 中加热废催化剂，直到固体变成熔融液体。凝固后，熔融体中具有尖晶石结构，尖晶石结构的固体与有害金属结合后形成不具浸出性的固体。如 Kox 和 Van der Vlist[860] 所示，该方法已成功应用于处理废 HPR 催化剂。加热过程中产生的废物要进行收集，它们可能包含一些挥发性污染物。

诸如封装、玻璃化和固化等处理方法通常用于处理固定危险废物，使它们变得不具浸出性[861-865]。例如，如 Trimm[543] 所指出的那样，可使用有机物封装废催化剂降低浸出性。包括用沥青、石蜡和各种聚合物对已脱碳的废催化剂进行热处理。冷却后，催化剂被很好地密封在热塑性薄膜中。然而，这种方法对浸出性的长期影响尚不清楚。此外，热处理后，这些膜可能是 O_2 的有效吸附剂。因此，需要注意用这种方法预处理的废催化剂的可燃性。除了有机密封材料之外，也可以采用各种无机固体如黏土、混凝土、玻璃质硅酸盐、玻璃复合材料等进行密封。在这种情况下，通常通过熔化，密封材料可将有浸出性的金属转化为无浸出性的金属。

如前所述，金属的固化是降低废催化剂浸出性的选择之一。在这种情况下，采用其他固体(如二氧化硅、黏土、Portland 水泥等)，在确保矿物质结块(软化)的温度下处理废催化剂。冷却后，炉渣呈玻璃状，可以防止金属与水接触时释放出来。通过在玻璃中加入有害金属使其固化，已经成功应用于放射性废物的处理[866-870]。出于类似目的，Shi 和 Fernandez-Jimenez[861]使用由硅酸钙水合物和沸石组成的碱活化水泥(处理废催化剂)，用碱活化水泥固化的材料的浸出性远低于用 Portland 水泥硬化的固体的浸出性。

Sevenson 环境服务公司[871]的专利 Maectite 工艺能将固体废物中的活性金属转化为磷灰石和重晶石类非浸出性矿物质，这些矿物质具有耐酸性，不会因地质和化学条件(如垃圾填埋场和自然环境中的条件)而降解。

表 13.7[872]给出了未经预处理的危险废物和使用 Maectite 工艺预处理的危险废物的浸出性。很明显，经过预处理的危险废物的所有痕量金属的浓度都远低于规定水平。据称，Maectite 工艺也可成功用于废 HPR 催化剂的预处理。Stablex 公司开发了一种类似的方法，称为 Sealosafe，用于处理危险废物，使其无浸出性[873]。该方法包括将含钙水泥粉末和铝硅酸盐粉末的混合物添加至分散于水中的废料之中，并将其转化为无浸出性的固体，基于水泥的固化/稳定化/固定化方法广泛用于处理含砷和重金属的危险废物的研究中[874-876]。Sun 等[862]使用 Portland 水泥作为基质来密封废 FCC 催化剂中存在的钒和镍，发现 Portland 水泥是一种有效的稳定化方法。在另一项研究中，这些研究者使用海洋黏土作为基质稳定废 FCC 催化剂中存在的重金属，通过烧结工艺生产出高值的高强度砖[877,878]，类似的处理工艺用于 $CoMo/Al_2O_3$ 催化剂[879]。结果表明，生产的砖抗压强度高，达到 20.0~92.0N/mm^2(对于海相黏土-废 FCC 催化剂样品)吸水率较低为 4.8%~18.5%，以及低的金属浸出率，钒的浓度为 0.1~6.6mg/L，镍的浓度为 9.5~52.8mg/L。研究者提出了化学固定和密封稳定钒和镍的机理。在化学固定方法中，重金属与周围的基质形成化学键，成为其晶体结构的一部分；在密封时，在重金属周围形成了物理屏障，防止它们浸出到环境中。

Shih 等[880]评估了尖晶石结构陶瓷(如 γ-Al_2O_3、赤铁矿、高岭土)在含镍废污泥稳定化中的作用，研究证明了使用易得且廉价的陶瓷原料将含镍污泥转化为尖晶石的可行性，并成功降低了酸性环境下金属的流动性。Shawabkeh[881]实现了在砂-水泥黏土混合物中有毒镉离子的固化和稳定化。Stanislaus 等[607]也报道了废 HPR 催化剂中重金属(V、Mo 和 Ni)的黏土基稳定化方法。在本研究中，将细的废催化剂与黏土、灰泥（含有 $SiO_2-Al_2O_3$ 和 CaO）、沙子与水混合，在 1150～1130℃的高温下加热，所得材料中重金属的浸出浓度非常低（<1.0mg/L）。

表 13.7 预处理和未预处理固体的毒性特征浸出性[869]

金属	渗透液中的浓度/(μg/g)		
	未预处理	预处理	监管水平
Pb	3～3700	<1	5
Cd	1～1596	<1～07	1
Cr	5～660	<0.3	5
Se	1～300	<0.0025	1
As	≤4190	<1.75	5
Ni	5～250	<0.5	5
Ba	>400	<10	100

Sun 等[658,882]报道了从废催化剂中回收有价值金属及通过稳定化方法固定残渣中未浸出金属的联合工艺。首先将含有 16%（质）碳、7.3%（质）硫、10.9%（质）钼、4.0%（质）钴和 4.6%（质）钒的废催化剂于空气中在 500℃焙烧以去除碳和硫，并将金属硫化物转化为金属氧化物。然后分两步浸出金属，第一步使用浓 NH_4OH（$NH_3 \cdot H_2O$），第二步使用 10% H_2SO_4，可回收 87%的 Mo 和 77%的 Co。将含有未浸出金属的残渣与海相黏土混合，并在约 1000℃烧制生产具有应用价值的砖。生产的砖中重金属的浸出率非常低。据称，黏土中的 SiO_2 与残渣中的 $\gamma-Al_2O_3$ 一起形成了无浸出性的陶瓷材料，防止重金属浸出。在另一项相关研究中，Sun 等[883]使用富含 CaO 和 SiO_2 的钢包炉炉渣来稳定 $\gamma-Al_2O_3$ 残渣，残渣中残留了少量重金属（V、Mo 和 Co）。将主要含有 Al_2O_3、SiO_2、CaO 和少量重金属（V、Mo 和 Co）的混合废料在 1130℃的高温电炉中熔化 3h，形成玻璃陶瓷产品。玻璃陶瓷材料中金属的 TCLP 浸出值低于允许水平，表明玻璃陶瓷基质中的金属得到了固定。

澳大利亚 Hydromet 有限公司[884]采用一种浸出、回收及残渣固定化联合方法来处理含金属废物。当回收/再循环可行时，通过合适的化学浸出、分离及纯化方法回收目标金属，并处理残渣以固定剩余的污染物，使其成为适合于填埋处置的废物。如果因经济原因限制了回收/再循环，应对废物进行处理以固定其中的污染物。Hydromet 公司的固定工艺涉及添加化学试剂，将所有金属组分转化为极难溶的化合物。

13.4 废非常规加氢处理催化剂的环境和安全问题

由于铂族金属（PGM）的价值很高，从废非常规 HPR 催化剂中回收金属似乎是炼油厂唯一的选择。因此，由废常规 HPR 催化剂的生产者实施的垃圾填埋处理，从未用于含 PGM 的催化剂。这样，考虑到安全和健康问题，在储存和运输过程中处理废的含 PGM 的催化剂是最重要的。在选择金属回收公司时，炼油厂应注意与环境管理政策相关的金属回收程序及其对法规问题的遵守情况。因此，金属回收商必须采用符合环境监管机构和所有国际规则的工艺(进行回收)。

前面已经详细讨论过用于处理废常规 HPR 催化剂的环境和安全问题。类似地，从反应器中卸出后，废非常规催化剂也必须根据环境和卫生局规定的程序进行处理。废非常规催化剂的性质可能不同于典型的 HPR 催化剂：首先，操作条件较温和，原料中仅有的微量污染物(硫、氮、沥青质和金属)，活性金属的加氢活性高，预示着催化剂表面积炭的芳香性较低[55]。活性金属附近的积炭可能非常“软”，具有反应活性。最有可能的是，这种积炭对氧具有很强的化学吸附。因此，这种积炭的自燃性比废常规 HPR 催化剂上的积炭大得多。此外，部分贵金属通常处于还原形式，因此是氧化学吸附的活性位点。一些贵金属化合物与氢形成络合物[66]。这类络合物可能存在于积炭中，除非废催化剂经过特殊的预处理。还有，如果存在的话，这些络合物暴露在空气中会非常迅速地发生反应。

因此，与废常规 HPR 催化剂相比，在处理、储存、运输、处置以及特别是从反应器卸剂的过程中，必须采取更多的预防措施。需要注意的是，关于废非常规催化剂自燃性质的信息几乎没有。

至于自燃特性，关于废非常规催化剂在单独与水接触或与空气和水同时接触时的行为的信息同样很少。含贵金属的废催化剂的浸出性及其在水溶液中的毒性水平尚未确定，这可能归因于贵金属的价值高。因此，与废常规 HPR 催化剂相比，炼油公司和金属回收公司对这类废催化剂更感兴趣，而不是将其处理掉。

第 14 章　废加氢催化剂中金属的市场和价格趋势

图 14.1 分别显示了钴、镍和氧化钼在过去 1 年和 5 年(2011 年 1 月~2016 年 8 月)中的价格趋势。总体而言，价格呈下降趋势，偶尔会有突然的上涨和下跌。根据 Angus Media Service 的报道[885]，可以通过增加金属的库存补偿其价格变化，应该强调的是金属价格波动会影响金属回收公司的付款方式，因此金属回收公司必须采取必要的措施来预测价格趋势，其中一个选择是与炼油厂签订长期合同。此外，整合金属回收和其他业务(例如，冶金、废金属回收、催化剂制造等)可以最大限度地减小不确定时期的负面影响。

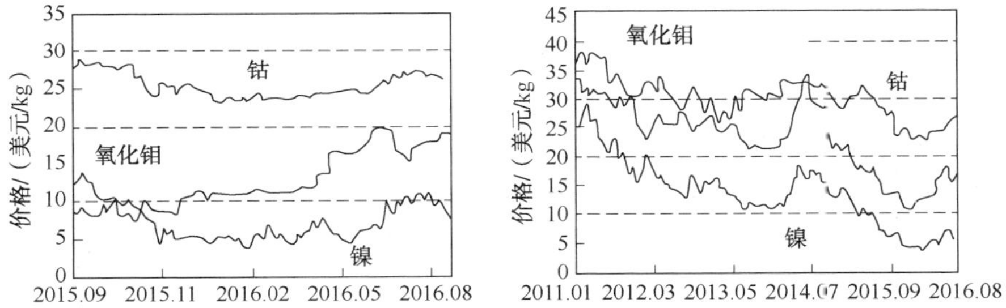

图 14.1　钴、镍和氧化钼价格的一年(左)和五年(右)波动趋势

作为非常规催化剂的一部分，铂族金属(PGM)价格也在不断变化，2010~2015 年的趋势说明了这一点(见表 14.1)[886]，结果表明，虽然南非的罢工没有明显影响 Pt 的价格，但是 Pt 的价格仍有波动，铂族金属生产商的库存弥补了 Pt 的供应短缺造成的价格变化(如果存在)。Pd 的价格在 2014 年稳步上升并超过每金衡制盎司 800 美元，2015 年夏天 Pd 价格达到每金衡制盎司 900 美元。Rh 的价格稳步下降，并在 2013 年触底，在表 14.1 所示的时间范围内，Ru 的价格明显下降。

表 14.1　2010~2015 年期间铂族金属价格波动[802a]　　美元/kg

PGM	2010 年	2011 年	2012 年	2013 年	2014 年	2015 年
铂	51930	55430	50000	47910	46300	34730
钯	17070	23760	20870	23470	26690	22190
铑	79070	70870	41000	34370	37940	31190
钌	6370	5340	3600	2440	2150	1540
铱	20540	33310	34280	26560	13420	17040

14.1 常规金属

对于常规 HPR 催化剂，主要关注的金属为：Mo、W、Co、Ni 和 V[887]。然而，从废 HPR 催化剂中回收氧化铝一直受到关注并不断增加。废 HPR 催化剂回收金属或其他利用途径的可用性取决于石油炼制工业催化剂消耗总量。根据 Silvy 先前的预测[6]，炼油能力的增长率约为 2.4%/a，炼油效率和整体炼油能力之间存在差异，对于炼油效率，炼油工业使用的催化剂的类型和数量起着关键作用，显然，如果开发出更高活性和稳定的催化剂，催化剂整体消耗将趋于平稳或者甚至下降。

之前预测 HPR 催化剂的需求增长趋势(加氢处理和 HCR 催化剂分别约为 4% 和 8%[6])需要根据世界原油市场的变化重新考虑。HCR 催化剂的消耗不太可能增长，事实上鉴于轻质原油的供应，HCR 催化剂的消耗可能会出现下降。此外，非常规原油的组成不同于常规原油，其 HPR 需要新的催化剂配方。

14.1.1 钼

钼的最大消费行业一直是钢铁工业，2002 年需求量接近钼总需求量的 75%，主要用于各种不锈钢合金以及高温合金、燃气轮机、飞机零件、导弹、化工设备等。自 2000 年以来，不锈钢产量每年增长 4%~5%，Mo 的非冶金应用可能每年增加 3%~5%，主要是由于加氢处理催化剂需求增加。而更严格的排放法规和对燃料效率的日益重视需要更高的石油炼制效率，因此加氢处理催化剂的需求量将增加，其中一部分 Mo 以硫化钼的形式用作高负荷和高温下的润滑剂(例如，太空飞行器)。由于熔点高(2610℃)，Mo 金属用作灯泡灯丝支架、金属加工模具、炉子零件以及作为特殊电气应用中的阴极。实际上，市场上不同 Mo 含量的产品相当多，Blossom 等[888]给出了 1998 年以前美国钼回收和再循环利用的详细说明。

国际海事法要求截止到 2010 年，所有 1987 年之前建造的油轮必须退役，这可能导致 Mo 需求量增加，此外全球原油和天然气管道建设的蓬勃发展也可能导致 Mo 供应短缺，估测这些市场并不容易，例如一些管道项目在没有任何预期的情况下宣布开工建设。

2002 年中期钼价大幅上涨，然后到 2003 年维持在约 12 美元/kg，随后中国临时关停矿井推动其价格慢慢超过 16 美元/kg。根据 Price-Waterhouse-Coopers 的调查，Mo 的净利润在 2004 年显著增加，增幅为 209%，在此期间 Mo 的平均价格从大约 14 美元/kg 涨到大约 40 美元/kg，2005 年价格在 70 美元/kg，据预测在接下来的几年价格将增加大约 20%，2008 年初氧化钼的价格大约为 70 美元/kg。

14.1.2 钨

与 Mo 相比，尽管 W 在催化过程中的作用可能与 Mo 相似，但是关于废 HPR

催化剂中 W 的回收信息比较有限，显然回收 Mo 的方法可以应用于 W 的回收。从历史上看，随着市场上 W 的稀缺和过剩交替出现，W 的价格发生很大的波动[889]，因此从 1990 年到 2000 年，W 的价格在 4 美元/kg 到 13 美元/kg 之间波动，而在 2000 年其价格在 6 美元/kg 到 13 美元/kg 之间波动，在不久的将来，W 的价格不太可能接近 Mo 的价格。

14.1.3 镍

镍作为不锈钢、有色金属合金、高温合金和电镀的一部分而得到广泛的应用。2001 年，镍在美国不锈钢和相关合金中的应用接近总量的 40%，在有色金属合金和超合金中镍的使用量相近，镍作为合金成分在化学、石油和航天工业中发挥着重要的作用。另外，镍是各种催化剂的活性组分，例如加氢处理、加氢、脱氢、加氢异构脱蜡等。就最终用途而言，商业、工业、运输业和建筑材料镍的利用量分别为 29%、27%、24%和 20%。

14.1.4 钴

钴用于超耐热不锈钢生产燃气轮机和飞机发动机部件，此外钴还用于制造耐腐蚀耐磨合金、高速钢、磁铁、硬质合金和金刚石工具。作为各种催化剂的组成部分，钴在石油工业中起着关键的作用。非常明显的是钴在电池行业的应用发展最快，例如 2003 年该行业消耗了市场上可用钴量的 11%[890]。20 世纪 70 年代钴价格相对稳定，然后由于钴供应的不确定性导致其价格迅速上涨至 80 美元/kg 以上。在稳定到之前的水平(20 美元)之后，由于钴供应国的局势不稳定导致其价格在 20 世纪 90 年代初涨到 60 美元/kg，1996～1998 年钴的价格说明市场的波动，1996 年钴价格下降到 45 美元/kg，然后在 1997 年价格在 40 美元/kg 到 50 美元/kg 之间波动，1998 年 6 月其价格从 50 美元/kg 下降到 25 美元/kg，而 1998 年平均价格约为 45 美元/kg，2004 年和 2005 年平均价格分别为 50 美元/kg 和 40 美元/kg。

14.1.5 钒

钒的来源包括金属冶金(60%)和磁铁矿(35%)，其余包括废催化剂和炼油残渣，2004 年产能的利用率接近 80%。可应用于金属合金领域，例如用于结构应用的合金钢(碳钢、low and fool alloy steel 和工具钢)、石油和天然气管道、建筑物和汽车，用于航空航天合金领域，飞机部件、火箭发动机、燃气轮机，以及用于生产天然气和陶瓷。作为催化剂，钒用于生产硫酸、马来酸酐等。然而冶金领域应用占钒消耗量的 90%。

由于需求所致，钒的价格趋势可能会在相对较短的时间内出现大幅波动，与 2003 年相比，2004 年的消耗量增加大约 13%，而前几年消耗量每年仅增加约 2%。由于钢铁产量的增加，钒的价格在 2004 年从 15 美元/kg 上涨到 27 美元/kg，需求量的快速增长导致其价格在2005年上涨至128美元/kg，随后由于中国进入市场其价格又降至38美元/kg，结果导致相较于2004年27美元/kg的平均价格2005年的平均价格为70美元/kg。2006年由于中国供应强劲导致其价格继续下跌，长远迹象表明钒的需求依然强劲[891]。

在美国，V_2O_5的价格从2002年的1.34美元/lb增长到2005年的16.28美元/lb，随后在2006年下降到8.08美元/lb。在欧洲，2007年2月V_2O_5价格为6.125~6.388美元/lb，而1月V_2O_5价格为6.333~6.722美元/lb。根据Magyar报道[892]，美国2007年2月钒消耗量比上个月减少约2%，比2006年2月增加约7%。在美国，2007年1月钒铁(FeV)为15.722~16.222美元/lb，2月FeV价格变为15.325~15.675美元/lb。在欧洲，2007年1月FeV为30.778~31.778美元/lb，2月FeV价格变为32.625~34.125美元/lb。

14.1.6 铝

氧化铝是HPR催化剂的主要成分，占新鲜催化剂的70%(质)以上，废HPR催化剂中氧化铝的含量可能低于60%(质)，这取决于污染物的量，值得注意的是，从废催化剂中回收铝对于金属回收公司来说可能并不是一个有吸引力的选择，出于这种考虑，将氧化铝运往铝冶炼厂更有意义。纯Al_2O_3的回收，由于在各个领域中的应用广泛而值得关注，例如作为催化剂的载体再利用、制备耐火材料、气体净化吸附剂等。直到几年前(2004年)，全球氧化铝产能不足导致氧化铝现货价格大幅上涨，由于中国经济的显著增长，氧化铝生产能力扩大，(例如在中国)供需之间的差距将缩小，然而氧化铝价格的大幅波动可能无法避免，氧化铝价格波动对氧化铝生产商的影响可能需要几个月的时间。因此，在氧化铝过剩期间可能会导致氧化铝现货的价格从当前的600美元/t下降到300美元/t。

14.2 铂族金属

铂族金属(PGM)的六种贵金属元素包括Pt、Pd、Ru、Rh、Os和Ir。铂族金属由于其独特的催化性能，被广泛地应用于制备催化剂，例如汽车转化器催化剂、生物加氢催化剂、石油原料的HPR催化剂等，其他的工业应用主要基于铂族金属的耐腐蚀性、优异的高温特性和稳定的电气性能，高级珠宝的消费增长是基于铂族金属的耐磨损和耐褪色性能。

关于催化剂的开发大部分注意力都集中在Pt、Pd和Ru上，这些金属吸附氢的能力令人特别感兴趣，开发并生产出含有这些金属的几种类型的工业催化剂。尽管一些实验室在研究含Os和Ir的催化剂，但是很少有资料表明这些催化剂进行商业化应用。因此铂族金属的回收主要集中在含Pt和Pd的废HPR催化剂上，而对含Ru和Rh的废催化剂的研究较少。

14.2.1 铂和钯

由于经济价值和工业利用率高，铂和钯是最重要的铂族金属(PGM)。南非拥有大量的铂矿，是世界上最大的铂生产国，其次是俄罗斯，铂和钯在美国蒙大拿州都在商业开采。从应用产品中回收铂族金属可以作为PGM的替代来源。使用最先进的回收技术，可以回收废汽车催化剂和其他含PGM废料中的95%的PGM。由于新催化技术的开发和使用，Parmon等[893]预测俄罗斯铂和钯的消费量将会增加。

铂和钯具有独特的吸附氢气能力，一体积的铂和钯可以吸附多达900体积的氢气，基于这个性质，这些金属适合氢转移催化反应的催化剂。然而，对于这些金属的主要需求是汽车行业制造催化剂，这是由于环保排放法规不断变得更加严格。相对便宜的钯可以在大多数汽油发动机转换器和高达50%的柴油催化转换器中替代铂，这表明铂和钯的需求量受到汽车生产的影响，并且汽车生产趋势并不稳定。然而，全球经济状况可能对Pt和Pd的消耗产生重大影响，例如中国的经济衰退减少了对铂和钯的需求。

14.2.2 铑和钌

铑和钌除了存在于天然矿石中，在核反应堆中作为裂变产物还形成了大量的铑、钌和铂，由于可以从核电站废燃料中回收这些金属，核电站的废燃料已经成为这些金属的替代来源。钌已用于制造耐磨电触头和厚膜电阻器。钌在较小范围内已经用于一些铂合金和催化剂中，世界上大部分铑的生产用于汽车三元催化转化器的催化剂之一。此外，Rh与铂和钯形成合金用作高温和耐腐蚀涂层。

14.2.3 铱和锇

铱和锇作为铂和钯开采的副产物，它们之间或者与其他铂族金属(PGM)能够形成合金，应用于需要具有耐用性和硬度的电气接触点中。铱是一种重要的合金金属，因为它具有耐腐蚀性和耐热性，该合金用于长寿命的飞机发动机零件，铱还用于铂合金中作为硬化剂以承受极高的温度(例如高温坩埚)。在HPR催化中，使用模型化合物作评价含锇和铱的催化剂的活性，并与其他铂族金属(PGMs)进行比较[894,895]。

第15章 未来展望

HPR催化剂的消耗和相关废催化剂的产生将受到未来石油炼制发展的影响。据预测，在未来几年里，原油的消耗量将会增加，直到趋于平稳，然后在环保团体游说的压力下开始下降。鉴于世界各地的政治动荡和其他问题，很难做出准确的预测。轻、中质原油的供应逐渐下降，被重、特重原油供应的增加所抵消是不可避免的。那么，即使在总体原油消耗不变的情况下，废HPR催化剂的产量也会增加。然而，随着压裂技术的进步，沉积地层中的轻质致密油开始商业化生产。在北美，非常规原油将占整个原油的很大份额。因此，重质原油消费量的预期增长需要重新评估。

轻质致密油等非常规原油中硫、氮含量非常低。此外，几乎80%的原油处于常压馏分油范围内。较高的蜡含量使得轻质油适合于生产高质量的汽油和柴油燃料，将需要新型催化剂，比常规$\gamma-Al_2O_3$酸性更大的载体负载铂族金属(PGM)催化剂。需要改进用于处理废常规HPR催化剂的方法(例如，再生、复活、金属回收等)以适应这种新型废HPR催化剂。在这方面，为了确保符合安全和环境法规，有必要开展一些探索性研究。

交通运输部门占了二氧化碳、硫氧化合物、氮氧化物和颗粒物等排放量的很大一部分。就柴油而言，燃料中的硫会影响催化转化器中催化剂的性能。因此，NO_x和颗粒物质的排放增加。通过使用超低硫燃料可以减轻这些问题，在炼油厂中，这意味着催化剂和氢的消耗增加。开发出比目前使用的催化剂性能更好的催化剂可能是解决这些问题的另一种选择，非常规原油馏分油(如石脑油和粗柴油)的HPR需要全新的催化剂配方。

现行严格的环境法规一直在不断发展，甚至变得更加严格。因此，必须认真关注相关所有活动和事态发展。在这方面，经过监管机构认证的专家团队和/或专业公司可以协助炼油厂决定废HPR催化剂的最终命运方面发挥关键作用，要求具有全面催化剂管理专业知识的公司提供必要的技术支持和经济评价。

石油炼制的效率随着炼油厂规模的增大而提高，这种趋势有利于有效利用气体和渣油等副产品。此外，大型炼油厂可能会产生大量的废催化剂，可以使废催化剂资源循环(例如，再生、复活、级联、再处理等)与炼油工艺相结合，在经济上更具吸引力。因此，废催化剂的处理将仅限于炼油厂，而不需解决包装、运输、处理等复杂的监管问题。目前，没有任何资料表明有兴趣采用这种办法。然而，已经注意到，一些炼油厂和认证公司之间的密切合作，这表明未来不能排除催化剂回收与炼油厂的整合趋势。

目前，废 HPR 催化剂的回收利用主要是氧化再生。与此同时，尽管在商业化方面取得了重大进展，但复活也作出了贡献。因此，建立了设计和建造工业复活工厂所需的数据库。在重质原油仍是燃料的重要来源的地区(例如拉丁美洲)，建立复活工厂有一定优点。在这方面，单独的有机酸或与各种氧化剂的混合物似乎是最好的选择。尽管取得了非常令人鼓舞的结果，但废催化剂再处理的潜力尚未完全开发。

废常规 HPR 催化剂的还原再生尚未在商业上进行。然而，如果轻质油 HPR 的新型催化剂问世，这种方法可能值得认真考虑。因此，积炭作为催化剂失活的唯一组分，比废常规 HPR 催化剂的活性高得多，这是由于 PGM 具有较高的加氢活性，PGM 是适用于致密油 HPR 的新型催化剂的常用组分。因此，开发商业还原再生工艺的时机可能就在眼前。

人们已经进行了大量的尝试，为废常规 HPR 催化剂寻找新的出路，目的是避免选择垃圾填埋这个最不具吸引力的办法。在各种材料中掺入废催化剂的研究取得了不同程度的成就。同时，由于金属的价值高，回收金属是处理含 PGM 的废 HPR 催化剂的唯一选择。

研究结果表明，不同方法的金属回收率基本相同。在这方面，要选择确定其中一种方法并不容易。但是还必须考虑其他有关因素，例如金属回收的所有副产品。如含有强酸和强碱的液体、有毒气体，必须在处理前加以中和。在各种有机和无机试剂中，水溶性有机试剂提供的金属回收率可与其他方法媲美或优于其他方法。同时，有机回收金属是在没有腐蚀温和的条件下进行。因此，基于使用强酸、碱和氯的情况下，必须采取比有机试剂更高水平的安全预防措施。因此，用于回收的设备的设计和建造对材料的要求也大不相同。世界市场上金属价格的波动给金属回收带来了一些不确定性。因此，从废催化剂中回收金属可能需要更全面的方法，最终结果将使炼油厂和金属回收公司都受益。

可以预期，垃圾填埋场将继续受到监管部门的监管，人们相信将会实施新的更严格的规定。分析化学的进步可能会发现以前被忽略或未被发现的新污染物，这将需要修改《综合责任法》等监管法案。因此尽量避免填埋，可能是对炼油企业最好的建议。即使在填埋前对废催化剂进行了高成本的预处理，填埋后的长期稳定性仍未明确。预计废催化剂的回收利用将在未来得到更大的发展，为了改进现有技术和开发新技术，需要在这一领域不断进行研究。

参 考 文 献

[1] J. G. Speight, The Chemistry and Technology of Petroleum, Marcel Dekker, New York, 1999.

[2] J. J. McKetta, Petroleum Processing Handbook, Marcel Dekker, New York, 1991.

[3] R. E. Boening, N. K. McDaniel, R. D. Petersen, R. P. Van Driesen, Hydrocarb. Process. 66 (1987) 59.

[4] F. E. Biasca, F. E. Dickenson, R. L. Chang, H. Johnson, H. E. Bailey, D. R. Simbeck (R. Garland Report Coordinator), in: Upgrading Heavy Crude Oils and Residue to Transportation Fuel: Technology Economics, and Outlook, Phase 7, SAF Pacific Inc. Eng. & Economic Consultant, May 2003.

[5] K. W. Robschlager, W. J. Deelen, J. E. Naber 5th UNITAR/UNDP Intern. Conf. On Heavy Crude and Tar Sands, August 1991, Caracas, Venezuela, vol. 4, p. 249.

[6] R. P. Silvy, Appl. Catal. 261 (2004) 247.

[7] P. Dufresne, Appl. Catal. A 322 (2007) 67.

[8] M. Marafi, A. Stanislaus, Appl. Catal. 47 (1989) 96.

[9] M. Marafi, S. Omani, H. Al-Sheeha, A. Al-Barood, A. Stanislaus, Ind. Eng. Chem. Res. 46 (2007) 1968.

[10] E. Furimsky, F. E. Massoth, Catal. Today 52 (1999) 381.

[11] M. Absi-Halabi, A. Stanislaus, H. Qabazard, Hydrocarb. Process. 76 (1997) 45.

[12] K. Al-Dalama, A. Stanislaus, Chem. Eng. J. 120 (2006) 33.

[13] E. Furimsky, F. E. Massoth, Catal. Today 17 (1993) 537.

[14] D. L. Trimm, Stud. Surf. Sci. Catal. 53 (1990) 41.

[15] E. Furimsky, Catal. Today 30 (1996) 223.

[16] Federal Register, August 6, 1998.

[17] Federal Register 68 (202) (2003) 59935e59940.

[18] D. Rapaport, Hydrocarb. Process. 79 (2000) 11.

[19] Y. Ohtsuka, E. Furimsky, Energy Fuels 9 (1995) 439.

[20] E. Furimsky, A. Siukola, A. Turenne, Ind. Eng. Chem. Res. 35 (1996) 4406.

[21] R. K. Clifford, Petrol. Technol. Quart (Spring 1997) 33.

[22] M. Marafi, A. Stanislaus, Resour. Conserv. Recycl. J. 52 (2008) 859.

[23] M. Marafi, A. Stanislaus, Resour. Conserv. Recycl. J. 53 (2008) 1.

[24] C. Cameron. 6th Europ. Fuels Conf. March 14e16, 2005, Paris, France.

[24a] J. Webster, Going Global: Tight Oil Production, IHS Energy Annual Strategic Workbook, 2014.

[25] H. Bodewes, Hydrocarb. Asia (January/February 2006).

[26] K. M. Beirne, Hydrocarb. Process. 92 (February 1, 2013).

[26a] T. Olsen, E. Schodowski, Hydrocarb. Process. 94 (September 1, 2015).

[27] E. Furimsky, Oil Gas Sci. Technol. Rev. IFP 54 (1999) 597.

[28] E. Furimsky, Stud. Surf. Sci. Catal. 169 (2007) 12.

[29] E. Furimsky, Energy Fuels 29(2015)2043.
[30] N. A. Mohd Shohaimi, W. A. Wan Abu Bakar, J. Jaafar, J. Ind. Eng. Chem. 20(2014)2086.
[31] H. Toshima. Albermarle Techn. Seminar, August 4, 2005, Banff, Canada.
[32] A. Sharpe, B. Jones, G. Baumgartner, R. Anderson, R. Adarme, M. Boer, Oil Gas J. (January 21, 2008).
[33] S. L. Lee, Courrier 59(2008)4.
[34] UltraMix Hydroprocessing Reactors, UOP Honeywell Co, 2008. Report.
[35] R. H. Patel, E. Bingham, P. Christensen, M. Muller. 1st Indian Refining Round Table, December 1e2, New Delhi, India.
[36] Ballard, et al. US Patent 3, 218, 249, 1965.
[37] Dreyer, et al. US Patent 3, 235, 344, 1965.
[38] Fouad, et al. US Patent 4, 836, 989, 1989.
[39] Grosboll, et al. US Patent 4, 126, 540, 1978.
[40] Riopelle, et al. US Patent 3, 353, 924, 1967.
[41] J. Swain, M. Zonnevylle, D. Pohl, F. Geerdes. European Refing. Conf. November 15, 2000, Rome, Italy.
[42] A. Gragnani. 6th European Fuels Conf., March 14e16, Paris, France.
[43] H. Topsøe, B. S. Clausen, N. -Y. Topsøe, P. Zeuthen, Progress in the design of hydrotreating catalysts based on fundamental molecular insight original, Stud. Surf. Sci. Catal. 53 (1998)77e102.
[44] E. Furimsky, Catal. Today 217(2013)13.
[45] J. Hoffmann, C. U. Jensen, L. A. Rosendahl, Fuel 165(2015)526.
[46] J. Hoffmann, C. U. Jensen, L. A. Rosendahl, Fuel 165(2015)536.
[46a] D. Mulholland, Hydrocarb. Process. 94(2015)47.
[47] M. S. Rana, J. Ancheyta, S. K. Maity, G. Marroquin, Int. J. Oil Gas Technol. 1(2008)250.
[48] P. Zuideveld, J. Wolf, Hydrocarb. Process. 85(2006)73.
[49] E. Furimsky, Ind. Eng. Chem. Res. 48(2009)2752.
[50] D. [50] D. S. Jones, in: D. S. Jones, P. P. Pujado'(Eds.), Handbook of Petroleum Processing, Springer, Netherlands, 2006.
[50a] P. U. Knudsen, S. Maleki, Hydrocarb. Process. 94(2015).
[50b] J. Han, G. S. Forman, A. Elgowainy, H. Cai, M. Wang, V. B. DiVita, Fuel 157 (2015)292.
[50c] K. Roh, J. H. Lee, Prepr. Pap. Am. Chem. Soc. Div. Energy Fuels 60(2015)461.
[51] Anon, Oil Gas J. (September 8, 2014)28.
[52] J. P. Abella, J. A. Bergerson, Environ. Sci. Technol. 46(2012)13037.
[53] D. S. Hirshfeld, J. A. Kolb, Environ. Sci. Technol. 46(2012)3697.
[53a] International Organization for Standardization(ISO), 2006, ISO14040.
[53b] A. Jackson, Hydrocarb. Process. 94(2015)85.
[54] A. Prakash, Refining Processes Handbook, Elsevier, Amsterdam, 2002.

[55] A. de Klerk, E. Furimsky, Catalysis in Refining Fischer - Tropsch Syncrude, RSC Publ., Cambridge, UK, 2010.
[56] L. Reyes, C. Zarpa, J. H. Krasuk, in: B. Delmon, G. F. Froment (Eds.), Catalyst Deactivation, vol. 88, Elsevier Sci., Amsterdam, 1994.
[57] D. Alvarez, R. Galiasso, P. Andreu, J. Jpn. Petr. Inst. 22 (1979) 234.
[58] T. H. Lindstrom, F. Levesque, M. Cathcart, Hydrocarb. Process. 82 (2003) 49.
[58a] J. R. Armor. Appl. Catal.
[58b] S. Farnand, J. Li, N. Patel, X. D. Peng, S. Ratan, Hydrocarb. Process. 94 (2013) 53.
[58c] S. Ratan, S. Farnand, J. Li, Hydrocarb. Process. 93 (2014) 71.
[58d] B. Umana, N. Zhang, R. Smith, Ind. Eng. Chem. Res. 55 (2016) 2391.
[59] F. E. Massoth, Adv. Catal. 27 (1978) 265.
[60] E. Furimsky, F. E. Massoth, Catal. Rev. Sci. Eng. 47 (2005) 297.
[61] R. Prins, Adv. Catal. 46 (2001) 399.
[62] E. Furimsky, Appl. Catal. 199 (2000) 147.
[63] A. Stanislaus, B. H. Cooper, Catal. Rev. Sci. Eng. 36 (1994) 75.
[64] H. Topsoe, B. S. Clausen, F. E. Massoth, in: J. Anderson, M. Boudart (Eds.), Catalysis, Science and Technology, vol. 11, Springer, 1996, p. 1.
[65] A. C. Jacobsen, B. H. Cooper, P. N. Hannerup, in: Proc. 12th Petrol. World Congr., vol. 4, 1987, p. 97.
[66] M. Breysse, E. Furimsky, S. Kasztelan, M. Lacroix, G. Perot, Catal. Rev. Sci. Eng. 44 (2002) 651.
[67] S. Kasztelan, B. MacGarvey, J. Catal. 147 (1994) 476.
[68] B. MacGarvey, S. Kasztelan, J. Catal. 148 (1994) 149.
[69] M. Breysse, B. A. Bennett, D. Chadwick, M. Vrinat, Bull. Soc. Chim. Belg. 90 (1981) 1271.
[70] S. M. A. M. Bouwens, F. B. M. van Zon, M. P. van Dijk, A. M. van der Kraan, V. H. J. de Beer, J. A. R. van Veen, D. C. Koningsberger, J. Phys. Chem. 146 (1994) 375.
[71] S. P. A. Louwers, R. Prins, J. Catal. 133 (1992) 94.
[72] A. I. Dugulan, M. W. J. Craje, A. R. Overweg, G. J. Kearley, J. Catal. 229 (2005) 276.
[73] M. Brorson, A. Carlson, H. Topsoe, Catal. Today 123 (2007) 31.
[74] H. Topsoe, Appl. Catal. 322 (2007) 3.
[75] F. Besenbacher, M. Brorson, B. S. Clausen, S. Helveg, B. Hinnemann, J. Kibsgard, J. V. Lauristen, P. G. Moses, J. K. Norskov, H. Topsoe, Catal. Today 130 (2008) 86.
[76] C. Moreau, P. Genest. Theoretical Aspects of Heterogeneous Catalysis, p. 256, New York.
[77] A. Logadottir, P. G. Moses, B. Hinnemann, N. Y. Topsoe, K. G. Knudsen, H. Topsoe, J. K. Norskov, Catal. Today 111 (2006) 44.
[78] B. Temel, A. K. Tuxen, J. Kibsgaard, N. - Y. Topsøe, B. Hinnemann, K. G. Knudsen, H. Topsøe, J. V. Lauritsen, F. Besenbacher, J. Catal. 271 (2010) 280.
[79] X. D. Wen, Z. Cao, Y. W. Li, J. Wang, H. Jiao, J. Phys. Chem. B 110 (2006) 23860.
[80] R. R. Chianelli, G. Berhault, Catal. Today 53 (1999) 357.

[81] G. Berhault, A. Mehta, A. C. Pavel, J. Yang, L. Rendon, M. J. Yacaman, L. C. Araiza, A. D. Moller, R. R. Chianelli, J. Catal. 198(2001)9.
[82] S. Kasztelan, C. R. Acad, Sci. Paris Ser. II 307(1988)727.
[83] J. Kibsgaard, J. V. Laurentsen, E. Loegsgaard, B. S. Clausen, H. Topsoe, F. Besenbacher, J. Am. Chem. Soc. 128(2006)13950.
[84] M. S. Rana, J. Ancheyta, P. Rayo, S. K. Maity, Catal. Today 98(2004)151.
[85] M. Breysse, P. Afanasiev, C. Geantet, M. Vrinat, Catal. Today 86(2003)5.
[86] S. K. Maity, M. S. Rana, S. K. bej, J. Ancheyta - Juarez, G. Murali Dhar, T. S. R. Prasada Rao, Appl. Catal. 205(2001)215.
[87] E. Furimsky, Carbons and Carbon Supported Catalysts in Hydroprocessing, Royal Soc. Chem., Cambridge, UK, 2008.
[88] J. Ancheyta, G. Betancourt, G. Centeno, G. Marroquin, F. Alonso, E. Garciafigueroa, Energy Fuels 16(2002)1438.
[89] B. M. Moyse, B. H. Cooper, A. Albjerg. NPRA Annual Meeting Paper AM - 84 - 59, San Antonio, TX, March 1984.
[90] A. de Bruijn, I. Naka, J. W. M. Sonnemans, Ind. Eng. Chem. Process Des. Dev. 20(1981)40.
[91] S. Kobayashi, S. Kushiyama, R. Aizawa, Y. Koinuma, K. Inoue, Y. Shimizu, K. Egi, Ind. Eng. Chem. Res. 26(1987)2245.
[92] J. Bartholdy, B. H. Cooper, Am. Chem. Soc. Div. Petr. Chem. Prep. 38(1993)386.
[93] G. M. K. Abotsi, A. W. Scaroni, Fuel Process. Technol. 22(1989)107.
[94] R. Hubaut, J. Altafulla, A. Rives, C. Scott, Fuel 86(2007)743.
[95] J. Ancheyta, M. S. Rana, E. Furimsky, Catal. Today 109(2005)3.
[96] H. Topsoe, B. Hinnemann, J. K. Norskov, J. V. Lauristen, F. Besenbacher, P. L. Hansen, G. Hytoft, R. G. Egeberg, K. G. Knudsen, Catal. Today 107/108(2005)12.
[97] J. Ramirez, S. Fuentes, G. Diaz, M. Vrinat, M. Breysse, M. Lacroix, Appl. Catal. 52 (1989)211.
[98] S. Eijsbouts, J. J. L. Hinerman, H. J. W. Elzerman, Appl. Catal. 105(1993)53.
[99] M. Absi-Halabi, A. Stanislaus, T. Al-Mughni, S. Khan, A. Qamra, Fuel 74(1995)1211.
[100] A. Marafi, A. Stanislaus, E. Furimsky, Catal. Rev. Sci. Eng. 52(2010)204.
[101] H. Beuther, B. K. Schmid, Proc. World Petr. Congr. Sect. III Pap. 20(1963).
[102] A. Hauser, A. Marafi, A. Almutairi, A. Stanislaus, Energy Fuels 22(2008).
[103] J. M. Oelderik, S. T. Sie, D. Bode, Appl. Catal. 47(1981)1.
[104] B. H. Cooper, B. B. L. Donnis, B. Moyse, Oil Gas J. 39(December 8, 1986).
[105] J. C. Dart, Chem. Eng. Prog. 71(1975)46.
[106] T. Takatsuka, Y. Wade, S. Hirohama, S. Komatsu, AIChE Symp. Ser. 85(1989)49.
[107] V. J. Lostaglio, J. D. Carruthers, Chem. Eng. Prog. 82(1986)46.
[108] D. L. Trimm, A. Stanislaus, Appl. Catal. 21(1986)215.
[109] A. Stanislaus, M. Absi-Halabi. Proc. 17th World Petrol. Congr. September1e5, 2002, Rio de Janeiro, Brazil.

[110] T. Fujikawa, H. Kimura, K. Kiriyama, K. Hagiwara, Catal. Today 111(2006)188e193.
[111] S. Eijsbouts, F. Plantenga, B. Leiiveld, Y. Inoue, K. Fujita. Presented at the 226th ACS National Meeting, New York, September 7e11, 2003.
[112] T. Remans. Eur. Catal. Technol. Conf. Prague, February 2003.
[113] B. Delmon, New technical challenges and recent advances in hydrotreatment catalysis. A critical updating review, Catal. Lett. 22(1993)1e32.
[114] B. Delmon, Advances in hydropurification catalysts and catalysis original, Stud. Surf. Sci. Catal. 53(1998)1e40.
[115] E. J. M. Hensen, P. J. Kooyman, Y. Van der Meer, A. M. Van der Kraan, V. H. J. De Beer, J. A. R. van Veen, R. A. Van Santen, J. Catal. 199(2001)224.
[116] E. J. M. Hensen, V. H. J. De Beer, F. A. R. Van veen, R. A. Van Santen, Catal. Lett. 84 (2002)1.
[117] M. Breysse, G. D. Mariadassou, G. Geantet, M. Vincient, M. Lemarie, Catal. Today 84 (2003)129.
[118] C. Thomazeau, C. Geantet, M. Lacroix, M. Danot, V. Harle, P. Raybaud, Appl. Catal. A 322(2007)92.
[119] H. Topsoe, Appl. Catal. A 322(2007)3.
[120] P. Raybaud, Appl. Catal. A 322(2007)76.
[121] S. Eijsbouts, S. W. Mayo, K. Fujita, Appl. Catal. 322(2007)58.
[122] Y. Okamoto, S. Ishihara, M. Kawano, M. Satoh, T. Kubota, J. Catal. 217(2003)12.
[123] P. Blanchard, C. Lamonier, A. Griboval, E. Payen, Appl. Catal. 322(2007)33.
[124] R. R. Chianelli, G. Berhault, P. Raybaud, S. Kasztelan, Appl. Catal. 227(2002)83.
[125] H. Topsoe, K. G. Knudsen, L. Skyum, B. H. Copper, NAPRA Ann. Meet. (2005). Technical Papers. p. 16.
[126] Anon, Catal. News Hydrocarb. Process. (March 2014).
[127] L. Skyum, P. Zeuthen, Hydrocarb. Eng. 11(2006)59.
[128] J. Reinhardt, U. Balfanz, E. Brevoord, S. Mayo, F. L. Plantenga. Akzonobel Catal. Symp. Noordwijk, The Netherlands, June 10e13, 2001.
[129] S. L. Lee, Albemarle Catal. Cour. 63(2006)8.
[130] E. Brevoord, Catal. Cour. 60(2005)4.
[131] F. L. Plantenga, Catalyst Courier, No. 47, Akzo Nobel, 2002.
[132] L. Kane, S. Romannow, Hydrocarb. Proc. 83(2004)26.
[133] S. Fukase, S. Akashah, Hydrocarb. Asia 14(2004)24.
[134] S. Torrisi. AIChE Spring Nat. Meet. New Orleans, March 2002.
[135] T. Remans. Eur. Catal. Technol. Conf. March 2004.
[136] D. Krenzke, M. Zehender, Hydrocarb. Asia 12(2002)44.
[137] F. Morel, S. Kressman, V. Harle, S. Kasztelan, Stud. Surf. Sci. Catal. 106(1997)1.
[138] H. Qabazard, R. Adarme, in: D. L. Trimm (Ed.), Catalysts in Petroleum Refining 1989, Elsevier Sci. Publ., Amsterdam, 1990, p. 61.

[139] K. A. Dooley, B. L. Crynes, Fuel Sci. Technol. Int. 4(1986)207.
[139a] Guard bed, Albemarle Catalyts. www. albemarle. com.
[140] S. Togawa, E. K. T. Kam, M. Al Shamali, Am. Chem. Soc. Fuel Div. Prep 46(2001)3.
[141] A. Kundu, K. D. P. Nigam, A. M. Duquenne, H. Delmas, Rev. Chem. Eng. 19(2003)531.
[142] P. P. Dik, O. V. Klimov, G. I. Koryakina, K. A. Leonova, V. Y. Pereyma, S. V. Budukva, E. Y. Gerasimov, A. S. Noskov, Catal. Today 220/222(2014)66.
[142a] C. Peng, R. Guo, X. -C. Fang, Catal. Lett. 146(2016)701.
[143] H. R. Jackson, K. E. Withead, Oil Gas J. (February 7, 1977)95.
[144] F. M. Nooy, Oil Gas J. (November 12, 1984)152.
[145] C. J. Pereira, J. W. Beeckman, Ind. Eng. Chem. Res. 28(1989)422.
[146] C. J. Pereira, W. -C. Cheng, J. W. Beeckman, W. Suarez, Appl. Catal. 42(1988)47.
[147] G. L. Hamilton, M. Fitzgerald, V. D' Amico. Proc. 1985 AIChE Nat. Meet. November 2e7, 1986, Miami, FL, p. 1.
[147a] N. Chandak, A. George, A. Al Hamadi, M. Berthod, Catal. Today(November 6, 2015).
[148] A. M. Henke, Oil Gas J. (April 6, 1970)68.
[149] H. R. Jackson, K. E. Whithead, Oil Gas J. 66(February 7, 1977).
[150] A. M. Henke, Oil Gas J. 97(April 6, 1970)97.
[151] S. G. Paradis, G. D. Gould, D. A. Bea, E. M. Reed, Chem. Eng. Prog. 67(1971)57.
[152] B. J. Young, R. L. Richardson, Hydrocarb. Proc. (September 1977)103.
[153] A. Billon, F. Morel, M. E. Morrison, J. P. Peries, Rev. Inst. Fr. Petr. 49(1994)495.
[154] A. Al-Nasser, S. R. Chaudhuri, S. Battacharya, Stud. Surf. Sci. Catal. 100(1996)171.
[155] M. Skripek, E. De la Fuente, W. H. Smith. Fifth UNITAR/UNDP Intern. Conf. On Heavy Oils and Tar Sands, August 1991, Caracas, Venezuela, vol. 4, p. 37.
[156] W. C. Van Zijl Langhout, C. Ouwerkek, K. M. Pronk, Oil Gas J. 1(1980)120.
[157] S. Kressmann, F. Morel, V. Harle, S. Kasztelan, Catal. Today 43(1998)203.
[158] B. Scheffer, M. A. van Koten, K. W. Robschlager, F. C. de Bocks, Catal. Today 43(1998).
[159] R. P. van Driesen, J. Caspers, A. R. Campbell, G. Lunin, Hydrocarb. Process. 58 (1979) 107.
[160] R. M. Eccles, Fuel Process. Technol. 35(1993)21.
[161] M. Absi - Halabi, A. Stanislaus, in: P. O' Connor, T. Takatsuka, G. L. Woolery (Eds.), Deactivation and Testing of Hydroprocessing Catalysts, ACS Symp. Series, vol. 634, 1996, p. 229.
[162] E. Furimsky, Appl. Catal. 171(1998)177.
[163] E. Furimsky, Ind. Eng. Chem. Res. 52(2013)17695.
[164] E. Furimsky, Erdol Kohle 35(1982)455.
[165] G. Gualda, S. Kasztelan, J. Catal. 161(1996)319.
[166] M. T. Martinez, M. A. Callejas, E. Carbo, A. Hernandez, Stud. Surf. Sci. Catal. (1997)565.
[167] J. Bartholdy, B. H. Cooper, Stud. Surf. Sci. Catal. 100(1996)117.
[168] M. De Wind, Y. Miyauchi, K. Fujita, Stud. Surf. Sci. Catal. 199(1996)157.

[169] M. S. Rana, J. Ancheyta, Catal. Today 109(2005)24.
[170] Y. Yokoyama, N. Ishikawa, K. Nakanishi, K. Satoh, A. Nishijima, H. Shimada, N. Matsubayashi, M.Nomura, Catal. Today 29(1996)261.
[171] B. M. Vogelaar, P. Steiner, T. F. van der Zijden, A. D. van Langeveld, S. Eijsbouts, J. A. Moulijn, Appl. Catal. 318(2007)28.
[172] Y. Tanaka, H. Shimada, N. Matsubayashi, A. Nishijima, M. Nomura, Catal. Today 45 (1998)319.
[173] S. Gamez, R. Bacaus, M. Vrinat, Am. Chem. Soc. Div. Petr. Chem. Prep. 50(2005)375.
[174] S. Eijsbouts, L. C. A. van den Oetelaar, R. R. van Puijenbroek, J. Catal. 229(2005)352.
[175] S. Eijsbouts, Stud. Surf. Sci. Catal. 127(1999)21.
[176] S. Eijsbouts, Appl. Catal. 158(1997)53.
[177] U. Usman, T. Kubota, Y. Okamoto, Ind. Eng. Chem. Res. 45(2006)3537.
[178] B. Guichard, M. R. Auberger, E. Devers, C. Legens, P. Raybaud, Catal. Today 130(2008) 97.
[179] H. Toulhoat, J. C. Plumail, G. Martino, Y. Jacquin, Am. Chem. Soc. Div. Petr. Chem. Prep. 30 (1985)85.
[180] J.Devanneaux, J.P.Gallez, L.Mariette, P.A.Engelhard, Am.Chem.Soc.Div.Petr.Chem.Prep. 32(1987)84.
[181] S. Dejonghe, R. Hubaut, J. Grimblot, J. P. Bonnelle, T. Des Courieres, D. Faure, Catal. Today 7(1990)569.
[182] C. Guillard, M. Lacroix, M. Vrinat, M. Breysse, B. Mocaer, J. Grimblot, T. Des Courieres, D. Faure, Catal. Today 7(1990)587.
[183] C. E. Scott, B. P. Embaid, F. Gonzalez - Himenez, R. Hubaut, J. Grimblot, J. Catal. 166 (1997)333.
[184] L. Trytten, M. R. Gray, E. C. Sanford, Ind. Eng. Chem. Res. 29(1990)725.
[185] A. Srifa, N. Viriya - empikul, S. Assabumrungrat, K. Faungnawakij, Catal. Sci. Technol. 5 (2015)3693.
[186] W. Khanda, I. Siu, J. Adjaye, A. E. Nelson, M. R. Gray, Energy Fuels 18(2004)539.
[187] W. Kearnbach, W. Kisielow, L. Warzecha, K. Miga, R. Klecan, Fuel 69(1990)221.
[188] M. Sau, K. Basak, U. Manna, M. Santra, R. P. Verma, Catal. Today 109(2005)112.
[189] D. Dong, S. Jeong, F. E. Massoth, Catal. Today 37(1997)267.
[190] B. D. Muegge, F. E. Massoth, Stud. Surf. Sci. Catal. 68(1991)297.
[191] T. C. Ho, G. E. Markley, Appl. Catal. 267(2004)245.
[192] B. D. Muegge, F. E. Massoth, Fuel Process. Technol. 29(1991)19.
[193] M. Anemia, Y. Korai, I. Mochida, J. Jpn. Petr. Inst. 46(2003)99.
[194] N. Koizumi, Y. Urabe, K. Inamura, T. Itoh, M. Yamada, Catal. Today 106(2005)211.
[195] K. P. de Jong, Ind. Eng. Chem. Res. 33(1994)821.
[196] K. P. de Jong, D. Reinalda, C. A. Emeis, in: B. Delmon, F. G. Froment (Eds.), Catalyst Decativation, vol. 88, Elsevier Publ., Amsterdam, 1994, p. 155.

[197] K. P. de Jong, H. P. C. E. Kuipers, J. A. R. van Veen, in: C. H. Bartholomew, J. B. Dutt (Eds.), Catalyst Deactivation 1991, Elsevier Publ., Amsterdam, 1991, p. 28.
[198] J. Van Dorn, J. A. Moulijn, G. Djega-Mariadassou, Appl. Catal. 60(1990)77.
[199] J. Van Dorn, J. A. Moulijn, Fuel Process. Technol. 35(1993)275.
[200] A. D.van Langeveld, E.L.J.Ariens, J.A.Moulijn, R.De Jong, Am.Chem Soc.Div.Petr.Chem. Prep.(1998)55.
[201] P.Wiwel, P.Zeuthen, A.C.Jacobsen, Stud.Surf.Sci.Catal.68(1991)257.
[202] P.Zeuthen, J.Bartholdy, P.Wiwel, B.H.Cooper, Stud.Surf.Sci.Catal.88(1994)1998.
[203] M.A.Callejas, M.T.Martinez, T.Blasco, E.Sastre, Appl.Catal.218(2001)181.
[204] K.Matsushita, R.Koide, S.Fukase, A.Stanislaus, A.Al-Barood, F.Al-Jasem, M.Absi-Halabi, Am.Chem.Soc.Div.Petr.Chem.45(2000)655.
[205] C.H.Yang, S.F.Chen, H.Chen, F.Du, Am.Chem.Soc.Div.Petr.Chem.Prep.47(2002)318.
[206] R.R.Galiasso Tailleur, Energy Fuels 22(2008)1509.
[207] M.Millan, C.Adell, C.Hinojosa, A.A.Herod, R.Kandiyoti, Oil Gas Sci.Technol.Rev.IFP 63 (2008)69.
[208] B.M.Vogelaar, A.D.van Langeveld, S.Eijsbouts, J.A.Moulijn, Fuel 86(2007)1122.
[209] Y.Yoshimura, T.Sato, H.Shimada, N.Matsubayashi, A.Nishijima, Appl.Catal.73(1991)55.
[210] E.Laurent, B.Delmon, J.Catal.146(1994)281.
[211] C.N.Satterfield, C.M.Smith, Ind.Eng.Chem.Process Des.Dev.24(1985)1000.
[212] F. Pelardy, A. Daudin, E. Devers, C. Dupont, P. Raybaud, S. Brunet, Appl. Catal. B 183 (2016)317.
[213] M.Badawi, J.F.Paul, S.Cristol, E.Payen, Y.Romero, F.Richard, S.Brunet, D.Lambert, X.Portier, A.Popov, E.Kondratieva, J.M.Goupil, J.El Fallah, J.P.Gilson, L.Mariey, A. Travert, F.Mauge', J.Catal.282(2011)155.
[213a] S.Bezergianni, V.Dagonikou, S.Sklari, Fuel Process.Technol.144(2015)20.
[213b] I.A.Sizova, S.I.Serdyukov, A.L.Maksimov, Petrol.Chem.55(2015)470.
[214] C.Templis, A.Vonortas, I.Sebos, N.Papayannakos, Appl.Catal.Environ.104(2011)324.
[215] J.H.Koh, J.J.Lee, H.Kim, A.Cho, S.H.Moon, Appl.Catal.Environ.86(2009)176.
[216] R.Koide, Y.Swanami, S.Konishi, N.Kimura, S.Takahashi, M.Kamata, T.Baba, Fuel 153 (2015)455.
[217] M.C.Rangel, P.Reyes, M.O.G.Souza, Catal.Deactivation(1999)469.
[218] J.Hancsok, S.Magyar, A.Lengyel, Petrol.Coal 51(2009)80.
[219] K.Blok, M.Patel, T.Ren, Energy 31(2004)425.
[220] L.Kellberg, P.Zeuthen, J.Jakobsen, J.Catal.143(1993)45.
[221] P.Pe'rez-Romo, C.Aguilar-Barrera, J.Navarrete-Bolan~os, L.M.Rodrı'guez-Otal, F.Herna'ndez Beltra'na, J.Fripiata, Appl.Catal.449(2012)183.
[222] J.M.Britto, M.V.Reboucas, I.Bessa, Hydrocarb.Process.(October 2010).
[223] H.M.S.Lababidi, F.S.Al-Humaidan, Energy Fuels 25(2011)1939.
[224] C.Yang, F.Du, H.Zheng, K.H.Chung, Fuel 83(2004)1907.

[225] A.Morales, R.B.Solari, Stud.Surf.Sci.Catal.100(1996)125.
[226] Y.Sun, C.Yang, H.Zhao, H.Shan, B.Shen, Energy Fuels 24(2010)5008.
[227] R.L.Ferm.US Patent 4, 469, 586, 1984.
[228] T.-C.Xiao, J.-X.Su, H.-T.Wang, Y.-L.Lu, Z.-F.Yan, A.P.E.York, J.B.Claridge, J. Sloan, M.L.H.Green Ind, Eng.Chem.Res.39(2000)3679.
[228a] D.Stratiev, I.Shishkova, A.Nedelchev, E.Nikolaychuk, I.Sharafutdinov, R.Nikolova, M. Mitkova, D.Yordanov, Z.Belchev, N.Rudnev, Fuel Process.Technol.143(2015)213.
[229] A.Hauser, A.Marafi, A.Stanislaus, A.Al-Abduani, Energy Fuels 19(2005)544.
[230] T.Liu, L.Ju, Y.Zhou, Q.Wei, S.Ding, W.Zhou, X.Luo, S.Jiang, X.Tao, Catal.Today (August 14, 2015).
[231] T.E.Myers, B.L.Myers, T.H.Fleisch, G.W.Zajac, in: AIChE Symp.Series #273, vol.85, 1989, p.21.
[232] M.Nunez Isaza, A.Pachon, V.Kafarov, D.E.Resasco, Appl.Catal.199(2000)263.
[233] M.Nunez, M.Villamizar, Appl.Catal.252(2003)51.
[234] A.Marafi, H.A.Stanislaus, M.Absi-Halabi, A.Hauser, K.Matsushita, Petr.Sci.Technol.23 (2005)385.
[235] P.R.Fozard, J.W.McMillan, P.Zeuthen, J.Catal.129(1995)43.
[236] P.Zeuthen, J.Bartholdy, F.E.Massoth, Appl.Catal.152(1995)103.
[237] R.Galiasso Tailleur, L.Caprioli, Catal.Today 109(2005)185.
[238] P.W.Tamm, H.F.Harnsberger, A.G.Bridge, Ind.Eng.Chem.Process Des.Dev.20(1981)262.
[239] H.Nagaishi, E.W.Chan, E.C.Sanford, M.R.Gray, Energy Fuels 11(1997)402.
[240] J.C.Plumail, H.Toulhoat, Y.Jacquin, G.Martino, in: Prod.8th World Congr.Catal., vol.11, 1984, p.317(Berlin).
[241] F.M.Dautzemberg, J.C.de Deken, Metal complexes in fossil fuels, Am.Chem.Soc.Symp.Ser. 344(1987)233.
[242] M.Yumoto, S.G.Kukes, M.T.Klein, B.C.Gates, Ind.Eng.Chem.Res.40(2001)131.
[243] M.Yumoto, S.G.Kukes, M.T.Klein, B.C.Gates, Ind.Eng.Chem.Res.35(1996)3203.
[244] H.Koyama, E.Nagai, H.Kumagai, Am.Chem.Soc.Div.Petr.Chem.(1995)446.
[245] P.Gripka, S.Torrisi, Hydrocarb.Eng.(December 1999)39.
[246] M.Ternan, E.Furimsky, B.I.Parsons.Fuel Process.Technol.
[247] G.Gualda, S.Kasztelan, in: B.Delmon, G.F.Froment(Eds.), Catalyst Deactivation, vol. 88, 1994, p.145.
[248] S.Kobayashi, S.Kushiyama, R.Aizawa, Y.Koinuma, K.Inoue, Y.Shimizu, K.Egi, Ind.Eng. Chem.Res.26(1987)2241.
[249] M.Seki, M.Yoshimoto, J.Jpn.Petr.Inst.44(2001)259.
[250] H.Seki, S.Sato, M.Yoshimoto, J.Jpn.Petr.Inst.44(2001)154.
[251] T.Takahashi, H.Higashi, T.Kai, Catal.Today 104(2005)76.
[252] A.Marafi, A.Hauser, A.Stanislaus, Energy Fuels 20(2006)445.
[253] S.M.Richardson, H.Nagaishi, M.R.Gray, Ind.Eng.Chem.Res.35(1996)3940.

[254] H.Higashi, T.Takahashi, T.Kai, Stud.Surf.Sci.Catal.145(2003)339.
[255] F.Kumata, H.Seki, T.Saito, M.Yoshimoto, J.Jpn.Petr.Inst.44(2001)252.
[256] I.C.Lewis, L.S.Singer, Am.Chem.Soc.Div.Petr.Chem.Prep.30(1985)834.
[257] I.C.Lewis, Carbon 20(1981)519.
[258] J.W.Bunger, Am.Chem.Soc.Div.Petr.Chem.Prep.30(1985)549.
[259] D.Nohara, T.Sakai, Ind.Eng.Chem.Res.31(1992)14.
[260] M.Absi-Halabi, A.Stanislaus, D.L.Trimm, Appl.Catal.72(1991)193.
[261] J.Kubo, H.Higashi, Y.Ohmoto, H.Arao, Energy Fuels 10(1996)478.
[262] K.P.de Jong, Ind.Eng.Chem.Res.33(1994)3141.
[263] J.C.Fetzer, Stud.Surf.Sci.Catal.100(1996)263.
[264] I.Nakamura, K.Aimoto, K.Fujimoto, in: AIChE Symp.Series #273, vol.85, 1989, p.15.
[265] E.Furimsky, Fuel Process.Technol.6(1981)1.
[266] P.Kovacic, J.Oziomek, J.Org.Chem.29(1964)100.
[267] M.Meot-Ner, J.Phys.Chem.88(1980)2724.
[268] B.D.Flockart, I.M.Sesay, R.C.Pink, J.Chem.Soc.Chem.Commun.10(1980)439.
[269] B.C.Gates, J.R.Katzer, G.C.A.Schuit, Chemistry of Catalytic Processes, McGraw Hill, New York, 1979.
[270] A.W.Scaroni, R.G.Jenkins, Am.Chem.Soc.Div.Petr.Chem.Prep.30(1985)544.
[271] P.Magnoux, A.Rabeharitsara, H.S.Cerqueira, Appl.Catal.304(2006)142.
[272] S.K.Sahoo, S.S.Ray, I.D.Singh, Appl.Catal.278(2004)83.
[273] H.Seki, F.Kumatu, Stud.Surf.Sci.Catal.126(1999)357.
[274] H.Seki, F.Kumata, Energy Fuels 14(2000)980.
[275] A.Fonseca, P.Zeuthen, J.B.Nagy, Fuel 74(1995)1267.
[276] A.Fonseca, P.Zeuthen, J.B.Nagy, Fuel 75(1996)1363.
[277] A.Fonseca, P.Zeuthen, J.B.Nagy, Fuel 75(1996)1413.
[278] F.Ali, N.Ghaloum, A.Hauser, Energy Fuels 20(2006)231.
[279] A.Hauser, A.Stanislaus, A.Marafi, A.Al-Adwani, Fuel 84(2005)259.
[280] K.Matsushita, A.Hauser, A.Marafi, R.Koide, A.Stanislaus, Fuel 83(2004)1031.
[281] H.Beuther, O.A.Larson, A.J.Perrotta, in: B.Delmon, G.F.Froment(Eds.), Catalyst Deactivation, Elsevier, Amsterdam, 1980, p.271.
[282] V.A.Munoz, S.V.Ghorpadkas, M.R.Gray, Energy Fuels 8(1994)426.
[283] M.R.Gray, Y.Zhao, C.M.McKnight, Fuel 79(2000)285.
[284] M.M.Boduszynski, Am.Chem.Soc.Div.Petr.Chem.Prep.20(1983)1376.
[285] R.F.Sullivan, M.M.Boduszinski, J.Fetzer, Energy Fuels 3(1989)603
[286] M.A.Bannayan, H.L.Lemke, W.K.Stephenson, Stud.Surf.Sci.Catal.100(1996)273.
[287] K.M.Sundaram, U.Mukherjee, M.Baldassari, Energy Fuels 22(2008)3226.
[288] E.Furimsky, F.E.Massoth, Catal.Today 17(1996)537.
[289] E.Rogel, C.Ovalles, A.Pradhan, P.Leung, N.Cheng, Prepr.Pap.Am.Chem.Soc.Div.Energy Fuels Chem.57(2012)747.

[290] K.Matsushita, A.Marafi, A.Hauser, A.Stanislaus, Fuel 83(2004)1669.
[291] J.Bartholdy, S.I.Andersen, Energy Fuels 14(2000)52.
[292] I.Mochida, X.Z.Zhao, K.Sakanishi, Ind.Eng.Chem.Res.29(1990)334.
[293] I.Mochida, X.Z.Zhao, K.Sakanishi, Ind.Eng.Chem.Res.29(1990)2324.
[294] H.Fukuyama, S.Terrai, M.Uchida, J.L.Lano, J.Ancheyta, Catal.Today 98(2004)207.
[295] C.Marchal, D.Uzio, I.Merdrignac, L.Barre′, C.Geantet, Appl.Catal.411/412(2012)35.
[296] F.Ortega Garcı′a, E.Mar–Jua′rez, P.Schacht Herna′ndez, Energy Fuels 26(2012)2948.
[297] G.Berrebi, P.Dufresne, Y.Jacquier, Resour.Conserv.Recycl.10(1994)1.
[297a] J.Alfadhli, A.Alhindi, A.Alotaibi, D.Bahzad, Fuel 164(2016)38.
[298] J.Guitian, A.Souto, L.Ramirez, R.Marzin, B.Solari.Proc.of Fourth UNITAR/UNDP Intern. Conf.on Heavy Crudes and Tar Sands, August 1988, Edmonton, Canada, vol.4, p.237.
[299] H.Knozinger, D.Cordischi, B.Vielhaber, Catal.Today 7(1990)447.
[300] M.Loos, I.Ascone, C.Goulon–Ginet, J.Goulon, C.Guillard, M.Lacroix, M.Breysse, D. Faure, T.des Courieres, Catal.Today 7(1990)515.
[301] J.P.Janssen, A.D.Van Langeveld, J.A.Moulijn, Appl.Catal.179(1999)229.
[302] S.Asaoka, S.Nakata, Y.Shiroto, C.Takeuchi, Metal complexes in fossil fuels, in: R.H. Filby, J.F.Branthaver(Eds.), Am.Chem.Soc.Symp.Series, vol.344, 1987, p.275.
[303] C.S.Kim, F.E.Massoth, Fuel Process.Technol.35(1993)289.
[304] F.X.Long, B.S.Gevert, J.Catal.222(2004)1.
[305] F.X.Long, B.S.Gevert, P.Abrahamsson, J.Catal.222(2004)6.
[306] M.A.Callejas, M.T.Martinez, Energy Fuels 13(1999)629.
[307] C.Botchwey, A.K.Dalai, J.Adjaye, Can.J.Chem.Eng.82(2004)478.
[308] B.P.Embaid, F.Gonzales–Jimenez, C.E.Scott, Appl.Catal.287(2005)75.
[309] Y.Yamamoto, Y.Mizutani, Y.Shibata, Y.Kitou, H.Yamazaki, Stud. Surf. Sci. Catal. 100 (1996)181.
[310] C.Takeuchi, Y.Fukui, Y.Shiroto, M.Nakamura.Proc.11th World Petr.Congr, vol.4, p.187.
[311] C.Takeuchi, S.Asaoka, S.Nakata, Y.Shiroto, Am.Chem.Soc.Div.Petr.Prep.30(1985)96.
[312] A.Voorjies Jr., Ind.Eng.Chem.37(1945)318.
[313] J.B.Butt, Adv.Chem.Ser.109(1972)259.
[314] E.E.Wolf, F.Alfani, Cat.Rev.Sci.Eng.24(1982)329.
[315] J.W.Beekman, F.Gilbert, Ind.Eng.Chem.Fundam.18(1979)245.
[316] Y.W.Chen, W.C.Hsu, C.S.Lin, B.C.Kang, S.T.Wu, L.J.Leu, J.C.Wu, Ind.Eng.Chem. Res.29(1990)1830.
[317] Y.W.Chen, W.C.Hsu, Ind.Eng.Chem.Res.36(1997)2526.
[318] S.Y.Lee, J.D.Seader, C.H.Tsai, F.E.Massoth, Ind.Eng.Chem.Res.30(1991)29.
[319] S.K.Maity, J.Ancheyta, F.Alonso, M.S.Rana, Catal.Today 98(2004)193.
[320] Martinez, J.Ancheyta, Fuel 100(2012)193.
[321] S.J.Khang, J.F.Mosby, Ind.Eng.Chem.Process Des.Dev.25(1986)437.
[322] S.D.Bahzad, E.Kam, Energy Fuels 23(2009)1683.

[323] K.Al-Dalama, A.Stanislaus, R.Novvamani, M.Al-Marri, E.Furimsky, Petr.Sci.Technol.32 (2014) 862.

[324] J.Bartholdy, P.N.Hannerup, Am.Chem.Soc.Div.Petr.Chem.Prep.35(1990)619.

[325] T. Takatsuka, Y. Wada, S. Inoue, in: Deactivation and Testing of Hydrocarbon Processing Catalysts, ACS Publ., 1996, p.414(Chapter 30).

[326] H.A.H.Al-Adwani, H.M.S.Lababidi, I.M.Alatigi, F.S.Al-Dafferi, Can.J.Chem.Eng.83 (2005)281.

[327] G. Centeno, J. Ancheyta, A. Alvarez, G. Marroquı'n, F. Alonso, A. Castillo, Fuel 100 (2012)73.

[328] D.Tsamatsoulis, N.Papayannakos, Chem.Eng.Sci.53(1998)3449.

[329] M.J.Macı'as, J.Ancheyta, Catal.Today 98(2004)243.

[330] F.S.Mederos, J.Ancheyta, Appl.Catal.332(2007)8.

[331] Z.M.Cheng, X.C.Fang, R.H.Zeng, B.P.Han, L.Huang, W.K.Yuan, Chem.Eng.Sci.59 (2004)5465.

[332] J.H.Worstell, Chem.Eng.Prog.88(1992)33.

[333] D.G.Loffler, Chem.Eng.Prog.97(2001)74.

[334] K.Basak, M.Sau, U.Manna, R.Prakash Verma, Catal.Today 98(2004)253.

[335] M.R.Gray, Ind.Eng.Chem.Res.29(1990)505.

[336] S.Melis, L.Erby, L.Sassu, R.Baratti, Chem.Eng.Sci.59(2004)5671.

[337] C.Lo'pez Garcı'a, D.Hudebine, J.-M.Schweitzer, J.J.Verstraete, D.Ferre', Catal.Today 150(2010)279.

[338] Z.Liu, Y.Zheng, W.Wang, Q.Zhang, L.Jia, Appl.Catal.339(2008)209.

[339] Z.Liu, Y.Zheng, W.Wang, Q.Zhang, L.Jia, Energy Fuels 22(2008)360.

[340] D.G.Avraam, I.A.Vasalos, Catal.Today 79/80(2003)275.

[341] P.R.Gunjal, V.V.Ranade, Chem.Eng.Sci.62(2007)5512.

[342] M.Sato, N.Takayama, S.Kurita, T.Kwan, Nippon Kagaku Zasshi 92(1971)834.

[343] E.Newson, Ind.Eng.Chem.Process Des.Dev.14(1975)27.

[344] J.Wei, in: C.H.Bartholomew, J.B.Butt(Eds.), Catalyst Deactivation 1991, Elsevier Sci., 1991, p.333.

[345] R.R.Melkote, K.F.Jensen, Chem.Eng.Sci.44(1989)649.

[346] L.O.Oyekunle, O.B.Ikpekri, Ind.Eng.Chem.Res.43(2004)66.

[347] L.O.Oyekunle, O.B.Ikpekri, A.Jaiyola, Catal.Today 109(2005)128.

[348] J.Ancheyta, G.Betancourt, G.Centeno, G.Marroquin, Energy Fuels 17(2003)462.

[349] J.Ancheyta, G.Betancourt, G.Marroquin, G.Centeno, L.C.Castaneda, F.Alonso, J.F. Munoz, M.T.Gomez, P.Rayo, Appl.Catal.233(2002)159.

[350] C.J.Pereira, Ind.Eng.Chem.Res.29(1990)512.

[351] C.J.Pereira, J.W.Beeckman, W.C.Cheng, W.Suarez, Ind.Eng.Chem.Res.29(1990)520.

[352] A.C.Jacobsen, B.H.Cooper, P.N.Hannerup, in: 12th World Petr. Congr., vol.4, 1987, p.97.

[353] P.Bourseau, G.Muratet, C.Saillour, H.Toulhoat, Rev.Inst.Fr.Petr.40(1985)595.
[354] H.Toulhoat, R.Szymanski, J.C.Plumail, Catal.Today 7(1990)531.
[355] F.M.Dautzemberg, J.van Klinken, K.M.A.Pronk, S.T.Sie, J.B.Wijffels, ACS Symp.Sr.65 (1978)254.
[356] P.N.Hannerup, A.C.Jacobsen, ACS Symp.Ser.28(1983)576.
[357] L.O.Oyekunle, R.Hughes, Ind.Eng.Chem.Res.26(1987)1945.
[358] M.Zbuzek, A.Vra'blı'k, V.Tuka_ c, M.Vesely', A.Proke_ sova', R._ Cerny', Catal. Today 256(2015)261.
[359] M.E.Pacheco, V.M.Martins Salim, J.C.Pinto, Ind.Eng.Chem.Res.50(2011)5975.
[360] E.K.T.Kam, M.Al-Shamali, M.Al-Jeraidan, Studies on Deactivation Mechanism of Hydro-processing Catalysts Using Kuwaiti Feedstocks, December 2003.Report #KISR 7037.
[361] E.K.T.Kam, M.Al-Shamali, M.Juraidan, H.Qabazard, Energy Fuels 19(2005)753.
[362] M.Juraidan, M.Al-Shamali, H.Qabazard, E.K.T.Kam, Energy Fuels 20(2006)1354.
[363] J.P.Janssens, B.J.Bezemer, A.D.van Langeveld, S.T.Siie, J.A.Moulijn, in: B.Delmon, F. G.Froment(Eds.), Catalyst Deactivation 1994, Elsevier Sci., Amsterdam, 1994, p.335.
[364] J.P.Janssens, A.D.van Langeveld, S.T.Sie, J.A.Moulijn, ACS Ser.(1997)238(Chapter 18).
[365] B.M.Vogelaar, R.J.Berger, B.Bezemer, J.-P.Janssen, A.D.van Langeveld, S.Eisbouts, J. A.Moulijn, Chem.Eng.Sci.(2006).
[366] H.Toulhoat, D.Hudebine, P.Raybaud, D.Guillame, S.Kressmann, Catal.Today(2005).
[367] C.Ferreira, J.Marques, M.Tayakout, I.Guibard, F.Lemos, H.Toulhoat, F.Ramo^a Ribeiro, Chem.Eng.Sci.65(2010)322.
[368] J.J.Verstraete, K.Le Lannic, I.Guibard, Chem.Eng.Sci.62(2007)5402.
[369] S.H.Kodama, H.Nitta, T.Takatsuka, T.Yokoyama, J.Jpn.Petr.Inst.23(1980)310.
[370] R.M.Eccles, Fuel Process.Technol.35(1993)21.
[370a] C.J.Caldero'n, J.Ancheyta, Energy Fuels(January 28 2016).
[371] J.Martinez, J.L.Sanchez, J.Ancheyta, R.S.Ruiz, Catal.Rev.Sci.Eng.52(2010)60.
[372] E.K.T.Kam, M.M.Al-Mashan, H.Dashti, Stud.Surf.Sci.Catal.100(1996)283.
[373] V.T.Sinha, M.S.Butensky, D.Hyman, Ind.Eng.Chem.Process Des.Dev.25(1986)321.
[374] J.-M.Schweitzer, S.Kressmann, Chem.Eng.Sci.59(2004)5637.
[375] J.Chen, N.Rados, M.H.Al-Dahhan, M.P.Dudukovic, D.Nguyen, K.Parimi, AIChE J.47 (2001)994.
[376] G.F.Froment, K.B.Bischoff, Chemical Reactor Analysis and Design, second ed., Wiley Series in Chem.Eng., Wiley, New York, 1990, p.259.
[377] R.Krishna, J.W.A.De Swart, G.B.Martina, C.Maretto, AIChE J.43(1997)311.
[378] R.S.Ruiz, F.Alonso, J.Ancheyta, Catal.Today 98(2004)265.
[379] V.K. Bhatia, N. Epstein, in: Proc. Intern. Symp. On Fluidization and Its Applications, Cepadues-Editions, Toulouse, 1974, p.380.
[380] R.S.Ruiz, F.Alonso, J.Ancheyta, Energy Fuels 18(2004)1149.
[381] S.Eijsbouts, A.A.Battiston, G.C.Van Leerdam, Catal.Today 130(2008)361.

[382] M.Smart, Oil Gas J.(April 16 1984)67.
[383] R.W.King, Oil Gas J.(March 25, 1985)114.
[384] M. Shetty, K. Murugappan, T. Prasomsri, W. H. Green, Y. Roma′n-Leshkov, J. Catal. 331 (2015)86.
[385] P.Dufresne, Am.Chem.Soc.Div.Petr.Chem.Prep.38(1993)53.
[386] P.Dufresne, F.Valeri, S.Abotteen, Stud.Surf.Sci.Catal.100(1996)253.
[387] T.Suzuki, P.Dufresne, Stud.Surf.Sci.Catal.92(1995)215.
[388] E.Furimsky, Fuel Process.Technol.27(1991)131.
[389] E.Furimsky, D.D.Duguay, J.Houle, Fuel 67(1988)18.
[390] E.Furimsky, A.Siukola, A.Turrene, Ind.Eng.Chem.Res.35(1996)4406.
[391] Y.Yoshimura, E.Furimsky, Fuel 65(1986)1385.
[392] P.Zeuthen, P.Bloom, M.Muegge, F.E.Massoth, Appl.Catal.68(1991)117.
[393] P.Zeuthen, P.Bloom, M.Muegge, F.E.Massoth, Appl.Catal.78(1991)265.
[394] P.Torres-Mancera, P.Rayo, J.Ancheyta, G.Marroquı′n, G.Centeno, F.Alonso, Fuel 149 (2015)143.
[395] J.Van Dorn, J.L.Bosch, R.J.Bakkum, J.A.Moulijn, in: B.Delmon, G.F.Froment(Eds.), Catalyst Deactivation 1987, Elsevier Sci.Publ., Amsterdam, 1987, p.391.
[396] J.Van Dorn, H.A.A.Barbolina, J.A.Moulijn, Ind.Eng.Chem.Res.31(1992)101.
[397] E.Furimsky, M.Nielsen, P.Jurasek, Energy Fuels 9(1995)439.
[398] G.De Soete, Rev.Inst.Fr.Petr.4(1993)113.
[399] J.P.Hamalainen, M.J.Aho, J.L.Tummavuori, Fuel 12(1994)1894.
[400] E.Furimsky, Catal.Today 46(1998)3.
[401] E.Furimsky, Appl.Catal.204(2003)1.oguchi, T.Itoh, Y.Obayashi, K.Komine, Am.Chem. Soc.Div.Petr.Chem.Prep.38(1993)50.
[402] Y.Ohtsuka, E.Furimsky.Energy Fuels.
[403] Y.Yoshimura, E.Furimsky, T.Sato, H.Shimada, N.Matsubayashi, A.Nishijima, in: Proc. 9th Intern Congr.Catal.Calgary, 1988.
[404] R.Iwamoto, N.Kagami, J.Jpn.Inst.Petr.50(2007)147.
[405] H.A.Abdou, Oil Gas J.(April 16 1984)66.
[406] Y.Yoshimura, N.Matsubayashi, H.Yokokawa, T.Sato, H.Shimada, A.Nishijima, Ind.Eng. Chem.Res.30(1991)1092.
[407] D.Mahadjev, E.Zhecheva, B.R.Aleksic, B.D.Aleksic, B.Markovic, S.Bogdanov, React. Kinet.Catal.Lett.1(1991)7.
[408] Y.Yoshimura, E.Furimsky, Appl.Catal.23(1986)157.
[409] E.Furimsky, Y.Yoshimura, Ind.Eng.Chem.Res.26(1987)657.
[410] E.Furimsky, P.Sears, T.Suzuki.Energy Fuels.
[411] E.Furimsky, Appl.Catal.196(2000)55.
[412] Y. Yoshimura, T. Sato, H. Shimada, N. Matsubayashi, M. Imamura, A. Nishijima, S. Yoshitomo, T.Kameoka, H.Yanase, Energy Fuels 8(1994)435.

[413] J.M.Bogdanor, H.F.Rase, Ind.Eng.Chem.Prod.Res.Dev.25(1986)220.
[414] J.S.Brinen, W.D.Amstrong, J.Catal.54(1978)57.
[415] A.I.Kharlamov, React.Kinet.Catal.Lett.15(1980)339.
[416] T.G.Parham, R.P.Merril, J.Catal.85(1984)295.
[417] R.V.Nalitham, A.R.Tarrer, J.A.Guin, C.W.Curtis, Ind.Eng.Chem.Res.24(1985)160.
[418] G.Tian, G.Wang, C.Xu, J.Gao, Energy Fuels 28(2014)137.
[419] P.B.Weisz, R.D.Goodwin, J.Catal.2(1963)397.
[420] P.B.Weisz, R.D.Goodwin, J.Catal.6(1966)227.
[421] Y.Chang, (thesis), Univ.of Pensylvania, 1987.
[422] K.Klusacek, H.Davidova, P.Fott, P.Schneider, Chem.Eng.Sci.9(1985)1717.
[423] A.Stanislaus, M.Marafi, M.Absi Halabi, Arab.J.Sci.Eng.21(1996)273.
[423a] A.S.Medvedev, N.V.Malochkina, Russ.J.Nonferrous Metals 48(2007)114.
[424] J.P.Ammus, G.P.Androutsopoulos, A.H.Tsetsekou, Ind.Eng.Chem.Res.26(1987)1323.
[425] H.P.Stephens, F.V.Stohl, Am.Chem.Soc.Div.Fuel Chem.Prep.29(1984)79.
[426] F.V.Stephens, Q.A.Qader, F.E.Massoth, D.S.Thakur, Ind.Eng.Chem.Res.26(1987)846.
[426a] Y.Jia, Q.Yang, S.Sun, H.Nie, D.Li, Energy Fuels(2016)(ASAP).
[427] B.G.Johnson, F.E.Massoth, J.Bartholdy, AIChE J.32(1986)1980.
[428] T.L.Cable, F.E.Massoth, M.G.Thomas, Fuel Process.Technol.10(1985)105.
[429] M. Inoguchi, S. Sakurada, Y. Satomi, K. Inaba, H. Kagaya, K. Tate, T. Mizutori, R. Nishiyama, T.Nagai, S.Onishi, Bull.Jpn.Petr.Inst.14(1977)153.
[430] T.Sakabe, T.Yagi, Hydrocarb.Process.12(1979)103.
[431] P.A.Hertan, F.P.Larkin, W.R.Jackson, Fuel Process.Technol.10(1985)121.
[432] A.Artega, J.L.G.Fierro, P.Grange, B.Delmon, Stud.Surf.Sci.Catal.34(1987)59.
[433] C.S.Kim, F.E.Massoth, E.Furimsky, Fuel Process.Technol.32(1992)39.
[434] A. Billon, J. Bousquet, J. Rossarie. Proc. 1988 NPRA Ann. Meet. March 1988, San Antonio, TX.
[435] P. T. Clark, A. L. Hensley, J. Z. Shyu, J. A. Kaduk, G. J. Ray, Stud. Surf. Sci. Catal. 62 (1991)417.
[435a] K.Kohli, R.Prajapati, S.K.Maity, M.Sau, M.O.Garg, Fuel 175(2016)264.
[436] L.Guibard, S.Kressmann, F.Morel, V.Harle, P.Dufresne, Hydrocarb.Eng.30(2000)54.
[437] L.K.Mohamed, S.A.Shaban, F.Y.El-Kady, Petr.Sci.Technol.28(2010)322.
[438] V.L.S.Teixeira da Silva, R.Frety, M.Schmal, Ind.Eng.Chem.Res.33(1994)1692.
[439] D.Madeley, S.E.Wanke, Appl.Catal.39(1988)295.
[440] M.M.Gellerman, R.R.Aliev, V.G.Sidelkovskaya, Chem.Technol.Fuels Oils 29(1993)32.
[441] E.Furimsky, Appl.Catal.44(1985)189.
[442] Y.Zhang, C. Wang, W. Li, H. Liu, Y. Zhang, P. Hack, W. Pan, Energy Fuels 29 (2015)6578.
[443] R.G.Copperthwaite, G.J.Hutchings, P.Johnson, S.W.Orchard, J.Chem.Soc.Faraday Trans.82 (1986)1007.

[444] L.Carlton, R.G.Copperthwaite, G.J.Hutchings, E.Reynhardt, J.Chem.Soc.Chem.Commun.(1987)1008.
[445] Y.I.Solovetskii, V.V.Lunin, P.V.Ryabchenko, React.Kinet.Catal.Lett.55(1995)463.
[446] I.Barin, O.Knacke, Thermochemical Properties of Inorganic Substances, Springer-Verlag, Berlin, 1973.
[447] E.Furimsky, Energy Fuels 22(2008)237.
[448] E.Furimsky, J.Houle, Y.Yoshimura, Appl.Catal.33(1987)97.
[449] E.Furimsky, Fuel Process.Technol.56(1998)263.
[450] D.E.Sherwood Jr., J.R.Hardee Jr.US Patent 5, 445, 728, August 29, 1995.
[451] G.J.Hutchings, H.Comninos, R.G.Copperthwaite, L.J.van Rensburg, R Hunter, T.Temistocleous, J.Chem.Soc.Faraday Trans.85(1989)633.
[452] G.J.Hutchings, R.Hunter, L.J.van Rensburg, Appl.Catal.41(1988)11.
[453] REACT Technology, ALBERMARLE, www.albermarle.com.
[454] J. M. -R. Ginestra, K. C. Lee, J. D. Seamans, Intern. Appl. (November 2005). No. PCT/US2005/001825.
[455] S. Eijsbouts, F. W. Houtert, M. A. Jansen, T. Kamo, F. M. Platenga, Intern. Appl. (January 2001).No.PCT/2000/006050.
[456] Criterian Affiliated Companies, Total Integrated Catalyst Services Management Program, 2007. http://www.criterioncatalysts.com/english/index.htm.
[457] ReFRESH Topsoe's Proprietary Technology, Haldor Topsoe, www.topsoe.com.
[458] P.Mazoyer, C.Geantet, F.Diehl, S.Loridant, M.Lacroix, Catal.Today 130(2008)75.
[459] V.Costa, K.Marchand, M.Digne, C.Geantet, Catal.Today 130(2008)69.
[460] S.V.Budukva, O.V.Klimov, A.S.Noskov, Catal.Ind.7(2015)214.
[461] N.Q.Bui, C.Geantet, G.Berhault, J.Catal.330(2015)374.
[462] B.Scheffer, N.J.J.Dekker, P.J.Magnus, J.A.Moulijn, J.Catal.121(1990)31.
[463] P.Marecot, S.Peyrovi, D.Bahloul, J.Barbier, Appl.Catal.66(1990)181.
[464] L.Dabek, A.Swiatkowski, J.Dziaduszek, Adsorption 11(2005)781.
[465] Y.Zhao, M.R.Gray, F.Wei, Catal.Lett.125(2008)69.
[466] M.Trautmann, S.Lang, Y.Traa, Fuel 151(2015)102.
[467] R.Taha, Z.Abdullah, B.Chadwell, H.Wang, D.Anderson, G.S.J.Lee, Environ.Prog.Sust.Energy(2016).
[468] S.Eijsbouts.WO200176740, 2001.
[469] P.Dufresne, S.Eijsbouts, F.Labruyere, F.L.Plantenga, L.A.Gerrisen.WO20010176741, 2001.
[470] F.Valeri, F.Girardier, Y.Haquet, E.Aillard.Sub-Sahara Afr.Catal.Symp., February 7e10, 1999, Pap.18.
[471] N.Frizi, P.Blanchard, E.Payen, P.Baranek, C.Lancelot, M.Rebeilleau, C.Dupuy, J.P.Dath, Catal.Today 130(2008)32.
[472] P.Mazoyer, C.Geantet, F.Diehl, C.Pichon, T.S.Nguyen, M.Lacroix, Oil Gas Sci.Technol.Rev.IFP 60(2005)791.

[473] A.I.Dugulan, E.J.M.Hensen, J.A.R.van Veen, Catal.Today 130(2008)126.
[474] C.Bruyninckx, D.J.Neuman, M.van Vliet, G.K.Semper.NPRA Ann.Meeting, 15e17 March, San Francisco, 1998.
[474a] S.Sharifvaghefi, Y.Zheng, ChemCatChem 7(2015)3397.
[474b] R.Alexander, http://www.eptq.com/qandaquestion.
[474c] G.J.Yen, Hydrocarb.Process.89(2010)11.
[475] E.Gobina, Global Market for Catalyst Regeneration, BCC Research Report CHM0456.
[476] J.Wilson, in: AIChE Meeting, August 19e22, San Diego, CA, 1990.
[477] M.Marafi, A.Stanislaus, E.Kam, J.Environ.Manag.86(2008)665.
[478] S.R.Blashka, J.G.Welch, K.Nite, A.P.Furfaro, Oil Gas J.(September 18, 1995)62.
[479] J.S.Yoo, Catal.Today 44(1998)27.
[480] G.R.Dyrkacz, L.Ruscic, L.Marshall, Energy Fuels 10(1996)849.
[481] J.D.Seamans, J.G.Welch, C.A.Vuitel, Am.Chem.Soc.Div.Fuel Chem.Prep.33(1988)549.
[482] R.D.Erdman, Oil Gas J.(March 25, 1985)115.
[483] L.N. Osipov, A. A. Gimbutas, A. N. Chagovets, N. Y. Vinogradova, G. Karbauskas, B. V. Bednov, Chem.Technol.Fuels Oils 31(1995)5.
[484] M.Tamayama, Kogaku Kagaku 50(1986)624.
[485] R.E.Ellingham, J.Garret, Appl.Ind.Catal.3(1984)25.
[486] T.Chang.Oil Gas J, October 19, 79e1998.
[487] G.Berebi, in: Proc.Ketjen Catal.Symp.May 27e30, Amsterdam, The Netherlands, 1984.
[488] S.R.Blashka, Hydrocarb.Eng.(Janaury 1999)21.
[489] D.J.Neuman, D.J.Enegry, Citations Database, 1995, 9503162.
[490] J.M.R.Ginestra, J.D.Seamans, K.S.Lee, USPAP, 2005, p.0159295.
[491] P.J.Shukis, J.D.Carruthers, V.J.Lostaglio.US Patent 6239054, 2001.
[492] B.B.Lejlveld, Albemarle Catal.Cour.68(2007)11.
[493] T.Remans.Proc.Europ.Catal.Technol.Conf., February 2003, Prague.
[494] T.Remans.Proc.Europ.Catal.Technol.Conf., March 2004.
[495] S.Murff, in: Oil & Gas J.Intern.Catal.Conf.& Exhib.February 1e2 Houston, TX, 1996.
[496] J.R.Moses, L.E.Auger, Energy Prog.(March 1983).
[497] C.Vuitel, Hydrocarb.Eng.(December/January 1998/1999).
[498] D.L.Holbrook, B.J.Arena, T.Verachtert, J.C.Bricker, in: NPRA Ann.Meet.San Antonio, TX, 1993pap.AM-93-61.
[499] D.J.Neuman, in: NPRA Ann.Meeting, March 19e21, San Francisco, CA, 1995 pap.AM-95-41.
[500] Anon., Hydrocarb.Eng.12(2007)62.
[501] D.J.Neuman, in: NPRA Ann.Meeting, March 15e17, San Francisco, CA, 1999 pap.AM-98-59.
[502] P.Zimmerman, NAPRA Ann.Meet.Ariz.(2006)39.
[502a] REACT Technology, Albemarle Catalyts.www.albemarle.com.

[503] A.Stanislaus, M.Marafi, M.Absi-Halabi, Appl.Catal.105(1993)195.
[504] A.Stanislaus, M.Marafi, M.Absi-Halabi, in: M.L.Ocelli, R.R.Chianelli(Eds.), Hydrotreating Technology for Pollution Control, Marcel Dekker, 1996, p.327.
[505] M.Marafi, A.Stanislaus, J.Mol.Catal.A 202(2003)117.
[506] M.Marafi, A.Stanislaus, J.Hazard.Mater.B 101(2003)123.
[507] H.Beuther, R.A.Flinn, Ind.Eng.Chem.Prod.Res.Dev.2(1963)53.
[508] M.Marafi, A.Stanislaus, C.J.Mumford, M.Fahim, Appl.Catal.47(1989)85.
[509] M.Marafi, A.Stanislaus, C.J.Mumford, F.Fahim, in: D.L.Trimm(Ed.), Catalysdis in Petroleum Refining, Elsevier, Amsterdam, 1989, p.213.
[510] M.Marafi, The Regeneration of Deactivated Hydrotreating Catalysts(M.Sc.thesis), Univ.of Aston, Birmingham, 1988.
[511] A.Stanislaus, M.Marafi, M.Absi-Halabi, Am.Chem.Soc.Div.Petr.Chem.Prep.39(1994)627.
[512] A.Stanislaus, M.Marafi, M.Absi-Halabi, Am.Chem.Soc.Div.Petr.Chem.Prep.38(1993)62.
[513] M.Marafi, A.Stanislaus, F.Jasem, Am.Chem.Soc.Div.Petr.Chem.Prep.42(1998)486.
[514] G. B. McVicker, J. L. Carter, L. L. Murell, J. J. emiak. US Patent, 4, 522, 928, June 11, 1985.
[515] D.R.Farell, J.W.Ward.US Patent 4, 122, 000, October 24, 1978.
[516] M.Marafi, A.Stanislaus, M.Absi-Halabi, Appl.Catal.B Environ.4(1994)19.
[517] M.R.Reda, Ind.Eng.Chem.Res.30(1991)2148.
[517a] H.S.Ahmed, M.F.Menoufi, Chem.Eng.Technol.32(2009)873.
[518] M.Marafi, E.K.T.Kam, A.Stanislaus, M.Absi-Halabi, Appl.Catal.147(1996)35.
[518a] J. Ramos-Cano, G. Gonza'lez-Zamarripa, F. R. Carrillo-Pedroza, M. de Jesu's Soria-Aguilar, A.Hurtado-Macı'as, A.Cano-Vielma, Int.J.Miner.Process.(2016)(online).
[519] A.Szymczycha-Madeja, J.Hazard.Mater.186(2011)2157.
[520] O.Levenspiel, Chemical Reaction Engineering, second ed., Wiley, New York, 1972.
[521] R.C.Reid, J.M.Prasnitz, B.E.Poling, The Properties of Gases and Liquids, fourth ed., McGraw-Hill, New York, 1987.
[522] T.N. Angelidis, E. Tourasanidis, E. Marinou, G. A. Stalidis, Resour. Conserv. Recycl. 13(1995)269.
[523] J.S.M.Jocker, Am.Chem.Soc.Div.Petr.Chem.Prep.38(1993)74.
[524] D.E.Sherwood Jr., J.R.Hardie Jr.US Patent 5, 254, 513, October 19, 1993.
[525] D.E.Sherwood Jr.US Patent 5, 230, 791, July 27, 1993.
[526] D.E.Sherwood Jr., Y.S.Hardie Jr.Patent 5, 445, 728, August 29, 1995, 506.
[527] J.E.Duddy, L.M.Abrams, S.J.Hildebrandt.US Patent 5, 906, 953, May 25, 1999.
[528] K.G.Tesker J.D.Milligen.US Patent, 4, 863, 884, September 5, 1989.
[529] W.R.Ernst, L.H.Hiltzik, A.R.Garcia, M.D.Franke, A.S.Mayerson, J.D.Carruthers, Miner. Metall.Proc.4(1987)78.
[530] K.W.Babcock, L.H.Hiltzik, W.R.Ernst, J.D.Carruthers, Appl.Catal.47(1989)295.
[531] S.J.Hildebrandt, R.O.Koseoglu, J.F.Duddy, D.E.Sherwood, Am.Chem.Soc.Div.Petr.Chem.

Prep.38(1993)40.
[532] M.A.Olazabal, L.A.Fernandez, J.A.Madariaga, J.Met.Solvent Extrac.Ion Exch.9(1991)735.
[533] M.A.Olazabal, M.M.Orive, L.A.Fernandez, J.A.Madariaga, J.Met.Solvent Extrac.Ion Exch. 10(1992)623.
[534] M.M.Orive, M.A.Olazabal, L.A.Fernandez, J.A.Madariaga, J.Met.Solvent Extrac.Ion Exch. 10(1992)787.
[535] S.Gryglewicz, M.Rutkowski, Erdoel Kohle Erdgas 47(1994)334.
[536] N.K.Nadirov, S.A.Petrsov, Chem.Technol.Fuels 25(1990)424.
[537] M.Seapan, Z.Guohui, Am.Chem.Soc.Symp.Ser.411(1989)9.
[538] J.S.MacPartland, R.G.Bautista, Sep.Sci.Technol.25(1990)919.
[539] D.E.Sherwood, Jr.US Patent 5, 230, 791, July 27, 1993.
[540] E.Furimsky, Erdoel Kohle Erdgas 32(1979)383.
[540a] J.-P.Li, X.-J.Yang, L.Ma, Q.Yang, Y.-H.Zhang, Z.-S.Bai, X.-C.Fang, L.-Q.Li, Y. Gao, H.-L.Wang, Catal.Today(2016).
[541] W.P.Hettinger Jr., Catal.Today 13(1992)157.
[542] D.L.Trimm, in: D.L.Trimm, S.Akashah, M.AbsiHalabi, A.Bishara(Eds.), Catalysis in Petroleum Refining, Elsevier, Amsterdam, 1988.
[543] D.J.Neuman, W.Roller, Hart's Fuel Technol & Manag, May 1997, p.39.Special Report.
[544] Proc.46th Ann.NPRA Symp., Oct.1993, Dallas, TX, p.110.
[545] J.Martin, Regeneration of hydrotreating catalysts, in: Ketjen Catal.Symp., 1981.
[546] D.E.Sherwood, Jr., J.R.Hardee, Jr., J.A.Lemen.US Patent 5, 209, 840, May 11, 1991.
[547] K.G.Mittal, S.C.Gupta, R.K.Agarwal, J.R.Rai, J.Chem.Technol.Biotechnol.39(1987)59.
[548] C.Sudhakar, G.G.Sandford, A.K.Bhattacharya.US Patent 5, 423, 975, 1995.
[549] A.J.Suchanek, Oil Gas J.(March 25, 1985)115.
[550] J.Myers, Oil Gas J.(March 25, 1985)114.
[551] J.L.Rockwell.US Patent 7, 033, 488, April 25, 2007.
[552] R.A.Persak, Oil Gas J.(March 25, 1985)112.
[553] J.E.Duddy, L.M.Abrams, S.J.Hildebrand.US Patent 5, 925, 238, 1999.
[554] S.K.Maity, J.Ancheyta, F.Alonso, P.Rayo, Fuel Process.Technol.106(2013)453.
[555] S.A.Sadeek, H.S.Ahmed, E.A.ElShamy, H.A.El Sayed, A.A.Abd El Rahman, Egypt.J. Petr.23(2014)53.
[556] M.Marafi, H.Al-Sheeha, S.Al-Omani, A.Al-Barood, Fuel Process.Technol.(2008).
[557] M.Marafi, A.Stanislaus, Appl.Catal.B Environ.71(2007)199.
[558] M.Marafi, A.Stanislaus, Catal.Today 134(2008)421.
[559] D.Santhiya, Y.P.Ting, J.Biotechnol.116(2005)171.
[560] D.Berman, PTQCatalysis(2003).www.eptq.com.
[561] E.L.Gardner, K.R.Dennis.US Patent 4, 888, 316, 1989.
[562] V.de Boer, Mark.US Patent 6, 030, 915, 2000.
[563] A.Stanislaus, K.Al-Dalama, M.Absi-Halabi, J.Mol.Catal.A Chem.181(2002)33.

[564] D.L.Trimm, A.Stanislaus, Appl.Catal.21(1986)215.
[565] F.M.Lee, R.D.Knudsen, D.R.Kidd, Ind.Eng.Chem.Res.31(1992)487.
[566] C.D.Cronauer, B.R.Bjorklund.US Patent 4, 350, 609, 1982.
[567] V.V.Lunin, I.I.Miroshnichenko, D.M.Panteleev, Y.I.Solovetskii, Kinet.Catal.3(1993)646.
[568] V.V.Lunin, I.I.Miroshnichenko, Y.I.Solovetskii, Kinet.Catal.34(1993)658.
[569] Y.I.Solovetskii, V.V.Lunin, I.I.Miroshnichenko, Kinet.Catal.34(1993)655.
[570] V.V.Lunin, I.I.Miroshnichenko, S.A.Sergienko, Y.I.Solovetskii, G.D.Chukin, Kinet.Catal. 34(1993)658.
[571] F.Silva, G.Guitian, R.Galiasso, F.J.Krasuk, in: 11th World Petr.Congr., vol.4, 1983, p. 199.London, UK.
[572] K.Niemann, F.Wenzel, Fuel Process.Technol.35(1993)1.
[573] S.Zhang, D.Liu, W.Deng, G.Que, Energy Fuels 21(2007).
[574] S.Beret, S.G.Yu, C.R.Hsie.US Patent 4, 761, 220, August 1, 1988.
[575] T. Itoh, H. Sue. 5th UNITAR/UNDP Intern. Conf. On Heavy Crudes and Tar Sands, August 1991, Caracas, Venezuela, vol.4, p.43.
[576] A.Matsumura, T.Kondo, Y.Sasaki, K.Unegawa, Erdoel Kohle Erdgas 47(1994)280.
[577] B.C.Ku, Y.W.Kim, Y.T.Choi, US Patent 6, 171, 566, 2001.
[578] S.H.Lee, C.W.Shin, J.Seong, B.J.Kim, K.I.Choi, US Patent 6, 800, 585, 2004.
[578a] L.Cedeno-Caero, M.A.Alvarez-Amparan, Reac.Kinet.Mech.Catal.113(2014)115.
[578b] O.Gonza'lez-Garcı'a, L.Ceden˜o-Caero, Catal.Today 150(2010)237.
[579] K.H.Choi, N.Kunisada, Y.Korai, I.Mochida, K.Nakano, Catal.Today 86(2003)277.
[580] K.H. Choi, H. Sang, K. R. Shin, J. Seong, J. H. Kim, B. J. Kim. US Patent 6, 673, 740, 2004.
[581] Anon., Appl.Catal.65(1990)(News Brief).
[582] Z. G. Zulfuganov, E. M. Dzhafarova, S. A. Dadasheva, S. A. Dzhafarova, Y. G. Nagdalieva, Azerb.Neft.Khoz.10(1989)56.
[583] E.Furimsky, Appl.Catal.156(1997)207.
[583a] S.Bose, C.Das, Appl.Catal.512(2016)15.
[584] E.Furimsky, M.Yumura, Erdoel Kohle Erdgas 39(1986)163.
[585] E.Furimsky, M.Biagini, Fuel Process.Technol.46(1996)17.
[586] O.Kizinievi_ c, R._ Zurauskien_ e, V.Kizinievi_ c, R._ Zurauskas, D.Zabulionis, Environ.Eng.Manag.J.13(2014)3035.
[586a] P.S.Northrop, N.Sundaram, Oil Gas J.106(2008)54.
[586b] E.Furimsky, Fuel Process.Technol.63(2000)29.
[586c] E.Furimsky, L.Zheng, F.Boudreau, G.Kovacik, Erdol Kohle 46(193)379.
[587] S.Sanga, Y.Nishimura.US Patent 3, 960, 760, 1976.
[588] A.W.Liles, R.D.Schwartz.US Patent 3, 968, 036, 1976.
[589] A.Escardina, A.Barda, E.Sanchez, V.Cantavella, Brit.Ceram.Trans.98(1999)172.
[590] E.I.Basaldella, J.C.Paladino, M.Solari, G.M.Valle, Appl.Catal.B Environ.66(2006)186.

[590a] Y.D.Lai, J.C.Liu, Sep.Sci.Technol.31(1996)2791.
[590b] J.G.Huang, J.C.Liu, Sep.Sci.Technol.32(1997)1520.
[591] N.Su, H.Y.Fang, Z.H.Chen, F.S.Liu, Cem.Concr.Res.30(2000)1773.
[592] M.Bukowska, B.Pacewska, I.Wilinska, J.Therm.Anal.Calorim 74(2003)931.
[593] M.Bukowska, B.Pacewska, I.Wilinska, Cem.Concr.Res.34(2004)759.
[594] B.Pacewska, I.Wilinska, M.Bukowska, W.Nocuri Wczelik, Cem.Concr.Res.32(2002)1823.
[595] Y.S.Tseng, C.L.Huang, K.C.Hsu, Cem.Concr.Res.35(2005)782.
[596] N.Su, Z.H.Chen, H.Y.Fang, Cem.Concr.Compos.23(2001)111.
[597] H.L.Chen, Y.S.Tseng, K.C.Hsu, Cem.Concr.Compos.26(2004)657.
[598] U.Rattanasak, C.Jaturapitakkul, T.Sudapraset, Waste Manag.Res.19(2001)56.
[599] H.Zeiringer.US Patent 4, 142, 871, 1979.
[600] P.Cichy.US Patent 4, 349, 381, 1982.
[601] Z.R.Lianos, W.G.Deering, in: Proc.TMS Ann.Meeting, vol 3, 1995, p.425.
[602] Z.R.Lianos, W.G.Derering, in: Proc.TMS Fall Extrac.& Proc.Conf, 2000, p.759.
[603] A.Paschenko, Building Mater.13(1975).
[604] V.M.Sokolov, L.G.Litvin, V.V.Martynenko, A.V.Suvorin, A.N.Mekhed, Waste Treat.Clean Rechnol(2005)381.
[604a] N.T.Shardakov, V.A.Deryabin, Glass Ceram.52(1995).
[605] S. Al-Fulaij, G. R. Gouda, A. Stanislaus, S. Dieb, H. Dashti, H. Ibrahim, Spent Catalyst Treatment and Utilization, PET 39 Final Report, KISR 1614, Kuwait Inst.For Scientific Research, Kuwait, 1985.
[606] A.Stanislaus, G.R.Gouda, S.Al-Fulaij, Am.Chem.Soc.Div.Petr.Chem.Prep.43(1998)491.
[607] W.Acchar, B.M.Rulf, A.M.Segadaes, Appl.Clay Sci.(2008).
[608] H.S.Ahmed, M.F.Menoufi, Chem.Eng.Technol.32(2009)873.
[608a] A.Akcil, F.Veglio`, F.Ferella, M.D.Okudan, A.Tuncuk, Waste Manag.45(2015)420.
[609] D.T.Liang, in: 2nd Asian Petrol.Technol.Symp.Program, vol.1/11, 2006.
[610] I.S.S.Pinto, H.M.V.M.Soares, J.Cleaner Prod.52(2013)481.
[611] F. Ferella, A. Ognyanova, I. De Michelis, G. Taglieri, F. Veglio`, J. Hazard. Mater. 192 (2011)176.
[612] G.Gutnikov.US Patent 3567433, 1971.
[613] W.Millsap, N.Reisler, Eng.Min.J.179(1978)107.
[614] G.L.Hubred.US Patent 4514368, 1984.
[615] G.L.Hubred, D.A.Van Leirsburg.US Patent 4514369, 1985.
[616] J.P.Marcantonio.US Patent 5066469, 1991.
[617] L.G.Hubred.US Patent 4514368, 1985.
[618] J.B.Lopez, A.P.Eugene, V.C.Anthony.US Patent 4762812, 1988.
[619] J.P.Marcantonio.US Patent 7, 485, 267, February 3, 2009.
[620] S.M.Villarreal, B.L.Kharisov, L.M.Torres Martinez, V.N.Elizondo, Ind.Eng.Chem.Res.38 (1999)4624.

[621] R.Galiasso-Tailleur, Energy Fuels 22(2008)1509.
[622] J.M.Yoo, J.C.Lee, B.S.Kim, H.S.Lee, J.K.Jeong, J.Chem.Eng.Jpn.37(2004)1129.
[623] H.Al-Sheeha, M.Marafi, V.Raghavan, M.S.Rana, Ind.Eng.Chem.Res.52(2013)12794.
[624] R.R.Aliev, E.A.Leshcheva, N.A.Osokina, Chem.Technol.Fuels Oils 36(2000)219.
[625] I.M.Valverde Jr., J.F.Paulino, J.C.Afonso, J.Hazard.Mater.160(2008)310.
[626] D.E.Hyatt.US Patent 4657745, 1987.
[627] K.Toyabe, K.Kirishima, H.Shibayama, H.Hanawa.US Patent 5431892, 1995.
[628] K.Inoue, P.Zhang, Am.Chem.Soc.Div.Petr.Chem.Prep.38(1993)77.
[629] K. Inoue, Z. Pingwei, H. Tsuyama, in: 3rd Intern. Symp. Recycl. Metals & Eng. Materials, 1995, p.339.
[630] P.Zhang, K.Inoue, Energy Fuels 9(1995)231.
[631] T.H.Nguyen, M.S.Lee, Hydrometallurgy 147/148(2015)142.
[632] D.Mishra, G.R.Chaudhury, D.J.Kim, J.G.Ahn, Hydrometallurgy 101(2010)35.
[633] G.Parkinson, Chem.Eng.(February 16, 1987)25.
[634] R.E.Siemens, B.W.Jong, D.W.Matson, Ind.Eng.Chem.Res.9(1986)189.
[635] J.K.Rastas, K.J.Karpale, H.Tiitimen.US Patent 4, 474, 735, 1984.
[636] M.A.Rabah, I.F.Hewaidy, F.E.Farghaly, Powder Metall.40(1997)283.
[637] Y.C.Lai, W.J.Lee, K.L.Huang, C.M.Wu, J.Hazard.Mater.154(2008)588.
[638] P.R.Raisoni, S.G.Dixit, Miner.Eng.1(1988)225.
[639] L.Rochetti, V.Fonti, F.Veglio`, F.Beolchini, Waste Manag.Res.31(2013)568.
[640] S.P.Barik, K.-H.Park, P.K.Parhi, J.T.Park, Hydrometallurgy 111/112(2012)46.
[641] V.Ruiz, E.Meux, M.Schneider, V.Georgeaud, Ind.Eng.Chem.Res.50(2011)5307.
[642] M.Marafi, E.Furimsky, Erdol Erdgas Kohle 121(2005)93.
[643] M.Marafi, A.Stanislaus, Ind.Eng.Chem.Res.50(2011)9495.
[644] W.Mulak, A.Szymczycha, A.Lesniewicz, W.Zyrnicki, Physicochem.Probl.Miner.Process.40(2006)69.
[645] I.S.S.Pinto, H.M.V.M.Soares, Hydrometallurgy 140(2013)20.
[646] I.S.S.Pinto, S.M.Sadeghi, H.M.V.M.Soares, Chem.Eng.Sci.122(2015)130.
[647] G.Chauhan, K.K.Pant, K.D.P.Nigam, Ind.Eng.Chem.Res.52(2013)16724.
[648] G.Chauhan, K.K.Pant, K.D.P.Nigam, Ind.Eng.Chem.Res.51(2012)10354.
[649] N.Rokukawa.US Patent 4382068, 1983.
[650] K.H.Park, D.Mohapatra, B.R.Reddy, C.W.Nam, Intern.J.Miner.Process.80(2006)261.
[651] K.H.Park, D.Mohapatra, B.R.Reddy, J.Hazard.Mater.B 138(2006)311.
[652] I.S.S.Pinto, H.M.V.M.Soares, Hydrometallurgy 129/130(2012)19.
[653] S.Huang, Z.Zhao, X.Chen, F.Li, Int.J.Refr.Met Hard.Mater.46(2014)109.
[654] V.Ruiz, E.Meux, S.Diliberto, M.Schneider, Ind.Eng.Chem.Res.50(2011)5295.
[655] B.B.Jong, S.C.Rhoads, A.M.Stubbs, T.R.Stoelting, U.S.Bureau of Mines, Report No. 9252, 1989.
[656] D.D.Sun, J.H.Tay, C.Easton, Water Sci.Technol.42(2000)71.

[657] D.D.Sun, L.Chang, J.H.Tay, J.D.Navratil, C.Easton, J.Environ.Eng.127(2001)916.
[658] J.T.Veal, K.A.Anderson, R.M.Kowaleski.US Patent 6180072, 2001.
[659] H. Brandl, Microbial leaching of metals, in: H. J. Rehm, G. Reed (Eds.), Biotechnology, vol.10, Wiley-VHC, Weinheim, 2001, pp.191e224.
[660] C.Bombarcher, R.Bachofen, H.Brandl, Appl.Environ.Microbiol.64(1998)1237.
[661] K.M.M.Aung, Y.P.Ting, J.Biotechnol.121(2006)62.
[662] B.Blaustein, D.Suhy, E.Spana, Am.Chem.Soc.Div.Fuel Chem.Prep.35(1990)1613.
[663] B.Blaustein, J.T.Hauck, G.J.Olson, J.P.Baltrus, Fuel 72(1993)1612.
[664] P.Joffe, G.T.Sperll, DOE Rep.(1993).PC-92119-T4.
[665] K.A.Sandback, P.M.Joffe, DOE Rep.(1993).PC-92119-T2 & T3.
[666] K.A.Sandback, DOE Rep.(1995).PC/92119-T6.
[667] L.Briand, H.Thomas, A.De la Vega Alonso, E.Donati, in: Proc.Intern.Biohydrometallurgy Symp., Part A, vol.263, Elsevier, Amsterdam, 1999.
[668] H.Strasser, W.Burgstaller, F.Schinner, FEMS Microbiol.Lett.119(1994)365.
[669] D.Santhiya, Y.P.Ting, J.Biotechnol.121(2006)62.
[670] D.Mishra, D.J.Kim, D.E.Ralph, J.G.Ann, Y.H.Rhee, Hydrometallurgy 88(2007)202.
[671] D.Mishra, D.J.Kim, D.E.Ralph, J.G.Ann, Y.H.Rhee, J.Hazard.Mater.152(2008)1081.
[672] F.Beolchini, V.Fonti, F.Ferella, F.Veglio, J.Hazard.Mater.178(2010)529.
[673] I.Asghari, S.M.Mousavi, F.Amiri, S.Tavassoli, J.Ind.Eng.Chem.19(2014)1069.
[674] F.Amiri, S.Yaghmaei, S.M.Mousavi, Bioresour.Technol.102(2011)1567.
[675] F.Amiri, S.M.Mousavi, S.Yaghmaei, Sep.Purif.Technol.80(2011)566.
[676] M. Shahrabi - Farahani, S. Yaghmaei, S. M. Mousavi, F. Amiri, Sep. Purif. Technol. 132 (2014)41.
[677] F. Gerayeli, F. Ghojavand, S. M. Mousavi, S. Yaghmaei, F. Amiri, Sep. Purif. Technol. 118 (2013)151.
[678] H.Srichandan, A.Pathak, D.J.Kim, S.-W.Lee, J.Environ.Sci.Health Part A 49(2014)1740.
[679] H. Srichandan, D. - J. Kim, C. S. Gahan, S. Singh, S. - W. Lee, Korean J. Chem. Eng. 30 (2013)1076.
[680] H. Srichandan, S. Singh, K. Blight, A. Pathak, D. J. Kim, S. Lee, S. W. Lee, Int. J. Miner. Process.134(2015)66.
[681] H.Srichandan, A.Pathak, S.Singh, K.Blight, D.-J.Kim, S.W.Lee, Hydrometallurgy 150 (2014)130.
[682] F.Amiri, S.Yaghmaei, S.M.Mousavi, S.Sheibani, Hydrometallurgy 109(2011)65.
[683] F.Amiri, S.M.Mousavi, S.Yaghmaei, M.Barati, Bioleaching Eng.67(2012)208.
[684] J.D.Pradhan, A.Kumar Patra, D.-J.Kim, H.-S.Chung, S.-W.Lee, Hydrometallurgy 131/ 132(2013)114.
[685] D.-J.Kim, D.Pradhan, J.-G.Ahn, S.-W.Lee, Hydrometallurgy 103(2010)136.
[686] A.Bharadwaj, Y.-P.Ting, Bioresour.Technol.130(2013)673.
[687] Y.P.Ting, K.M.M.Aung, J.Biotechnol.136(2008)649.

[688] A.Cibati, K.Y.Cheng, C.Morris, M.P.Ginige, E.Sahinkaya, F.Pagnanelli, A.H.Kaksonen, Hydrometallurgy 139(2013)154.
[689] I.Asghari, S.M.Mousavi, Rev.Environ.Sci.Biotechnol.13(2014)139.
[690] R.F.Sebenik, R.A.Ference.Symp.Recov.Spent Catal.ACS, Kansas, September, 12e17 1982.
[691] B.Wang, Y.Meng, C.S.Duan, Mod.Chem.Ind.25(2005)204.
[692] Y.Chen, Q.Feng, Y.Shao, G.Zhang, L.Qu, Y.Lu, Miner.Eng.19(2006)94.
[693] B.B.Kar, P.Datta, V.N.Misra, Hydrometallurgy 72(2004)87.
[694] B.B.Kar, B.V.R.Murthy, V.N.Misra, Intern.J.Miner.Process.76(2005)143
[695] Y.Chen, Q.Feng, Y.Shao, G.Zhang, L.Qu, Y.Lu, Intern.J.Miner.Process.79(2006)42.
[696] Z.R.Llanos, F.G.Provoost, G.W.Deering, J.F.Debaene.US Patent 5702500, 1997.
[697] Z.R.Llanos, G.W.Deering, Air and Waste Manag.Assoc.90th Ann.Meet.Toronto, Canada, June 8e13, 1997.
[698] M.Marafi, A.Stanislaus, Catal.Today 178(2011)117.
[699] H.Al-Sheeha, M.Marafi, A.Stanislaus, Int.J.Miner.Process.88(2008)59.
[700] R.G.Busnardo, N.G.Busnardo, G.N.Salvato, J.C.Afonso, J.Hazard.Mater.B 139(2007)391.
[701] G.Gravey, J.Le Goff, C.Gonin.US Patent 4182747, 1980.
[702] T.Yoshida, M.Ushiyama, T.Yokohama.US Patent 4216118, 1980.
[703] J.Y.Welsh, P.C.Picquet, P.D.Schyns.US Patent 4292282, 1981.
[704] I.Gaballah, M.Djona, J.C.Mugica, R.Solozobal, Resour.Conserv.Recycl.10(1994)87.
[705] I. Gaballah, M. Djona, Metallurg. Mater. Transac. B: Process. Metall. Mater. Process. Sci. 26 (1995)41.
[706] M. W. Ojeda, M. Ruiz, J. B. Rivarola, in: TMS Fall Extract. Process. Conf., vol. 1, 1999, p.113.
[707] M.W.Ojeda, J.B.Rivarola, O.D.Quiroga, Miner.Eng.15(2002)585.
[708] M.W.Ojeda, J.B.Rivarola, O.D.Quiroga, Latin Am.Appl.Res.33(2003)195.
[709] M. W. Ojeda, J. B. Rivarola, O. D. Quiroga, Recovery of Molybdenum from a Hydrodesulfurization Exhausted Catalyst: Modeling of the Carbochlorination Reaction, 2005.
[710] B.B.Karr, Int.J.Miner.Process.75(2005)249.
[711] D.L.Canham, V.G.Aurich, Non-Ferrous Metallurgy-Present and Future, 1991, p.241.
[712] L.J.Silva, L.A.Bray, D.W.Matson, Ind.Eng.Chem.Res.32(1993)2485.
[713] L.J.Silva, L.A.Bray.US Patent, 5, 420, 088, 1995.
[714] Y.C.Lai, W.J.Lee, K.L.Huang, C.M.Wu, J.Hazard.Mat.154(2008)588e594.
[715] F.F.Wong, K.C.Chiang, C.Y.Chen, K.L.Chen, J.J.Huang, M.Y.Yeh, Plasma Chem. Plasma Process.28(2008)353.
[716] R.Banda, T.H.Nguyen, S.H.Sohn, M.S.Lee, Hydrometallurgy 133(2013)161.
[717] K.K.Sahu, A.Agrawal, D.Mishra, J.Environ.Manag.125(2013)68.
[718] T.H.Nguyen, M.S.Lee, Ind.Eng.Chem.Res.53(2014)8608.
[719] Amax Inc.Jpn.Patent(Kokai)53e86612, 1977.
[720] G.M.Ritcey, Handbook of Solvent Extraction, Wiley Interscience, New York, 1981.

[721] T.H.Nguyen, M.S.Lee, J.Cleaner Prod.90(2015)388.
[722] T.H.Nguyen, S.H.Sohn, M.S.Lee, Ind.Eng.Chem.Res.52(2013)10028.
[723] Y.Sato, K.Kondo, F.Nakashio, J.Chem.Eng.Jpn.22(1989)200.
[724] T.Hirai, T.Hashimoto, I.Tsuboi, A.Hino, I.Komasawa, J.Chem.Eng.Jpn.28(1995)85.
[725] T.Hirai, N.Onoe, I.Komasawa, J.Chem.Eng.Jpn.26(1993)416.
[726] R.K.Biswas, M.Wakihara, M.Taniguchi, Hydrometallurgy 14(1985)219.
[727] I.Komasawa, H.Hosoba, N.Kurokowa, T.Otake, J.Chem.Eng.Jpn.20(1987)176.
[728] I.Komasawa, H.Hosoba, N.Kurokawa, T.Otake, J.Chem.Eng.Jpn.20(1987)183.
[729] M.Nishizawa, T.Yokoyama, T.Kimuta, T.M.Suzuki, Bull.Chem.Soc.Jpn.57(1994)2859.
[730] I.S.S.Pinto, S.M.Sadeghi, N.E.Izatt, H.M.V.M.Soares, Chem.Eng.Sci.138(2015)353.
[731] G.Q.Li, S.Konishi, K.Saito, T.Sugo, J.Membr.Sci.95(1984)63.
[732] R. R. Srivastava, N. K. Mittal, B. Padh, B. Ramachandra Reddy, Hydrometallurgy 127/128 (2012)77.
[733] E.Wiewiorowski, R.Tinnin, R.A.Cronojevich, in: SME Annual Meeting, Phoenix, January 25, 1988, 1988.
[734] A. Case, G. Garretson, E. Wiewiorowski, 3rd Intern. Symp. Recycl. Metals & Eng. Mater. November 12e15, 1995, pp.449.
[735] R. Crnojevich, E. Wiewiorowski, L. R. Tinnin, A. B. Case, Intern. Symp. Recycl. of Metals & Eng.Materials, October 28e31, 1990.
[736] G.Berebi, P.Dufresne, Y.Jacquier, Environ.Prog.12(1993)97.
[737] P.Dufresne, Y.Jacquier, F.Valeri, in: 1st First Specialty Conf.On Environ.Issues in Petrol. and Petrochem.Indust.December 4e6, 1995.Manama, Bahrain, 1995.
[738] S.Toda, J.Jap, Soc.Min.105(1989)26.
[739] Moxba-Metrex.The Catalyst in Waste Recycling.www.moxba.com.
[740] M.V.Wang, Recycling of metals and engineering materials, in: R.Stewart, R.Stephens, J.C. Daley, TMS(Eds.), The Minerals, Metals and Materials Society, 2000.
[741] Metallurg Vanadium, Company Profile, 2007.www.metallurgvanadium.com.
[742] GfE Metalle und Materialen GmBH, Vanadium Sourcing in Terms of Environmental Technologies and Services, Company Brochure, 2007.www.gfe.com.
[743] SCR, Spent Catalyst Recycling GmBH, Company Brochure, 2007. www. spentcat. net/ services.htm.
[744] AURAMET, AURA Metallurgical GmBH, Company Profile, 2007, in: www.auramet.de/sp _ process.
[745] Euromet, Catalyst Recycling, Company Brochure, 2006.www.euromet.co.uk.
[746] H.F.Schultz, J.Weitkamp, Ind.Eng.Chem.Prod.Res.Dev.11(1972)46.
[747] R.C.R.Santos, A.Valentini, C.L.Lima, J.M.Filho, A.C.Oliveira, Appl.Catal.403(2011)65.
[748] A.N.Shakun, M.L.Fedorova, Catal.Ind.6(2014)298.
[749] B.Tijsebaert, M.Henry, H.Gies, F.-S.Xiao, W.Zhang, X.Bao, H.Imai, T.Tatsumi, U.Mu ̈ller, B.Yilmaz, P.Jacobs, D.De Vos, J.Catal.282(2011)47.

[750] G.Larsen, L.M.Petkovic, Appl.Catal.148(1996)155.
[751] G.Larsen, E.Lotero, S.Raghavan, R.D.Parra, C.A.Querini, Appl.Catal.139(1996)201.
[752] Y.Liu, K.Murata, K.Sakanishi, Fuel 90(2011)3056.
[753] M.Skotak, Z.Karpinski, Chem.Eng.J.90(2002)89.
[754] J.F.Allain, P.Magnoux, P.Schultz, M.Guisnet, Appl.Catal.152(1997)221.
[755] T.R.Farrel, J.U.A.Zakarian, Oil Gas J.(May 19, 1986)49.
[755a] P.P.Dik, O.V.Klimov, I.G.Danilova, K.A.Leonova, V.Yu Pereyma, S.V.Budukva, D.D. Uvarkina, M.O.Kazakov, A.S.Noskov, Catal.Today(2016).
[756] R.Bertram, F.Danzinger.NPRA Ann.Meeting, San Antonio, TX, March 1994, M-94e50.
[757] J.Weitkamp, Erdoel Kohle Erdgas Petrochem.31(1978)13.
[758] H. Pines, in: Chemistry of Catalytic Hydrocarbon Conversion, Academic Press, New York, 1981.
[759] M.J.Girgis, Y.P.Tsao, Ind.Eng.Chem.Res.35(1996)386.
[760] C.L.O'Young, W.Q.Xu, M.Simon, S.L.Suib, Stud.Surf.Sci.Catal.84(1994)1.
[761] J.G.Bendoraitis, A.W.Chester, F.G.Dwyer, W.E.Garwood, in: Proc.7th Int.Zeol.Conf., Tokyo, 1986, p.669.
[762] N.Y.Chen, W.E.Garwood, Ind.Eng.Chem.Res.25(1986)641.
[763] N.Y.Chen, W.E.Garwood, F.G.Dwyer, Shape Selective Catalysis in Industrial Applications, Marcel Dekker, New York, 1989.
[764] R.D.Gillespie.US Patent 6, 818, 589, November 2004.
[765] R.D.Gillespie.US Patent 7, 041, 866, May 2006.
[766] R.D.Gillespie.US Patent 6, 977, 322, December 2005.
[767] J.G.Vassilakis, R.R.Rosin, S.A.Bradley, R.D.Gillespie, M.J.Cohn, F.Xu.US Patent 7, 015, 175, May 2006.
[768] M.Cowley, Energy Fuels 20(2006)1771.
[769] M. Busto, J. M. Grau, J. H. Sepulveda, O. M. Tsendra, C. R. Vera, Energy Fuels 27 (2013)6962.
[770] M.Busto, J.M.Grau, S.Canavese, C.R.Vera, Energy Fuels 23(2009)599.
[770a] T.He, Y.Wang, P.Miao, J.Li, J.Wu, Y.Fang, Fuel 106(2013)365.
[771] J.M.Campelo, F.Lafont, J.M.Marinas, Appl.Catal.170(1998)139.
[772] P.Castan˜o, A.Gutie'rrez, I.Hita, J.M.Arandes, A.T.Aguayo, J.Bilbao, Energy Fuels 26 (2012)1509.
[773] A. Gutie' rrez, J. M. Arandes, P. Castan ˜ o, A. T. Aguayo, J. Bilbao, Energy Fuels 25 (2011)3389.
[774] I.Hita, E.Rodrı'guez, M.Olazar, J.Bilbao, J.M.Arandes, P.Castan˜o, Energy Fuels 29 (2015)5458.
[775] R.Galiasso Tailleur, Catal.Today 220/222(2014)133.
[776] R.Galiasso Tailleur, Fuel 87(2008)2551.
[777] H.Wang, Y.Wang, Top.Catal.59(2016)65.

[778] X.Zhu, L.Nie, L.L.Lobban, R.G.Mallinson, D.E.Resasco, Energy Fuels 28(2014)4104.
[779] L.Chen, H.Li, J.Fu, C.Miao, P.Lv, Z.Yuan, Catal.Today 259(2016)266.
[780] Y.Li, C.Zhang, Y.Liu, X.Hou, R.Zhang, X.Tang, Energy Fuels 29(2015)1722.
[781] E.Furimsky, Energy Fuels 29(2015)2043.
[782] E.Furimsky, Catal.Today 217(2013)13.
[783] L.Zhou, A.Lawal, Catal.Sci.Technol.(2015).
[784] M.S.Zanuttini, M.A.Peralta, C.A.Querini, Ind.Eng.Chem.Res.54(2015)4929.
[785] A.T.Madsen, B.Rozmysłowicz, P.Ma¨ki-Arvela, I.L.Simakova, K.Era¨nen, D.Y.Murzin, R.Fehrmann, Top.Catal.56(2013)714.
[786] E.Furimsky, Ind.Eng.Chem.Res.52(2013)17695.
[787] A.P.E.Savage, J.Supercrit, Fluids 47(2009)407.
[788] B.Y.Liu, F.Bai, C.-C.Zhu, P.-Q.Yuan, Z.-M.Cheng, W.-K.Yuan, Fuel Process. Technol.106(2013)281.
[779] C.G.W.Huber, R.D.Cortright, J.A.Dumesic, Angew.Chem.Int.Ed.43(2004)1549.
[790] K.Murata, Y.Liu, M.M.Watanabe, M.Inaba, I.Takahara, Energy Fuels 28(2014)6999.
[791] R.T.Jacobsen, Chem.Eng.Prog.4(2005)41.
[792] R.T.Jacobsen, Chem.Eng.Prog.3(2005)20.
[793] R.T.Jacobsen, Chem.Eng.Prog.2(2005)22.
[794] S.C.Fung, Am.Chem.Soc.Div.Petr.Chem.Prep.38(1993).
[795] J.N.Beltraminin, in: G.J.Antos, A.M.Aitani, J.M.Pertera(Eds.), Catalytic Naphtha Refortming, Marcel Dekker, New York, 1995.
[796] N.Pherson, Oil Gas J.(February 22, 1988)55.
[797] Y.Zhang, M.Yao, G.Sun, S.Gao, G.Xu, Ind.Eng.Chem.Res.53(2014)6316.
[798] S.Gong, A.Shinozaki, M.Shi, E.W.Qian, Energy Fuels 26(2012)2394.
[799] F.P.de Sousa, C.C.Cardoso, V.M.D.Pasa, Fuel Process.Technol.143(2015)35.
[800] C.-L.Lee, C.-J.G.Jou, Environ.Pollut.3/4(2014)41.
[801] R.A.Keogh, R.Srinivasan, D.E.Sparks, S.Khorfan, B.H.Davis, Fuel 78(1999)721.
[801a] P.J.Loferski, Platinum Group Metals, Mineral Commodity Summaries, USGS, 2015.
[802] R.DeSantis, Hydrocarb.Process.79(2000).100-M.
[803] B.M.Cook, Hydrocarb.Process.94(2015)79.
[803a] H.Dong, J.Zhao, J.Chen, Y.Wu, B.Li, Int.J.Miner.Process.145(2015)108.
[804] J.D.Super, Top.Catal.53(2010)1138.
[805] J.P.Rosso, Chem.Eng.Prog.12(1992)66.
[806] J.P.Rosso, M.I.El Guindy, in: G.J.Antos, A.M.Aitani, J.M.Parera(Eds.), Catalytic Naphtha Reforming, Marcel Dekker, New York, 1995, p.395.
[806a] G.Ondrey, Chem.Eng.111(2004).
[807] M.K.Jha, J.-C.Lee, M.-S.Kim, J.Jeong, B.-S.Kim, V.Kumar, Hydrometallurgy 133(2013)23.
[808] P.Scholtz, Chem.Technol.40(1988)451.

[809] R.K.Mishra, in: Proc 17th Precious Metals Conf., New Port, Rhode Island, 1993, p.449.
[810] D.R.Tyson, R.G.Bautista, Sep.Sci.Technol.22(1987)1149.
[811] L.Mastny, M.Bumbova, E.Kalalova, O.Svajgl, V.Prazak, Chem.Prum.36(1986)243.
[812] Y.Tong, C.Wang, Y.Huang, Y.Yang, Ind.Eng.Chem.Res.54(2015)705.
[813] P.L.Sibrell, G.B.Atkinson, US Bur.Mines Rep.(1995).PB-95-18172/XAB.
[814] F.T.Awadalla, R.E.Molnar, G.M.Ritcey.US Patent 5, 304, 233, 1994.
[815] G.B.J.de Boer, M.Hausselaar.US Patent 5, 302, 183, 1994.
[816] N.Ezawa, H.Inoue, S.Takada, H.Masuda.US Patent 5, 252, 305, 1993.
[817] G.Q.Li, S.Konishi, K.Saito, T.Sugo, J.Membr.Sci.95(1994)63.
[818] R.T.Jacobsen.Proc.1993 AIChE Spring Nat.Mtg., Houston, TX, Pep.69c, p.12.
[818a] S.Sharma, N.Rajesh, Chem.Eng.J.283(2016)999.
[819] M. Motaghed, S. M. Mousavi, S. O. Rastegar, S. A. Shojaosadati, Bioresour. Technol. 171 (2014)401.
[820] API Publication 303, June 1992.
[821] D.M.Nielsen, Practical Handbook of Environmental Site Characterization and Ground Water Monitoring, Taylor & Francis, New York, 2006.
[822] L.K.Wang, N.C.Pereira, Y.-T.Hung, in: Handbook of Environmental Engineering, Air Pollution Control, vol.1, Humana Press Totowa, New Jersey, 2004.
[823] D.A.Vallero, Fundamentals of Air Pollution, fourth ed., Elsevier, Amsterdam, 2006.
[824] Federal Register 67(89)(May 8, 2002).
[825] D.Rappoport, Hydrocarb.Process.79(2000)7.
[826] EPA Environmental Fact Sheet, July 2001.EPA530d01-013.
[827] H.J.Feldman.API Comments to 2004 Draft Report to Congress on Cost and Benefits of Federal Regulations(69 FR 7987, February 2004).
[828] C.Cutchey, Malaysian Oil Sci.Technol.11(2002)31, 309.
[829] D.Hanson, Chem.Eng.News 31(October 9, 1995)299(Basel convention).
[830] P.Dufresne, N.Brahma, F.Girardier, Rev.Inst.Fr.Petr.50(1995)283.
[831] Export and Import of Hazardous Waste Regulations; User's Guide to Hazardous Waste Classification, Environment Canada, 1993.
[831a] Federal Register FREG 63284, Hazardous Waste Export Import Revisionse Part 1 of 2 vol.80, No.201, October 2015.
[832] Albermarle Catalysts Concept for Total Catalyst Management, 2007.Report TCM-HPC.
[833] F.D.Brent, Jr., R.G.Nelson, W.A.Ruff.US Patent Doc.4, 900, 713/A, 1990.
[834] W.Lavers, Oil Fats Intern.(September 1, 2003).
[835] H.J.Pietrzak, Oil Gas J.(July 28, 1986)93.
[836] Guidelines for Management of Spent Catalyst, Report of Europ. Catal. Manufact, Ass, CEFIC, 2001.
[837] Environmental and Safety Guidelines for Petroleum Industry, International Finance Corp., April 30, 2007.

[838] A.K.Rhodes, Oil Gas J.(November 29, 1993)39.
[839] G.L.Sexton, Oil Gas J.(July 28, 1993)94.
[840] R.C.Kunzelman, R.W.Goerlich, J.G.Welch, C.A.Vuitel, Am.Chem.Soc.Div.Fuel Chem. Prep.(1987).
[841] F.A.Ali, A.Hauser, H.A.Abdullah, A.Al-Adwani, Energy Fuels 20(2006)45.
[842] H.A.Abdullah, A.Hauser, F.A.Ali, A.Al-Adwami, Energy Fuels 20(2006)320.
[843] T.Kajima.US Patent, 4, 912, 071, 1990.
[844] Kawakami, Japan Patent, 44, 755, 1977.
[845] Anon., Oil Gas J.(October 12, 1992)56.
[846] J.D.Seamans, J.A.Partin, E.R.Samonte, J.R.Lockemeyer.US Patent, WO 9, 425, 157, A1, 1994.
[847] J.A.Lassner, L.B.Lasher, R.L.Koppel, J.N.Hamilton, Chem.Eng.Prog.(1994)95.
[848] J.Stone, Oil Gas J.(May 5, 1986)160.
[849] K.Alder, New Approach Ends Catalyst Headaches, NPRA Q& A, October 3, 1995.
[850] J.McKenna, E.Pickering, Chem.Eng.(November 1995)175.
[851] S.Ramı'rez, P.Schacht, R.Quintana-Solo'rzano, J.Aguilar, Fuel 110(2013)286.
[852] J.B.Krider, Oil Gas J.(July 28, 1986)94.
[853] J.C.Afonso, T.S.De Lima, P.C.Campos, Stud.Surf.Sci.Catal.130(2000)2849.
[854] R.D.Erdman, Oil Gas J.(May 25, 1985).
[855] C.Dekker, Oil Gas J.1(1999)44.
[855a] C.Swann, G.Boardman, J.Parks, R.Hammack, Prepr.Pap.Am.Chem.Soc.Div.Energy Fuels 60(2015)323.
[856] E.Furimsky, L.C.G.Janke, R.Dureau, Fuel Process.Technol.33(1993)77.
[857] S.Srivastava, S.B.Agrawal, M.K.Mondal, Environ.Sci.Pollut.Res.22(2015)15386.
[858] J.Workman, P.Dellavalle.US Patent Appl.9, 413, 392.
[859] W.M.A.Kox, E.Van den Vlist, Conserv.Recycl.4(1981)29.
[860] C.Shi, J.Fernandez-Jimenez, J.Hazard.Mater.B 132(2006)1566.
[861] D.Sun, X.Z.Li, M.Brrungs, D.Trimm, Water Sci.Technol.38(1998)211.
[862] G.M.Valles, G.Avila, S.Martinez, R.Terradas, J.M.Nogues, Chemosphere 68(2007)1946.
[863] M.Cervinkova, M.Vondruzka, V.Bednarik, A.Pazdera, J.Hazard.Mater.142(2007)222.
[864] P.A.Birgham, R.J.Hand, Adv.Appl.Ceram.105(2006)21.
[865] S.P.Tucker, G.A.Carson, Environ.Sci.Technol.19(1985)215.
[866] R.B.Pojasek, Environ.Sci.Technol.13(1979)810.
[867] W.E.Lee, M.I.Ojovan, M.C.Stennet, N.C.Hyatt, Adv.Appl.Ceram.105(2006)3.
[868] I.A.Sobolev, S.A.Dmitriev, F.A.Lifanov, A.P.Kobelev, S.V.Stefanovsky, M.I.Ojovan, Glass Technol.46(2005)28.
[869] R.Randall, S.Chattopadhyay, J.Hazard.Mater.114(2004)211.
[870] S.Shelly, Environ.Eng.World(March-April 1995)40.
[871] J.T.Schofield, Tox.Hazard.Disp.Proc.Stabiliz.Solidif.1(1979)297.

[872] T.S.Singh, K.K.Pant, J.Hazard.Mater.131(2006)29.
[873] R.Malviya, R.Chaudhary, J.Hazard.Mater.137(2006a)207.
[874] R.Malviya, R.Chaudhary, J.Hazard.Mater.137(2006b)267.
[875] U.Rattanasak, C.Jaturapitakkul, T.Sudaprasert, Waste Manag.Res.19(2001)456.
[876] D.D.Sun, Energy Sources 25(2003)607.
[877] D.D.Sun, J.H.Tay, J.D.Navratil, C.Easton, Water Sci.Technol.44(2001a)285.
[878] D.G.Sun, L.Chang, J.H.Tay, J.D.Navratil, C.Easton, J.Environ.Eng.127(2001b)916.
[879] K.Shih, T.White, J.O.Locke, Environ.Sci.Technol.40(2006)5520.
[880] R.A.Shawabkeh, J.Hazard.Mater.125(2005)237.
[881] D.D.Sun, J.H.Tay, C.Easton, Water Sci.Technol.42(2000)71.
[882] D.D.Sun, J.H.Tay, H.K.Cheong, D.L.K.Leung, G.Qian, J.Hazard.Mater.B 87(2001c)213.
[883] HydroMet Corporation Limited.(The Hydromet Story).Presented at Waste Management Association Australia, Annual.
[884] Metalpricescom, An Angus Media Services, 2016.
[885] P.J.Loferski, Platinum Group Metals, Mineral Commodity Summaries, USGS, 2016.
[886] T.A.Milensifer, Oil Gas J.(1977)82.
[887] J.W.Blossom, 1998 molybdenum recycling in US, US Geol.Surv.L1(2004).
[888] K.B.Shedd, US Geological Survey, Open File Report, 2005, p.1028.
[889] K.B.Shedd, Cobalt recycling in US in 1998, US Geol.Surv.(2004).
[890] J.H.Roberst, J.Smith, F.Fin, Metal Bull.(November 2006)1.
[891] M.J.Magyar, Mineral industry survey, US Geol.Surv.(August 2007).
[892] V.N.Parmon, V.I.Simagina, L.P.Milova, Catal.Ind.2(2010)199.
[893] S.Eijsbouts, V.H.J.de Beer, R.Prins, J.Catal.109(1988)217.
[894] Z.Vit, M.Zdrazil, J.Catal.119(1989)1.